Johann-Heinrich Rolff

DER APFEL

Sortennamen und Synonyme

ÜBER 4000 ALTE UND NEUE SORTENNAMEN
ÜBER 4000 SYNONYME, DOPPELNAMEN UND AUSLÄNDISCHE NAMEN
ÜBER 700 NAMEN VON MUTANTEN

BAND 1 ÄPFEL

Impressum

Selbstverlag Johann - Heinrich Rolff 83088 Kiefersfelden
Fax: 08033-609815 E-mail: jh.rolff@t-online.de

Herstellung: Books on Demand GmbH

ISBN 3-8311-0956-7

Vorwort

Die Idee und die Ausführung.

Beides liegt oft sehr weit auseinander. Der Gedanke, oder die Idee einer Aufstellung der heimischen Obstsorten, kam mir schon 1943/44. Wir bauten damals 80 verschiedene Apfelsorten auf unserem doch relativ kleinem Betrieb an. Dazu noch über zwanzig Süßkirschensorten, vorwiegend Lokalsorten. Etwa 10 Birnen- und über 30 Pflaumen- und Zwetschensorten gehörten noch zum Bestand. Das war einfach zu viel für einen Kleinbetrieb. Seit der Zeit haben mich aber immer Sortennamen, Synonyme, Doppelnamen und Herkunft interessiert. Meine Aufzeichnungen befassen sich besonders mit den Synonymen und mit der Herkunft und Verwandschaft der einzelnen Sorten.

Besonderheiten, z. B. Preisgruppen oder ähnliches, haben heute keinen praktischen Wert mehr, können aber für Pomologen und Liebhaber alter Sorten, von großer Bedeutung sein. Diese Gruppen bestanden bei fast allen Obstarten z. Zt. der Zwangsbewirtschaftung bis 1945. Festlegung der Preise und der Preisgruppen erfolgte damals durch den sogenannten "Reichsnährstand". Die Erzeugerpreise wurden bereits vor der Ernte festgesetzt. 1939 gab es bei Äpfeln und Birnen die Preisgruppen 1 bis 5, sowie eine Sondergruppe "Cox Orangen-Renette" und eine Sondergruppe für "Wertvolle Frühsorten". In Sachsen gab es damals sogenannte Wertgruppen, analog den Preisgruppen, für alle Obstarten. Diese Gruppen sollten den Verbraucher vor überhöhter Preisbildung schützen, auf der anderen Seite aber den Erzeugern gerechte Preise garantieren.

Nach Kriegsende wurden noch bis 1949, bei allen Pflanzempfehlungen der Obstbauversuchsanstalt in Jork, die Preisgruppen angegeben. Für die bekannten Sorten von der Niederelbe habe ich meine eigenen Kenntnisse und Erfahrungen aufgeschrieben.

Entscheidend im beruflichen Werdegang war für mich eine dreijährige Lehrzeit auf einem 40 ha-Obstbaubetrieb und der Besuch der seit 1897 bestehenden Obstbauschule in Jork. Gehilfenprüfung 1949 bei der Obstbauversuchsanstalt in Jork. Nach Absolvierung einiger Prüfungen in Staatsbürgerkunde, englischen Sprachkenntnissen und beruflicher Fachausbildung bekam ich 1950 ein Stipendium für die USA. Wieder in Deutschland, arbeiten im väterlichen Betrieb, dann im Fruchtgroßhandel. (Ablegung einer Prüfung zum Großhandelskaufmann bei der zuständigen Industrie- und Handelskammer) Weitere Praxis im Obstbau. Gärtnermeisterprüfung, Fachrichtung Obstbau, in Jork abgelegt. Weitere Tätigkeiten bei der Landwirtschaftskammer Hannover und beim Bundesamt für Ernährung und Forstwirtschaft.

Als „Rentner“ komme ich jetzt endlich dazu, meine Sortenaufstellung und besonders die Auflistung der Synonyme und Doppelnamen weiter zu führen. Es soll für mich eine Bereicherung meiner umfangreichen pomologischen Bibliothek und Büchersammlung sein. Auch wenn ich kein perfekter Autor bin, noch dazu mein eigener Lektor, habe ich den Mut gehabt, dieses Buch zu schreiben. Bücher über den Obst- und Gartenbau, bsonders für Gartenbesitzer, vermehren sich unheimlich schnell. Bücher über Obstbau brauche ich nicht schreiben, dass können die Praktiker besser. Meine Aufstellung der alten und neuen Sortennamen könnte eine Marktlücke sein und so mancher Gartenbesitzer wird etwas über den Apfelbaum in seinem Garten erfahren.

Johann – Heinrich Rolff

Am Ende befindet sich ein Literaturverzeichnis. Die Zahlen in Klammern beziehen sich auf benutzte Fachbücher oder sonstige Publikationen. Sämtliche benutzte Publikationen sind mein persönliches Eigentum. Sortennamen, Synonyme, Doppelnamen und Mutanten sind **fett gedruckt.**
Da ich auch die ausländischen Namen aufgeführt habe, wird mancher Sortenname mehrmals erscheinen.

“Die Birne” erscheint noch 2001
“Die Kirsche” soll 2002 erscheinen.
“Die Pflaume” soll 2003 erscheinen.

AARGAUER HERRENAPFEL
Alte Lokalsorte aus der Schweiz. Ist im Bundes-Obstarten-Sortenverzeichnis eingetragen. Wird bei den Landwirtschaftlichen Lehranstalten (LLA) in Triesdorf erhalten.

AARGAUER JUBILEUMSAPFEL
Herkunft: Schweiz, vermutlich aus dem Aargau. Im Geschmack unbefriedigend. Baum wächst kräftig, ist aber anfällig für Krebs. Wirtschaftsapfel. 1934 zum ersten Mal beschrieben, wird nicht mehr angebaut. Großer, abgestumpft rundlicher Apfel. Schale ist hellgelb, zur Reifezeit manchmal etwas gerötet. Fleisch weiß, weich, säuerlich. Französischer Name in der Schweiz: **Jubilé d'Argovie, Jubilée d'Aargovie.** Literatur: (02) (39)

AARGAUER JÄGERAPFEL
Synonym: **Küttiger Jägerapfel.** Stammt aus der Schweiz. Geschmack weniger süß, eher sauer, etwas herb. Herbstapfel. Auch nur: **Jägerapfel.** In der französischen Schweiz: **Jaegerapfel.** Alte Sorte, wird nicht mehr angebaut. (02)

ABBONDANZA
War vor 30 Jahren noch eine Hauptsorte im Gebiet von Ferrara/Italien. Im Raum Verona waren es 1954 von dieser Sorte noch 25 % der Produktion, im Raum Ferrara noch 70 %. Entstanden 1896 in Italien. Synonym: **Belfort.** Mittelgroß. Reifezeit ist sehr spät. Literatur: (30 S. 268) (39)

ABRAHAMSAPFEL
Schon vor 1800 bekannt Synonym: **Drue Parmain.** Genußreife von September bis Mai. Fleisch grünlich, wohlschmeckend. (39)

ACE
Österreichische Apfelsorte. Genußreife: September bis Oktober. Sorte ist auch in Klosterneuburg in der Genbank und im Sortenerhaltungs- und Reiserschnittgarten vorhanden. (44)

ACKLAM RUSSET
Eingetragen im Bundes-Obstarten-Sortenverzeichnis. Sorte wird bei der Pomona Franconica in Merkendorf/Mittelfranken erhalten.

ADAMS PARMÄNE
Herkunft: Aus der Grafschaft Norfolk, England. Aus Samen gezogen von Robert Adams. War in der Schweiz im Kanton Aargau und Basel Land verbreitet. Auch

bekannt als **Möriker, Forellen-Reinette, Norfolk Pippin.** Weitere Synonyme: **Adams Pearmain, Hanging Pearmain, Matchless** und **Norfolk Russet.**
H. Kessler schreibt: Nich identisch mit der **Karmeliter Renette.** Kleinfrüchtig, saftig, säuerlichsüß, zimtartig gewürzt. Ausgezeichneter Tafelapfel. Heute keine Bedeutung mehr. Sorte ist diploid. Schale gelb, sonnenseitig gerötet.
Literatur: (03) (33) (39)

ADAMSAPFEL
Tafel- und Wirtschaftsapfel. Großfrüchtig. Dunkelkaminrot gefärbt. Fleisch unter der Schale gerötet. Saftig, etwas gewürzt. Der „Neue Obstbau" von 1942 sieht eine Haltbarkeit von November bis Dezember. Bekannt ist auch ein **Roter Adamsapfel.**

ADENAWS RAMBURRENETTE
Guter Tafel- und Wirtschaftsapfel. Haltbar von Dezember bis April. Schale kräftig gelb, Sonnenseite gerötet. Fruchtfleisch saftig. Angenehm gewürzt. (39)

ADERSLEBER CALVILL
Bekannt seit seit 1830, stammt vom Klostergut Adersleben, Kreis Oschersleben, im nördlichen Harzvorland. Gezogen aus der Befruchtung eines Calvillhochstammes mit einem Gravensteiner vom damaligen Amtsrat Meyer, dem Pächter des Gutes.
R. Coloc schreibt, dass der Gärtner Lichthardt den Apfel um 1865 auf der Domäne gezogen hat. Großfrüchtig. Tafelapfel. Pflückreife: Mitte Oktober, haltbar bis April. Schorfanfällig. Hellgelbes Fruchtfleisch, saftig, süßlich, mittelstark gewürzt. (24) Mittelfrühblühend, diploid, schreibt Arthur Pekrun in den 20er Jahren. (32 S. 27) F. Guenther schreibt 1942 ebenfalls diploid. Andere Pomologen beschreiben den Apfel als schlechten Pollenspender. War in der Preisgruppe 3. Um 1900 in den Handel gebracht. Geschwistersorten: **Lichthardts Apfel** und **Amtsrat Meyer.** Auch nur **Adersleber** oder **Adersleber Kalvill.** Die Zeischrift für Obst-Wein- und Gartenbau schrieb 1938 folgendes: Die Bezeichnung **Aderslebener Calvill** ist falsch und entspricht nicht dem Sprachgebrauch. Sorte ist in Tschechien bekannt unter dem Namen **Aderslebenský Kalvil.** Quellen: (07) (24) (32) (39) (92) (95)

ADVENTSAPFEL
Schon um 1700 bekannt. Wirtschaftsapfel. (39) Frucht ist mittelgroß. Herbsäuerlich. Genussreife: Dezember bis März. Baum wächst mittelstark. Ertrag ist sehr hoch.

ADVOKATENAPFEL
Wurde 1937 bei Otto Goetz als mittelstarkwachsend beschrieben. Sorte war in der Preisgruppe 5. Wirtschaftsapfel mit nur lokaler Verbreitung. Name ist auch ein Synonym des **Schneeapfel.**

AECKERLIAPFEL
Eingetragen im Bundes-Obstarten-Sortenverzeichnis.

AERÖ-APFEL
Herkunft: Insel Aerö, Dänemark. Ein großer flacher Apfel. Süßsäuerlich. Pflückreife: Anfang Oktober. Genussreife: X bis XI. Der Baum wächst mittelstark und ist robust. Bevorzugt einen sandigen Lehmboden. (71)

AGA-APFEL
Synonym: **Pomme Aga.** Sehr guter Wirtschaftsapfel. Verwendbar ab Dezember. Haltbar bis April. Anfällig für Lagerfäule. Säurereich. Schale grünlichgelb, später hellgelb. Sonnenseite punktiert gerötet, meist etwas gestreift.

AGAT WONDER
Eingetragen im Bundes-Obstarten-Sortenverzeichnis.

AHÖRNDL
Mostapfelsorte in Österreich. Eine wenig bekannte Lokalsorte, ist aber noch vereinzelt zu finden. (44)

AHRA
Züchtung der Bundesforschungsanstalt in Ahrensburg. Sortenschutz seit 1998. Kreuzung aus **Prima X Klon 40.** Genussreife: IX bis XI. Frucht groß. Leichte bis mittelstarke Berostungen. Fruchtfleisch fest, säuerlich. Deckfarbe fast ganzflächig verwaschen. Tafelapfel. Literatur: (27-11/95) (75)

AHRINA
Züchtung der OVA in Jork und der Bundesforschungsanstalt Ahrensburg. Hocharomatischer Tafelapfel, 1993 herausgegeben. Mehrfachkreuzung. Sortenschutz seit 1994. Schutzinhaber ist die Bundesanstalt für Züchtungsforschung an Kulturpflanzen, Quedlinburg. Kreuzung aus **Melrojam X Inglojon.** Früchte sind groß, flachrund, gelb und leuchtend rot. Fein säuerlich, schwach süß und saftig. Genussreife: XI bis II. Soll widerstandsfähig gegen Schorf und Mehltau sein. Literatur: (38) (40) (75)

AHRISTA
Züchtung der Bundesforschungsanstalt in Ahrensburg. Frühsorte. Mittelgroß bis groß. Genussreife: IX bis X. Schale hellgelb mit hellroter geflammter Deckfarbe. Leichte Berostungen. Fruchtfleisch süßsauer, gewürzt und saftreich. Sortenschutz in der EU seit 1999. Literatur: (27-11/95) (75)

AIWANINA
Aufgeführt im Bundes-Obstarten-Sortenverzeichnis. Stammt aus Bulgarien. Wird beim BSA, Prüfstelle Wurzen erhalten. **AJWANINA** ist identisch mit **Aiwanina.** Eine in Bulgarien bekannte Lokalsorte.

AKAGI
Japanische Apfelsorte. Abkömmling vom **Golden Delicious.** (27-7/95)

AKANE
Frühsorte, in Süddeutschland und Frankreich vermehrt angebaut. Aus Japan, in Morioka, Fruit Tree Research Station ausgelesen. Seit 1970 im Handel. Synonyme: **Primrouge, Prime Red, Tohoku Nr. 3,** auch **Tokyo Rose. (Jonathan X Worchester Pearmain)** Klein bis mittelgroß, kugelig, schwach gerippt. Schale glatt, bei Überreife fettig, leuchtend rot, verwaschen auf gelber Grundfarbe. Genussreife: IX bis XI. Tafelapfel für den Frischverzehr und Schaufrucht. Wurde in den 80er Jahren aus Frankreich importiert. (39) (75)

AKI-FU 1
Mutation vom **Fuji** aus Akita/Japan. Fruchtschale leicht gestreift, etwa ein Drittel der Oberfläche ausgefärbt. (27-9/91)

AKI-FU 7
Mutation vom **Fuji** aus der Umgebung von Akita/Japan. Deutlich gestreift, ertragreicher als **Aki-Fu 1.** Über die Hälfte der Frucht ausgefärbt. Es gibt eine große Zahl von **Fuji**-Mutanten. (27-9/91) Siehe auch **Fuji.**

ALANDER
Preisgruppe 4. Tafel- und Wirtschaftsapfel. Mittelgroß bis groß. War in Oldenburg eine der besten Lokalsorten. Genussreife: X bis XII. (39)

ALANTAPFEL
Im 19. Jahrhundert in Norddeutschland stark verbreitet und zur Bepflanzung von Straßen empfohlen. Bis März haltbar. Starkwachsend. Synonyme: **Aunée, Gestreifter Imperial, Großer Edler Prinzessinapfel, Mönchsnase, Pomme d'Aunée, Princesse Noble, Princessenoble, Prinzessin Noble, Prinzessinapfel** und **Winteralantapfel.** Es soll noch andere Synonyme geben. Wird nicht mehr angebaut. War im 19. Jahrhundert außerdem in Böhmen und in der Bukowina bekannt. Nur noch für den Hausgarten brauchbar. Schorfanfällig. Die Schale ist gelblichgrün, später hellgelb, fein und geschmeidig. Die Sonnenseite ist mit einem

aus Punkten und Streifen zusammengesetzten Rot überzogen. Die Frucht hat einen würzigen Duft. Fleisch ist gelblichweiß, fein und mürbe, „zimmetartig gewürzt“ und saftreich. (02) (24)

ALBRECHTAPFEL
Originalname ist **Prinz Albrecht von Preußen.** Eine robuste Spätherbstsorte, kaum anfällig für Schorf und Mehltau. In freier Abblüte von **Kaiser Alexander** entstanden. Wurde 1865 in Kamenz bei Glatz ausgelesen. Regelmäßiger und hoher Ertrag. Frucht ist mittelgroß bis groß. Schale hellrot bis dunkelrot gefärbt auf grünlichem Grund. Genussreife: Oktober bis Januar. Druckempfindlich. Für Frischverzehr und Verarbeitung geeignet. (38)

ALDINGERS GEORG CAVE
Neuzüchtung der Baumschule Aldinger, Stuttgart. Seit 1962 im Handel. Sehr guter Frühapfel. Frucht ist mittelgroß. Widerstandsfähig gegen Schädlinge. (39) Siehe auch **Georg Cave.**

ALEUTEN-APFEL
Aus Nordamerika. Winterapfel, nur zur Apfelweinbereitung geeignet. Wurde viel als Straßenbaum gepflanzt. Mittelgroß, Schale zitronengelb, meist stark gerötet mit dunkelroten Streifen. Fleisch ist gelb, fest, sehr saftig und sauer. (39)

ALEXANDRA-APFEL
1843 bei der Stadt Nyborg auf der dänischen Insel Fünen entstanden, aus einer Kernaussaat. 1843 war das Geburtsjahr der dänischen Prinzessin Alexandra, daher der Name. Synonyme: **Prinzessin Alexandra-Apfel** oder nur **Alexandra-Apfel.** Guter Wirtschaftsapfel. Massenträger. Genussreife von Oktober bis Dezember. Frucht mittelgroß, Schale fein, glatt, glänzend wachsgelb. Gesunder kräftiger Wuchs, früh einsetzender Ertrag. (39)

ALEXIS
ALFA 68
Beide Sorten sind im Bundes-Obstarten-Sortenverzeichnis eingetragen.

ALFRISTON
Tafel- und Wirtschaftsapfel. Im 19. Jahrhundert in England bekannt. Mittelgroß bis groß. Frucht ist flachrund und sehr ungleich. Genussreife: Dezember bis März. Schale ist glatt, grün, später gelblichgrün, an der Sonnenseite manchmal rötlicher Anflug. Synonyme sind nicht bekannt. Ist im Bundes-Obstarten-Sortenverzeichnis eingetragen. Sorte wird bei der Pomona Franconica erhalten.

ALICE

Aus Schweden, Sämling von **Ingrid Marie,** bei uns fast unbekannt. War um 1960 bei der OVA in Jork im Versuchsanbau. (26) Auch im Bundes-Obstarten-Sortenverzeichnis eingetragen. (70)

ALKMENE

Aus **Geheimrat Oldenburg X Cox Orange** entstanden. Anfang der 30er Jahre in Müncheberg selektiert und seit etwa 1975 in Mitteleuropa im Anbau. Fast gleichwertig mit **Cox,** aber etwas früher. Im Geschmack süßfruchtig mit feiner Säure. Verbesserung gegenüber dem **Oldenburg.** Anfällig für Fleischbräune. Frühsorte. Geschmack aromatisch, bis Mitte November haltbar. Älteste der "Neuen Sorten". Lt. Prof. Fischer seit 1962 im Handel. Auf gelbem Grund leuchtend rot. In den 80er Jahren in Italien vermehrt angebaut. Warenzeichen: 118 613 Inhaber: Deutscher Saatgut-Handelsbetrieb, Berlin-Treptow. Bekannt sind noch **Alkmene Apollo** und **Alkmene Cevaal,** eine Mutante der Sorte **Alkmene.** Stammt aus den Niederlanden. In der Farbe verbesserter Typ. Schale mittelrot, flächig verwaschen. Weiterhin **Alkmene de Coster** und aus dem Alten Land eine **Alkmene Nodop.**
Literatur: (26-11/94) (38) (39)

ALKMENE ROSENBERG

In Deutschland gezogen, stammt vermutlich aus Weinsberg. (26/11/94)
Bekannt sind noch eine **Rote Alkmene** und eine Mutation **Alkmene Schneider.**

ALLENDORFER ROSENAPFEL

Eingetragen im Bundes-Obstarten-Sortenverzeichnis.

ALLENS DAUERAPFEL

Synonyme: **Allens Everlasting, Eternelle d'Allen.** Im 19. Jh. in Nordamerika bekannt. Tafel- und Wirtschaftsapfel. Genussreife von Februar bis Juni. Stark berostet. Im Praktischen Ratgeber von 1886 in einer Sortenliste über amerikanische Apfelsorten angegeben. (15) Soll ausgezeichneter Tafel- und sehr guter Wirtschaftsapfel sein. Sehr große, flachrunde Frucht. Schale etwas rauh, grün, später gelblich. Sonnenseite hellrot bis trüb karmesin. Fleisch gelblichweiß, fein, abknackend, später mürbe, saftig und angenehm gewürzt. (39)

ALLINGTON

Allington Pepping, engl. **Allington Pippin.** In South Lincolnshire in England entstanden. 1889 zuerst ausgestellt. 1896 von G. Bunyard & Co. Baumschulen in Maidstone/Kent in den Handel. Kreuzung aus **Cox Orange X Goldparmäne.**

Heute keine Bedeutung mehr. Anfällig für Schorf und viele Schädlinge. Mittelgroße bis große, runde bis hochrunde Frucht. Preisgruppe 1. Genussreife: XI bis II. Sorte ist diploid. **Allington** ist auch der Handelsname in Deutschland. Wurde in den 30er Jahren des 20. Jahrhundert verstärkt im Alten Land angebaut, wurde nach dem Krieg aber durch die **Cox Orangen Renette** verdrängt. Literatur: (33) (39)

ALNARP
ALNARPS ROSMARIN
ALNARPS FAVORIT
ALPINIST
Diese vier Sorten sind im Bundes-Obstarten-Sortenverzeichnis eingetragen.

ALSENER MELONENAPFEL
Soll als Sämling vom **Prinzenapfel** auf der dänischen Insel Alsen entstanden sein. Ansprechende Farbe, guter Geschmack. Regelmäßige Erträge. Widerstandsfähig gegen Krebs. Synonym: **Melonenapfel.**

ALTENSTÄDTER ROTER
Eingetragen im Bundes-Obstarten-Sortenverzeichnis.

ALTER HANNOVERANER
Synonyme: **Baldwin, Kehdinger Rambour, Sommerbaldwin.** (Nicht identisch mit dem Baldwin aus den USA) Dr. Loewel schrieb 1941 **Khedinger Rambur.** War in Kehdingen und im Land Hadeln verbreitet. Ess- und Wirtschaftsapfel. Keine Bedeutung mehr. Ohne besonderes Aroma, süß und säuerlich. Soll auch der **Uelzener Rambour** sein. War in der Preisgruppe 3. Die Sorte wird bei der LfG in Müncheberg erhalten.

ALTER HEIDEPRINZ
Lokalsorte. Eingetragen im Bundes-Obstarten-Sortenverzeichnis.

ALTER NONPAREIL
Synonyme: **Grüne Renette, Nonpareil, Nonpareille Ancienne, Old Nonpareil.** Alte Sorte. Tafel- und Wirtschaftsapfel. Genussreife: Januar bis Juni. Welkt etwas im Lager. Klein bis mittelgroß. Schale rauh bis fast glatt, grün, später grünlichgelb, sonnenseits roter Anflug. Fleisch ist gelblichweiß, fein und fest, später mürbe und renettenartig gewürzt. (39) Sorte war in Deutschland ohne Bedeutung. Der Name **Nonpareil** taucht in Sortenverzeichnissen mehrmals auf. Siehe auch: **Braddick´s Nonpareil.**

ALTER WEINSAUERER
Eingetragen im Bundes-Obstarten-Sortenverzeichnis. Vermutlich eine Lokalsorte aus Süddeutschland.

ALTGELDS KÜCHENAPFEL
Sehr guter Wirtschaftsapfel. Haltbar: XI bis III. Kleine rundliche Frucht. Gut lagerfähig. Schale glatt, hellgrün, später zitronengelb. Sonnenseite punktiert gerötet. Schwacher Geruch. (39)

ALTLÄNDER
Ist auch der Handelsname. Früher im Alten Land nur bekannt als **Altländer Pfannkuchenapfel, Pfannkuchenapfel, Echter Pfannkuchenapfel.** Name kommt von der flachen Form. Lokalsorte an der Niederelbe, besonders im Alten Land und auf der Stader Geest um 1930 bis 1940 vermehrt. Guter Träger, wenig schorfanfällig. Fast nur Hochstammanbau. Baumreife: Mitte bis Ende Oktober. Genussreife bis Juni. Tafel- und Wirtschaftsapfel. Geschmack ist süß, mild, angenehm. (01) Preisgruppe 2. Zufallssämling aus dem Alten Land, seit etwa 1850 bekannt. Koloc schrieb um 1840 entstanden. Der Name **Altenländer Winterapfel** wird auch angegeben. In der Schweiz ist er unter dem Namen **Thurgauer Kent** bekannt. Die Mutation **Roter Altländer Pfannkuchenapfel** war in der Farbe sehr ansprechend, konnte aber den Markwert dieser Sorte in den 50er Jahren keinen Auftrieb mehr geben. Meine Meinung: Schade !

ALTLÄNDER BANANENAPFEL
Eine unbekannte Lokalsorte aus dem Alten Land. Zwei Bäume befanden sich in den Anlagen meines Großvaters in Mittelnkirchen. Den richtigen Namen kannte niemand. Es war ein typischer Süßapfel, trockenes Fruchtfleisch, etwas fade, aber sehr süß. Ein etwas bananenartiger Geschmack war vorhanden, daher hat mein Großvater diesen Namen wohl erdacht. Grundfarbe dunkelgrün, leicht rot gestreift. Nach kurzer Lagerung lebhaft gelbrot gestreift. Der Apfel ist sehr kleinfrüchtig. Früchte über 65 mm waren selten. Der Baum war ein regelmäßiger Träger. Frei von Schorf und anderen Krankheiten. Leider sind die Bäume inzwischen gerodet worden. (Autor)

ALTLÄNDER JAKOBSAPFEL
Synonym: **Roter Jakobsapfel.** Nur in der III. Meile des Alten Landes verbreitet. Essapfel, angenehm süß, saftig, aromatisch, kleinfrüchtig, wird schon lange nicht mehr angebaut. Haltbar bis zum März. (01) Preisgruppe 3. Lokalsorte. Im Alten Land war noch ein **Grüner Jakobsapfel** bekannt. Preisgruppe 4. Eine wenig bekannte Lokalsorte.

ALTLÄNDER KLUNSTERAPFEL
War als **Klunster** im Alten Land, besonders in der II. Meile sehr verbreitet. (II. Meile ist das Gebiet zwischen Lühe und Este). Sehr kleinfrüchtig, wird seit den 30er Jahren nicht mehr angebaut. Baumreife: Ende Oktober. Genussreife: März bis Mai, schrumpft bei trockener Lagerung, süßlich, ohne besonderes Aroma. 40-55 mm schrieb Dr. Loewel in „Deutsche Äpfel". (01) Wirtschafts- und Mostapfel, starke Alternanz, alle 2 Jahre Massenerträge. Wurde nur als Hochstamm angebaut, Baumhöhen bis 40 Fuß. Keine Schorfanfälligkeit. Frucht ist grünlichgelb mit etwas roter Backe. Preisgruppe 5. War u. a. eine Hauptsorte bei meinem Großvater Johann Rolff in Mittelnkirchen im Alten Land. Diese Sorte, wie auch einige andere robuste Wirtschaftssorten, wurden bis etwa 1950 in loser Schüttung in Obstscheunen (Normallager) aufbewahrt. (Autor)

ALTLÄNDER RAMBOUR
Eine kaum bekannte Altländer Lokalsorte. Im 19. Jahrhundert zeitweise ein beliebter Massenträger. (17)

ALTLÄNDER ROSENAPFEL
War im Alten Land vor dem II. Weltkrieg sehr verbreitet, heute keine Bedeutung mehr. Frisch säuerlich, saftig, ohne besonderes Aroma. Baumreife: Anfang bis Mitte Oktober. Genussreife: XII bis I. Wirtschafts- und Essapfel. Kleinfrüchtig, 50-65 mm wurde in „Deutsche Äpfel" angegeben. Selten Früchte über 65 mm. Preisgruppe 4. (01) (Autor)

ALTMÄRKER BRAUTAPFEL
Alte Lokalsorte aus der Altmark.

ALTMÄRKER GOLDRENETTE
Lokalsorte aus der Altmark.

ALTMÄRKER RENETTE
Identisch mit der **Altmärker Goldrenette.** Alle drei Sorten sind im Bundes-Obstarten-Sortenverzeichnis eingetragen.

ALTON
Early McIntosh X (Red Canada X Weißer Klarapfel). Spätsommerapfel, kleinfrüchtig, grüne Grundfarbe, ungleichmäßig geformt. Fruchtfleisch ist rötlichweiß. 1923 durch Aussaat entstanden. 1938 wurde die Sorte eingeführt. (Quelle: OVR Juli/August 1957) Die Sorte wird bei der Pomona Franconica erhalten. Im Bundes-Obstarten-Sortenverzeichnis eingetragen. (70)

ALTSTADT

AMASYA

Beide Sorten sind im Bundes-Obstarten-Sortenverzeichnis eingetragen.

AMAZONEN-APFEL

Sorte wurde vereinzelt in Norddeutschland angebaut. Preisgruppe 3.

AMBASSY

(Dalila) Der rote Mutant von **Delcorf.** Ist eine Mutante vom **Delbarestivale.** Aus Frankreich. Züchter: Davodeau-Ligonniere. Nicht virusfrei. Färbung ist recht gut, zum Teil flächig rot mit streifigen Übergängen. (26-11/94) Siehe auch **Delcorf.**

AMELIE

Wurde 1906 im Sortenverzeichnis des Stift Zwettl in Österreich geführt. Über die Entstehung und Herkunft der Sorte konnten schon damals vom Stift keine Angaben gemacht werden. (44)

AMERICAN GOLDEN RUSSET

Angegeben im Bundes-Obstarten-Sortenverzeichnis.

AMERIKANER SOMMER PEARMIN

Wurde um 1911 zusammen mit anderen westlichen Sorten für den Anbau in Japan selektiert. Anscheinend nicht bewährt, da sie in der Literatur nicht mehr erscheint. Heute herrschen die in Japan gezüchteten Sorten vor. (Obstbau Juli/95)

AMERIKANISCHER GESTREIFTER SÜSSAPFEL

Synonyme: **Amerikanischer Süßapfel, Gestreifter Süßapfel, Süßapfel.** Aus Nordamerika. Tafelapfel, aber bessere Wirtschaftsfrucht. Reife: X bis XI. Schale glatt, glänzend, hellgrün, später hellgrünlichgelb. Sonnenseite rot punktiert, breit und kurz gestreift. Welkt nicht auf dem Lager. Fruchtfleisch gelblich bis hell grünlichgelb, fein markig, saftig, süß. Goetz hat den Apfel 1936 erwähnt, die Sorte Ist bei uns unbekannt geblieben. (12) (39)

AMERIKANISCHER GLOCKENAPFEL

Im Bundes-Obstarten-Sortenverzeichnis angegeben.

AMERIKANISCHER MELONENAPFEL

Synonyme: **Melonenapfel, Norton** und **Pomme Norton.** Tafel- und Wirtschaftsapfel. Mittelgroß. Haltbar bis Februar. Stammt aus Nordamerika. Sonnenseite gerötet und gestreift. Fleisch ist melonenartig gewürzt. (39)

AMERIKANISCHER PFIRSICHAPFEL
Herkunft: Nordamerika. Synonym: **Pfirsichapfel.** Apfel für Tafel und Haushalt. Baum schwachwachsend, aber sehr ertragreich. (39)

AMERIKANISCHER ROSENAPFEL
Im Bundes-Obstarten-Sortenverzeichnis angegeben.

AMERIKANISCHER SCHNEEAPFEL
Synonym: **Fameuse.** Sorte ist diploid.

AMERIKANISCHER SÜSSAPFEL
1937 von Goetz erwähnt, ohne Daten.

AMLISHAGER CALVILL
Muss eine Lokalsorte in Württemberg sein, bzw. gewesen sein. Siehe Liste der Apfelsorten, die sich 1888 in Württemberg bewährt haben. (Pr. Ratgeber 1889)

AMTMANNSAPFEL
Guter Tafel- und Wirtschaftsapfel. Haltbar: IX bis XI. Baum ist widerstandsfähig gegen Schädlinge und Krankheiten. Frucht gerötet mit dunklen Streifen. Kalvillartig gewürzt. (39)

AMTSRAT MEYER
Eine Geschwistersorte vom **Adersleber Kalvill.**

ANACUTA
Im Bundes-Obstarten-Sortenverzeichnis angegeben.

ANANAS
Ist auch der Handelsname der **Ananasrenette,** auch **Ananas Renette** geschrieben. Heute kaum noch Bedeutung, war in ganz Deutschland bekannt. Tafelapfel. Zufallssämling, soll um 1820 in Holland entstanden sein, aber seit dem auch im Rheinland verbreitet. Anfällig für Krebs und Mehltau. Gelbliches, saftiges Fruchtfleisch, säuerlich. Preisgruppe 1. Sorte ist diploid. Prof. Fischer schreibt: Klein, länglich, gelbe Gundfarbe. Wurde im 19. Jh. in fast allen österreichischen Bundesländern angebaut. Ein Winterapfel, haltbar bis zum März. Anfällig für Apfelwickler, Blutlaus, Krebs und Mehltau. In der Schweiz: **Ananas Reinette.** Französisch: **Reinette Ananas.** Russisch: **Renet Ananasnij.** (02) (03) (38) (92)

ANANASKALVILL
Synonym: **Lütticher Ananaskalvill.**

ANDENKEN AN PALANDT
1897 vom Deutschen Pomologenverband anerkannt. Sehr guter dekorativer Tafelapfel, mittelgroß. Genussreife: I bis IV. Schale ist dünn und fein, glatt, glänzend mit rötlichen Punkten bedeckt. Grundfarbe weißgelb, Sonnenseite intensiv gerötet. Fruchtfleisch mürbe, weiß, saftig, weinsäuerlich, feingewürzt, sehr wohlschmeckend. Widerstandsfähig gegen Krankheiten. Synonym: **Palandt.**

ANETA
Schorfresistente, großfrüchtige, ertragreiche Herbstsorte. Züchtung aus Tschechien. Kreuzung aus **Shampion X Katka.** Sortenschutz seit 1997. Genussreife: Ende IX bis Anfang XI. Sorte ist schorfresistent, aber anfällig für Stippe. (75)

ANGELITER BORSDORFER
Hier dürfte es sich um den **Angler Borsdorfer** handeln. Dieser wurde 1936 von Goetz in seinem Buch „Verhalten von Apfeledelsorten beim Umpfropfen zueinander" erwähnt. (12)

ANGELITER HERRENAPFEL
Identisch mit **Angelner Herrenapfel.**

ANGELITER KRUMMPETER
Lokalsorte aus dem Land Angeln. Bekannt ist auch eine rote Form, ein **Roter Angeliter Krummpeter.**

ANGELITER WEINSAURER
Lokalsorte aus dem Land Angeln. Die Angeliter Sorten sind auch im Bundes-Obstarten-Sortenverzeichnis eingetragen. (70)

ANGELNER HERRENAPFEL
Herkunft: Sörup in Schleswig-Holstein. Ist seit dem 19. Jahrhundert bekannt. Wurde in den 30er Jahren noch empfohlen, heute wieder für Kleingärten und Streuobst im Angebot bei einigen Baumschulen. Eine rote Frucht, süßsäuerlich. Baumreife: September. Baum ist starkwüchsig und robust.

ANGELNER ZITRONENAPFEL
Eine Lokalsorte in Schleswig-Holstein. Verstreut sind im Schleswiger Gebiet noch einzelne Bäume zu finden. (Autor)

ANGOLD
Neuzüchtung des Forschungsinstitut für Obstbau und Züchtung, Holovoúsy, Tschechien. Kreuzung aus **Antonowka X Golden Delicious.** Beschrieben im „OBSTBAU“ (27-9/64) (27-2/96) Antrag für den Sortenschutz gestellt. Großfrüchtige, schorfresistente Lagersorte. Früh einsetzende, sehr hohe Erträge. (75)

ANHALTER
Eingetragen im Bundes-Obstarten-Sortenverzeichnis.

ANISAPFEL
Eine Lokalsorte des böhmischen Tals der Elbe und der angrenzenden Mittelgebirge. Gute Lagersorte, wurde früher in großen Mengen in der Region angebaut. Runde, mittelgroße Früchte. Orangenartiges Aroma. Geruch kräftig und angenehm. Schale glatt, etwas fettig, grünlichgelb, später zitronengelb, sonnenseits, manchmal zartrosa verwaschen. Genussreife: X bis III. **Anisapfel** oder **Fenchelapfel** wurde schon 1795 von Schiller beschrieben. Synonym: **Fenouillet.** (37) Weiterhin beschreibt Schiller einen **Weissen Anisapfel. (fenouillet blanc)** Synonyme: **Aniskalvill** und **Gelbe Herbstanisrenette.** (39)

ANISIM
Herkunft ist Russland. Sehr frostharte Sorte. Genussreife: Dezember. Zur Anisim-Gruppe gehören: **Anisowka, Anisimowkoe, Zuzoff of Tuttle, Petersons Anisim, Good Peasant of Patten, Borsdorfer of Wragg, Swedish Borsdorfer of Patten.** Alle Sorten sind russischer Abstammung. In den USA waren diese Sorten in Iowa, Minnesota und Wisconsin verbreitet. (07)(83)

ANISKALVILL
Synonym des **Anisapfel.** Bekannt ist ein **Roter Aniskalvill.** Eine Sorte **Anis Rose** wurde 1941 in „Deutscher Obstbau“ beschrieben. (83)

ANIS KURSKI
Zur Anis-Gruppe gehören noch: **Anis Krasnui, Blue Anis, Buzkafa Selonka, Anis Schaltui, Anis Alui, Striped Anis, Getmanski Bob.** Alle Sorten sind russischer Abstammung und sehr frosthart. (83)

ANJOU REINET
ANKUNHO
Beide Sorten sind im Bundes-Obstarten-Sortenverzeichnis eingetragen, sind bei uns aber unbedeutend geblieben.

ANNA HEY
Keine Daten vorhanden. War aber im Alten Land bekannt. (35)

ANNAGLO
Ein dunkelroter Apfel aus Neuseeland. Diese Sorte habe ich im Juli 2000 im Handel kennengelernt. Noch keine Daten erhalten. (Autor)

ANNIE ELISABETH
Mittelgroßer bis großer Apfel, flachrund. Genussreife: Dezember bis April. Tafel- und Wirtschaftsapfel. Baum wächst kräftig und gesund. Schale glatt, etwas glänzend, gelblich, später goldgelb. Sonnenseite gerötet und gestreift. Fleisch ist grünlichweiß, ziemlich fein, fest und saftig. Schwach gewürzt. (39) Synonyme sind nicht bekannt.

ANNURCA
Italienische Lokalsorte. Anbau vorwiegend in der Provinz Campania (Kampanien). Ist das Gebiet um Salerno und Neapel. Wird kaum exportiert und ist von November bis Juni auf dem Markt. Vor 20 Jahren wurden noch ca. 70.000 to jährlich von dieser Sorte produziert. Noch in den 40er Jahren wurden diese Äpfel in Erdbeeten gelagert. Alle 15 Tage wurden die Früchte umgeschichtet. Genussreife war dann von März bis Mai. Um nicht zu welken, wurden die Äpfel öfter mit Wasser bespritzt. Deutscher Name: **Anurka** oder **Annurka.** (39 S. 43) (83)
In Deutschland ist die Sorte nie richtig bekannt geworden, lediglich geringe Mengen sind vor dem Weltkrieg auf dem Münchner Großmarkt gehandelt worden.

ANTILLENRENETTE
1800 bekannt. Synonyme: **Weiße antillische Winterrenette** und **Incomparable des Antilles.** Sehr guter Tafelapfel. Genussreife: XII bis III. Frucht groß, plattrund. Schale leicht fettig, gelblich hellgrün, später weißlich hellgelb. Sonnenseite manchmal leicht gerötet. Baum wächst stark, Ertrag setzt früh ein und ist sehr reichlich. (39)

ANTON FISCHER
Gezüchtet 1938 von J. Fischer in Mühlheim bei Koblenz. Frühsorte, ist kein Tafelapfel. Wegen zu geringer Größe auch als Kochapfel nicht geeignet. Eine Kreuzung von **Geheimrat Oldenburg X Weißer Klarapfel.** War in den 60er Jahren auch bei der OVA, Jork im Versuch. Gründe für die Ablehnung waren u. a. zu wenig Farbe, zu sauer, zu klein, periodische Erträge. Vorteile sah man im frühen Reifetermin und im gesunden Wuchs. (26-11/64) Auch im Bundes-Obstarten-Sortenverzeichnis eingetragen. (70)

ANTONOWKA

Synonym: **Possarts Nalivia.** Soll um 1826 durch Justizrat Possart nach Deutschland gekommen sein. Herkunft: Russland, Bezirk Kursk oder Litauen ? Überwiegend Wirtschaftsapfel. Fleisch etwas locker und brüchig. Etwas süß. War in der Preisgruppe 4. Die Sorte ist als Partner für die Züchtung von schorf- und kälteresistenten Formen berühmt geworden. Genussreife: Oktober bis Dezember. Auch ein **Eineinhalbpfündiger Antonowka** ist verbreitet. Bekannt sind noch: **Antonowka dessertnaja, Antonowka Kamienna, Antonowka Polutorafuntowaja, Antonowka Obyknevennaja** und **Antonowka Titowka.** Zur Antonowka-Gruppe gehören noch folgende Sorten: **Gewöhnlicher Antonowka, Stein-Antonowka, Weißer Antonowka, Alljährlich tragender Antonowka, Antonowka Rurska, Süßer Antonowka, Grauer Antonowka, Zloty Mnich, Vargul, Deutscher Calvill, Russischer Gravensteiner.** Diese Sorten stammen aus Russland und sind sehr frosthart. Literatur: (32) (39) (47) (83)

APFEL AUS CRONCELS

In „Deutschlands Obstsorten" schreibt man noch **Apfel aus Croncels.** Synonyme: **Durchsichtiger aus Croncels, Eisapfel aus Croncels, Eisapfel von Croncels, Glasapfel, Klarapfel,** (Name in Bayern) **Transparent von Croncels** und **Transparente de Croncels.** Die Sorte ist seit 1869 im Handel. Dieser Name wurde 1906 in Frankfurt auf dem Kongreß des Deutschen Pomologen-Vereins festgelegt. Herkunft: Frankreich. Züchter: Baumschule Baltet Fréres. (02) (24)

APFEL AUS LUNOW

Heute schreibt man **Apfel von Lunow.** Guter Pollenbildner. Wurde am Unterlauf der Oder in der Gegend von Lunow i.d. Mark gefunden. Lokalsorte. Genussreife: XII bis IV. Fruchtschale wachsartig, hellgelb, manchmal gerötet mit feinen Streifen. Wenig saftig, ausreichend süß. (07) (33) (40)

APFEL VON AKERÖ

Synonym: **Akerö.** Im Bundes-Obstarten-Sortenverzeichnis nur **Akerö.** Soll guter Tafel- und Wirtschaftsapfel sein. Fruchtschale ist glatt, matt glänzend, hellgelb. Zur Reifezeit gerötet und gestreift. Genussreife: Oktober bis Januar. Mittelgroß, walzenförmig. Fleisch gelblichweiß, fein, saftig, angenehm gewürzt, etwas weinig und süß. (39)

APFEL VON BRÖDLAUKEN

Synonyme: **Brödlauken** u. **Dauerapfel aus Brödlauken.**

APFEL VON CASTELL GLAMMYS
Synonyme: **Castell Glammys, Glammys, Tour de Glammis** und **Tower of Glammis.** Wirtschaftsapfel. Genussreife: XII bis III. Intensiver Geruch. Sehr große flachrunde Frucht. Schale geschmeidig und glänzend, grünlichgelb, später hellgelb. Sonnenseite etwas goldfarben oder rötlich. Fleisch ist weiß, fein und fest, später mürbe und saftig. (39)

APFEL VON CRONCELS
Siehe **Apfel aus Croncels** oder **Croncels.**

APFEL VON GRIGNON
Tafel- und Wirtschaftsapfel. Genussreife: XII bis III. Großfrüchtig. Schale glatt, hellgrün, später hellgelb, sonnenseits punktiert gerötet. Angenehme Säure. Fleisch ist hell grünlichgelb, fein, saftig, etwas weinig. (39) Synonyme: **Grignon, Pomme de Grignon.**

APFEL VON GRÜNHEIDE
Im Bundes-Obstarten-Sortenverzeichnis eingetragen.

APFEL VON HALDER
Synonyme: **Halder** und **Pomme du Halder.** Tafel- und Wirtschaftsapfel. Genussreife: XII bis V. Großfrüchtig, kegelförmig. Gelb mit rötlichem Anflug. Fleisch grünlichgelb, fein saftig, deutlich gewürzt. Vorherrschend weinig, süß. (39)

APFEL VON HAWTHORNDEN
Alte englische Sorte. Synonyme: **Hagedornapfel, Hawley, Hawthornden, Kernel, Linconshire Pippin, Lord Kingston, Old Hawthornden, Roter Apfel von Hawthornden, Shoreditch White, Weißer Hawthornden, Weißer Hawthornden Apfel, Wheelers Kernel, White Apple, White Hawthornden** und **Winterapfel von Hawthornden.** Wirtschaftsapfel. Mittelgroß bis groß. Genussreife: X bis XII. Schale glatt, geschmeidig, im Lager fettig, gelblichgrün, Sonnenseite gerötet, auch gestreift. Fleisch weiß, ziemlich fein, saftig. Weinsäuerlich, etwas herb. (39)

APFEL VON LUNOW
Synonym: **Lunow.** Tafel- und Wirtschaftsapfel. Siehe auch: **Apfel aus Lunow.** Lokalsorte aus der Mark Brandenburg. Wurde am Unterlauf der Oder in der Gegend von Lunow gefunden. Ertrag ist unregelmäßig. Empfohlen für Niederstämme. Für Höhenlagen geeignet. Bei starker Düngung neigt die Frucht zur Stippe. (39)

APFEL VON MELSBROEK
Synonym: **Melsbroek.** Sehr guter Wirtschaftsapfel. Sehr groß, flachrund. Sehr saftig. Schale ist glatt, grünlichgelb, wird dann gelb. Zur Sonne gerötet. Merklicher Geruch. Genussreife: XII bis II. (39)

APFEL VON ORBA
Synonym: **Doucin von Bereczki.** Stammt aus Orba, Siebenbürgen. Mittelgroß bis groß. Genussreife: XI bis II. Fleisch grünlich, mürbe. Baum wächst stark, Ertrag setzt früh ein und ist hoch und regelmäßig. Ansprüche an den Boden gering. (39)

APFEL VON SAINT GERMAIN
Synonyme: **Apfel von St. Germain, Germain, Saint Germain.** Wirtschaftsapfel. Genussreife: VII bis VIII. Klein bis mittelgroß. Schale gelbgrün. Fleisch ist säuerlich, grünlichgelb, halbfein, saftig, kaum gewürzt, weinsäuerlich. Merklicher Geruch. (39)

APFEL VON SEDAN
Synonym: **Sedan.** Schon um 1800 bekannt. Tafel- und Wirtschaftsapfel. Starkwüchsig, früh einsetzender Ertrag. Groß, plattrund, gerippt. Genussreife: X bis XII. Frucht welkt nicht auf dem Lager. Fruchtfleisch weiß, auch leicht grünlich, locker, sehr saftig. (39)

APFEL VON UELZEN
Synonym: **Uelzen.** Guter Tafel- und sehr guter Wirtschaftsapfel. (39) Klein bis mittelgroß. Genussreife: I bis VI. Schale glatt, grünlichgelb bis zitronengelb. Gut lagerfähig. Fleisch gelblichweiß, fein, ausreichend saftig. s. a. **Uelzener Kalvill.**

Folgende Sorten werden im Bundes-Obstarten-Sortenverzeichnis aufgeführt:
APFEL ZENGERLE, Erhaltung in der Forschungsanstalt Geisenheim.
APFELBIRNE BOHNER, Erhaltung der Sorte in Bavendorf.
API,
API NOIR,
auch: **Black Lady Apple** sind Synonyme des **Schwarzen Api.**
API NOIR GROS,
API ROSE,

APIS-APFEL
Von Schiller 1795 als **Pomme d`Apis** beschrieben. In einigen Verzeichnissen fand man damals die Namen: **Apis rouge** oder **Rother Apis.**

APLERBECKER RAMBUR
Wirtschaftsapfel. Genussreife: XI bis II. Frucht ist groß bis sehr groß. Schale gelb, auch gerötet und gestreift. Starker Geruch. Fleisch fast weiß, mittelfein, saftig, wenig gewürzt. (40)

APOLLO
Kreuzung aus **Cox Orangen X Oldenburg.** Müncheberger Züchtung. 1976 dem Handel übergeben. Aromatischer Tafelapfel für den Frischverzehr. Frucht mittelgroß, rundlich. Grundfarbe gelb, Deckfarbe orangerot, gestreift oder gesprenkelt. Fleisch fest. Apfel neigt zur Glasigkeit, Stippe und zur Fleischbräune. Pflückreife: Anfang IX. Genußreife: X. Nur kurz haltbar. Literatur: (39) (66) (75)

APORT REPTSCHATI
Es gibt eine Sortengruppe mit großen Früchten, schön gefärbt und mit grobem Fruchtfleisch. **Aport Rosowui, Aportowoje Simowoe, Herbst-Aport** sind aufgezählt. (Deutscher Obstbau 1941)

APOTHEKER APFEL
In der Preisgruppe 4, war aber wenig bekannt.

APRILSCHÖNER
Synonym: **Belle d`Avril.** Tafel- und Wirtschaftsapfel. Genussreife: XII bis IV. Frucht ist flachrund, gelb. Fleisch hellgelb, fein, markig, saftreich, angenehm gewürzt. (39)

ARABIAN
Unbekannte Sorte. 1941 in „Deutscher Obstbau" beschrieben. (83)

ARD CAIM RUSSET
ARDELAN
Beide Sorten sind im Bundes-Obstarten-Sortenverzeichnis eingetragen.

ARIWA
Züchtung der Eidgenössischen Forschungsanstalt in Wädenswil. Kreuzung aus **Golden Delicious X A 849-5.** Sorte ist diploid. Mittelgroße Frucht, kugelig, leicht hochgebaut, etwas unregelmäßig. Pflückreife: Mitte IX bis Anfang X. Harmonischer Geschmack. Schale leuchtend orangerot, leicht marmoriert bis gestreift auf grüngelbem Grund. Fruchtfleisch ist gelblichweiß, sehr fest und saftig. Sorte ist schorf- und mehltauresistent. Gute Erträge. Sortenschutz in der EU wurde 1999 beantragt. (71) (75)

ARKAD
Russische Sorte. Frosthart. Zur Arkad-Gruppe gehören noch: **Arkad Krasiwui** und **Arkad Scholti.** Beschrieben 1941 in "Deutscher Obstbau". (83)

ARKANSAS
Schlechter Pollenbildner, triploid. Synonym: **Mammoth Blacktwig.** Mittelgroßer bis großer Winterapfel. Schale dunkelrot. Fleisch ist fest und feinkörnig. (83) Bekannt ist noch die Sorte **Arkansas Black.**

ARKCHARM
Neue Züchtung der Uni. Arkansas, USA. Kreuzung aus **Prima X Hybrid 36055.** Sortenschutz seit 1995. Sorte ist diploid. Frucht mittelgroß, flachrund, rot beduftet. Angenehm süßsäuerlich. Kaum schorfanfällig. Eine robuste Frühsorte. Pflück- und Genußreife: August. Literatur: (41) (75) (91)

ARLET
Kreuzung aus **Golden Delicious X Idared.** 1958 entstanden in der Eidgenössischen Forschungsanstalt in Wädenswil, Schweiz. 1984 herausgegeben. Tafelapfel, wird seit 1986 in der Pfalz angebaut, ebenso in Österreich und in den Niederlanden. Baum wächst stark. Gut lagerfähig. Frucht mittel bis groß. Regelmäßige Form. Schale ist glatt, auf dem Lager fettig und etwas hart. Genussreife: Oktober bis Februar. Bei Vollertrag geht der starke Wuchs zurück. Soll sich besonders für schwache Unterlagen eignen, auch für Spalier und Topfpflanzung. Literatur: (39) (47)

ARNETH
Soll guter Tafel- und Wirtschaftsapfel sein. Genussreife: XI bis II. Mittelgroß, flachrund. Schale grünlichgelb, sonnenseits gerötet und gestreift. Fruchtfleisch ist saftig, schwach gewürzt, angenehme Säure, ausreichend süß.

AROMA
AROMAT DE VARA
AROMATNOJE
ARRESKOV
Alle vier Sorten sind im Bundes-Obstarten-Sortenverzeichnis eingetragen.

ARROW
Ein verbesserter **Starkrimson.** Pflückreife in Norditalien: Anfang bis Mitte IX. Bekannt seit etwa 1980. (s. a. „Eine neue Apfelsorte aus Italien" von J.-H. Rolff. Veröffentlich beim Bundesamt für Ernährung.) (19)

ASCOT
Eingetragen im Bundes-Obstarten-Sortenverzeichnis.

ASHMEADS KERNEL
Schreibweise in der Beschränkungsliste der Kriterien über Berostungen bei Äpfeln (EG-Verordnungen) ist **Ashmead´s Kernel.** Deutscher Name ist **Ashmeads Sämling.** (36) Guter Tafel- und Wirtschaftsapfel. Mittelgroß. Gleichmäßig gebaut. Genussreife: XI bis IV. Schale ist glatt, glänzend, grünlichgelb, später gelb, wenig gerötet, kurz gestreift. Ohne Geruch. Fleisch ist saftig, gelblichweiß, schwach gewürzt, angenehme Säure, ausreichend süß. (39)

ASKEPOT
Eingetragen im Bundes-Obstarten-Sortenverzeichnis.

ASSENHAUSER
Eine Lokalsorte. Abgebildet, leider ohne Beschreibung. (39 S. 51) Ein flacher, breiter und großfrüchiger Apfel. Rotgestreift, kurzer Stiel.

ASSESSORS APFEL
Tafel- und Wirtschaftsapfel. Genussreife: XII bis III. Mittelgroß, plattrund. Schale hellgrün, dann gelb, großflächig gerötet, Sonnenseite gestreift. Süßsäuerlich. (40)

ASSUMPTA
Herkunft: Belgien. **Sternrenette X Kaiser Alexander.** Frühsorte. Frucht ist zu klein. Die weichfleischigen, kegelförmigen Früchte sind leuchtend rot gefärbt, aber nicht groß genug, schreibt der OVR in Jork 1963. Dazu noch eine fettige Schale. Geschmacklich auch nicht besonders. Wurde nicht empfohlen. (26-11/12/63)

ASTILLISCH
Wurde ca. 1962 als Warenzeichen von der Max-Planck-Gesellschaft in Göttingen angemeldet, als **Apfel Astillisch.** (26)

ASTRAMEL
Frühsorte. Pflück- und Genussreife: Mitte VII. Züchtung der OVA Jork 1965. Kreuzung aus **Roter Astrachan X (James Grieve x Melba).** Attraktiver guter Frühapfel. Verbesserung gegenüber anderen Frühsorten. Reift vor dem **Klarapfel.** (75) (Autor)

ATLAS
Sehr alte Sorte. Identisch mit dem **Atlasapfel.**

ATLASAPFEL
Historische Sorte, 1797 von Christ beschrieben. Genussreife: X bis XII. Fruchtform rund, Schale hellgrün. Französischer Name: **Pomme Satin.** (40)

ATTALINO
Von Goetz 1936 erwähnt, ohne Daten und Beschreibung.

AUFHOFENER KLOSTERAPFEL
Auch: **Auhofener Klosterapfel.** Eine nicht mehr bekannte Lokalsorte.

AUGUST
AUGUSTAEBLE
Sind im Bundes-Obstarten-Sortenverzeichnis eingetragen.

AUJÄGER
Lokalsorte des Kreises Emmendingen in Baden. Wirtschaftsapfel. Widerstandsfähig gegen Schädlinge und Krankheiten. Genussreife: X bis XII. Groß, rotgestreift, süßsäuerlich. (39)

AURALIA
Neuzüchtung aus Müncheberg, durch M. Schmidt und Murawski. Synonym: **Tumanga.** Kreuzung aus **Cox Orange X Schöner aus Nordhausen.** Seit 1962 im Handel. Mittelgroß. Schale grünlichgelb bis gelb. Süß, mit etwas Säure und intensivem Aroma. Genussreife: XII bis III. Bekannt ist auch noch ein **Roter Auralia.** Synoym: **Roter Tumanga.** Literatur: (38) (66) (75)

AUREA LIBERTAS
1795 von Schiller mit dem **Goldenen Pepping** verglichen.

AURIN DE BISTRITA
Im Bundes-Obstarten-Sortenverzeichnis angegeben. Erhaltung bei der Forschungsanstalt in Geisenheim.

AURORA
Synonym: **Awrora.** Angegeben im Bundes-Obstarten-Sortenverzeichnis.

AUSBACHER ROTER
Siehe auch: **Roter Ausbacher.** Synonym: **Ausbacher Rotapfel.** (33) (39)
Bei Prof. Schanderl, Geisenheim als guter Pollenbildner eingestuft.

AUSERWÄHLTER
Synonym: **Isbrannica.**

AUSTAPFEL
AUTUMN PEARMAIN
Beide Sorten sind im Bundes-Obstarten-Sortenverzeichnis eingetragen.

AUTUMN STRAEKED
Wurde 1941 in „Deutscher Obstbau“ beschrieben.

AUTUMN SWAAR
Wurde 1941 in „Deutscher Obstbau“ beschrieben. Die Sorte **Swaar** wurde 1886 im „Praktischen Ratgeber“ vorgestellt.

AVANT TOUTES
Pomme avant toutes, übersetzt: **Der Beste von Allen.** Aus Frankreich. Es handelt sich hier um den **Sommergewürzapfel.** Synonyme: **Englischer Kantapfel, Palaestiner, Schönbecks früher Gewürz, Sommer Postoph, Weißer Sommergewürzapfel, Weißer August Calvill, Weiße Sommer Schafsnase.**
In Frankreich: **Postoph d ète, de Palestine, Pistoche d éte, Postoche d ète, Calville blanche d´tout, Calville Precoce.** Frühsorte, schon Mitte bis Ende Juli reif, muß schnell verbraucht werden, kleinfrüchtig. Sehr alte Sorte, heute nicht mehr bekannt. Sehr gute Beschreibungen im Praktischen Ratgeber von 1886. Verbreitet war noch ein **Gelber Sommergewürzapfel** und ein **Grüner Sommergewürzapfel.**

AVENARIUS NR. 15
Wurde 1941 in “Deutscher Obstbau” beschrieben.

AVROLLES
Mostapfelsorte in Österreich. Verarbeitung im November. (44)

AZEROLI
Im Bundes-Obstarten-Sortenverzeichnis aufgeführt.

BAARAPFEL
Herkunft: Schweiz. Französischer Name: **Museau de mouton.** Synonyme: **Schafsnase** und **Nahtapfel.** Es sind mehrere Typen vom **Baarapfel** bekannt. Heute ohne Bedeutung. Wirtschaftsapfel, 60/80 mm, gut geeignet für Apfelkuchen. War in der Schweiz bei Bäckereien sehr beliebt. Größte Verbreitung in den

Kantonen Zürich, Aargau, Bern und Luzern. (03) Unter den Namen **Schafsnase** sind mehrere Sorten bekannt, besonders in Norddeutschland.

BACHAPFEL
Im Bundes-Obstarten-Sortenverzeichnis angegeben.

BACKAPFEL
Herkunft: Frankreich, 1535 schon erwähnt. Großer, flachrunder Apfel. Reife im Herbst. Schale grünlichgelb, später gerötet und dunkler gestreift. Fruchtfleisch ist fest, milde Säure, gewürzt. Synonyme: **Augustbreitling, Frauenapfel, Früher Rambur, Fürstenapfel, Gestreifter Backapfel, Großer Breitling, Großer Kornapfel, Grüne Atlasrenette, Herbstbreitling, Hohenheimer Schmelzling, Kindskopfapfel, Lothringer Rambur, Mühlapfel, Paradiesapfel, Pfundapfel, Rosenthaler Apfel, Rotgestreifter Pfundapfel, Tellerapfel, Weißer Sommerrambur.** (39)

Folgende Sorten sind im Bundes-Obstartenverzeichnis eingetragen:
BACKHAUSAPFEL
BAKER`S DELICIOUS
BAKLEY
BALDENHEIMER WEISSAPFEL
Baldenheimer Weißapfel. Sorte wird in Bavendorf erhalten.
BALDER Sorte wird bei der LLA in Triesdorf erhalten.

BALDWIN
Synonyme: **Butters, Pecker, Woodpecker.** Herkunft: Wilmington, Mass. USA. Mitte des 18. Jahrhundert. 1886 im Praktischen Ratgeber gelobt, aber nicht für unsere Verhältnisse zu übertragen. Tafel- und Wirtschaftssapfel Größe: 60/75 mm, Schorfanfällig. Süßsäuerlich, gewürzt, saftig, festes Fruchtfleisch. In USA brachte diese Sorte gut gefärbte ahnsehnliche Früchte. Der Apfel hat sich in den 30er Jahren im Alten Land nicht durchgesetzt. Farbmutation: **Double Red Baldwin.** (26-04/64) Auch: **Baldwin Double Red.**

BALDWINS ROTER PEPPING
Müßte mit dem **Baldwin** identisch sein. Synonyme sind identisch. **Butters, Pecker, Woodpecker.** Mittelgroß bis groß. Genussreife: XI bis III. Hellgelb, zur Reifezeit karmesinrot, auch gestreift. Der Baum wächst stark. Schorfanfällig. (39)

BALSGAARD
Im Bundes-Obstarten-Sortenverzeichnis eingetragen.

BALLARAT
In Neuseeland bekannter Wirtschaftsapfel. Großfrüchtig. Anbau in Europa nicht zu empfehlen. Wärmebedürftig. Dunkelrot. In den 60er Jahren beim OVR in Jork im Versuch. Ergebnis: Sorte ist für Deutschland nicht geeignet. (26)

BALLERINA
Der Begriff **Ballerina** steht für eine neuartige Baumform unter den Apfelsorten. Betonte Mittelachse und extrem kurzer Seitenanzweigung, meist als Fruchtholz. Es gibt verschiedene Sorte, die alle geschützt sind. Vertreiberfirma "Ballerina-trees". 1960 entstanden. Züchter: Wijcik, British Columbien. Ab 1976 Zuchtarbeit in East Malling durch Ken Tobbut. 4 Sorten sind bis heute bekannt. (47)

Bolero Große Frucht, ungleichmäßig, flachrund. Fest feinzellig, süß, mäßig saftig, ohne Aroma. Kann vom Baum gegessen werden.

Polka Mittelgroß, höher gebaut, ungleichmäßige Form. Fleisch fest und hart, wenig saftig, süß, ohne Aroma. Genussreife: Ende IX bis XII.

Waltz Mittelgroß, ungleichmäßige Form. Fest, saftig, süßsäuerlich, ohne Aroma. Baumreife: Anfang X, haltbar bis II.

Maypole Zierapfelsorte mit hübschen, karminroten Blüten und roten Früchten. Besonders für Gelee geeignet.

BAMBERGER RENETTE
Wurde 1936 von Goetz erwähnt, ohne Angabe von Daten. Bekannt ist auch eine **Bamberger Rote Renette. Bamberger** ist auch ein Synonym für den **Roten Eiserapfel** und den **Winterstettiner.**

BAMBERGER WOLLERLING
Lokalsorte in Oberfranken, rot gestreift und getüpfelt. Abb. (39 S. 53)

BANANENAPFEL
Vermutlich: **Lavanttaler Bananenapfel.** Synonyme: **Mother** und **Mutter.** Etwa 1870 in den USA gefunden. Tafelapfel. Mittelgroß, säuerlichsüß, bananenartig gewürzt. Im Alten Land ab den 40er Jahren nur gering verbreitet, aber unter dem Namen **Mutterapfel.** Die Sorte hat sich im Alten Land nicht durchsetzen können. Siehe auch unter **Mutterapfel.**

BANCROFT
Auch **Bankroft,** war bei der OVA in den 60er Jahren im Versuchsanbau. Entstand 1935 in Kanada. Kreuzung aus **Forest X McIntosh.** Frucht mittelgroß, dunkelrot, für den Anbau in Deutschland nicht geeignet. (26)

BANKS
Sorte wurde in „Deutscher Obstbau" von 1941 beschrieben. (83)

BÄNZINGER
Etwa 1880 aus Amerika in die Schweiz gekommen. Synonyme: **Amerikaner** und **Simönler.** Um 1890 bekam die Sorte in Sarnen (Obwalden) den Namen **Amerikaner.** Essapfel. Mittelgroß. Im Geschmack fest, ziemlich grob, saftig, von schwachem, nicht sehr edlem Gewürz und frischer Säure. Genussreife von Januar bis März. Etwas anfällig für Fleischbräune. (03)

BARHATNOE
Schwedische Apfelsorte. (27-12/96)

BARNACK BEAUTY
Englische Apfelsorte. (26)

BARON BRACHT
BARON WOLSLEY Synonym: **Dewdney´s Seedling.**
BARRITSKOV MADAEBLE
Alle drei Sorten sind im Bundes-Obstarten-Sortenverzeichnis eingetragen.

BARRY
Kreuzung aus **McIntosh X Cox Orangen Renette.** Züchtung der Versuchsstation Geneva. 1957 in den Handel gekommen. Mittelgroße, plattrunde Früchte. Intensiv gefärbtes dunkelrot. (26-12/64) Sorte wurde bereits 1941 in „Deutscher Obstbau" beschrieben. (83)

BARTLINER
Lokalsorte, stammt aus Pommern und war dort verbreitet. Mittelgroßer, schön gefärbter Tafelapfel. (39) Genussreife: XII bis II. Guter, regelmäßiger Ertrag. Auch für rauhere Lagen geeignet. Ausreichende Frosthärte.

BASCHIAPFEL
Im Bundes-Obstarten-Sortenverzeichnis eingetragen.

BASCHTLESAPFEL
Synonym: **Krakerle.** Aufgeführt im Bundes-Obstarten-Sortenverzeichnis. Im Raum Nürtingen in Württemberg ist eine alte Lokalsorte bekannt mit dem Namen **Bastlesapfel.** (67)

BASCOMBE MYSTERY
Im Bundes-Obstarten-Sortenverzeichnis angegeben.

BASINER RENETTE
Ein Tafelapfel, der im 19.Jh. in Oberösterreich und Salzburg angebaut wurde. Der Baum ist sehr robust und ertragreich. Auch: **Renette Basiner.** Genussreife: I bis IV. Mittelgroß. Schale grünlichgelb, Sonnenseite etwas gerötet und gestreift. Fruchtfleisch gewürzt.

BASLER WINTERAPFEL
BASSAMANDER
BATAAFSE BELLEFLEUR
Alle drei Sorten sind im Bundes-Obstarten-Sortenverzeichnis angegeben.

BATH
Siehe **Schöner aus Bath.**

BATULLENAPFEL
Synonyme: **Batullen, Naranc Salma, Piros Batul, Pomme Batullen, Pomme de Transsylvanie**, fälschlich auch **Steirischer Maschanzker. Transylvanica, Transylvanien, Üvegalma.** (45) **Batul.** (47) Herkunft: Siebenbürgen. In Rumänien stark verbreitet. Haushaltsapfel. Baum breit, kräftig. Guter Träger. Wurde im vorigen Jahrhundert für Straßen- und Feldanbau empfohlen. Gelbgrün, an der Sonnenseite etwas gerötet, leicht gestreift. Genussreife: XI bis III. Schreibweise bei Gaucher: **Batullen-Apfel.**

BAUGENE
Im Bundes-Obstarten-Sortenverzeichnis angegeben. Ist ein Zierapfel.

BAUJADE
Herkunft: Frankreich. Eine bei uns unbekannte Sorte. (27-7/96)

BAUMANNS RENETTE
Baumann´s Renette. Synonyme: **Baumann, Baumanns Rote Winterrenette, Baumann`s rote Winterreinette, Reinette Baumann, Baumanns Rote Winter-**

Renette, Rote Renette, Rote Winterrenette und **Winterrenette.** Soll ein Zufallssämling aus Belgien sein, seit 1800 bekannt. Andere Quellen sagen eine Züchtung von van Mons (Belgien) benannt nach dem Baumschulbesitzer Baumann in Bollweiler (Elsass) Mittelgroß. Baum ist anfällig für mehrere Krankheiten. Keine Bedeutung mehr. Die Sorte war im 19 Jh. in Kärnten, Voralberg, Böhmen und in der Gegend von Görz im Osten von Norditalien bekannt. Auch als Kochapfel verwendbar. In der Schweiz auch **Baumann´s Reinette.** Apfel mittlerer Qualität. Handelsname: **Baumann.** Literatur: (02) (03) (04) (14) (24) (39) (47)

BÄUMCHENS APFEL
Guter Tafel- und Wirtschaftsapfel. Geringe Ansprüche an Boden und Lage. Genussreife: XII bis II.Groß bis sehr groß. Grundfarbe gelb. Vorherrschende Säure, gewürzt. Fruchtfleisch grünlichgelb, fein, saftig, etwas gewürzt. Ausreichend süß.

Folgende Sorten sind im Bundes-Obstarten-Sortenverzeichnis angegeben:
BAUMGARTLING ,
BAVENDORFER, Lokalsorte aus dem Bodenseegebiet.
BAYH`S MOSTAPFEL,
BEACHAMWELL (Paton) und **BEACHAMWELL (Tatham)**

BEAUTY OF BEDFORD
Guter Pollenbildner. Auch **Schöner aus Bedford.**

BEAUTY OF MERRY
Synonym: **Merry.** Tafelapfel. Genussreife: XI bis III.

BEAUTY OF STOKE
BEAUTY OF THE WEST
Beide Sorten sind im Bundes-Obstarten-Sortenverzeichnis angegeben.

BECHERINGS SÄMLING
Lokalsorte aus Oldenburg. Vorwiegend Wirtschaftsapfel. Genussreife: X bis XI. Klein bis mittelgroß. Schale gelb, sonnenseits leicht gestreift. Merklicher Geruch. Fruchtfleisch gelblichweiß, erst fest, saftig, angenehm gewürzt, nur mäßig süß. (39)

BECKERS KÜCHENAPFEL
Im 19. Jahrhundert in der Rheinprovinz bekannt. Eine Lokalsorte. Sehr guter Wirtschaftsapfel. Mittelgroße, ansprechende Früchte. Wachsartig weiß, an der Sonne blassrot. (39)

Folgende Sorten sind im Bundes-Obstarten-Sortenverzeichnis eingetragen:
BECKS APFEL,
BED,
BEDAN,
BEER-BACHER TAFFETAPFEL,
BEFFERT und
BEIMERSTETTER LUIKEN.

BELCHARD
Golden Delicious X Reinette Clochard. Synonym: **Chantecler.** (39) Entstanden im Obstbauinstitut Angers. Bei uns unbekannt. Baum ist starkwüchsig. Ertrag hoch.

BEL EL
Red Elswout. Herkunft: Belgien. Sortenschutz in der EU seit 1966. Völlig tiefrote Mutation vom **Elstar.** Wuchs- und Ertrag wie Ursprungssorte. (75)

BELFORT,
Siehe unter **Abbondanza.**

BELGISCHER ANANASAPFEL
Synonyme: **Ananasapfel** und **Pomme Ananas.** Guter Tafel- und Wirtschaftsapfel. Genussreife: Oktober bis November. Großfrüchtig. Schale gelb, sonnenseits gerötet und gestreift. Ausreichend saftig. Fruchtfleisch hellgelb, knackig, später mürbe.

BELGISCHER EISENAPFEL
Im Bundes-Obstarten-Sortenverzeichnis eingetragen.

BELGISCHER KURZSTIEL,
Siehe unter **Königlicher Kurzstiel.**

BELGISCHER SCHNEEAPFEL
Synonym: **Pomme Neige** und **Schneeapfel.** Tafel- und Wirtschaftsapfel. Frühapfel, kleinfrüchtig. Schale grünlichgelb, sonnenseits rötlich. Saftig, gewürzt. Fruchtfleisch grünlichgelb, locker, saftig, gewürzt. Schwacher Geruch. (39)

BELLE AMERICAINE
Im Bundes-Obstarten-Sortenverzeichnis eingetragen.

BELLE D`AVRIL
Wurde vor 100 Jahren u. a. in Niederösterreich angebaut. Bekannt im Stift Zwettl.

Im Bundes-Obstarten-Sortenverzeichnis sind folgende Sorten eingetragen:
BELLE DE FONTENAY
BELLE DE MAGNI
BELLE DES BUITS
BELLE FILLE
BELLE JOSEPHINE
BELLE RIVET
BELLEFLEUR DE LARGE MOUSCHE
BELLEFLEUR ENGLESE
BELLEFLEUR KITAJKA
BELLEFLEUR KRASNIJ

BELLE FLEUR
schrieb man beim Bundesamt für Ernährung. Es gibt sehr viele Namen für den **Bellefleur.** Die Sorte muss in ganz Europa bekannt sein, da viele Länder einen eigenen Namen haben. In der EG-Liste der großfrüchtigen Sorten ist ein **Belle fleur double** angegeben.

BELLEFLEUR, GELBER
Metzgers Calville, Schafnase, Belleflower, Linoeus Pippin. Mittelgroß bis groß, 60-80 mm, sehr druckempfindlich. Tafelapfel. Schale ist glatt und trocken, grüngelbe Grundfarbe, wird goldgelb. Deckfarbe blassrosa, auffällig sind die schwarzbraunen, in der Grundfarbe grünen und in der Deckfarbe roten Punkte. Stammt aus New Jersey (USA), als **Jellow belle flower** nach England gekommen, von da nach Baden als **Metzgers Calvill** und Frankreich als **Linnoeus Pippin.** In Sachsen und Thüringer hieß er **Blumen-Calvill,** vereinzelt auch **Thüringer Gravensteiner.** In der Schweiz eine anspruchsvolle Qualitätssorte. (03) Weitere Synonyme 1894 bei Gaucher: **Belle Flavoise, Bellflower, Gelber Belle-Fleur, Gelber englischer Schönblühender, Lady Washington, Lincoln Pippin, Metzgerapfel, Metzger's Calvill, Yellow Bellefleur, Yellow Bellflower, Warren Pippin, Washington, Weisser Metzgerapfel.** (45) **Frumos Galben** (Rumänien), **Jioltíí Belflior** (Russland), **Jolt Belflior** (Bulgarien) **Kraskvét Zlutý** (Tschechien), **Lepocvetka** (Jugoslawien), **Pepina Linneusza** (Polen), **Sárga Szépvirágú** (Ungarn) Bekannt sind noch: **Bellefleur de Large Mousche** und **Bellefleur Englese.**

BELLEFLEUR, ROTER
Auch **Holländischer Bellefleur.** War dort stark verbreitet, ebenso in Belgien und im Rheinland. Synonyme: **Malmedyer Bellefleur, Roter Holländischer Bellefleur,**

Siebenschläfer, Pfingstapfel, Kronenbaum, St. Wendeler, Eisenacher. Am Niederrhein auch **Koulmännekes.** Wurde in Belgien in Gruben (Koulen) eingemietet.

BELLEFLEUR KITAIKA

Herkunft: Russland, Züchtungsprogramm von Mitschurin. Kultursorten mit Wildarten - **(Malus prunifolia)** um die Frosthärte der Äpfel zu erhöhen. Geschmacklich nicht befriedigend, aber reichliche und regel-mässige Erträge. Mittelgroße bis große weißlichgelbe Früchte. Ertrag setzt sehr früh ein, sehr reich und regelmäßig. (39) In Pillnitz wird der **Bellefleur Kitajka** erhalten. Bekannt ist noch ein **Bellefleur Krasnij.**

BELLEFLEUR RECORD

Auch **Bellefleur Rekord.** Züchtung von Mitschurin aus Russland. Kreuzung aus **Bellefleur Kitaika X (Malus niedzwetzkyana X Antonowka).** Frühwinterapfel. Frucht entspricht nicht den Anforderungen an Aussehen und Geschmack. Rotes Laub, intensiv blaurote Früchte und rötliches Fruchtfleisch haben aber Zierwert.

BELLEFLEUR, WEISSER

Weißer Bellefleur ist im Bundes-Obstarten-Sortenverzeichnis angegeben.

BELOBORODOWA

Synonym für die Sorte **Weißer Astrachan.**

BELLIDA

Sorte aus den Niederlanden. 1995 von der Obstversuchsstation Wageningen freigegeben. Sind große, sehr saftige und süße Früchte. (27-2/96)
Auch im Bundes-Obstarten-Sortenverzeichnis eingetragen. (70)

BELMAC

Herkunft: Kanada. Kreuzung aus **Ottawa 521 (Melba x 11-151) X Spartan.** Auffallend sind die Winterfestigkeit und die Schorfresistenz. (27-11/96)

BELOBORODOWA

Synonym Für den **Weißen Astrachan.**

BELPBERGER RENETTE

Ist im Bundes-Obstarten-Sortenverzeichnis angegeben.

BELRENE
Strahleninduzierte Mutante der **Goldparmäne.** Entstanden bei I.N.R.A. in Angers, Frankreich. Virusfrei. Gut gefärbte und wohlgeformte Früchte.

BELUMER FALSCHER GRAVENSTEINER
Lokalsorte. Vermutlich aus der Gemeinde Belum im Land Hadeln, heute Landkreis Cuxhaven. (Autor) Im Bundes-Obstarten-Sortenverzeichnis eingetragen.

BELVEDERE
Historische Sorte, 1854 von Calwer beschrieben. Wirtschaftsapfel. Frucht flachrund mit breiten Rippen. Schale gelblichgrün, Sonnenseite gerötet. Das Fruchtfleisch ist locker und veilchenartig gewürzt. Genussreife: XI bis XII. (40)

BEN DAVIS
Zufallssämling aus den USA, um 1800 gefunden. Großfrüchtig, wurde zeitweise in den 50/60er Jahre des 20. Jahrhunderts in Belgien angebaut. Heute noch in Japan. Vorwiegend Wirtschaftsapfel, geschmackliche Beurteilungen gering. Hellgrün, schwach gestreift, stark berostet. Mutante: **Black Ben Davis.** Früchte der Ben-Davis-Gruppe haben in der Regel ein grobes und festes Fruchtfleisch. Schale ist dick, sind gut haltbar und transportfähig. (83) **Black Ben Davis** ist auch in der Liste der großfrüchtigen Sorten.

BENDETTA
Sehr guter Tafel- und Wirtschaftsapfel (39) Mittelgroß, flachrund. Saftig, renettenartig gewürzt. Hellgelb, sonnenseits gerötet und gestreift.

BENONI
Zufallssämling aus den USA, State of Massachusetts. Sorte war schon vor 1800 bekannt. Wohlschmeckend, war nie bedeutend, wurde in den 50er Jahren noch in den Niederlanden angebaut. In den 80er Jahren wieder Exporte nach Deutschland. Diploid, soll sich, was bei Äpfeln selten vorkommt, selbst befruchten können. (39) Sehr früher Tafelapfel. Der Baum wächst sehr stark, ist krebsanfällig und neigt stark zur Alternanz. Nur für Niederstämme geeignet.

Im Bundes-Obstarten-Sortenverzeichnis werden folgende Sorten aufgeführt:
BENONI SCARLET
BENROSE
BENTINGER KALVILL.
BEPODOBNOE KRYSNOSKOE

BERGAMOTTENRENETTE
Historische Sorte. Züchtung von Mitschurin aus Rußland. Wurde bei uns nicht angebaut. Geschmack, Form und Farbe der Früchte befriedigen nicht. (26-4/64) (40)

BERGENER WEINLING
Angegeben im Bundes-Obstarten-Sortenverzeichnis.

BERLEPSCH
Kreuzung aus **Ananas Renette X Ribston Pepping.** Synonyme: **Baron de Berlepsch, Baron von Berlepsch, Berlepsch's Goldreinette, Berlepschs Goldrenette, Freiherr von Berlepsch, Goldreinette, Goldrenette, Goldrenette Freiherr von Berlepsch, Reinette dorée de Berlepsch.** Seit 1880 bekannt. Süßsäuerlich, sehr aromatisch. Die Sorte entstand in Deutschland. Sie gilt als eine der besten Züchtungen von Dietrich Uhlhorn jun. aus Grevenbroich. Die 1. Frucht wurde auch 1880 gezogen. Sorte ist diploid. Bevorzugt milde Lagen. Mittelgroß, Schale ist rauh, gelblichgrün mit roter bis dunkelroter Deckfarbe. Genussreife: XI bis III. Tafelapfel. Mutation: **Roter Berlepsch.** Bekannt ist noch **Berlepsch 239 T III.** Handelsname: **Berlepsch.** Literatur: (03) (04) (14) (33) (75)

Im Bundes-Obstarten-Sortenverzeichnis eingetragen sind:
BERLIKA und
BERLINER BLENHEIM

BERLINER SCHAFSNASE
Synonym: **Berliner Schlotterapfel.** Sehr guter Wirtschaftsapfel, mittelgroß bis groß. Genussreife: XII bis III. Zur Reifezeit gerötet und gestreift. Ist aber nicht mit der **Rheinischen Schafsnase** identisch. Stammt aus Norddeutschland. Großfrüchtig, hochrund. Wirtschafts- und Mostapfel. Bei Reife goldgelb, rotbraun marmoriert. Fleisch ist gelblichweiß, saftig, fest. Noch für den Streuobstanbau auf Hochstamm geeignet. (47)

Im Bundes-Obstarten-Sortenverzeichnis eingetragen sind:
BERLON und
BERLONTA

BERNBACHER ROSENAPFEL
Tafelapfel. Genussreife: Oktober. Mittelgroß, abgestumpft rund. Gelblichgrün, Sonnenseite gerötet, leicht gestreift. Fruchtfleisch vorwiegend süß, gewürzt. (40)

BERNECKER
Im Bundes-Obstarten-Sortenverzeichnis angegeben.

BERNER ROSENAPFEL
Synonyme: **Berner Rosen, Neuer Berner Rosenapfel, Rose de Berne.** Schweiz seit 1888. Gefunden von Herrn Daepp, Baumschulbesitzer in Opplingen. (CH) Zufallssämling. Grundfarbe: grüngelb, Deckfarbe: dunkelkarminrot. Klein- bis mittelgroß. War in der Schweiz sehr beliebt, wurde 1945 noch zum Anbau weiter empfohlen, als eine der wertvollsten Herbstsorten. (02) R. Koloc schreibt: Die Sorte wurde um 1865 vom Landwirt Baumann im Kanton Bern als Waldsämling aufgefunden und nach Opplingen verpflanzt, dann erst 1888 von Paul Daepp verbreitet. (92)

BERNHARDSAPFEL
Alte Lokalsorte aus Württemberg. (67)

Im Bundes-Obstarten-Sortenverzeichnis sind folgende Sorten angegeben:
BERNHARDSZELLER
BERRY
BERZJNINKA ANANAS
BESAMJAMBO
BESPODOBNOE
BESPODOBNOE KRASNOE

BESSEMJANKA
Herkunft: Rußland, von Mitschurin. Geschmacklich nicht befriedigend. Mittelgroße, etwas abgeplattete Früchte, ansprechend rot geflammt. Um 1900 wegen seiner Frosthärte zur Züchtung eingeführt. (40)

BESSEMJANKA MITSCHURINA
Im Bundes-Obstarten-Sortenverzeichnis auch als **Bessemyanka Mitschurina.** Züchtung von Mitschurin, aus Russland. Sorte wird in Dresden-Pillnitz erhalten. Sorte ist identisch mit **Bessemjanka.** (70)

BETHEL
Amerikanische Sorte. Großfrüchtig. Schale dunkelrot mit bläulichem Hauch. (83)

BETZINGER GRÜNAPFEL
Im Bundes-Obstarten-Sortenverzeichnis angegeben.

BEUTELSBACHER RAMBUR
Siehe unter **Rambur von Beutelsbach.** Eine Lokalsorte aus dem Remstal. Sorte wurde einige Male erwähnt bei Goetz in „Verhalten von Apfel- und Birnenedelsorten beim Umpfropfen zueinander“ (12)

BEUTELSBACHER RENETTE
Lokalsorte aus dem Badischen. Sortenprüfung; Forschungsanstalt in Geisenheim.

BEUTINGER KALVILL
Im Bundes-Obstarten-Sortenverzeichnis angegeben.

BEVERLY HILLS
Sorte in den USA. Stammt vom **McIntosh** ab. (26-7/8/59)

BICKS RAMBOUR
Bei Prof. Schanderl als schlechter Pollenbildner angegeben, triploid. (33)

BIELO BORODOWKA
Sommerapfel, Frucht mittelgroß, guter Ertrag. Schale gelb, ansprechendes Aussehen. Reifezeit: August. (39)

BIESTERFELDER RENETTE
Eine alte deutsche Sorte und typische **Goldrenette.** Zufallssämling, auf Schloß Biesterfeld bei Bad Pyrmont entstanden. Seit 1905 im Anbau, vor allem in Westfalen und Sachsen. Nicht befriedigend im Ertrag, wird schnell mehlig. Saftig, süß, aromatisch, wurde in den 30er Jahren als allerfeinster Tafelapfel eingestuft. 60/80 mm regelmäßig. Preisgruppe 2. Wurde ab 1940 versuchsweise auch im Alten Land angebaut. Handelsname: **Biesterfelder.** Stammt vermutlich von der **Goldrenette von Blenheim** ab. Der Baum ist mittelstark wachsend, liebt bessere Böden und lehmigen Sand. 1904 die erste Beschreibung von Pfarrer W. Wilms, Nieheim, Westfalen. Literatur: (01) (47) (71) (93)

BIETIGHEIMER
Alte Sorte. Großfrüchtig, grobes Fruchtfleisch. Nur mittlere Qualität. Die Sorte hat noch verschiedene Abarten. (83)

BIG TIME
Herkunft: Australien. **Lady Williams X Golden Delicious.** Spätreife Lagersorte. Ist in Deutschland kaum bekannt geworden. (Autor)

BIHOREL RENETTE
Stammt aus Rouen-Frankreich. Französisch: **Reinette Bihorel.** Wirtschaftsapfel, saftig, einseitig sauer, schwach gewürzt. Mittelgroß. Keine wertvolle Sorte. Wurde in der Schweiz angebaut. (03)

BINET ROUGE
Mostapfelsorte in Österreich. Verarbeitung: November. (44)

BINSFELDS GOLDRENETTE
Tafelapfel, sehr ansprechende Frucht. Baum starkwüchsig. Ertrag mittelstark. (39)

BIRNENAPFEL VON KNOOPS
Historische Sorte. 1797 von Christ beschrieben. Winterapfel, vorherrschend süß. Schale gelb, sonnenseitig gerötet. Wenig saftig, gewürzt. (40) Synonym: **Grauer Birnsüßer von Knoops.**

BIRNENRENETTE
Synonym der **Herbstparmäne.** Seit etwa 1500 bekannt.

BIRNFÖRMIGER APFEL
Synonyme: **Pomme-Poire** und **Wahrere Birnförmiger Apfel.** Herkunft unbekannt.Geschmack nicht befriedigend, fast kleinfrüchtig, süß. Bei Sickler Bd. VII 1797 ist von einer **Apfelbirn** die Rede. Wird genau beschrieben, mit Bildtafel. Im Rheinland hieß der Apfel: **Rheinische Birn.** Bestimmt sind diese Sorten identisch. (31)

BISCHOFSHUT
Synonyme: **Bischofsmütze** (Sachsen) und **Bischofsrenette.** Genussreife: X bis I. In der Gegend um Hanau ist auch eine Lokalsorte mit dem Namen **Bischofsmütze** bekannt. (93)

BISCHOFSMÜTZE
Lokalsorte in Ostsachen, stammt vermutlich aus der Lausitz. Mittelgroß bis groß. Intensiv gerötet und etwas gestreift. Mildsäuerlich, leicht gewürzt. Ertrag ist mittel. Ansprüche an Boden und Lage sind normal. (39) Name ist auch ein Synonym der Sorte **Geflammter Kardinal.** (88)

BISMARCK
Synonym: **Bismarckapfel, Prince Bismarck.** Herkunft: Neuseeland, kam um 1870 nach England und dann auf den Kontinent. Wirtschaftsapfel. Frucht ist mittel-

bis großfrüchtig, saurer Geschmack, schwach gewürzt. Seit den 30er Jahren nicht mehr im Anbau. 1888 im Hofgarten von Baden-Baden zum erstenmal in Deutschland angepflanzt, durch den Hofgärtner Fießer. Preisgruppe 5. Minderwertige Handelsfrucht. Im Gartenobstbau stark vertreten. Die Sorte **Fürst Bismarck** hat mit dieser nichts zu tun. Nachzulesen in Deutschlands Obstsorten. (24)

BISQUET

Eine unbekannte Mostapfelsorte in Österreich. (44) Hier möchte ich noch anmerken, dass es vor dem II. Weltkrieg alleine in Niederösterreich etwa 600 Lokalsorten gegeben hat. Von einzelnen Sorten werden sicher noch versteckt, einige Bäume stehen. Leider gibt es kaum noch Fachleute, die diese Sorten indentifizieren können. (Autor)

BITTENFELDER

Synonym: **Bittenfelder Sämling.** Wirtschaftsapfel, für Süßmost und Apfelwein. Hat die Polarfröste 1929, 1939/40 und 1985 gut überstanden. Zufallssämling aus der Gemeinde Bittenfeld, Rems-Murr-Kreis (Baden-Würt.) Klein bis mittelgroß und rundlich. Schale glatt, hellgrün bis gelb, mitunter leicht rötlich gefärbt. Verarbeitung: XI bis III. Mutanten sind nicht bekannt. Hat sich als Sämlingsunterlage im Alten Land sehr frostresistent erwiesen.

BITTERSÜSS

Bittersüß. Synonym: **Bittersüßapfel.**

Im Bundes-Obstarten-Sortenverzeichnis sind folgende Sorten angegeben:

BITZFELDER STEINBRUCHAPFEL

BJELOBORODOWKA

BJELORUSSKI SINAP

BLÄBER

BLACK BEN DAVIS

Mutante von **Ben Davis.** Stammt aus den USA. Zählt lt. EG-Verordnung zu den großfrüchtigen Sorten. (36)

BLACK LADY

Synomyn des **Schwarzen Api.** (39)

BLACK STAYMAN

Eine stark rote Mutante des **Stayman Winesap.** Eine großfrüchtige Sorte lt. EG-Verordnung. (36)

BLACK WINESAP
Wurde in den 80er Jahren des 20. Jahrhunderts in geringen Mengen aus Argentinien geliefert. Eine rote Mutante des **Winesap.**

Im Bundes-Obstarten-Sortenverzeichnis sind folgende Sorten angegeben:
BLAHA ROESLEIN
BLAHAS ORANGENRENETTE
BLAHOVA LIBOVICE
BLAHOVA RENETA
BLAIRMONT Synonyme: **Blairmont Apple, Blairmontapfel.**
BLANIK.

BLANKER APFEL
Lokalsorte in Schleswig-Holstein. Seit dem 19. Jh. bekannt. Soll aus Glücksburg stammen. Ein weißlichgrüner Sommerapfel. Der Baum wächst mittelstark und ist sehr reichtragend. Genussreife: IX bis X. (71) Ist auch im Bundes-Obstarten-Sortenverzeichnis angegeben.

BLAUACHER
Synonyme: **Blauacher Hessenreuther, Blauacher Wädenswil** und **Hessenreuter.** Lokalsorte in der Schweiz, stammt aus der Gegend von Weinfelden. Most- und Wirtschaftsapfel. 1886 in einer Mostapfelanlage in Thurgau gefunden. Kleinfrüchtig. Fruchtschale fettig, gelblichgrün. Fruchtfleisch fest. Verarbeitung: September. Baum wächst gut, aber krebsanfällig. Blüht spät. (02)

BLAUER CALVILLE
Sehr ertragreicher Frühherbstapfel. Lokalsorte. War im 19. Jh. in Voralberg als Koch- und Mostapfel bekannt und beliebt. (02)

BLAULUIKENAPFEL
1937 bei Goetz erwähnt, ohne Beschreibung. (12)

BLENHEIM
Synonyme: **Blenheim Orange, Blenheim Pepping, Blenheim Pippin, Goldreinette von Blenheim,** (Schweiz), **Goldrenette von Blenheim, Kempster´s Pippin, Reinette Dorée de Blenheim** (Schweiz), **Renette Blenheim, Woodstock Pippin.** Wurde am Anfang des 19. Jh. in Woodstock, Grafschaft Oxfordshire in England gefunden und nach dem benachbarten Landsitz "Blenheim" des Herzogs von Marlborough benannt. Fruchtfleisch ist locker, mürbe, fein und saftig, angenehm gewürzt. Begrenzte Lagerfähigkeit. Keine Bedeutung mehr. Siehe

auch **Goldrenette aus Blenheim.** Weitere Synonyme: **Gold-Renette aus Blenheim. Impératrice Eugenie. Goldrenette, Blenheim Pepping.** Großer bis sehr großer Apfel. Fruchtfleisch ist gelblichweiß mit leichtem rötlichem Anflug. Sehr würzig, feiner säuerlicher Geschmack. Genussreife: XI bis IV. Neigt stark zur Stippigkeit, unregelmäßiger Ertrag. Je nach Standort, anfällig für Krebs. Zählt zu den großfrüchtigen Sorten, laut EG-Verordnung. (02) (04) (36) (47)

BLENKENS GOLDRENETTE
Lokalsorte. Schale gelb, rotflächig und rot gestreift. Herkunft ist unbekannt. (39)

Im Bundes-Obstarten-Sortenverzeichnis sind Folgende Sorten angegeben:
LODDY PLOUGHMAN
BLOMMING
BLUE PEARMAIN

BLUE PEARMAIN
Herkunft: Nordamerika. Große dunkelrote Früchte mit bläulichem Hauch, etwas Geruch. Fruchtfleisch ist mürbe, Schale dick. (83)

BLUMBERGER LANGSTIEL
Lokalsorte im südlichen Baden-Württemberg. Guter Küchenapfel. Genussreife: X bis XII. Die Schale ist leicht fettig, Sonnenseite ist gestreift. Säuerlich. Sorte ist besonders für den Streuobstanbau geeignet, da sie sehr widerstandsfähig gegen Krankheiten, Schädlinge und ungünstige Witterungsverhältnisse ist. (39) Befindet sich z. Zt in der Sortenprüfung Forschungsanstalt in Geisenheim. (85)

BLUMENKALVILL
Historische Sorte, 1854 von Calver beschrieben. Frühapfel. Gelb bis goldgelb. Sonnenseite gestreift. Quittenartig gewürzt. Name ist auch ein Synonym für den **Gelben Bellefleur** und den **Gravensteiner.** (40)

BLUMENSAURER
Ein Synonym für den **Rabau.**

BLUSHING GOLDEN
Synonyme: **Golden Griffith** und **Grifer.** Kreuzung aus **Golden Delicious X Jonathan.** (25) Züchter: R. Griffith aus Cobden, USA. Im Bundes-Obstarten-Sortenverzeichnis auch als **Blushing Golden Stark** oder als **Stark Blushing** aufgeführt. (70) Frucht ist etwas kleiner, säurereicher und einige Tage später reif als der Golden Delicious. Die Sonnenseite ist gerötet. (40)

BLUTAPFEL
Synonym: **Pomme Sanguinole.** Sehr guter Wirtschaftsapfel. Genussreife: Dezember bis Mai. Schale grünlich, später gelb, sonnenseitig dunkelrot. Fleisch ist säuerlich, nur etwas süß. (40) Name ist auch Synonym für den **Purpurroten Cousinot** und den **Roten Herbstkalvill.**

BLUTROTE RHEINISCHE RENETTE
Synonym: **Rheinische Renette.** Vorwiegend Wirtschaftsapfel. Klein bis mittelgroß. Viel Säure, ausreichend süß. Genussreife: XII bis IV. Hellgelb, Sonnenseite gerötet, Schattenseite gestreift. Weinsäuerlich saftig, nicht gewürzt. (40)

BLUTROTER KARDINAL
Synonyme: **Blutroter Winter-Kardinal** und **Kardinal.** Guter Wirtschaftsapfel. Verwertung: XI bis III. Großfrüchtig. Sonnenseite kräftig gerötet.

BLUTSTREIFLING
Synonym der Sorte **Öhringer Blutstreifling.**

Im Bundes-Obstarten-Sortenverzeichnis sind folgende Sorten angegeben:
BÖBLINGER APFEL
BODDENBERGS ROTER

BODENFELDER RENETTE
Sehr guter Tafel- und auch Wirtschaftsapfel. Mittelgroße und gleichmäßige Früchte. Genussreife: X bis XII. Hellgelb, sonnenseitig goldgelb. Saftig, angenehm gewürzt. Viel Säure und Zucker. (40)

BODENSEERAMBUR
Lokalsorte. Angegeben im Bundes-Obstarten-Sortenverzeichnis.

BOEDICKERS RENETTE
Schreibweise bei Prof. Schanderl, Geisenheim. W. Votteler schreibt **Bödikers Goldrenette.** Tafel- und auch Wirtschaftsapfel, mittelgroß bis groß. Schale gelb, Sonnenseite etwas gerötet. Gestreift. Zimtartig gewürzt. Schwacher Geruch. Sorte ist triploid. (33) (39) (40)

Im Bundes-Obstarten-Sortenverzeichnis sind folgende Sorten angegeben:
BOGATIR Synonym: **Riesenapfel.**
BOHEMIA
BOHLENAPFEL

BÖHMER
Synonyme: **Edelböhmer, Pomme Passe-Böhmer.** Sehr guter Tafelapfel. Brauchbarer Wirtschaftsapfel. Genussreife: XII bis III. Schale gelb, an der Sonnenseite goldgelb, meist stark gerötet. Fruchtfleisch weißlich, fein, etwas rosenapfelartig gewürzt. (39)

BÖHMER COX
Synonym: **Zlatka.** Kreuzung aus **Zlatava X Dukat.** Züchter ist das Institut für Experimentelle Botanik in Prag. Sortenschutz seit 1997. Schorfresistente Herbstsorte. Großfrüchtig. (75)

BÖHMERMARSCHANZKER
Angegeben im Bundes-Obstarten-Sortenverzeichnis.

BÖHMISCHER BRÜNNER
Alte Lokalsorte in der Oberpfalz.

BÖHMISCHER BRÜNNERLING
Eine alte österreichische Lokalsorte. Wird auch in der Genbank in Linz erhalten. (44) Bestimmt identisch mit **Böhmischer Brünner.** (Autor)

BÖHMISCHER LECKERBISSEN
Edelroter X Atlantapfel. Frucht ist mittelgroß, Schale hellgelb, an der Sonne lebhaft gerötet. Fruchtfleisch ist süß, gewürzt. Der Baum ist sehr fruchtbar. Genussreife: XII bis I. (39)

BÖHMISCHER ROSENAPFEL
Synonym: **Großer Böhmischer Sommerrosenapfel.** Brauchbarer Tafel- und Wirtschaftsapfel. Sorte ist diploid. Genussreife: VIII bis IX. Schale ist grünlichgelb, sonnenseits gerötet und kräftig gestreift. Starker Geruch. Fleisch ist weiß, manchmal gerötet. Vorherrschende Säure, wenig süß, etwas gewürzt. (33) (39)

BÖMISCHER SOMMERAPFEL
Sehr früher Sommerapfel. War im 19. Jh. in Böhmen als Wirtschaftsapfel bekannt und beliebt. Braucht kräftige Böden, ist dann sehr ertragreich. Identisch mit dem **Böhmischen Sommerrosenapfel.** (Autor)

BÖHMISCHER SOMMERROSENAPFEL
War vor 100 Jahren in Böhmen als Koch- und Dörrapfel bekannt und beliebt. Baum ist ertragreich und mag kräftige Böden. Genussreife: August. Literatur: (02)

BOHNAPFEL

Rheinischer Bohnapfel, auch **Großer Rheinischer Bohnapfel.** (Nach Diel). Vor 1800 im Anbau, stammt vom Mittelrhein (Neuwieder Becken). Synonyme: **Anhalter, Bobovec** (Jugoslawien), **Grochowka** (Polen), **Großer Rheinischer Bohnapfel, Jockerle, Kleiner Rheinischer Bohnapfel, Pomme Bohn, Strýmka** (Name in Polen), **Weißer Bohnapfel.** Bekannt ist auch ein **Roter Bohnapfel.** (Knospenmutation) Verwendbar als Küchenapfel. Genussreife: II bis VI. **Kleiner Rheinischer Bohnapfel,** ist ein sehr guter Wirtschaftsapfel, soll aber mit dem **Großen Rheinischen Bohnapfel** identisch sein. In Höhenlagen bis 800 m anbaufähig. In Österreich als Wirtschaftsapfel in der Steiermark, in Ober- und Niederösterreich, sowie in Böhmen und Mähren schon im 19. Jh. angebaut. Wurde von Sickler bereits 1797 genau beschrieben. Mit Abbildungen vom **Rheinischen Bohnapfel** und vom **Großen Bohnapfel.** Hofrat Diel gab 1797 folgende Anmerkung über den **Großen Bohnapfel:** „Dieses ist eine Spielart des **Rheinischen Bohnapfel,** vielleicht aus dem Kern entstanden; unterscheidet sich aber in nichts von demselben an Baum und Güte. Folglich ist es wohl unnöthig noch etwas hinzu zu setzen.“ (31) Der **Bohnapfel** zählte zu den drei "Reichsobstsorten" beim Apfel, die am 24. Januar 1922 durch die Deutsche Obstbaugesellschaft als wirtschaftlich wichtig eingestuft wurden. (47)

BOIKENAPFEL, ECHTER

Hervorragender Wirtschafts- und Musapfel. Schorfanfällig, wird nicht mehr angebaut, war an der gesamten Niederelbe verbreitet. 65/75 mm ungleichmäßig, hervorragende Lagerfähigkeit, säuerlich, saftig und erfrischend. Sorte ist diploid. Im Umland von Bremen entstanden. Zufallssämling. 1828 zum ersten Mal vom Hamburger Magister Schroeder beschrieben. Die Sorte wurde nach dem dortigem Deichvogt Boiken benannt. Der **Horneburger Pfannkuchenapfel** soll vom Boiken abstammen. Für rauhe Lagen und magere Böden als Ess- und Wirtschaftsapfel geeignet. Wurde vor über 100 Jahren schon in Ober- und Niederösterreich, in Böhmen und in der Bukowina. (damals zu Rumänien gehörend) angebaut. Verbreitung auch in der Oberlausitz und in vielen sächsischen Landkreisen. Genussreife: Januar bis Mai. Der Baum wächst mittelstark und hat eine breitkugelige Krone. Frosthartes Holz. Die Bäume können sehr alt werden. Alle **Boiken** waren damals in der Preisgruppe 4 eingestuft. Aus eigener Erfahrung heraus, habe ich auch den **Echten Boiken** nie für einen Tafelapfel gehalten. Er war eben ein Universalapfel für alle Zwecke, zumal es keine Probleme bei der Lagerung gab. Die Apfelmushersteller haben für **Boiken** und **Horneburger** immer gute Preise gezahlt. Literatur: (01) (02) (33) (39) (95) (Autor)

BOIKEN, BURFEINDS
Altländer Lokalsorte. Spielte an der Niederelbe nur eine geringe Rolle. Synonyme sind nicht bekannt. (Autor)

BOIKEN, KRAUTSANDER
Wirtschaftsapfel. Stammt von der Elbinsel Krautsand. War an der Niederelbe etwas verbreitet. Großfrüchtig. 75/95 mm. Anfällig für Blüten- und Kernhausfäule. Wird schon lange nicht mehr angebaut. Im Geschmack säuerlich, saftig und frisch. Ein idealer Musapfel. Synonyme sind nicht bekannt. (01) (Autor)

BOIKEN, LÜHRS
Lokalsorte im Alten Land. Heute unbekannt. (Autor)

BOIKEN, NEUHÄUSER
Wirtschafts- und Musapfel, nur etwas an der Niederelbe verbreitet. Säuerlich, saftig, frisch, 70/90 mm unregelmäßig. Baumreife: Ende September, wird nicht mehr angebaut. Haltbar bis Januar. Preisgruppe 4. (01)

BOIKEN, REHDERS
Vorwiegend in der 1. Meile des Alten Landes. Fleisch ist herb, säuerlich, etwas fest, ohne besonderes Aroma. Kleinfrüchtig, 50/65 mm, wird schon lange nicht mehr angebaut. Wirtschaftsapfel, war für die Kühllagerung geeignet. (01)

BOIKEN
Doppelter Boiken. Wurde manchmal als sehr guter Tafel- und Wirtschaftsapfel bzeichnet. Vor ca. 100 Jahren wurde diese Sorte Im Alten Land sehr empfohlen. Meine Meinung: Alle **Boiken** sind gute Wirtschaftsäpfel, noch besssere Musäpfel. Kein **Boiken** ist ein guter Tafelapfel. (78) Bekannt ist noch der **Riesenboiken.** Lokalsorte, bekannt als schlechter Pollenspender, sehr großfrüchtig, war auch in Norddeutschland nur wenig verbreitet. (39) (Autor)

BOIKEN
Mit dieser Bezeichnung in der Schweiz und in Österreich bekannt. Die österreichische Literatur sagt: Zufallssämling aus Deutschland, um 1800. Die schweizer Literatur sagt: Ältere Sorte. Norddeutscher Ursprung, aus der Gegend von Bremen. Magister Schröder-Hamburg beschreibt den **Boiken** zuerst 1828. Benannt nach dem Deichvogt Boiken. Im "Praktischen Ratgeber von 1889 wurde der Anbau des **Boikenapfels** in den Elb- und Wesermarschen empfohlen. Hier gehe ich immer vom **Echten Boiken** aus. Die anderen **Boiken** sind fast alle später, an der Niederelbe, entstanden. (Autor) Der **Boiken** ist auch in Oberbayern, zumindestens

in der Umgebung von Bad Feilnbach, Kr. Rosenheim bekannt. In der Schweiz wurde der Apfel schon 1945 nicht mehr empfohlen, wegen seiner Anfälligkeit gegenüber verschiedener Krankheiten. Bernkopf in Österreich schreibt: widerstandsfähig gegen Blüten- und Winterfrost; anfällig für Krebs, Mehltau und Schorf. (02) (03) (17) (Autor)

BOISBUNELS KALVILL
Synonym: **Calleville Boisbunel.** Wirtschaftsapfel. Mittelgroß bis groß. Genussreife: XI bis II. Schale grünlichgelb, Sonnenseite gerötet. Wenig gewürzt. Merklicher Geruch, Fruchtfleisch grünlichgelb, ziemlich fein, saftig, wenig gewürzt. Kräftige Säure, wenig süß. Der Baum ist sehr fruchtbar, wächst mittelstark. (39)

BOLDENBERGS ROTER
Im Bundes-Obstarten-Sortenverzeichnis eingetragen.

BOLERO
1960 in Kanada von Wijcik entdeckt. Zufallsmutante des **McIntosh.** Ballerinaapfel mit säulenförmigen Wuchs für Engpflanzungen und Topf. Nicht haltbar. Schale gelbgrün, Sonnenseite gerötet. Mäßig saftig, süß. Plück- und Genussreife: Anfang September. Literatur: (39) (47) (75)

BÖLLES LIEBLING
Unbekannte Sorte, 1937 von Goetz erwähnt, ohne Beschreibung. (12 S. 24)

BONBONAPFEL
Synonym für die Sorte **Konfetnoje.**

BONUM
Tafel- und Wirtschaftsapfel. Kleinfrüchtig. Genussreife: Januar bis Mai. Schale hellgelb. Geruch schwach. Fleisch ist saftig süß und gewürzt. (39)

BONZA
Zufallssämling vom **Jonathan.** Wurde 1950 in New South Wales/Australien gefunden. Früchte schwerer als **Jonathan.** Fleisch ist weiß, fest, knackig, saftig und süßsäuerlich schmeckend. Regelmäßiger Träger. Sehr guter Tafelapfel. Mittelgroß bis groß. Schale glatt, leicht bewachst. Bei Reife goldgelb, sonnenseits flächig, karmesinrot gestreift. Genussreife: Mitte Oktober bis März. (39) (47)

BORNMÜLLERS FRÜHAPFEL
War im 19. Jh. eine Lokalsorte in Thüringen. (16 S. 799)

BOROWINKA
Flach, rosarot, seit Ende des 19. Jh. im Alpenvorland bekannt, stammt aus Russland. Um 1900 entstanden. Als Tafelapfel ungeeignet, schreibt die Obstbauversuchsanstalt in Jork. (26) Wenig Deckfarbe kantig und spitze Form, verwaschen rötlich. Saftig, aromatisch, schmelzend. Vereinzelt noch im Landkreis Rosenheim anzutreffen. Genussreife: XI bis XII. Wird hier als guter Tafelapfel beschrieben. Vielleicht ist der Geschmack im Alpenvorland wirklich besser, gegenüber anderen Anbaugebieten. Der Baum wächst stark, gesunder Wuchs, anspruchslos. Ideal für den Anbau im Hausgarten und in Streuobstanbaugebieten. Der Apfel ist großfrüchtig. Sorte ist sehr frosthart. Zur **Borowinka**-Gruppe gehören noch: **Neuer Borowinka, Borowinka Krasnaja, Borowinka sladkaja, Borowinka Lugouaja.** (39)(83) (Autor)

BORSDORFER
Eine sehr alte Sorte, nur geringer Wert. Preisgruppe 5. Es gibt verschiedene vom **Borsdorfer** abstammende Sorten, bzw. Abarten, die sich **Borsdorfer** nennen. Schiller hat bereits 1795 den **Borstorffer** und den **Borstorper** sehr genau beschrieben. Synonyme: **Ilmbacher Boschterli, Judenboschter, Schwarzboschter, Weinboschter.**
Im Bundes-Obstarten-Sortenverzeichnis sind folgende **Borsdorfer** angegeben:
Borsdorfer Kitaika
Borsdorfer Seethener
Borsdorfer Renette Synonym: **Alexandrowka**
Riesenborsdorfer
und ein **Sommerborsdorfer.**

BÖRTLINGER WEINAPFEL
Mostapfelsorte. Mitte des 19. Jh. in Börtlingen als Zufallssämling gefunden. Heute noch im Streuobstanbau in Württemberg. Pflückreife: Anfang Oktober. Verwertung bis Ende November. Klein bis mittelgroß. Runde Früchte. Schale glatt, gelblichgrün bis gelblich. Geringe Säure. Synonyme: **Börtlinger, Weilburger Weinapfel, Weinapfel.** Literatur: (05) (39)

BOSCHTERLI
Im Bundes-Obstarten-Sortenverzeichnis angegeben.

BOSKOOP

Schöner von Boskoop verbreitet von K. J. W. Ottolander aus Boskoop in Holland. Seit 1863 in Deutschland durch Oberdieck verbreitet. Damals auch als **Renette von Montfort** bekannt. Die Sorte ist ein schlechter Pollenspender.
Prof. Fischer schreibt 1856 im Ort Boskoop in Holland gefunden. In den 20er und 30er Jahren des vergangenen Jh. im Alten Land nur alle 7 Jahre Vollertrag. Durch neue Schnitt- und Anbaumethoden, auch die zahlreichen Neuzüchtungen und Mutationen, sowie die schwachwüchsigen Unterlagen, haben den **Boskoop** zum regelmäßigen Träger gemacht. Geschmack ist fruchtigsäuerlich. Mittelgroß bis groß, grünlichgelb. mit zimtartiger karminroter Deckfarbe und größenteils berostet. (Autor) Bekannte Synonyme sind: **Apfel der Zukunft, Belle de Boskoop, Boscop Russet, Boskoopskaya Krasavitsa** (ausländischer Name), **Gelber Boskoop, Goldrenette, Goudrenet** (Name in den Niederlanden), **Graue Winterrenette, Grüner Boskoop, Reinette Monstrueuse, Reinette von Montfort, Renette Belle de Boskoop, Renette von Montfort, Schone van Boskoop** (Name in den Niederlanden), **Schöner aus Boskoop** (Alter Name), **Schöner von Boskoop.** Handelsname: **Boskoop.** (14) In der Preisgruppe 2.
Aufzählung verschiedener Mutationen und Typen:
Achberg, eine gelbe Zufallsmutante aus Süddeutschland.
Ahlem,
Arösund,
Bakker,
Bakker-Ley (Bakley oder **Bakeley),** Rote Zufallsmutante. Rheinland.
Benner, wurde von F. Mühl als gelber Typ erwähnt.
Bielaar und **Bielaar 12,** stammen aus den Niederlanden.
Bieling, aus den Niederlanden.
Blohm-Pape, aus dem Alten Land.
Boothe,
Botden,
Bremer,
Calve,
Fey,
Feys Blutroter,
Geldamos, rote Mutante,
Graupa, rote Mutante,
Heinesselect, rote Mutante.
Heinrich,
Herr 2/86, rote Mutation,
Herr 4/86, rote Mutation,
Hohenheim, gelbe Zufallsmutante aus Süddeutschland.

Kalfs, aus den Niederlanden.
Loop, aus den Niederlanden.
Lambrechts, aus den Niederlanden.
Müllheim, gelbe Zufallsmutante aus Süddeutschland.
Quast, stammt aus dem Alten Land.
Rolf, rote Zufallsmutante aus dem Alten Land, gefunden von Hans Rolf, Hof Hollern und Schölisch. Im Alten Land gut bewährt.
Roter Boskoop-Selektion Hannover, seit einigen Jahren im Alten Land verbreitet.
Roter Jork,
Roter Spur,
Roter Spurkoop,
Roter Wolf 13/86,
Schmitz-Hübsch - rote Zufallsmutante, wurde 1923 als Knospenmutante entdeckt. Wird seit 1939 von der Baumschule Schmitz Hübsch in Merten bei Bonn verbreitet. Wurde in den 60er Jahren vom OVR auf **Grahams Sämling** mit Stammbildner **Hibernal** oder **Cousinot** zur Ergänzung empfohlen, auch auf M IX.
Schmitz-Hübsch X 130,
Schmitz-Hübsch Fritzdorf,
Schuhmacher,
Spurkoop - der Säulenboskoop. **„S.H."** - Vermutlich aus den Niederlanden.
Super-Kalfs,
Valastrid,
Verheul, aus den Niederlanden.
Welbo, rote Mutation.
Wilflingen, aus Süddeutschland.
Wilhelmi, ist eine rote Zufallsmutante aus dem Alten Land. Wurde in den 60er Jahren vom OVR als Ergänzungspflanzung empfohlen. Auf **Grahams Sämling** mit Stammbildner **Hibernal** oder **Cousinot** oder M IX. Warenzeichen wurde 1964 von Wilhelmy aus Neu-Wulmstorf, Kr. Harburg angemeldet. Man schreibt **Wilhelmi** und auch **Wilhelmy.** (Autor)

BOTERZOET
Angegeben im Bundes-Obstarten-Sortenverzeichnis.

BOTTLE GREENING
Wurde 1941 in „Deutscher Obstbau" beschrieben.

BOUGH
Synonym: **Süßer Bough.** Angegeben im Bundes-Obstarten-Sortenverzeichnis.

BOUNTIFUL
Synonym: **Bountyful.**

BOUTEILLENAPFEL
Historische Sorte, 1854 von Calwer beschrieben. Glockenförmig, hellgelb, Sonnenseite gerötet. Aromatisch, süßsäuerlich. (40)

Angegeben im Bundes-Obstarten-Sortenverzeichnis sind:
BOVARDE
BOWDEN SEEDLING
BRABANTER BELLEFLEUR

BRABANTER BELLEFLEUR
In den Niederlanden einmal sehr bekannt. 1954 nur noch 1,7 % der Produktion. (30)
Synonym: **Holländischer Bellefleur."**

BRABANTER ROTER ALANTPEPPING
Historische Sorte. Winterapfel. 1836 von Hinkert beschrieben. Frucht klein. Fleisch ist süßsäuerlich und gewürzt. Schale fettig, gelb, später ganzflächig gerötet. (40)

BRADDICKS SONDERGLEICHEN
Synonym: **Braddicks Nonpareil, Nonpareil.** Tafel- und Wirtschaftsapfel. Frucht klein bis mittelgroß. Genussreife: XII bis IV. Schale ist gelb, sonnenseits gerötet.

BRAEBURN
Synonym: **Braeborn.** Entstand 1952 in Nelson, Neuseeland. Zufallssämling, vermutlich Sämling von **Lady Hamilton.** Verbreitet durch die Baumschule Williams in Braeborn. Seit 1988 versucht man in der Pfalz den Braeburn anzubauen. Die Böden sollten über 70 Punkte haben. Trägt in den ersten Jahren stark, wird dadurch aber im Wachstum gebremst. Empfindlich für Blütenfrost. Seit Jahren sind zahlreiche Mutationen und Typen bekannt. 2 Typen scheinen sich in Süddeutschland durchzusetzen. **Braeburn-Frankreich** und **Braeburn-Schneider.** Die Schale des Apfels ist glatt, glänzend, goldgelb, zur Reife intensiv dunkelrot gestreift. Fruchtfleisch ist cremefarbig, fest, saftig und sehr aromatisch. Angenehm süß. Keine Stippe. Der Baum braucht warme Lagen und gute Böden. Gleichmäßiger Ertrag nur bei sorgfältigem Schnitt. Bekannte Mutationen sind: **6458, AW, AW 35 Gray, AW 40 Gray, Braebrite, Davodau, Frankreich, Ganter, Griba, Häberli, Hillwell** (rote Mutante), **Hillwell 6782, Inra, Litjens, Lochbouie, NZL/Geibel, Oberdörfer, Quetard, Roter Braeburn, Redburn, Schneider**

VF, Starfruit, Südtirol, Vöhringer, Weil, Weinsberg. Mutante: **Hidala,** Synonym: **Hillwell.** Züchter: J. und S. Hill in Hastings, Neuseeland. Quellen: „Obstbau“ (27-7/96) (27-11/96) (39) (75) (Genbank, Neustadt/Weinstr.)

BRAKELER
Ein in Westfalen verbreiteter Typ vom **Weißen Rosmarinapfel.**

BRAMBACHER
Schwäbische Lokalsorte. Mittelgroß bis groß. Gelbe Früchte. Plattrund. (39 S. 71)

BRAMLEYS CODLIN
Angegeben im Bundes-Obstarten-Sortenverzeichnis.

BRAMLEY`S SEEDLING
Deutscher Name: **Bramleys Sämling.** Synonyme: **Bramley´s, Bramley, Kiel, Triomphe de Kiel.** Zufallssämling. Um 1810 in England entstanden, 1876 der Öffentlichkeit vorgestellt. Triploid. In ganz England bekannter und beliebter Wirtschaftsapfel, wird besonders als Bratapfel verwendet. Gute Kocheigenschaften. Markante Fruchtmerkmale sind die Säure und die Weißfleischigkeit. Handelsname ist: **Bramley.** (14) (25) (39)

Angegeben im Bundes-Obstarten-Sortenverzeichnis sind:
BRAMLEY SEEDLING CRIMSON BRAMLEY
BRAMSHOT RECTORY

BRATZELAPFEL
Eine Lokalsorte im Karlsruher und Pforzheimer Gebiet. Gedeiht noch in den höheren Lagen des Schwarzwaldes. Synonyme: **Pforzheimer Streifling, Tiefbutzer.** (83)

BRAUNAPFEL
Angegeben im Bundes-Obstarten-Sortenverzeichnis.

BRAUNAUER ROSMARIN
Synonym: **Braunauer Rosmarinapfel, Rosmarinapfel. Winterrolling** in Ober-Österreich, daselbst 1851 zum erstenmal beschrieben, Wirtschaftsapfel. Frucht ist mittelgroß. Fleisch ist gelblichweiß, saftig, feinzellig, süßsäuerlich, ohne Würze. Anfällig für Mehltau. Schale hellgelb, später intensiv gerötet und gestreift. Fleisch ist gelblichweiß. Genussreife: Dezember bis April. Widerstandsfähig gegen Blüten- und Winterfrost, anfällig für Mehltau. (02)

BRAUNAUER TAFELRAMBUR
Synonym: **Tafelrambur.** Hier könnte ein Irrtum vorliegen, da nur ein **Braunschweiger Tafelrambur** mit dem Synonym: **Tafelrambur** beschrieben wird. Die o. a. Sorte ist auch in der österreichischen Literatur nicht zu finden. (Autor)

BRAUNER MATAPFEL
Braunroter, plattrunder Winterapfel. In Österreich im 19. Jh. als Tafel- und Kochapfel bekannt. (02) Wurde schon 1797 von Sickler sehr gut beschrieben. Am Ende schreibt er: „Dieser Apfel hat noch zwey Spielarten a) **Der weiße Matapfel** und b) **Der schwarze Matapfel.** Letzterer ist an der Farbe violet schwarz, hat oft nichts grünes, ist zarter noch vom Fleisch, der Baum ist aber leicht dem Krebs unterworfen. Der Wuchs des Baumes ist bey allen drey Spielarten einerley." (31) War in ganz Westdeutschland im landwirtschaftlichen Anbau und Streuobstanbau stark vertreten. Genussreife: XII bis V. Schale grünlich, später gelb, Schattenseite heller gerötet, vielfach in blaurot übergehend. Besonders als Mostapfel geeignet. Synonyme: **Badischer Brauner, Bohémien, Borsdorfer, Echter Kohlapfel, Gewürzapfel, Kohlapfel, Maedapfel, Matapfel, Mate Brune, Mohrenapfel, Pomme d´ Enfeur, Pomme d´ Enfer, Pomme de Bohémien, Pomme de Charbon, Pomme de Dame, Pomme de Maure, Pomme Noire d'Hiver, Schmiedapfel, Schwarzbrauner Matapfel, Schwarzer Borsdorfer, Schwarzer Matapfel, Unterländer, Unterländer Apfel.**
Literatur: (02) (16) (31) (39) (47)

BRAUNER SOMMERKÄSAPFEL
Historische Sorte, 1836 von Hinkert beschrieben. Tafel- und Wirtschaftsapfel. Genussreife: IX bis X. Groß, flachgebaut, gerippt. fettig, gelb, süßsäuerlich. (40) Synonyme: **Käsapfel, Sommerkäsapfel.**

BRAUNER WINTERAPFEL
Historische Sorte, 1836 von Hinkert beschrieben. Winterapfel, mittelgroß, flachrund gerippt. Hellgelb, später großflächig gerötet und gestreift. Fruchtfleisch ist veilchenartig gewürzt, weinsäuerlich. (40)

BRÄUNLING
Bruindeling. Wurde 1795 von Schiller als ein Apfel von „mittelmäßiger Größe und etwas länglicht runder Form" beschrieben. „Schale ist glatt, von dunkler, rotbrauner, ja fast schwärzlicher Farbe. Das Fleisch ist morsch und der Apfel hat keinen lieblichen Geschmack. Er gehört daher nur zu den gemeinen Kochäpfeln. Der Baum hat ein gutes Holzgewächs wird groß, und trägt starck". Im Aussehen war der Apfel nicht ansprechend.

BRAUNROTER FRACATU
Historische Sorte, von Hinkert 1836 beschrieben. Winterfrucht. Schale zitronengelb, Sonnenseite gerötet. Fruchtfleisch mäßig saftig, süßsäuerlich. (40)

BRAUNROTER WINTERAPFEL
Historische Sorte, von Christ 1797 beschrieben. Genussreife: XII bis III. Plattrund, grünlich, später großflächig gerötet. Fruchtfleisch ist vorherrschend süß. (40)

BRAUNSCHWEIGER MILCHAPFEL
Frühapfel. Reife: August. Wirtschaftsapfel. Mittelgroß, gleichmäßig. Wachsartig weiß, sonnenseits gerötet. Fruchtfleisch säuerlich, wenig gewürzt. (40)

BRAUNSCHWEIGER RENETTE
Wurde 1938 in einem sächsischem Apfelsortenverzeichnis erwähnt. (95)

BRAUNSCHWEIGER TAFELRAMBOUR
Sorte ist diploid. Tafel- und Wirtschaftsapfel. Genussreife: X bis XII. Großfrüchtig. Schale fettig, grünlichgelb. Ausgeprägter Geruch. Fruchtfleisch ist gelblichweiß, fein, angenehm rosenapfelartig gewürzt, weinig und süß. Synonyme: **Braunschweiger Tafelrambur, Tafelrambur.** (33) (39).

BRAUTRÖKE
Tafel- und Wirtschaftsapfel. Genussreife: XI bis II. Mittelgroß, gleichmäßig gebaute Frucht. Schale grünlichgelb bis gelb, an der Sonne kräftig gerötet. (39)(40)

Folgende Sorten sind im Bundes-Obstarten-Sortenverzeichnis aufgeführt:
BRECHHAUSAPFEL
BREDAEBLE Deutscher Name ist **Bratapfel.**
BREDSTEDAEBLE
BREITACHER SCHWEIZER
BREITARSCH
BREITAUGE
BREITERLA

BREEDONS PEPPING
Synonym: **Breedon Pippin.** Herkunft ist nicht bekannt. Tafelapfel und brauchbarer Wirtschaftsapfel. Genussreife: Januar bis Juni. Kleinfrüchtig, abgestumpft rund. Sehr saftig, anfällig für Stippe. Schale hellgrün, wird gelb. Fruchtfleisch mit vorherrschender Säure, ausreichend Zucker, angenehm gewürzt. (40)

BREETER SÜETER
In Holland **Breejer Süeter,** am Niederrhein **Breet-Söste.** Sogenannter Süßapfel, wurde im 19. Jh. für die Krautproduktion verwendet. (Praktischer Ratgeber 1889) Heute wohl kaum noch bekannt.

BREMERLING
Historische Sorte, von Hinkert 1836 beschrieben. Winterapfel. Genussreife: XII bis III. Flachgebaut, gerippt. Schale gelb. Feinsäuerlich, gewürzt. (40)

BREMERVÖRDER WINTERAPFEL
Lokalsorte aus Norddeutschland.

BRETTACHER
Brettacher Sämling, Zufallssämling um 1900 von Kuttruf in Brettach, Kreis Heilbronn gefunden. Eltern vermutlich **Champagner Renette** und **Jakob Lebel.** (39) Gelblich bis weißlichgrün. Nicht mehr angebaut, Ess- und Wirtschaftsapfel. Genussreife: Februar bis Mai. Im Gebiet von Bad Feilnbach, Kr. Rosenheim noch im Streuobstanbau vorhanden. Mutanten sind keine bekannt, ebenfalls keine Synonyme. Auch im Alten Land war diese Sorte vereinzelt vertreten. Fruchtfleisch ist weiß und saftig, etwas herb gewürzt. (Autor)

BREUHAHN
Synonym: **Geheimrat Breuhan.** Geisenheimer Züchtung seit 1895 bekannt. Wurde 1934 neu eingeführt von der Baumschule L. Späth, Berlin. Benannt nach dem Geh.-Reg. Rat Georg Breuhan, der gleichzeitig Vorsitzender des Kuratoriums der Geisenheimer Lehranstalt war. Sämling aus dem **Halberstädter Jungfernapfel.** 1934 in den Handel gekommen. Herbstapfel, trotzdem lange Lagerfähigkeit. Nur noch für Kleingärten empfohlen. (02) (26)

BREUWEILER RENETTE
1936 bei Goetz erwähnt. (12) Ohne Daten.

BRICKS RAMBOUR
Auch: **Bricks Rambur.** Eingetragen im Bundes-Obstarten-Sortenverzeichnis.

BRITEGOLD
Kanadische Apfelsorte. Seit 1978 bekannt. (27-3/91)

BRISCHER WINTERPEPPING
Ist im Bundes-Obstarten- Sortenverzeichnis angegeben.

BRITZER DAUERAPFEL
Lokalsorte. Herkunft nicht genau bekannt, wahrscheinlich aus dem jetzt zu Berlin gehörendem Dorf Britz. Hat Ähnlichkeit mit dem **Gravensteiner,** neigt ebenfalls zur Stippigkeit. Wurde im Alten Land nicht für den Anbau empfohlen. (26-4/64) Geschmack war nicht befriedigend. Frucht groß bis sehr groß. Schale ist zur Reife unterschiedlich stark rot gestreift. (39)

BRIXENER PLATTLING
Angegeben im Bundes-Obstarten-Sortenverzeichnis.

BROHOLMS ROSENAPFEL
Sehr guter Tafel- und guter Wirtschaftsapfel. Mittelgroß, gleichmäßig gebaute Früchte. Genussreife: XI bis II. Saftig, gewürzt. Schale etwas glänzend, grünlichgelb, dann hellgelb, zur Sonne gerötet und etwas dunkler gestreift. (39)

BROODICKS NONPAREIL
Nordamerikanische Sorte, bekannt seit dem vorherigen Jahrhundert. Vermutlich **Braddicks Nonpareil.** Im Praktischen Ratgeber von 1886 wurde mitgeteilt, dass der **Broodicks Nonpareil** schon Einzug in deutsche Obstgärten gehalten hat. Über den Wert und Vorteile dieser Sorte, konnte noch nicht berichtet werden. (15)

BROWNLEES RUSSET
Synonyme: **Reinette Grise Brownless, Brownlees´ Graue Renette.** Züchter war William Brownlees aus Hemel Hempstead, Baumschulbesitzer, in der Nähe von London. Gruppe der Lederäpfel. Äußerlich nicht ansprechend, hervorragender Geschmack, berostete Fruchtschale, feuchte Lagerung erforderlich. Stark berostete Querstreifen. Guter Tafel- und Wirtschaftsapfel. Genussreife: I bis V. Mittelgroße, abgestumpft rundliche, gleichmäßig gebaute Frucht. Schale ist rauh, grün, wird später heller. Geruch schwach. (39) (93)

BRUCKBERGER APFEL
Angegeben im Bundes-Obstarten-Sortenverzeichnis.

BRUGGER RENETTE
Synonyme: **Reinette de Brougg, Zwiebelapfel.** Stammt aus der Gegend von Brugg in der Schweiz und ist dort seit etwa 1850 bekannt. War in dem Gebiet eine Hauptsorte. Apfel ist klein- bis mittelfrüchtig. Geschmack nicht befriedigend. Bildet breit ausladende Bäume. H. Kessler schreibt: Ausgeglichen in der Grösse. Derbe Haut und daher transportfähig. In geschmacklicher Hinsicht vermag er hochgespannten Anforderungen nicht genügen. (03).

BRÜHLER KURZSTIEL
Synonyme: **Brühler Grüner Kurzstiel, Kurzstiel.** Wirtschaftsapfel. Genussreife: XII bis III. Mittelgroß, flachrund, berostet. Wenig saftig, schwach gewürzt. (39)

BRUNNENAPFEL
Klein bis mittelgroß. Teilweise rotgefärbt. Ohne Beschreibung. (39 S. 76)

BRÜNNERLING
In Österreich auch **Brinaling, Brunner, Brünnerling, Plinaling.** Wirtschaftsapfel. Zufallssämling, in Oberösterreich bekannt seit 1600, säuerlichsüß, ohne Würze. War auch in der Schweiz als **Oberösterreichischer Brünnerling** im Anbau. Haltbar bis April. Im St.Galler Rheintal stark vertreten. Spielarten kommen auch vor. Mittelgroß. In der Schweiz auch als Tafelapfel mittlerer Qualität geschätzt. Literatur: (02) (03)

BRUNNTALER KALVILL
Eine alte Lokalsorte in Österreich. (44)

BRÜSSELER EINFARBIGE RENETTE
Guter Tafel- und Wirtschaftsapfel. Genussreife: XII bis II. Klein bis mittelgroß. Schale grünlichgelb bis gelb, Sonnen- seite goldgelb. (40)

BRUSTAPFEL
Wirtschaftsapfel. Verwertung: XI bis III. Mittelgroße Frucht, Schale ist leicht fettig, grün, später grünlichgelb. Sonnenseite gerötet, Schattenseite gestreift. (40)

BUCHENAPFEL
BÜCHENBACHER SCHAFSNASE
werden im Bundes-Obstarten-Sortenverzeichnis angegeben.

BUCHHOLZER KALVILL
Tafel- und Wirtschaftsapfel. Genussreife: X bis XII. Kleinfrüchtig, abgestumpft, rund hellgelb, sonnenseits gerötet und gestreift. Süß, beerenartig gewürzt. Schwacher Geruch. Keine Daten über Herkunft und Verbreitung. (40)

BUCHSER ROSENAPFEL
Synonym: **Buchser Rosen.** Schweizer Sorte. Genussreife: November bis Februar. Eher kleinfrüchtig. Haut ist glatt, wird im Lager etwas fettig. Fleisch ist weiß, saftig, aber schwach gewürzt. (03)

BÜHLER ERDBEERAPFEL
Synonym: **Fraise de Buhler.**

BUKOWKA
Wird von F.Guenther in „Der Neue Obstbau“ als sehr frosthart bezeichnet. Genussreife: I bis VI. (07)

BULLOCKS-PEPPIN
Synonyme: **American Golden Russet, Bullocks Pepping, Pippin Bullock, Renette de Bullock.** Nordamerikanische Sorte, im 19. Jh. bekannt. Wurde 1886 bereits bei uns angepflanzt. Wirtschaftsapfel. Klein bis mittelgroß. Genussreife: XI bis III. Grünlichgelb, später gelb, Sonnenseite manchmal leicht gerötet. Sehr süß, stark gewürzt. Schwacher Geruch.

BUNTER PIGEON
Wurde 1795 von Schiller beschrieben. (37) Ein **Taubenapfel,** der heute noch vereinzelt in deutschen Gärten anzutreffen ist. (Autor)

BUNTER PRAGER
Historische Sorte, 1836 von Hinkert beschrieben. Tafel- und Wirtschaftsapfel. Plattrund gerippt. Schale gelb, später ganzflächig gerötet und gestreift. Süß. (40)

BUNTES SOMMERRÖSCHEN
Synonym: **Sommerröschen.** Historische Sorte, 1836 von Hinkert beschrieben. Sommertafelapfel. Pflück- und Genussreife: August. Kleinfrüchtig, wachsartig weiß, später großflächig gerötet. Fruchtfleisch ist locker, weinsäuerlich. (40)

BUNTZELS WACHSRENETTE
Tafel- und Wirtschaftsapfel. Genussreife: Oktober bis April. Mittelgroß. Schale grüngelb, später goldgelb. Fruchtfleisch renettenartig, wohlschmeckend. Baum wächst mittelstark, trägt reichlich und regelmäßig. (40)

BURCHARDTS CAROLIN
Synonyme: **Burchardts Kleiner Gestreifter Carolin** und **Carolin.** Ein früher Tafel- und Wirtschaftsapfel mit mäßigen Qualitäten. Verbrauch: September. Schale fettig, grünlichgelb, später gelb. Schwach gewürzt. Ausgeprägter Geruch. (40)

BURCHARDTS RENETTE
Synonyme: **Burchardts Reinette, Netzrenette.** Tafelapfel. Der Baum ist widerstandsfähig, fruchtbar, nicht anspruchsvoll an Boden und Lage. Sehr alte Sorte.

Auch ein guter Wirtschaftsapfel. Genussreife: X bis XII. Grünlichgelb, später gelb. Gewürzt, schwacher Geruch. Kräftige Säure bei viel Zucker. (39) (40)

BURFEINDTS BOIKEN
Lokalsorte aus dem Alten Land. Wirtschaftsapfel. Heute ohne Bedeutung . Wie alle **Boikenäpfel** in der Preisgruppe 4. (26-9/63)

BÜRGERHERRNAPFEL
Tafel- und Wirtschaftsapfel. Genussreife: November bis Februar. Mittelgroß bis groß, abgestumpft rund, deutlich gerippt. Schale gelb, an der Sonne gerötet und gestreift. Geruch ist schwach. **Bürgerherrnapfel** ist auch ein Synonym für den **Geflammten Kardinal.** (39) Kleinfrüchtig. Etwas abweichend und qualitätsmäßig unter dem **Berner Rosenapfel.** Fleisch ist weißlich, von angenehmer Beschaffenheit. Saftig, aber schwach gewürzt. Anbau wurde schon 1945 nicht mehr empfohlen. (02)

Folgende Sorten werden im Bundes-Obstarten-Sortenverzeichnis angegeben:
BUCKLEY GIANT
BUDAI IGNAC
BÜHLER ERDBEERAPFEL
BUKCON
BULCHER

BURGERMEISTER
Alte Lokalsorte aus Württemberg.

BURGUNDY
BÜRSTÄDTER
BUSCHOR
Werden im Bundes-Obstarten-Sortenverzeichnis aufgeführt.

BÜTTNERS RENETTE
Synonym: **Büttners Schwärzlich Schillernde Goldrenette.** Frucht ist mittelgroß. Schale grünlichgelb, Sonnenseite kräftig gerötet, oft schwärzlich. Tafel- und Wirtschaftsapfel. Genussreife: I bis IV. Fruchtfleisch mit vorherrschender Säure, etwas gewürzt. Schwacher Geruch. (39)

CALAGOLDEN
Sortenprüfung in der Forschungsanstalt Geisenheim. (85)

CABARETTE
Im Bundes-Obstarten-Sortenverzeichnis angegeben.

CACANSKA POZNA
Herkunft: Das ehemalige Jugoslawien. Versuchsstation Cacak. **Starking X Jonathan.** (1972) Winterapfel mit großen, flachrunden Früchten, Kelchbereich leicht gerippt. 80 % rote Deckfarbe, süß-säuerlich, aromatisch. (27-9/94)

CADEL
Herkunft: Das ehemalige Jugoslawien, Versuchsstation Cacak. Winterapfel mit guter Lagerfähigkeit. **Golden Delicious X Jonathan** (1984) Länglichrunde Früchte, gelbgrün mit roter Deckfarbe. Feinsäuerliches, aromatisches cremeweißes Fruchtfleisch. (27-9/94)

CALVINER, GRÜNER
Wirtschaftsapfel, alte Sorte, war im Alten Land nur wenig verbreitet. Synonym: **Kantiger Boiken.** Säuerlich, saftig, ohne besonderes Aroma. Preisgruppe 3. Siehe unter **Grüner Calviner.** Wurde schon ab etwa 1940 nicht mehr vermehrt. (01)

CALVINER, ROTER
Essapfel, beliebt als roter Weihnachtsapfel, war im Alten Land nur mäßig verbreitet. Eine Hauptsorte bei meinem Großvater Johann Rolff in Mittelnkirchen. Angenehm süß und würzig, 55-70 mm ungleichmäßig, auf Hochstamm große Kesselkronen, Ertrag gleichmäßig, aber zu gering. Preisgruppe 3. Genussreife: XII bis I. Zur Reifezeit war es ein bildschöner Apfel, mit einem sehr angenehmen Duft. Die Schale war zwar etwas fettig, aber es gab keine Probleme diesen Apfel zu verkaufen. Ich hätte dieser Sorte noch ein langes Weiterleben gewünscht. In Sachsen wurde **Kalviner** geschrieben. (01) (95) (Autor)

Folgende Sorten werden im Bundes-Obstarten-Sortenverzeichnis aufgeführt:
CALVILLE ARCHANGE,
CALVILLE DES PRAIRIES,
CALVILLE DU MONT D`OR,
CALVILLE DU LUXEMBOURG,
CALVILLE DU ROI,
CALVILLE DUQUESNE,
CALVILLE MALINGRE
CALVILLE ROUGE
CAMEO

CAMPANNER (Auch ein Synonym der Sorte **Weiße Wachsrenette).**
CAMUZAT

CANADA BALDWIN
Amerikanische Sorte. Frucht mittelgroß. Tafelapfel. In „Deutscher Obstbau" 1941 beschrieben.

CANADA GRIS
In der Schweiz verbreitet. Französisch: **Reinette gris du Canada.** Qualitativ der **Kanada Reinette** ebenbürtig. Sehr würzig, zuckerreich. Säure tritt etwas stärker hervor. Die Größe variiert stark. Fleisch ist gelblichweiß, grob, würzig, zuckerreich. Säure tritt etwas stärker hervor. (03)

CANADA-RENETTE
Alte Schreibweise. Siehe u. **Kanadarenette.** Synonyme im Praktischen Ratgeber und in Deutschlands Obstsorten: **Grosse Reinette d´Angleterre, Reinette du Canada, Pariser Rambour-Reinette, Butterapfel, Englischer Kurzstiel, Große Englische Renette, Große Goldrenette, Holländische Renette, Kaiserrenette, Lederapfel, Pariser Rambour-Reinette, Rabau, Reinette du Canada, Reinette gris du Canada, Rostapfel, Schmalzapfel, Sternrenette.** Literatur: (17) (24)

CANADIENSTAR
Angegeben im Bundes-Obstarten-Sortenverzeichnis.

CANTARED
Neue Apfelsorte aus Neuseeland. Stammt vom Obstanbauer Malcolm Alistair aus Christchurch/Neuseeland. Soll aus den Samen eines Apfels hervorgegangen sein, den seine Kinder 1983 in den Garten geworfen haben. Eine Kreuzung zwischen **Braeburn** und **Gala.** Trägt 30 % mehr als **Braeburn.** Ist wenig stippeanfällig. Die Früchte färben besser aus. Schale ist rosarot. Sorte ist wenig krankheitsanfällig. (Orchardist of New Zealand 1994)

CARDINAL
Zufallssämling aus den USA. Frühapfel, wurde in den 80er Jahren aus Frankreich nach Deutschland geliefert. Keine Lagerfähigkeit. (25)

CARINS CALVILL
Synonyme: **Gelber Sommerkalvill, Karins Kalvill.** Frühapfel. Guter Tafel- und sehr guter Wirtschaftsapfel. Genussreife: VIII bis IX. Schale gelblichweiß,

sonnenseits manchmal gerötet. Geruch ausgeprägt. Fruchtfleisch weiß, fein, ziemlich saftig, angenehm. Etwas gewürzt, ausreichend süß. (39)

CARLTON

Herkunft: USA. **Montgomery X Roter Astrachan.** Sommerapfel. Die Früchte sind klein und sehr unterschiedlich geformt. Haltbarkeit nur kurz. Aussehen ist durch die dunkelrote Deckfarbe auf grünem Grund wenig ansprechend. Bei der OVR in Jork um 1960 im Versuchsanbau. (26-10/63)

CARMELITER-RENETTE

Karmeliterrenette. 1889 als Tafelapfel für die Steiermark empfohlen. Synonyme: **Lange Rotgestreifte Renette, Grüne Renette, Forellenrenette, Getüpfelte Renette.** Herkunft nicht genau bekannt. In Frankreich schon 1667 eine verbreitete Sorte. (17) Obst & Garten schreibt: Sehr alte Sorte, französische Herkunft. 1667 zum ersten Mal erwähnt. Weitere Synonyme sind: **Holländer Renette, Ludwigsburger Renette.** Genussreife: XII bis III. (67)

CARMENRENETTE

Im Bundes-Obstarten-Sortenverzeichnis angegeben.

CARMES APFEL

Soll guter Tafel- und Wirtschaftsapfel sein.Vermutlich identisch mit dem Winterstreifling. Genussreife: XII bis III. Groß, flachrund, gelb, Sonnenseite kräftig gerötet, Schattenseite gestreift. Schwach gewürzt. (39) (40)

CARMINETCHEN

Guter Wirtschafts- und sehr guter Tafelapfel. Genussreife: X bis XII. Mittelgroß. Schale grünlichgelb, Sonnenseite gerötet. Fruchtfleisch fest, Schwach gewürzt, kräftige Säure, ausreichend Zucker. (40)

CARMIO

Eine rote Sorte in der Gruppe A der Farbkriterien der EG-Normen.

CAROLA

Entstand aus freier Abblüte von **Cox Orange** in Müncheberg/Mark. Synonym: **Kalco** oder **Calco.** Inoffizieller Name in der DDR war **Fünfjahresplan.** 1929 in Müncheberg eingesät. 1. Frucht 1937. 1953 in den Versuchsanbau, 1961 (1962) in den Handel. Sorte ist diploid. Mittelgroß, etwas flach gebaut, Schale glatt, grünlichgelb bis gelb, rot bis purpurrot. Leicht bereift, nicht berostet. Feiner süß-säuerlicher Geschmack. Tafelapfel. (38) (92)

CAROLINE AUGUSTE
Frühapfel. Mittelgroße Frucht. Schale gelblichgrün, Sonnenseite gerötet. Fruchtfleisch ist locker, sehr saftig, ausreichend süß. Genussreife: IX bis X. (40)

CARPENTIN
Synonyme: **Carpentin Renette, Kleine Graue Renette.** Wurde vor 100 Jahren in Streuobstgebieten als Mostapfel empfohlen. Geschmack ist säuerlich und gewürzhaft. Wurde ebenso für Straßen- und Feldanbau empfohlen. Schale ist dick, oft stark berostet. Baum ist ein guter Träger.

CARROLIN D`ANGLETERRE
War schon 1797 bei Sickler bekannt. (31)

CARROLL
Herkunft: Kanada. War in Dänemark im Versuch und wurde dort sehr empfohlen. Beschrieben in „Obstbau“. (27-7/91)

CASANOVA DE ALCOBACA
In der Gruppe C Sorten schwacher Färbung der EG-Normen. Keine Beschreibung über Herkunft der Sorte gefunden.

CASSELER REINETTE
Casselreinette ist die Schreibweise bei Diel und Sickler vor 1800. (31)

Folgende Sorten sind im Bundes-Obstarten-Sortenverzeichnis angegeben:
CARSWELL´S HONEYDEW
CARTER`S BLUE
CATELOT 44
CATSHEAD
CAVALOTTA

CELESTE
Rotmutante, bzw. Farbmutante von **Delbarestivale (Delcorf).** 1982 von Herrn Hans Schuhmann, Obstbauer in Ladenburg entdeckt. Sortenschutz von der Baumschule Herr in Meckenheim angemeldet. Frucht ist groß, hochgebaut; gelbgrüne Grundfarbe, intensiv rote Streifen, stärker gefärbt als die Muttersorte. Genussreife: Ende VIII bis X. Knackiges und saftiges, weißliches Fruchtfleisch, angenehm süßsäuerlich und aromatisch. (27-10/95)

CELICA
Angegeben im Bundes-Obstarten-Sortenverzeichnis.

CELLER DICKSTIEL
siehe auch **Krügers Dickstiel.**

CELLINI
Züchtung und Heimat sind nicht genau bekannt. Nach Hogg (Dt.Apfelsorten von 1903) soll diese Sorte 1850 in Vauxhall bei London aufgetaucht sein. Wurde um 1880/90 in Deutschland für Sandböden empfohlen, aber auch für rauhe Gebirgslagen. Anfällig für Schorf und Monilia. Guter Wirtschaftsapfel. Genussreife: X bis XI. War in Preisgruppe 5. Fleisch ist gelblichweiß, mürbe, saftig, etwas gewürzt und weinsäuerlich. Großfrüchtig. Synonyme: **Centennial, Philipp´s Seedling, Pomme Cellini, Selling Pippin.** Baum muss sehr frosthart sein, da diese Sorte den strengen Winter 1879/80 ohne Schaden überstanden hat, schreibt Gaucher 1894. Ansprüche an den Boden sind sehr gering. Es gibt wieder Baumschulen, die sich mit alten Sorten befassen und auch den **Cellini** Im Angebot haben. R. Coloc schreibt: Von Leonard Philipps, Vauxhall b. London. 1928 in den Handel. In Deutschland keine Synonyme. Literatur: (24) (45) (71) (92)

CELT
Im Bundes-Obstarten-Sortenverzeichnis angegeben.

CERES
Herkunft: Niederlande. Kreuzung aus **Cox Orange X Jonathan.** Kleinfrüchtig bis mittelgroß, kann den Cox nicht ersetzen. Von der OVA in Jork nicht empfohlen.(26-4/64) Genussreife: X bis III. Grünlichgelb, Deckfarbe rot geflammt, aromatisch, etwas säuerlich. Nur für gute Lagen geeignet. (40)

CHAD`S FAVOURITE
Im Bundes-Obstarten-Sortenverzeichnis angegeben.

CHAILLEUX
Tafel- und Wirtschaftsapfel. Mittelgroß. Genussreife: XI bis I. Schale goldgelb, Sonnenseite gerötet und gestreift. Fruchtfleisch mürbe, saftig, renettenartig gewürzt, viel Säure, ausreichend süß. (39) (40) Auch im Bundes-Obstarten-Sortenverzeichnis angegeben. Sorte wird bei der Pomona Franconica erhalten.

CHAMPAGNE ZOETE
Synonym: **Süßer Champagner.**

CHAMPAGNER RENETTE
Zufallssämling, um 1770 in Frankreich gefunden. Handelsname ist **Champagner.** Synomyme: **Drei Jahre dauernder Mutterapfel, Fürstlicher Tafelapfel, Glasapfel, Glattapfel, Goldgranater** (Bodensee), **Herrenapfel, Jahrapfel, Käsapfel, Loskrieger** (Württemberg), **Mutterapfel, Rabenapfel, Reinette Blanche de Champagne, Rübenapfel, Schätzler, Silberapfel, Taffetapfel, Wachsapfel, Wachsrenette, Weinsäuerling, Weißer Kanadapfapfel, Weißer Zwiebelapfel, Welschweinling, Zweijährling** und **Zwiebelapfel.** Nur in Süddeutschland bekannt. Ess- und Wirtschaftsapfel. Druckempfindlich. Genussreife: XII bis V. Im 19. Jh. in fast allen österreichischen Bundesländern angebaut, einschließlich Südtirol, Böhmen und Mähren, sowie in Görz (heute Slowenien.) 1954 waren in Südtirol 15 % der Produktion noch **Champagner Renetten.** (30 S. 268) Die Sorte stammt aus der Champagne. 1799 erstmals durch Diel beschrieben unter der Bezeichnung **Loskrieger.** Diploid. Schale ist glatt, fettig, grünlichgelb bis wachsgelb, orange bis blaßrosa gefärbt. Säuerlich, kaum süß und schwach gewürzt. Weitere Synonyme: **Reinette de Champagne, Glatte Gelbe Renette.**
Literatur: (02) (03) (04) (08) (14) (24) (30) (33) (39) (83)

CHAMPANSKOE
Sorte wurde 1941 in „Deutscher Obstbau“ beschrieben.

CHAMPION
Entstand 1865 in Arkansas-USA. Synonyme: **Apple of Commerce, Collins.** Mittelgroß bis groß. Unterschiedlich gebaut. Sonnenseite rot gestreift.

CHARACTERAPFEL
Synonym: **Drap d'Or** wurde 1795 von Schiller einwandfrei beschrieben. „Ein ziemlich grosser runder Apfel, von grünlicht gelber Farbe. Manchmal ist er auch an der Sonnenseite etwas röthlicht. Sein Fleisch ist vest, gelblicht, und wenn er wohl reif geworden, von angenehmen Geschmack.“

CHARAKTER-RENETTE
Synonym: **Reinette Marbrée.** Sehr guter Tafel- und Wirtschaftsapfel sein. Genussreife: XII bis III. Mittelgroß. Schale teilweise berostet, gelb, Sonnenseite bräunlichrot. Fruchtfleisch locker, gewürzt, wenig Säure. (40)

CHARDEN
Kreuzung aus **Golden Delicious X Reinette Clochard.** Aus Frankreich. I.N.R.A. in Angers. Sorte ist triploid, großfrüchtig, gut lagerfähig. Genussreife: XI

bis III. Tafel- und Wirtschaftsapfel. Saftig, süßsäuerlich, gut lagerfähig. Besonders geeignet für schwachwachsende Unterlagen. Zählt zu den großfrüchtigen Sorten, laut EG-Verordnung. Literatur: (36) (39)

CHARLAMOWSKY

Herkunft: Rußland. Frühsorte, war in Rußland und auch bei uns verbreitet. Soll seit 1800 bekannt sein. Synonyme: **Borowitky,** in Süddeutschland. In Hannover und Oldenburg **Augustapfel** oder **Ernteapfel, Ducheß of Oldenburg, Borowitzky.** Saftig, weinsäuerlicher Geschmack. Preisgruppe 5. Braucht fruchtbare, mittelschwere Böden, in Oberösterreich und Salzburg sehr bekannt. Synonyme in Österreich: **Charlamoff, Duchess of Oldenburg.** Bei Gaucher 1894: **Borowitsky, Duchesse d`Oldenbourg, Queen Mary, Smith´s Beauty of Newark.** Weitere Synonyme: **Borowicky, Charlamoff, Charlamowsky d´Automne, Duchesse d´Oldenbourg, Early Joe, Herzogin von Oldenburg, Newark, Oldenburg.**

CHARLES HEYLEN

Im Bundes-Obstarten-Sortenverzeichnis angegeben.

CHARLES ROSS

1899 in England als Sämling von **Peasgoods Sondergleichen** herausgebracht. Um 1890 als Kreuzung von **Peasgoods Nonsuch X Cox Orange** entstanden. Synonym: **Thomas Andrew Knight.** Stark wachsend, großfrüchtig. Wird schnell mehlig. Spätherbstapfel. Auch **Charles Roß** geschrieben. Schale hell grünlichgelb, dann kräftig gerötet und dunkler gestreift. Fleisch zart, gerötet. Harmonisches Verhältnis zwischen Zucker und Säure. Zählt zu den großfrüchtigen Sorten, laut EG-Normen. Literatur: (26-11/12/63) (36) (39)

CHARLEVILLE

Angegeben im Bundes-Obstarten-Sortenverzeichnis.

CHARLOTTE

Kreuzung aus **McIntosh Wijcik X Greenssleeves.** Sortenschutz seit 1993. Horticulture Research International, Wellesbourne, Warwick in England. Spurtyp. (75) Sortenprüfung in der Forschungsanstalt Geisenheim. (85) Im Bundes-Obstarten-Sortenverzeichnis ist eine **Ballerina Charlotte** eingetragen. Diese Sorte wird in Veitshöchheim erhalten. (70)

CHARLOTTENTHALER

Wurde 1941 in „Deutscher Obstbau“ beschrieben.

CHATAIGNIER
Im Bundes-Obstarten-Sortenverzeichnis aufgeführt.

CHATA ENCARNADA
In der Gruppe C (schwach-rote Färbung) der EG-Normen. (36) Keine Beschreibung über Herkunft, Anbau, usw.

Folgende Soten werden im Bundes-Obstarten-Sortenverzeichnis aufgeführt:
CHAXHILL RED
CHEDDAR CROSS
CHELMSFORD WONDER Spätblühende Sorte. Diploid. (33)

CHENANGOER ERDBEERAPFEL
Sorte ist diploid. Keine weiteren Daten gefunden. Die Sorte **Chenango** ist vermutlich identisch. Mittelgroß, rot gestreift, besonderes Aroma, feines Fruchtfleisch. Beschreibung in „Deutscher Obstbau 1941“.

CHERRY COX
In Dänemark als Knospenmutation von **Cox Orange** entstanden.

CHERRY CRAB
Apfelsorte in den USA.

CHERVANA JUBILOYNA
Herkunft: Bulgarien. Kreuzung aus **Golden Delicious X McIntosh.** (27-9/94)

CHESNUT
Im Bundes-Obstarten-Sortenverzeichnis aufgeführt.

CHESTERPARMÄNE
Synonyme: **Chester Pearmain, Englische Chesterparmäne.** Tafelapfel, auch als Wirtschaftsapfel brauchbar. Genussreife: X bis XI. Mittelgroß, grünlichgelb, Sonnenseite gerötet und gestreift. Gewürzt, angenehme Säure, ausreichend süß. (39)

CHEVADEL
Aufgeführt im Bundes-Obstarten-Sortenverzeichnis.

CHIAWASSEE
Amerikanische Sorte. Mittelgroße Frucht. Rot gestreift, Schale dünn, weißes Fruchtfleisch. (Deutscher Obstbau 1941)

CHIEFTAIN
Herkunft: Iowa, USA. **Jonathan X Red Delicious.**

CHIGUAN
Apfelsorte aus China. Einige Partien dieser Sorte sind 1999 über Hamburg importiert worden. (BLE) Es handelt sich um eine rote Sorte. Die Früchte sind flachrund mit tiefliegendem Kelch. Weitere Daten liegen noch nicht vor. (Autor)

Folgende Sorten sind im Bundes-Obstarten-Sortenverzeichnis aufgeführt:
CHIMÄRENAPFEL
CHIVERS DELIGHT
CHRISOFSKER
CHRISOFSKER, LANGER
CHRISTAPFEL
CHRISTKINDLAPFEL
CHRISTMAS PEARMAIN

CHRISTS GELBER AUGUSTAPFEL
Synonym: **Augustapfel.** Frühapfel, vorwiegend als Wirtschaftsapfel zu gebrauchen. Mittelgroß, abgestumpft rund. Schale glatt, glänzend, gelblichgrün, später wachsartig weiß, Sonnenseite gelb, manchmal gestreift. Genussreife: VIII bis IX. Fruchtfleisch weiß, ziemlich saftig, kräftige Säure, ausreichend süß. (39)

CHRISTS GOLDRENETTE
Siehe: **Deutsche Goldrenette.**

CHÜSENRAINER
Wirtschaftsapfel in der Schweiz. Der Mutterbaum wurde durch Johann Waller aus der Gegend von Luzern, aus den Chüsenrainwald geholt. Seit 1861 die ersten Früchte, regelmäßiger Träger, klein- bis mittelfrüchtig. War bei Mostereien und in der Konservenindustrie geschätzt. Fruchtfleisch grünlichweiß, locker, saftig, süßlich, schwach sauer, etwas herb und wenig gewürzt. Wurde 1945 noch zum Anbau empfohlen. Synonym: **Chüsenrain.** (03)

CIDOR
Mostapfelsorte in Österreich. Verarbeitung: Oktober. (44)

CIGANKA
CINQ CÔTES
Werden im Bundes-Obstarten-Sortenverzeichnis aufgeführt.

CISTECKE LAHUDKOVE
Sorte stammt aus Böhmen.

CITRONEN-REINETTE
Name für die **Zitronenrenette** im 19. Jh. (17)

CITRINE
Herkunft: Niederlande. **Rote Sternrenette X Cox Orange.** Im Aussehen Cox-ähnlich, aber nicht im Geschmack. Wurde im Alten Land nicht empfohlen. (26-4/64) Frucht abgestumpft rund. Schale gelb, Deckfarbe rot geflammt. Kochapfel. (40)

CITRONENAPFEL
1795 als **Citronen-Appel (Soomer)** bei Schiller.

CLARA BIANKA
Wird im Bundes-Obstarten-Sortenverzeichnis aufgeführt.

CLAUDIUSAPFEL
Historische Sorte, beschrieben 1836 von Hinkert. Herbstapfel. Frucht plattrund. Süßsäuerlich. Gelb, später großflächig gerötet und gestreift. Fleisch ist gewürzt. (40)

CLAYGATE PEARMAIN
Wirtschaftsapfel. Genussreife: XII bis III. Frucht ist mittelgroß, kegelförmig. Schale goldgelb, sonnenseitig gerötet und gestreift. Schwacher Geruch. Fleisch gelblichweiß, fein, saftig, renettenartig gewürzt, süß. (39)

CLEARGOLD
CLEMENS
Beide Sorten sind im Bundes-Obstarten-Sorten-Verzeichnis eingetragen.

CLEOPATRA
1817 in Nordamerika entdeckt. Zunächst unter den Namen **Ortley** verbreitet. Auch heute noch bekannt. 1872 als Cleopatra in Australien eingeführt. Wird nicht mehr exportiert. Synonym in Australien: **Cleo.** (26-4/64)

CLIMAX
Guter Pollenbildner. Sorte ist diploid. (33)

CLINTON
Sorte wurde 1941 in „Deutscher Obstbau“ beschrieben.

CLIVIA
Aus Müncheberg. **Cox Orange X Geheimrat Dr. Oldenburg.** Sehr guter Tafelapfel. Genußreife: XII bis IV. Kleine bis mittelgroße Frucht. Schale glatt, fettig bis schmierig. Grünlichgelb, an der Sonne gelblichrot bis rotbraun, auch gestreift. Fleisch gelblichweiß, fein, saftig, süß. aromatisch. (39) Auch ein **Roter Clivia** wird angegeben. (70)

CLOCHARD
Angegeben im Bundes-Obstarten-Sortenverzeichnis.

CLOS RENAUX
Mostapfelsorte in Österreich. Verarbeitung: Oktober. (44)

CLOSE
Sommerapfel. Zufallssämling, stammt aus Arlington, Virginia, USA (39) Seit 1938 im Handel. Form ist nicht schön, hochgebaut, starker Stielwulst. Soll ein guter Träger sein, gut belichtete Früchte haben eine leuchtend rote Backe. Fleisch ist weich und die Frucht nur kurze Zeit haltbar. (26-8/9/58) Nach meinen Erkenntnissen in Europa nicht über Anbauversuche hinaus gekommen. Die OVA, Jork hat in den 50er Jahren **Close** auf russische Sorten veredelt. (Autor)

CLUDIUS BORSDORFER
Synonym: **Cludius Grüner Borsdorfer.** Tafel- und Wirtschaftsapfel. Genussreife: I bis VI. Mittelgroß, abgestumpft kegelförmig. Schale grünlichgelb, Sonnenseite gerötet und undeutlich gestreift. Leicht berostet, Warzenbildung. (39)

CLUDIUS HERBSTAPFEL
Synonyme: **Cludius Früher Weißer Spitzapfel, Cludius d'Automne.** Großer, flachrunder, ziemlich unregelmäßig gebauter Apfel. Gelblichgrün, später heller werdend. Fleisch ist weiß, fein, mürbe, saftig, angenehm rosenapfelartig gewürzt. Milde Säure. (12) (39)

CLUDIUS SOMMERAPFEL
Synonym: **Cludius Sommer-Quittenapfel, Quittenapfel.** Mittelgroße, gleichmäßig gebaute Frucht. Schale gelb, sonnenseitig gerötet. Berostungen. Fruchtfleisch mürbe, gewürzt. Schwacher Geruch.(39)

CLUDIUS SPITZAPFEL
Die Sorte war um 1890 in Ostfriesland bekannt. Wurde im „Praktischen Ratgeber“ von 1889 beschrieben. (17)

COCKLE PIPPIN
Aufgeführt im Bundes-Obstarten-Sortenverzeichnis.

CODLIN
War in Deutschland nur wenig verbreitet, ist nicht mehr bekannt. Preisgruppe 5. Identisch mit Deans Codlin. (Autor)

COEUR DE BOEUF
COHR'S RAMBUR Norddeutsche Lokalsorte, war nur wenig bekannt. Beide Sorten sind im Bundes-Obstarten-Sortenverzeichnis eingetragen.

COINSKYS GESTREIFTER RAMBUR
Tafel- und guter Wirtschaftsapfel. Großfrüchtig. Schale fettig, hellgelb, sonnenseits gestreift. Vorherrschende milde Säure. Sehr schwacher Geruch, Fleisch fast weiß, fein, saftig, schwach gewürzt. Kaum süß. (39)

COLLAMER
Wurde 1941 in „Deutscher Obstbau“ beschrieben.

COLAPUIS
Aufgeführt im Bundes-Obstarten-Sortenverzeichnis.

COLORA RED YORK
Mutation der amerikanischen Sorte **York Imperial.** Kam 1935 in den Handel. **York-A-Red** Ist die zweite Mutatione von **York Imperial.** Wurde 1937 in den Handel gebracht. Anbau bei uns nicht zu empfehlen. Süßlich, fade im Geschmack. Fruchtfleisch hart und schwer mit wenig Saft. (26)

COMERZ
Angegeben im Bundes-Obstarten-Sortenverzeichnis.

COMTE ORLOFF
Synonym: **Orloff.** Erwähnt ohne Beschreibung. (39)

CONNEL RED FIRESIDE
1949 in USA entdeckte Version der Sorte **Fireside.** Geschmack ist fade und nichtssagend. Sorte ist beim Versuchsanbau im Alten Land durchgefallen. Mittelgroß bis groß, Schale grün. Deckfarbe wenig ausgeprägt. Geschmack unbefriedigend. In den USA wird die Sorte günstig beurteilt, bei uns fehlt die klimatische Voraussetzung. (26-04/64) (39)

CONSTANCE
Züchtung aus West Lafayette, Indiana USA.Sortenschutz seit 1997. Schorfresistent. Früchte ohne Deckfarbe. Eine Kreuzung aus **Pri 673-67 X Pri 14-152.** (75) Wird auch **Constanze** geschrieben.

CONSTANTE LESEUR
Aufgeführt im Bundes-Obstarten-Sortenverzeichnis.

CONSTANTINE
Großfrüchtig. Grobes Fruchtfleisch. Mittlere Qualität. (83)

CO-OP 32 – CO-OP 38
Stammen aus dem Zuchtprogramm der Universität Purdue in New Jersey und einer Universität in Illinois/USA. Alle stammen vom **Golden Delicious** ab. Schorfresistent und gering anfällig gegen Mehltau und Feuerbrand. Seit 1967. (26-9/94)

COOP 6 und **COOP 7**
Erhaltung bei der Bundesanstalt für Züchtungsforschung in Ahrensburg.

COOP 8 –17
Stammen aus Zuchtprogrammen der Universität Purdue. (27-7/96)

COOP 31
Aus den Programmen der Universität Perdue. (27-7/94) (27-9/94)

COOP 2
Siehe unter **Prima.** Schorfresistente Züchtung. (40) Die Resistenzprüfung sind teilweise abgeschlossen, teilweise noch nicht. Meine Unterlagen enden hier 1995. Versuchsergebnisse sind in (27-7/94) und (27-9/94) nachzulesen. (Autor)

Im Bundes-Obstarten-Sortenverzeichnis werden angegeben:
COOP 6 - 9
COOP 10
COOP 104-132
COOP 12
COOP 14
COOP 23
COOP 25
COOP 26

COOP 27
COOP 28
COOP 29
COOP 31
COOP 33
COOP 34
COOP 35
COOP 36
COOP 37
COOP 39
COOP 93

CORNELIUS GROSSER GELBER RASSELAPFEL
Historische Sorte, wurde schon 1836 von Hinkert beschrieben. Früher Winterapfel. Zitronengelb, süßsauer. (40)

CORNELIUS HAUSAPFEL
Synonym: **Cornelius Gestreifter Hausapfel, Hausapfel.** Guter Wirtschaftsapfel. Genussreife: XII bis VI. Klein bis mittelgroß. Grünlichgelb bis gelb, sonnenseitig leicht gerötet. Kaum Geruch. Fleisch fast weiß, fein, etwas fest, später mürbe, mäßig saftig. Wenig Säure, etwas süß. (39)

CORNISH AROMATIC
Eine sehr alte englische Sorte. Wirtschaftsapfel. Mittelgroß bis groß. Fruchtfleisch ist hart, der Geschmack frisch säuerlich. Gelblichgrün, Deckfarbe ganzflächig geflammt. Starke Berostung. (26-4/64) (39)

CORNISH GILLIFLOWER
Alte englische Sorte, entdeckt um 1800. Wirtchaftsapfel. Sorte spricht im Geschmack und Aussehen nicht an. Neigt zu sehr starker Berostung. (26-4/64)

CORNISH PINE
Eingetragen im Bundes-Obstarten-Sortenverzeichnis.

CORNWALLISER NELKENAPFEL
Synonyme: **Calville d' Angleterre, Cornish Gilliflower, Nelkenapfel.** Guter Tafel- und Wirtschaftsapfel. Genussreife: XII bis III. Groß bis sehr groß. Glockenförmig. Schale grünlichgelb, sonnenseits gerötet. Etwas berostet. Fruchtfleisch gelblichgrün bis gelblichweiß, fein erst fest, später mürbe, fast locker.

Saftig, kalvillartig gewürzt, milde Säure, ausreichend süß. (39) Die Sorte wurde in Truro in Cornwallis, England aufgefunden. War weit verbreitet. Es soll viele Synonyme geben. (83)

COROMANDEL RED
Sorte aus Neuseeland. Ein dunkelroter Apfel, wird auch nach Deutschland exportiert. Ist bei uns im Sommer im Angebot. **Coromandel Red** ist auch der Handelsname. (25)

CORONATION
Entstand 1902 in England. Unterschiedlich groß. Fettige Fruchtschale. Rötlichgelb, dunkelrot gefleckt und gestreift. Häufig berostet. (39) Synonyme sind nicht bekannt.

CORTENS WINTERCALVILL
Historische Sorte. Süßapfel. Frucht groß. Fruchtschale gelb und fettig. Genussreife: November bis März. Fruchtfleisch ist gewürzt und süß. (40)

CORTLAND
Herkunft: Geneva, USA. Vatersorte **Ben Davis,** bekannt seit 1915, war in den 50er Jahren noch eine Hauptsorte in den USA. Sorte ist 1898 in der Versuchsstation Geneva, N.Y. USA entstanden, als Kreuzung aus **Ben Davis X McIntosh.** Großfrüchtiger flachrunder Apfel. Schale hell, gelblichgrün, dann gerötet und gestreift. Fleisch ist weiß, fest, von erfrischendem Geschmack. Soll bei uns sehr anfällig gegen Mehltau und Schorf sein. (39) (83)

COULON RENETTE
Auch **Coulons Renette, Reinette Coulon, Renette Coulon. Renet Kulon** (russischer Name). War im Alten Land verbreitet. Tafel- und Wirtschaftsapfel. 60/80 mm gleichmäßig, anfällig für Stippe. Preisgruppe 3. Genussreife: XII bis III. Sorte stammt aus Belgien, bekannt seit etwa 1860. Mußte vor dem Boskoop auf den Markt, war sonst schwer zu verkaufen. Wird im Alten Land seit den 50er Jahre nicht mehr vermehrt. Im Geschmack süßsäuerlich, saftig, milder als Boskoop. 1850 bei Lüttich entstanden. Handelsname: **Coulon.** (14) Züchtung der Baumschule Coulon, Belgien. Frucht ist mittel bis groß, breitrund. Schale ist glatt und trocken. Gelbgrün, bei Vollreife an der Sonnenseite etwas verwaschen rot. Fleisch ist gelblich, süß, säurearm, wenig Aroma. Literatur: (01) (39) (47) (92)
Gegenüber dem **Boskoop,** war der **Coulon** der bessere Träger, auch die Bäume waren widerstandsfähiger gegen Krankheiten. (Autor)

Folgende Sorten sind im Bundes-Obstarten-Sortenverzeichnis eingetragen:
COURT OF WICK
COURT PENDU GRIES
COURT PENDU NOIR
COURT PENDU PLAT (Aus East Malling)
COURT PENDU ROSAT.

COUSINOT
Purpurrote Cousinot war an der Niederelbe und auf der Stader Geest verbreitet. Kleinfrüchtig, gut lagerfähig, beliebt als roter Weihnachtsapfel für den Tannenbaum, Preisgruppe 5. Stammt aus Deutschland, Anbau bis 800m Höhe möglich. Pflückreife: Oktober. Genussreife: Dezember bis Januar. Im Geschmack musartig, süß, etwas hart. Zu klein, wurde schon vor 1940 nicht mehr angebaut. (01) Siehe auch: **Gestreifter Cousinot, Geflammter Cousinot, Weißer Wintercousinot. Apfel von Wall** ist ein Synonym.

COVE
Ist im Bundes-Obstarten-Sortenverzeichnis eingetragen.

COX ORANGE
Deutscher Originalname: **Cox Orangen Renette.** Stammt aus England, ist seit 1850 bekannt, verbreitet seit 1858. Züchter: M.R.Cox aus Colnbrook-Lawn. War in England eine Hauptsorte. (Deutschland`s Obstsorten 1908) Um 1825 entdeckt, möglicherweise Blüten von **Ribston** mit Pollen von **Blenheim Orange** bestäubt. (Silbereisen) In den Handel gebracht von Ch. Turner (1850) (Silbereisen) Um 1830 bei London entstanden. (39) Preisgruppe: Sondergruppe **Cox Orangen-Renette.** Heute auf der ganzen Welt verbreitet. Synonyme: **Aranciata di Cox** (Italien), **Cox, Cox Orange Pippin** (England), **Cox´s Orange Pippin** (Schweiz und Niederlande), **Cox´s Orangen-Pippin** (Deutschlands Obstsorten vor 1914), **Cox´s Orangenreinette** (Schweiz), **Koksova oranjeva reneta** (Slowenien) **Reinette Orange de Cox** (Schweiz) **Renet Portocaliu** (Rumänien), **Renette Orange de Cox** und **Russet Pippin** und **Verbesserte Muskatrenette** (Deutschlands Obstsorten vor 1914) **Verbesserte Muskatrenette.** Verschiedene Schreibweisen der Synonyme sind noch bekannt. Frucht ist klein bis mittelgroß. Gelbgrüner Grund mit roter bis braunroter Deckfarbe, flächig und gestreift. Stark Stippeanfällig. Genussreife: Oktober bis März. Handelsname: **Cox Orange.** In den Geschäften versucht man den **Cox** oft noch bis Mai zu verkaufen, in der Regel hat das Fruchtfleisch dann aber so gelitten, dass ein Kauf sich nicht mehr lohnt. Lediglich Früchte unter 60 mm können dann noch mit Genuss gegessen werden.

Vom Cox gibt es heute eine Vielzahl von Mutationen, Kreuzungen, Typen usw.

1/11, Selektion ist für Norddeutschland empfohlen. (27-8/94)
Bargstedt, Rote Mutation, wurde 1966/67 zur Pflanzung empfohlen auf EM VII oder auf Grahams.
Blangstedt, Zufallsmutante aus Dänemark. (25)
Borju,
Cherry, Zufallsmutante aus Dänemark.
Crimson, Zufallsmutante aus England.
Emla 1, Zufallsmutante aus England.
Emla 2, Zufallsmutante aus England.
Gailhöfe, Zufallsmutante aus Süddeutschland.
Hauschild, Rote Mutation, wurde 1966/67 zur Pflanzung empfohlen.
Herr 5,
Korallo, Aus den Niederlanden. Virusfrei.
Korallo T 21, Zufallsmutante aus den Niederlanden.
Kortegaard, Rote Mutation wurde z.B. vom OVR in Jork 1971/72 empfohlen, auf M IX, M VII oder MM 106.
Kummer, Zufallsmutante aus der Schweiz. (25)
Ley 1.74,
Moje, Rote Mutation. 1966/67 vom OVR zur Pflanzung empfohlen. (26)
Ottensen, Zufallsmutante aus dem Alten Land. Versuchsanlagen der OVA.
Queen, Zufallsmutante aus England.
Rheinland, Zufallsmutante aus dem Rheinland.
Roter Cox Ley, Dunkles Rot, für Norddeutschland empfohlen. (27-8/94)

Verschiedene Mutationen und Typen werden noch in den Genbänken in Jork, Pillnitz, Geisenheim, Wurzen, Triesdorf usw. unterhalten, bzw. erhalten.

T 12, Zufallsmutante aus den Niederlanden.
Ley 36.72,
NAKB,
Queen de Costa,
Queen Heines,
Queen selbstfr. Nr. 18,
Selbstfruchtend Nr. 7,
T 23,
T 61,
Vegi Cox,
Zeevolde,
Zeyn.

COX POMONA
Herkunft: England. Seit 1830 bekannt. Synonyme: **Falscher Roter Gravensteiner, Fearn's Apple, Hills Seedling, Ingestrie, Pomona, Red Ingestrie, Redleaf Russet.** Vom gleichen Züchter wie Cox Orange. Aus dem Samenkorn eines **Ribston Pepping.** Mittel- bis großfrüchtig. Tafel- und Wirtschaftsapfel. Widerstandsfähig gegen Schädlinge und Krankheiten. Schale grünlichgelb, zur Sonne gerötet und gestreift. Fleisch etwas gewürzt, milde Säure, etwas süß. Literatur: (39) (40)

CRAB
Wirtschaftsapfel. Synonyme: **Sibirian Crab, Sibirischer Holzapfel.**
Auch **Crabapfel.** (70)

CRAWLEY
Auch: **Crawley Beauty.** Angegeben im Bundes-Obstarten- Sortenverzeichnis.
Die Sorte wird in verschiedenen Institutionen erhalten. (70)

CRANDALL
1914 entstanden aus einer Kreuzung aus **Rome Beauty X Jonathan.** Stammt aus Illinois/USA. Kam erst 1952 in den Handel. Mittelgroß. Deckfarbe schwach ausgeprägt. Braunrot geflammt auf grünlichgelbem Grund. Im Aussehen und im Geschmack nicht befriedigend. Wurde von der OVA (26-4/64) nicht empfohlen.

CREDES QUITTENRENETTE
Essapfel. Genussreife: XII bis I. In Oberösterreich bekannt. (02)(39) Tafel- und Wirt-schaftsapfel. Grünlichgelb, ausgeprägter Geruch. Fruchtfleisch gelblichweiß, fein, etwas fest, später markig bis mürbe, saftig. Quittenaroma, viel Säure, auch süß.

CREDES TAUBENAPFEL
Im vorigen Jahrhundert in Thüringen bekannt. Kleinfrüchtig, haltbar bis Juni. Essapfel, soll geschmacklich sehr gut gewesen sein. (Praktischer Ratgeber 1886) Synonyme: **Credes Blutroter Wintertäubling, Pigeonnet Credé, Taubenapfel, Täubling, Wintertäubling.** Auch Wirtschaftsapfel. Grüngelb, sonnenseitig intensiv gerötet. Etwas gewürzt. Fleisch ist weiß, fein, erst fest, dann markig und zart, saftig. Rosenapfelartig und bittermandelartig gewürzt. Ausreichend süß. (39)

CREDES WILHELMSAPFEL
Sehr alte Sorte, 1836 von Hinkert beschrieben. Winterapfel. Genussreife: XI bis III. Gelb, Sonnenseite gestreift. Fleisch etwas gewürzt, weinsäuerlich. (40)

CREO
Soll guter Pollenbildner sein, diploid. Großfrüchtig, rot und rotgestreift. (39 S. 95) 1880 entstanden. Züchter: Uhlhorn aus Grevenbroich am Niederrhein. Ess- und Wirtschaftsapfel. Kreuzung: **Peter Mathias X Kaiser Alexander.** Baumreife: Ende August. Genussreife im September. (47)

CRIMSON BEAUTY
Synonym: **Early Red Beard.** Frühapfel, noch vor dem **Klarapfel.** Sauer, ohne Aroma, Erträge gering. Beginnt zu fallen, sowie die Früchte farbig werden. (39)(40)

CRIMSON BRAMLEY
Großfrüchtige Sorte lt. EG-Normen. (36)

CRIMSON GLORIETTE
Sorte ist in Österreich bekannt. Keine weiteren Daten. (44)

CRIPPS PINK
Von John Cripps in Neuseeland herausgebracht. Kreuzung aus **Lady Williams X Golden Delicious.** Geschützter Handelsname von **Cripps Pink** ist **Pink Lady.** Der Exporteur Unifruco hat das Exklusivrecht in Südafrika geerntete **Cripps Pink** unter dem Namen **Pink Lady** zu vermarkten. Alle Nichrechteinhaber müssen unter dem Namen **Cripps Pink** verkaufen. (25-BLE) Sortenschutz in der EU seit 1997.

CRIPPS RED
Herkunft: Australien, Züchter John Cripps. Kreuzung aus **Lady Williams X Golden Delicious.** Sortenschutz in der EU seit 1998. (75) Seit 1998 liefert auch Südafrika diese Sorte. Geschützter Handelsname ist **Sundowner.** (25)

CRISPIN
Ist ein Synonym für dem **Mutsu.**

CRITERION
Lokalsorte in Österreich. (44) Auch im Bundes-Obstarten-Sortenverzeichnis.

CROFTON
Apfelsorte in Australien. Alte Sorte, Zufallssämling.

CROME LOHRE
Aufgeführt im Bundes-Obstarten-Sortenverzeichnis.

CRONCELS
Stammt aus Frankreich, von der Firma Baltet Freres gezogen. 1869 als **Transparente de Croncels** in den Handel gebracht. Synonyme: **Durchsichtiger aus Croncels,** in der Pfalz **Glasapfel,** im Rheinland **Eisapfel von Croncels,** in Bayern wurde er fälschlicher Weise lange als **Klarapfel** bezeichnet. Auf dem Kongreß des Deutschen Pomologen-Vereins in Frankfurt/M wurde 1906 der Name **Apfel aus Croncels** festgelegt. Handelsname: **Croncels.**
Als Stammbildner in den 40er und 50er Jahren an der Niederelbe stark verbreitet. Tafelapfel. Angenehm süß, würzig, schaumig. Wird schnell mehlig. Preisgruppe 2. Weitere Synonyme: **Durchsichtiger von Croncels, Eisenapfel aus Croncels, Rosenapfel aus Croncels, Transparent aus Croncels, Transparent von Croncels, Weißer Transparentapfel, Yellow Transparent.** Im Alten Land als **Transparent** bekannt. Es gibt auch einen **Roten Croncels.**
Literatur: (01) (02) (03) (04) (08) (14) (24)(39) (70) (Autor)

CROSSENER ROSENSTREIFLING
Tafel- und Wirtschaftsapfel. Genussreife: XI bis III. Mittelgroß. Abgestumpft rund, hellgelb, später vollständig gerötet und gestreift. Geruch stark, Fruchtfleisch gewürzt, angenehm säuerlichsüß. Baum wächst kräftig, breite Krone. (39) (40)

CROWNGOLD
Farbmutante vom **Jonagold. Jonagold LA 14,** stammt aus England.

Folgende Sorten sind im Bundes-Obstarten-Sortenverzeichnis aufgeführt:
CSANY, auch: **Csanyi**
CSIKOS ORI AS HALASI,
CURL TAIL,

DÄNISCHER ROSENHÄGER
Dansk Rosenhäger. Alte Sorte aus Dänemark. Seit dem 19. Jh. bekannt. Mittelgroßer roter Apfel. Genussreife: XI bis II. Anspruchsvoll an Boden. (71)

DALIGUY
Mutante vom **Jonagold,** stammt aus Frankreich, ist virusfrei. Anbau wird nicht empfohlen. (27-7/91)

DALILI
Synonym: **Ambassy.** Sortenschutz in der EU seit 1996. Züchter ist G. Ligonniére, Angers in Frankreich. Eine Mutante von **Delcorf.**

DALINBEL
Aufgeführt im Bundes-Obstarten-Sortenverzeichnis.

DAMASONRENETTE
Synonyme: **Carpentin, Carpentiner** in der Schweiz. Französischer Name: **Reinette Damason. Renette de Mascon** in Frankreich. **Kleine Graue Renette** in Deutschland. Zufallssämling aus Frankreich, daselbst seit 1600 bekannt. Mittelgroß, guter Tafel- und Wirtschaftsapfel. Gruppe der **Lederäpfel.** In einigen österreichischen Bundesländern angebaut, sowie in Böhmen. Soll eine der ältesten Lederäpfelsorten sein. Nach Angaben von Herrn W. Holenstein, St. Margrethen, schon im 17. Jahrhundert beschrieben. Im alten schweizerischen Obstbilderwerk als **Carpentin** beschrieben. Schale ist rauh und trocken. Grundfarbe grün bis dunkelgrün. Deckfarbe ist braunrot oder leuchtend rot verwaschen oder marmoriert und gestreift. Fleisch ist grünlich, fest, knackend, fein, saftig, süß und säuerlich, angenehm und kräftig gewürzt. (03) Es gibt auch eine **Rote Damasonrenette.**

DAME DE FAUQUEMONT
Tafelapfel. Haltbar bis III. Schorfanfällig. (39)

DANFUN
DANTES
Beide Sorten sind eingetragen im Bundes-Obstarten-Sortenverzeichnis.

DANZIGER KANTAPFEL
Synonyme: **Erdbeerapfel** und **Kantapfel,** in Deutschland. **Taffetapfel** in Österreich. **Sommerer** und **Rosenapfel** in der Schweiz. Außerdem noch: **Abrahamsapfel, Bendlebeuer Rosenapfel, Bentleber Rosenapfel, Beutlebener Rosenapfel, Blutapfel, Braunroter Himbeerapfel, Calville de Dantzig** (Frankreich), **Calvilla di Danzica** (Italien). **Calviner, Florentinerapfel, Himbeerapfel, Kalvillartiger Rosenapfel, Kantapfel, Kardinal, Laurenziapfel, Liebesapfel, Lorenzapfel, Mainapfel, Paradies-apfel, Pomme d'Amour Rouge, Rosenapfel** (auch in Thüringen und Württemberg) **Rosenhäger, Roter Apolloapfel, Roter Cardinal, Roter Kantapfel, Roter Kardinal, Roter Liebesapfel, Roter Zwiebelapfel, Schwäbischer Rosenapfel, Sommerer, Tiefputz, Zwiebelapfel.** Herkunft ist unbekannt. Erste Beschreibung um 1760. Preisgruppe 5. Ess- und Wirtschaftsapfel in ganz Mitteleuropa bekannt. Schon in den ältesten Pomologien beschrieben. Schöne Farbe, sehr ansprechend. Haltbarkeit ist nicht besonders, anfällig für Fleischbräune. Genussreife: X bis I. Mittelgroß, Schale ist fettig, grünlichgelb, zur Reifezeit völlig gerötet. Fleisch ist mürbe,

gewürzt, wenig Säure. Ausreichend Zucker. Handelsname: **Danziger Kant.** Sorte ist diploid. **Danziger Kantenappel** oder **Der Danziger Kantenapfel** war 1795 die Bezeichnung bei Johann Caspar Schiller. Quellen: (02) (03)(04) (08) (13) (14) (24) (37) (39) (78)

Im Bundes-Obstarten-Sortenverzeichnis sind folgende Sorten angegeben:
D'ARCY SPICE
DARIA
DARU SOVARI

DARUAPFEL
Synonym: **Darnapfel, Daru-Alma.** Tafel- und Wirtschaftsapfel. Mittelgroß, gleichmäßig gebaut. Genussreife: XI bis II. Schale grünlichgelb, Geruch schwach. Etwas gewürzt. Fruchtfleisch ist gelblichweiß, fein, saftig, ausreichend süß. (39)

DAS SEIDENE HEMDGEN
Das seidene Hemdgen. Synonym: **Syden Hemdje.** 1795 von Schiller beschrieben.

DAUERAPFEL AUS BRÖDLAUKEN
Wirtschaftsapfel. Ist lange haltbar. Genussreife: IV bis VIII. Mittelgroß, gleichmäßig gebaut. Schale matt glänzend, zitronengelb, an der Sonne etwas gerötet und leicht gestreift. (39) Synoynm: **Dauerapfel von Brödlauken.** (40)

DARLINEBELLE
DAVENTAPFEL
Sind im Bundes-Obstarten-Sortenverzeichnis eingetragen.

DAYTON
Amerikanische Züchtung, seit 1988 bekannt, nicht empfehlenswert. (27-3/91)
Sorte ist der **Coop 21.** (06)

DEACON JONES
Herkunft: USA. Mittelgroße Frucht. Fleisch ist grob und trocken. Besonders anspruchsvoll an den Boden. (83) In Europa keine Bedeutung gehabt. Aus Kreuzung mit dem **Golden Delicious** entstand die Sorte **Orleans.**

DEAKS GRAUE RENETTE
Tafel- und Wirtschaftsapfel. Mittelgroß bis groß. Genussreife: I bis III. Baum wächst sehr stark und ist gesund. Sehr ertragreich.

DEANS KÜCHENAPFEL
Synonyme: **Dean's Codlin, Deans Codlin, Dean's Küchenapfel.** Herkunft: England. Um 1870 entstanden. 1884 zum ersten Mal beschrieben. Haushalts- und Wirtschaftsapfel. Großfrüchtig. Preisgruppe 5. Genussreife: XII bis III. Fleisch ist weiß, mürbe, saftig und von angenehmen, süßsäuerlichen Geschmack. Im Alten Land als **Codlin** bekannt. (02) (39) (45)

DECOSTA
Rote Mutante vom **Jonagold.** (27-9/95)

DEGEERS RENETTE
Synonym: **Reinette de Geer.** Großer, gleichmäßig gebauter Apfel. Genussreife: XII bis III. Tafel- und Wirtschaftsapfel. Schale gelblichgrün, auch gelb, sonnenseits gerötet. Fruchtfleisch mürbe, saftig, gewürzt, ausreichend süß. (39)

DEGGENDORFER FRAUENAPFEL
Lokalsorte aus Niederbayern. Frucht ist plattrund. Ganzflächig marmoriert, deutliche Berostungen. (40) Abb. (39 S. 100)

DEHDES ROTER
Lokalsorte aus dem Alten Land. In Qualität und Geschmack nicht befriedigend, wurde daher nicht für den Anbau empfohlen. Vorzeitiger Fruchtfall, längliche, kantige, unregelmäßige Form. (26) Frucht ist walzenförmig, großflächig gerötet.

DE JONGHES ROSENAPFEL
Tafel- und Wirtschaftsapfel. Genussreife: XII bis III. Klein bis mittelgroß. Rundliche, gleichmäßig gebaute Frucht. Fleisch ist weiß, fein, etwas knackig, wird dann mürbe. Saftig, etwas gewürzt. (39)

DEKANATSAPFEL
Historische Sorte 1854 von Calwer beschrieben. Genussreife: Dezember bis Juni. Schale gelb, später großflächig gerötet und gestreift. Gewürzt, süß. (40)

DEKKERS GLORIE
Angegeben im Bundes-Obstarten-Sortenverzeichnis.

DELAAGE
Tafel- und Wirtschaftsapfel. Mittelgroß bis groß. Genussreife: XII bis III. Schale gelb, Sonnenseite goldgelb mit rötlichem Anflug. Fleisch ist gelblichweiß, fein, fest bis mürbe. Saftreich, quittenartig, leicht gewürzt. (39)

DELAF
Angegeben im Bundes-Obstarten-Sortenverzeichnis.

DELBARD JUBILEE
Züchter: G. Delbard, Malicorne, Frankreich. Tafelapfel. Genussreife: Oktober bis Januar. Großfrüchtig. Schale zur Reifezeit leuchtend rot gefärbt. Widerstandsfähig gegen Schorf. Für Erwerbsanbau empfohlen. Auch **Delgollune**.

DELBARESTIVALE
Identisch mit **Delcorf (Stark Jon Grimes X Golden Delicious.)** Züchter: G. Delbard, Malicorne, Frankreich, Frühapfel, aber bis zwei Monate haltbar, frischer, saftiger Geschmack, einer der besten Frühäpfel. Frucht mittelgroß bis groß. (39) Mutanten sind: **Schoonwoerd** von der Baumschule Jo Nicolai in Belgien. Diese Mutante ist virusfrei. Hat etwas mehr Farbe als der normale **Delbarestivale.** Eine weitere Mutante ist: **Ambassy,** stammt von Davodeau-Lignoniere in Frankreich. Färbung ist recht gut, z.T. auch flächig rot mit streifigen Übergängen. Leider nicht virusfrei. (26-11/94) **Delbarestivale (Delcorf)** ist eine geschützte Sorte. Seit 1982 im Handel.

Delbarestivale Celeste Typ 1
„ **Typ 2**
„ **Eversdijk**
„ **Monidel**
„ **Schoonwoerd**

DELBLUSH
Züchter und Sorteneigner: Baumschule Delbard in Frankreich. Berostungen sollen hier sortenbedingt sein. (ZMP 10/98)

DELCON
Angegeben im Bundes-Obstarten-Sortenverzeichnis.

DELCORF
Delbarestivale. In den Niederlanden ist **Delcorf** der offizieller Name für **Delbarestivale.** Soll etwas schorfanfällig sein. **Celeste** ist eine Farbmutante von **Delcorf.** Das Bundessortenamt schreibt: Seit 1982 im Handel. (27-10/95) (75)

DELGARED
DELGATON
Sind im Bundes-Obstarten-Sortenverzeichnis eingetragen.

DELGOLLUNE
Synonym: **Delbard Jubilee.** Sortenschutz seit 1985. Züchter: Baumschule Delbard in Commentry, Frankreich. Kreuzung aus **Golden Delicious X Lundbytorp.** (75)

DELIA
Angegeben im Bundes-Obstarten-Sortenverzeichnis.

DELICIOUS
Synonyme: **Edelstein.** Gefunden von Jesse Hiat in Peru, Iowa, USA. 1. Frucht um 1880. 1895 von Stark Brothers, Baumschulen in Louisiana, Missouri bei St. Louis in den Handel gekommen. (93) Weitere bekannte und unbekannte Delicioussorten sind: **Delicious Dont Golden, Delicious De Voinesti.**

DELICIOUS PILAFA
Großfrüchtige Sorte laut EG-Verordnung.

DELIKATES
DELJOROM
Angegeben im Bundes-Obstarten-Sortenverzeichnis.

DELKISTAR
Synonym: **Regali.** Züchter: Baumschule Delbard in Commentry, Frankreich. Kreuzung aus **Kidds 28 X Starkrimson.** 1992 im Handel. (75)

DELORGUE
Von der Baumschule Delbard. Kreuzung aus **Delcorf X Akane.** Sortenschutz seit 1995. Ansprechende, pinkfarbene Frühherbstsorte. Genussreife: September. (75)

DELORINA
Synonym: **Px6808** von Delbard/Frankreich. **Grifer X Florina.** Fruchtfleisch ist sehr fest. Geschmack gut bis leicht parfümiert und süß. Bis Februar haltbar. Baum wächst kräftig. Schorfresistent. (27-10/93)

DELORINA
Blushing Golden X Florina läßt sich besser lagern, ist aber hochanfällig für Mehltau. Das etwas trockene, süßliche Fruchtfleisch schmeckt nur bei guter Ausreife aromatisch. (27-4/96 aus 67-6/95) Baumschule Delbard. Kreuzung aus **Grifer X Florina.** Sortenschutz seit 1995. Schorfresistente Lagersorte. Genussreife: XI bis XII. (75)

DELPRIM
Herkunft: Dänemark, im Versuchsanbau 1990/91. (27)

Im Bundes-Obstarten-Sortenverzeichnis sind folgende Sorten angegeben:
DELPRIVALE
DELROUVAL
DELSHEL
DEMOKRAT

DEMOCRAT
Sämling von **Hoover.** Apfelsorte in Australien. Zufallssämling. Großfrüchtige Sorte laut EG-Verordnung. (36)

DENAR
Herkunft: Tschechien. Kreuzung aus **Golden Delicious X Cox Orange.** Schale gelb. Soll besser als der **Golden Delicious** sein. (27)

DER BLANCKE BIRNSÜSSE
1795 von Schiller beschrieben. Bekannt war auch ein **Weisser Birnensüsser.** Synonym: **Peer-Zoet (vvitte of blanke).**

DER BLUMENSAUERE
Synonym: **Bloem-Zoete.** 1795 von Schiller beschrieben.

DER BLUMENSÜSSE (Sommer- oder Herbst)
Synonym: **Bloem-Zoete (Zoomer of Herbst).** 1795 von Schiller beschrieben.

DER BÖHMER
Wurde zum ersten Mal 1857 von Ed. Lucas beschrieben. Herkunft ist Südtirol. Synonym: **Königsapfel.** Die Sorten **Österreichischer Böhmer, Wilder Böhmer, Edelböhmer, Kalterer Böhmer** und **Lanaer Böhmer** sind Abformen dieser Sorte, also nicht identisch. (83)

DER BRANDAPFEL
1795 von Schiller beschrieben. Auch **Brand-Appel.** „Ist ein mittelmäßig grosser eyförmiger Apfel. Sein Buzen ist nicht tief, der Stiel aber ziemlich lang. Wenn er reif ist, hat er an der einen Seite eine gelblichte und an der anderen eine blasse oder lichtrothe Farbe, wobey er über und über schön hellroth gestreift ist. Sein Fleisch ist

mild, von ziemlich lieblichen, doch nicht sehr feinem Geschmack, daher er denn kaum unter den Mittelsorten einen Platz verdienet". (37)

DER BRÄUNLING
Synonym: **Bruindeling.** 1795 von Schiller beschrieben, s.u. **Bräunling.**

DER DELPHIN
Dolphyn, wurde 1795 von Schiller beschrieben. Er bezeichnet diesen Apfel auch als **Grosse Schafnase.** *„Ist ein schöner grosser Apfel, von etwas länglichter Form, und grünlichtgelber Farbe an der einen Seite; an der anderen aber, und manchmal rings herum, rothvioletfarb. Sein Fleisch ist vest, von einem angenehmen, feinen, süssen Geschmack, und folglich ist er einer der besten süssen Winteräpfeln".* (37) Es dürfte sich um einen **Prinzenapfel** handeln.(Autor)

DER DOPPELTE, ROTHE, SÜSSE HIEFENAPFEL
Dubbelde rode Zoete-Jopen. Von Schiller 1795 beschrieben.

DER EINFACHE SÜSSE GÜLDERLING
1795 von Schiller beschrieben.

DER ENGLISCHE KÖNIGSAPFEL
Pomme royale d´ Angleterre. 1797 von Sickler beschrieben.

DER EYERAPFEL
Eyer-Appel. 1795 von Schiller beschrieben.

DER GELDERISCHE KREUZAPFEL
Kruis-Appel (van gelder). 1795 Schiller beschrieben.

DER GRAUE BIRNSÜSSE
Peer-zoete grauvve. 1795 von Schiller beschrieben.

DER GRAUE HOHLSÜSSE
Grauvve hol-zoete. 1795 von Schiller beschrieben.

DER HIMBEERAPFEL
Framboos-Appel. 1795 von Schiller beschrieben. Himbeerapfel ist ein Synonym für mehrere Sorten. Bekannt sind auch verschiedene Himbeeräpfel. U. a. ein **Roter Winterhimbeerapfel, Hofingers Himbeerapfel,** usw.

DER KÖSTLICHSTE
Aus Italien. Synonyme: **Cosenza Gentile, Der Ausgezeichnetste, Köstlicher, Köstlicher von Zallinger, Napoleon Carla Cosenza, Napoleonsapfel, Zallinger Apfel.** Ausgezeichneter Tafelapfel. Mittelgroß, gleichmäßig gebaut. Genussreife: X bis III. In feuchtem Klima schorfanfällig. Strohgelb, später intensiv gerötet. Edel gewürzt, angenehme Säure. Die Früchte werden von der Obstmade bevorzugt. (39)

DER LECKERBISSEN
Synonyme: **Friandise, Leckerbeetje, Leckerbissen.** Sehr guter Tafel- und auch Wirtschaftsapfel. Genussreife: Dezember bis April. Hoher Zuckergehalt. Frucht ist klein bis mittelgroß, walzenförmig. Stark berostet. Schale hellgelb. Geruch schwach, Fruchtfleisch fest, etwas gewürzt. (39)

DER ROTHE WEINAPFEL
Wyn-Appel (roode). Von Schiller 1795 beschrieben. (37)

DER SCHWANNENAPFEL
Swaan-Appel. 1795 von Schiller beschrieben.

DER SCHWERE APFEL
Synonyme: **Schwerer Apfel, Swaar.** Mittelgroß bis groß. Genussreife: XII bis III. Tafel- und Wirtschaftsapfel. Schale grünlichgelb, Sonnenseite leicht gerötet, etwas berostet. Mürbe. (39) Herkunft ist nicht angegeben. In Nordamerika war die Sorte **Swaar** um 1886 als gute Apfelsorte bekannt. (15) Mit Sicherheit identisch.

DER SÜSSAPFEL
Pomme douce. 1795 von Schiller beschrieben.

DER SÜSSE BOBBERT
Zoete Bobbert. 1795 von Schiller beschrieben.

DER SÜSSE HOOLAART
Zoete Holaart. 1795 von Schiller beschrieben.

DER SÜSSE SCHWANNENAPFEL
1795 von Schiller beschrieben.

DER WEISSE BIRNSÜSSE
1795 von Schiller beschrieben.

DER WEISSE BLUMENSÜSSE
Bloem Zoete (witte). 1795 von Schiller beschrieben. (37)

DER BLANCKE BIRNSÜSSE
Peer-zoete (blanke). 1795 von Schiller beschrieben.

DER WEISSE PLATTE APFEL
Witte platte. 1795 v. Schiller beschrieben.

DER WINTER-BLUMENSÜSSE
Bloem-zoete (Winter). 1795 von Schiller beschrieben.

Im Bundes-Obstarten-Sortenverzeichnis sind folgende Sorten angegeben:
DESSERTNOJE ISAJEWA
DESERTNAJA PETROVA
DETTLER Vermutlich eine Form vom **Borsdorfer.** (70-13)
DEUTSCHER GOLDPEPPING (Deutscher Gold-Pippin)

DEUTSCHE GOLDRENETTE
Synonyme: **Christs Deutsche Goldrenette, Christs Goldrenette.** Goldgelb, Sonnenseite gerötet.Klein bis mittelgroß. Tafelapfel. Genussreife: XII bis IV. (39)

DEUTSCHE RENETTE
Historische Sorte. 1797 von Christ beschrieben. Plattrunde Frucht. Aromatisch. Genussreife: II bis VI. Schale gelb, Sonnenseite gerötet. (40)

DEUTSCHER GLASAPFEL
Synonym: **Glasapfel.** Historische Sorte. 1836 von Hinkert beschrieben. Wirtschaftsapfel. Gelbgrün, manchmal leicht gerötet. Etwas berostet, gewürzt, säuerlich. (40)

DEUTSCHER GOLDPEPPING
War schon um 1850 in Deutschland weit verbreitet. Soll nicht aus Deutschland stammen. Tafel- und Wirtschaftsapfel. Genussreife: I bis IV. Synonyme: **Allemand, Herrenhäuser Deutscher Pepping, Hoyaischer Goldpepping, Nonpareil, Peppin Allemand, Pepin d´Or Allemand, Pomme d`Or d´Allemagne, Schöner Pfäffling, Von Duvens Nonpareil.** Kleiner bis mittelgroßer, gleichmäßig gebauter Apfel. Schale manchmal glatt, manchmal etwas aufgerauht. Mattglänzend, grünlichgelb, später gelb. Schwacher Geruch. Fleisch ist hellgelb, fest, später zart, saftig. Deutliche Säure, aber vorherrschend süß. (39)

DEUTSCHER GRÜNLING
Wenig ansprechende Farbe. Sorte ist kaum bekannt. Brauchbarer Tafel- aber sehr guter Wirtschaftsapfel. (40)

DEUTSCHER WEINAPFEL
Angegeben im Bundes-Obstarten-Sortenverzeichnis.

DEVONSHIRE QUARRENDEN
Alte englische Sorte, wurde schon 1685 beschrieben, reift im Herbst. Schön purpurrot gefärbt, erfreute sich in alter Zeit großer Beliebtheit. War Ausgangssorte für die **Worcester Parmain.** (26-4/59) (70)

DIADEM
Herkunft: Tschechien. (26-12/94) **James Grieve X Jonathan.** 60 % rot, schorfempfindlich. Sehr schmackhaft. (27)

DIANA
DICKER VOM HUNSRÜCK
Beide Sorten sind im Bundes-Obstarten-Sortenverzeichnis eingetragen.

DIE DOPPELTE GRETHE
Griet (Dubbelde) 1795 v. Schiller beschrieben.

DIE EINFACHE GRETHE
Griet (enkelde) 1795 v. Schiller beschrieben.

DIE GETÜPPELTE REINETTE
Reinette picotée. Sickler lieferte 1797 eine einwandfreie Beschreibung und eine sehr gute Bildertafel im „Teutschen Obstgärtner".

DIE KOMISCHE GRETHE
Griet (koomsche) 1795 v. Schiller beschrieben.

DIELS BARCELONER PARMÄNE
Synonym: **Barceloner Parmäne.** Wirtschaftsapfel, auch als Essapfel zu verwenden. Frucht klein bis mittelgroß. Grünlichgelb, Sonnenseite unterschiedlich stark gerötet. Häufig berostet, auch Warzenbildung. Welkt auf dem Lager nur wenig. Fruchtfleisch gelblichweiß, fein, mürbe, etwas locker, saftig und schwach gewürzt. Fast ohne Geruch. Genussreife: Januar bis Juni. (39)

DIELS GROSSE ENGLISCHE RENETTE
Synonyme: **Englische Renette, Große Englische Renette.** Vorwiegend Wirtschaftsapfel. Genussreife: XII bis IV. Mittelgroß, abgestumpft eiförmig. Schale gelb, sonnenseite goldig, oft gerötet, leicht berostet. (39)

DIELS RENETTE
Synonym: **Downing Renette.** Wirtschaftsapfel. Genussreife: XII bis III. Mittelgroß, flachrund. Schale gelb, sonnenseits goldgelb, manchmal leicht gerötet. Fruchtfleisch fest, gewürzt. Schwacher Geruch. (39)

DIETUS ROSENAPFEL
Angegeben im Bundes-Obstarten-Sortenverzeichnis.

DIETZELS ROSENAPFEL
Sortenprüfung Forschungsanstalt Geisenheim.

DIETZER GOLDRENETTE
Synonyme: **Dietzer Wintergoldrenette, Goldrenette, Reinette de Dietz, Wintergoldrenette.** Hervorragender Tafelapfel, auch guter Wirtschaftsapfel. Frucht klein bis mittelgroß. Genussreife: I bis IV. Schale gelb, deutlich berostet. Sonnenseite gestreift. Fruchtfleisch gelblich, sehr fein, etwas fest, später mürbe. Zimtartig gewürzt, etwas vorherrschende Säure bei hohem Zuckergehalt. Nur schwacher Geruch. (39)

DIETZER WEISSE WINTERRENETTE
Historische Sorte, 1836 v. Hinkert beschrieben. Angenehmer Geschmack.
Synonym: **Winterrenette.**

DIJKMANSZOET
Zufallssämling aus den Niederlanden. (25) Auch **Dijkmans Zoete.**

DILLHEIMER AU
Sortenprüfung in der Forschungsanstalt Geisenheim. (85)

DIRECTEUR LESAGE
Angegeben im Bundes-Obstarten-Sortenverzeichnis.

DIREKTOR V. D. PLASSCHE
War in den 60er Jahren bei der OVA im Versuch. Hat sich nicht bewährt. (26-4/64)

DISCOVERY
In den Niederlanden: **Discoverie.** Kreuzung aus **Worcester Pearmain X Beauty of Bath (Schöner aus Bath)** Eine andere Quelle sagt: aus Samen von **Worcester Pearmain** (England) Originalname ist: **Thurston August.** Züchter ist K. Dummer aus Langham/England. 1949 entstanden. (47) Frühsorte, auch in Dänemark im Anbau. Sommerapfel für den Frischverzehr. Mitte August bis Mitte Oktober. Kleine bis mittelgroße, flachrunde Frucht. Schale gelblichgrün mit orangeroter Deckfarbe. Fleisch ist weiß, fest, mäßig saftig, säuerlich mit reichlich Zucker. Kräftige Würze, viel Vitamin C. Die Früchte reißen leicht auf. Seit 1964 verbreitet.

DITHMARSCHER PARADIESAPFEL
Eine alte Sorte, soll vom **Prinzenapfel** abstammen. Tafel- und Wirtschaftsapfel. Genussreife: IX bis XII. Grünlichweiß, intensiv gestreift, besonders auf der Sonnenseite. Mittelgroß bis groß, abgestumpft rund. Fleisch ist weiß, sehr saftig, mäßig süß, aber ein angenehmer würziger Geschmack. (39) Auch im Bundes-Obstarten-Sortenverzeichnis aufgeführt.

DITZELS ROSEN
Mostapfelsorte in Hessen. Im Streuobstanbau. Synonym: **Dietzels Rosenapfel.**

DIVAGOLD
Auch: **Diva Gold.** Angegeben im Bundes-Obstarten-Sortenverzeichnis.

DOBERANER RENETTE
Synonyme: **Borsdorfer Renette, Doberaner Borsdorfer Renette.** Identisch mit **Borsdorfer,** auch **Doberaner.** Diploid. In Bad Doberan, Mecklenburg entstanden, seit 1898 im Handel. Schale ist glatt, schwach glänzend, gelblichgrün, später grünlichgelb. Fleisch ist fest, saftig, renettenartig gewürzt. Preisgruppe 3. (13) (39)

DOKTOR SEELIGS ORANGENPEPPING
Schöner gut schmeckender Apfel von gleichmäßigem Bau und ansprechender Farbe.

DOKTOR SEELIGS ORANGEN RENETTE
Mittelfrüh blühende Sorte, diploid. Vermutlich identisch mit **Dr. Seeligs Orangenpepping.** (33)

DOLOMITI
Aus Südtirol. Wurde auch in der Emilia-Romagna angebaut. Export nach Deutschland immer Anfang Oktober. Keine Bedeutung mehr. (Autor)

DOMNESCHTI
Soll aus Kleinasien stammen. Kochapfel. Genussreife: I bis VI. Mittelgroß, neigt zur Stippe. Der Baum wird sehr groß. Synonym: **Dominesti.** (39)

DOMNESC
DONAU SÄMLING
Beide Sorten sind im Bundes-Obstarten-Sortenverzeichnis eingetragen.

DONAUERS RENETTE
Tafel- und brauchbarer Wirtschaftsapfel. Klein bis mittelgroß. Synonyme: **Donauers Herbstrenette, Reinette Donauer.** Genussreife: XI bis I. Schale gelb, Sonnenseite kräftig gerötet und gestreift. Fleisch ist gelblichweiß, fein, markig, saftig. Schwacher Geruch. Mürbe, etwas gewürzt. Wenig süß. (39)

DOODAPFEL
Bei Goetz erwähnt als **Doodapfel (von Kösel).** In der Preisgruppeneinteilung gibt es einen **Bremer Dodapfel.** Preisgruppe 5. Die Wertgruppeneinteilung in Sachsen erwähnt einen **Bremer Dottapfel (Bernadotts).** Großer, stark abgestumpft rundlicher bis flachrunder, oft etwas ungleichmäßig gebauter Apfel. Schale glatt, fettig, grünlichgelb, sonnenseits intensiv gelb, leicht gerötet. Etwas berostet. Fruchtfleisch gewürzt, angenehme Säure, hoher Zuckergehalt. (39)

DOPPEL PIGEON
Preisgruppe 4. **Doppel Pigeon** ist bei Goetz ohne Daten erwähnt. (12) Der **Pigeon** ist eine sehr alte Sorte. Im Alten Land auch **Taubenapfel** genannt. Bekannt waren noch ein **Echter Pigeon** und ein **Unechter Pigeon.** Schiller beschrieb 1795 den **Pigeon** *„als einen Apfel von mittelmässiger Grösse und länglichter Form. Die Schale ist glatt, und wenn er reif geworden, an der einen Seite weißlicht, und an der anderen, auch wohl rundum, blas- oder hellroth. Das Fleisch ist mild, voll wässerigen Saftes, welcher jedoch einen angenehmen besondern Geschmack hat, so dieser Sorte eigen ist, daher er denn, ohne Widerspruch, zu den besten Tafeläpfeln gehöret."* Weiterhin beschrieb Schiller noch einen **Bunten Pigeon (Pigeon bonte).** *„Ist von dem Vorhergehenden nur dadurch unterschieden, daß er, in einem weißlichtem Grund, oder hellroth gestreifet ist, und um das Aug gar feines Ansehen hat; von einigen wird er auch für schmackhafter gehalten".*

DOPPELTE GRETE
DOPPELTE NONNE
Beide Sorten sind im Bundes-Obstarten-Sortenverzeichnis eingetragen.

DOPPELTER BELLEFLEUR

Zufallssämling. Herkunft: Frankreich oder Niederlande. In den EG-Normen schreibt man: **Belle fleur double** oder **Doppelter Belle fleur.** (36)

DOPPELTER BOIKENAPFEL

Tafel- und Wirtschaftsapfel, s. u. **Boiken.**

DOPPELTER BORSDORFER

Vorwiegend Wirtschaftsapfel. Genussreife: XI bis II. Mittelgroß, flachrund. Schale leicht berostet, goldgelb, Sonnenseite leicht gerötet, schwacher Geruch. Fleisch ausreichend saftig, gewürzt, angenehme Säure bei hohem Zuckergehalt. Bekannt sind mehrere Abarten (Sorten) vom **Borsdorfer.** Aus meiner Berufspraxis würde ich einige nur beschränkt als Tafelapfel einstufen. Der normale **Borsdorfer** war in der Preisgruppe 5. Also kein Tafelapfel, wie oft angenommen wird. (Autor)

DOPPELTER GOLDPEPPING

Tafel- und Wirtschaftsapfel. Genussreife: XI bis III. Mittelgroß bis groß. Schale teilweise rauh, gelb, Sonnenseite manchmal gerötet. Fleisch gelblichweiß, fein, genügend saftig, nur wenig gewürzt. (40)

DOPPELTER GULDERLING

Eine alte Sorte, wurde 1858 von Calwer beschrieben. Die Schale ist grünlichgelb, Reife XII. (40) Schiller hat bereits 1795 eine Sorte mit dem Namen **Doppelter grauer Gülderling** beschrieben. *„Ist ein sehr grosser Apfel, von etwas länglichter viereckichter Form“.* Bekannt sind noch ein **Doppelter Süsser Gülderling,** ein **Einfacher süsser Gülderling,** ein **Französischer Gülderling (Gulderling Franse),** ein **Grauer Gülderling (Gulderling grauvve),** und ein **Gelber Gülderling (Gulderling geele).** Ein **Spanischer Gulderling (Spaanse)** wurde auch beschrieben.

DOPPELTER HÄRTLING

Wirtschaftsapfel, besonders für die Herstellung von Apfelkraut verwendbar. Haltbar bis März. Mittelgroße, abgestumpfte Frucht, aber gleichmäßig. Schale glatt, etwas fettig, mattglänzend,hellgrün, später bis hellgelb. Wenig gewürzt, kaum Säure, aber hoher Zuckergehalt. (39) Synonym: **Härtling.**

DOPPELTER HOLLÄNDER

Tafel- und Wirtschaftsapfel. Mittelgroß, rundlich. Schale zitronengelb, sonnenseitig schwach gerötet. Schwacher Geruch. Fleisch locker, etwas gewürzt.

DOPPELTER LUXEMBURGER

Aufgeführt im Bundes-Obstarten-Sortenverzeichnis.

DOPPELTER MELONENAPFEL

Synonym: **Melonenapfel.** Wirtschaftsapfel. Groß bis sehr groß, walzenförmig, stark gerippt. Schale hellgelb, Sonnenseite leicht gerötet und gestreift. Genussreife: X bis I. Fleisch ist locker, kaum gewürzt. (40)

DOPPELTER PISON

Im Bundes-Obstarten-Sortenverzeichnis angegeben. **Pison** war im Alten Land der Lokalname und Sammelbegriff für alle Taubenäpfel. (Autor)

DOPPELTER PRINZENAPFEL

Im Alten Land schwach verbreitet, Wirtschaftsapfel. Wird seit den 30er Jahren nicht mehr angebaut, 60/80 mm ungleichmäßig. Ohne besonderes Aroma, etwas trocken. Synonyme sind nicht bekannt. Preisgruppe 3. (01) s. auch unter **Prinzenapfel.**

DOPPELTER ROTHER WINTER-PARADIESAPFEL

Paradis-Appel (roode dubbelde) Wurde 1795 von Schiller beschrieben. (37)

DOPPELTER SÜSSER GULDERLING

Eine alte Sorte, 1854 von Calwer beschrieben. Gelb, Sonnenseite gerötet. Angenehmer Geschmack. (40) Schiller beschrieb diese Sorte bereits 1795 als: **Doppelter süsser Gülderling. Gulderling (dubbelde zoete).** Kurz beschrieben hat er noch die Sorte **Der Einfache süsse Gülderling.** (37)

DOPPELTER WEINLING

Von Goetz 1936 ohne Beschreibung erwähnt. (12)

DOPPELTER WINTERPARADIESAPFEL

Wirtschaftsapfel. Verarbeitung von I bis V. Großfrüchtig, Schale hellgelb. Starker Geruch. Fleisch ist grobzellig, nicht gewürzt. (40) Synonyme: **Paradiesapfel, Winterparadiesapfel.**

DOPPELTER ZWIEBELAPFEL

Identisch mit **Zwiebelborsdorfer.** Diploid. Guter Tafel- und Wirtschaftsapfel. Genussreife: XII bis IV. Mittelgroß, Fruchtschale fettig, gelb, Sonnenseite gerötet und gestreift. Etwas berostet. (40) Synonym: **Zwiebelapfel.** War vor 100 Jahren in der Provinz Hannover gut bekannt.

DORHEIMER STREIFLING
Aufgeführt im Bundes-Obstarten-Sortenverzeichnis.

DORIS
Herkunft: Tschechien. Kreuzung aus **Golden Delicious X James Grieve.** 70 % rot, schorfempfindlich. (27) Erhaltung in verschiedenen Institutionen.

DORPATER ERDBEERAPFEL
Mittelgroßer Sommerapfel. Reichtragend. Reife: VIII. Baum wächst stark. (39)

DORPATER RENETTE
Herkunft: Baltikum. Synonym: **Wealthy.** (07)

DORSTADTER RENETTE
Wurde in Dorstadt bei Wolfenbüttel gefunden. Tafel- und Wirtschaftsapfel. Genussreife: XII bis III. Kleinfrüchtig, gleichmäßig gebaut. Fast völlig berostet. Grundfarbe ist gelb, sonnenseits leicht gerötet. Fruchtfleisch fest, wird später weich, gewürzt, milde Säure, viel Zucker. (40)

DOUCE COETLIGNE
DOUCE RENAUX
Sind Mostapfelsorten in Österreich. (44)

DOUCINÈ
Ist ein Synonym des **Rambur von Buckingham.**

DOUGHERTY
Zufallssämling, wahrscheinlich aus Australien. (25)

DOUGHERTY RED
Australische Sorte. Abstammung ist nicht bekannt. Anbau wurde bei uns abgelehnt. Ungeeignet, wie die meisten Sorten aus Australien und Neuseeland. (OVR Jork) Zufallsmutante vom **Dougherty.** (25) (BEF)

DOUS MOEN
Mostapfelsorte in Österreich. Verarbeitung: X bis XI. (44)

DOUX AMERE
DOUX D`ARGENT
Beide Sorten sind im Bundes-Obstarten-Sortenverzeichnis angegeben. Die Sorten werden bei der LLA in Triesdorf und bei der Pomona Franconica erhalten.

DOWNTOWN PEPPING
Synonyme: **Pomme de Downton, Elton Pippin, Knackrenette.** Tafel- und Wirtschaftsapfel. Genussreife: XII bis III. Klein bis mittelgroß. Schale ist glatt, die Grundfarbe gelb, Sonnenseite leicht gerötet und gestreift. Der Apfel ist gleichmäßig gebaut, teilweise etwas berostet. Fleisch gelblichweiß, fein, saftig, renettenartig gewürzt. (39)

DR. DORMANN
Angegeben im Bundes-Obstarten-Sortenverzeichnis.

DR. FISH
In Niederösterreich, z.B. im Kloster Zwettl, vor 100 Jahren angebaut. (44)

DR. HOGGS KALVILL
Um 1880 in England entstanden. Sämling vom **Weißen Winterkalvill.** Genussreife: IX bis III. Synonym: **Hoggs Kalvill.**

DR. NANSEN
Synonym: **Nansen.** Großfrüchtiger, vielseitig verwendbarer Apfel. Gelb, später großflächig gerötet und gestreift. Mürbe, schwach gewürzt, süßsäuerlich. Genussreife: XI bis IV. (40)

DR. SEELIG`S GOLD-ORANGE
Angegeben im Bundes-Obstarten-Sortenverzeichnis.

DR. SEELIGS ORANGENPEPPING
Synonym: **Orangenpepping.** Tafel- und Wirtschaftsapfel. Genussreife: XII bis III. Mittelgroß, abgestumpft rund. Schale grünlichgelb, dann gelb, schwacher Geruch. War vor 100 Jahren in der Provinz Hannover bekannt. Siehe auch: **Doktor Seeligs Orangenpepping.**

DR . WALTER
DRACKENSTEIN
Beide Sorten sind im Bundes-Obstarten-Sortenverzeichnis eingetragen.

DREERS APFEL

Guter Wirtschaftsapfel, mittelgroß, haltbar bis April. Schale glatt, hellgrün, später gelb, Sonnenseite gerötet und gestreift. Fleisch gelblichweiß, fein, mäßig saftig, schwach gewürzt, hoher Zuckergehalt. (39)

DREGES FAME

Eingetragen im Bundes-Obstarten-Sortenverzeichnis.

DREI JAHRE DAUERNDER MUTTERAPFEL

Wirtschaftsapfel. Verarbeitung ab März, soll ein bis zwei Jahre haltbar sein. Kleine, gleichmäßig gebaute Früchte. Schale fettig, hellgelb, Sonnenseite leicht gerötet. Manchmal leichtberostet. Ist auch ein Synonym für die **Champagner Renette.** (39)

DRONNING LOUISE

Herkunft: Dänemark. Schmeckt sehr angenehm würzig und ist sehr ertragreich. War in Dänemark sehr beliebt, heute bedeutungslos. Zu viele Nachteile. (26/04/64) Angenehmer würziger Geschmack, Frucht klein, wenig ansehnlich. (40)

DRÜWKEN

Stammt aus Deutschland. Synonyme: **Drüfken, Druwappel, Herrenapfel, Kleiner Herrenapfel, Klusterapfel, Mecklenburger Traubenapfel, Träubchen, Traubapfel, Traubenapfel.** Früher Tafelapfel, Genussreife: IX bis XII. Kleine bis mittelgroße, schön gefärbte und geformte Früchte. Baum wächst eher schwach. Geringe Ansprüche an Boden und Klima. Die reife Frucht wird mehlig und platzt leicht, wie bei den meisten Frühäpfeln. Nach Diel war der Apfel schon am Anfang des 19. Jh. in Franken, Sachsen und Hessen verbreitet. Der Apfel soll seit 1639 bekannt sein. (39) (93)

Im Bundes-Obstarten-Sortenverzeichnis sind folgende Sorten angegeben:
DUBBELE KEULEMANN
DUBBELE STERAPPEL
DUBLE ZOETE AAGT

DUBLET

Kreuzung aus **Golden Delicious X Jonathan.** 60 % rot, Winterapfel, sehr schmackhaft. Herkunft: Tschechien. (Obstbau.)

DUBOIS` SCHÖNER RAMBUR

Synonyme: **Belle du Bois, Schöner Rambur.** Guter Wirtschaftsapfel. Verarbeitung von XII bis III. Groß bis sehr groß. Stark abgestumpfter rundlicher Apfel, teilweise ungleichmäßig gebaut. Fruchtschale fettig, grünlichgelb, manchmal etwas gerötet. Merklicher Geruch. Fleisch gelblich bis gelblichgrün, etwas grob, sehr saftig. (39)

DUCHESS ESOPUS
Alte Sorte, vermutlich aus Nordamerika. (Autor)

DUCHESS OF OLDENBURG
Ist die Sorte **Borowinka.** (25)

DUHAMELS GOLDRENETTE
Synonym: **Reinette Dorée de M. Duhamel.** Tafelapfel. Mittelgroß, plattrund. Genussreife: XII bis IV. Schale gelb, später goldgelb, Sonnenseite marmoriert oder gestreift gerötet. Fruchtfleisch fest. Baum wächst mittelstark. (39)

DUGERS RENETTE
Sorte 1936 bei Goetz erwähnt. Keine Daten. (12)

DUKAT
DUKE OF CUMBERLAND
Beide Sorten sind im Bundes-Obstarten-Sortenverzeichnis eingetragen.

DUKE OF DEVONSHIRE
Im vorigen Jahrhundert in England bekannt. Siehe auch: **Herzogin von Devonshire.** Im Praktischen Ratgeber von 1886 als eine der vielgepriesenen englischen Apfelsorten aufgelistet. (15) Synonyme: **Duc de Devonshire, Duke of Devonshire.** Soll guter Tafel- und Wirtschaftsapfel sein. Klein bis mittelgroß. Gleichmäßig gebaut. Schale grünlich, später grünlichgelb, Sonnenseite gerötet. Genussreife: II bis V.

DÜLMENER ROSENAPFEL
Synonyme: **Dülmener Herbstrosenapfel, Herbstrosenapfel, Rosenapfel.** Sicherer Träger, wohlschmeckender Herbstapfel. Preisgruppe 2. Nur lokale Bedeutung, besonders in Westfalen. (26) Soll 1870 in Dülmen als Sämling vom **Gravensteiner** entstanden sein. Gefunden durch Lehrer Jäger. 1878 von Hafenmeister Broeser, Dülmen an Dr. Lucas. Widerstandsfähig gegen Mehltau, Schorf, Blut- und Blattläuse. Großfrüchtig. Schale glatt mit gelblicher Grundfarbe und kräftig roter Deckfarbe. Harmonisch im Geschmack, süßsäuerlich und aromatisch. Genussreife: IX bis XI. Soll stippeanfällig sein. Braucht einen regelmäßigen Schnitt. (39) (47) Ist auch im Bundes-Obstarten-Sortenverzeichnis eingetragen. (70)

DUMELOV
Herkunft ist nicht bekannt.

DUNCHAPFEL
Wirtschaftsapfel. Verarbeitung von XI bis III. Sehr groß. Schale fettig, grünlichgelb bis hellgelb. Sonnenseite gerötet und gestreift. Nicht gewürzt, herbe Säure, geringer Zuckergehalt. Fleisch ist gelblichweiß, halbfein, saftig, kaum gewürzt. (39)

DUNDENHEIMER SCHÄTZLER
Lokalsorte in Mittelbaden. Vielseitig verwendbar. Frucht ist klein bis mittelgroß, flachrund. Schale hellgelb, später gestreift, säuerlich. Genussreife: XII bis IV. (39)

DUNKELROTER GRAVENSTEINER
Erhaltung in Triesdorf. Mathiesen aus Korsör in Dänemark erwähnte 1889 eine Sorte **Blutroter Gravensteiner.** Mathiesen hatte eine Baumschule in Korsör, war Züchter verschiedener Obstsorten und ein großer Kenner des **Gravensteiner.**

DUNNING
Kreuzung aus **Early McIntosh X Cox Orangenrenette.** Züchter: Versuchsstation Geneva, USA. Frühapfel, unangenehm süßlicher Geschmack, ohne Säure, geringe Haltbarkeit. Schale hellgelb, später dunkelrot gestreift. Fruchtfleisch fest, cremeweiß, fast ohne Säure, etwas parfümiert, süß. Geringe Haltbarkeit. Reife: Oktober. (26) (39)

DUNNS FAVOURITE
Synonym: **Dunns Seedling.** Stammt aus Neuseeland. Ist auch in Australien und in Südafrika im Anbau. Wirtschaftsapfel, wurde Anfang der 60er Jahre teilweise bei uns empfohlen, hat sich nicht durchgesetzt. (26)

DUQUESNES PEPPING
Pomme Duquesne. Tafel- und Wirtschaftsapfel. Genussreife: XII bis IV. Mittelgroß, gleichmäßig. Teilweise berostet, goldgelb, später gerötet. Fleisch ist gelblichweiß, fein, saftig, edel zimtartig gewürzt. Der Baum wächst mittelstark und ist ein guter Träger. (39)

DURCHSICHTIGER SOMMERAPFEL
Synonym des **Transparentapfel.**

DURCHSICHTIGER VON CRONCELS
Synonym des **Croncels** im 19. Jahrhundert.

DURELLO
Lokalsorte in Italien. Im Raum Verona-Venetien 1954 noch 12 % der Produktion. Heute keine Bedeutung mehr. (30) (Autor)

DÜRNBACHER GLASAPFEL
Lokalsorte aus Oberbayern. Großfrüchtig. Etwas rotgestreift. (39 S. 113)

EARLIEST ECLAT WHITE
Angegeben im Bundes-Obstarten-Sortenverzeichnis.

EARLY BEAUTY
Englische Kreuzung. **Worcester X James Grieve.** Eingeführt 1952.

EARLY BLAZE
In der Sortenprüfung Forschungsanstalt Geisenheim. (85)

EARLY CORTLAND
In Dänemark u. a. 1990 im Versuchsanbau.

EARLY CRIMSON
Angegeben im Bundes-Obstarten-Sortenverzeichnis.

EARLY FUJI
In China am stärksten verbreitete Mutante vom **Fuji.** 10 Tage vor dem **Standard-Fuji** reif.

EARLY GOLD
Earlygold. (27-9/96) In (Obstbau 07/94 S.335) **Earligold.**

EARLY HARVEST
Herkunft: Nordamerika, schon im vorigen Jahrhundert bekannt. Mittelgroß, Tafelapfel. Baum- und Genussreife: August. Soll ein guter Träger sein. Frucht ist goldgelb. Im Praktischen Ratgeber von 1886 wurde über die Sorte **Early Harvest** berichtet, dass Reiser hiervon, auch nach Deutschland gekommen sind. (15) Synonym: **Harvest.** Der „Deutsche Obstbau" schrieb 1941 folgendes: Sommerapfel, mittlere Größe. Schale hellgelb oder weißlich. Gute Qualität, feinkörniges Fruchtfleisch. Nur für wärmere Gebiete. (83)

EARLY JERSEY
Angegeben im Bundes-Obstarten-Sortenverzeichnis.

EARLY JOE
Synonym vom **Charlamowsky.**

EARLY MCINTOSH
Kreuzung aus **McIntosh X Weißer Klarapfel.** Ein streng periodischer Träger, wurde nicht zum Anbau empfohlen. Frühsorte, ist keine Mutation des **McIntosh.** Entstand 1909, wurde aber erst 1950 überprüft. Frucht mittelgroß. (39) Fleisch ist süßsäuerlich. Ausgeprägte Alternanz. (40)

Im Bundes-Obstarten-Sortenverzeichnis angegeben sind:
EARLY RED BIRD und
EARLY RED ONE

EARLY RIPE
Sommerapfel, mittelgroß. Schale hellgelb oder weißlich. Feinkörniges Fruchtfleisch. Nur für wärmere Gebiete. (Deutscher Obstbau 1941)

Im Bundes-Obstarten-Sortenverzeichnis angegeben sind:
EARLY SMITH
EARLY STRAWBERRY

EARLY VICTORIA
Synonyme: **Früher Viktoria, Emneth Early.** Früher, grüner Kochapfel, stammt aus England, regelmäßiger Träger, anfällig für Stippigkeit, wurde probeweise im Alten Land angebaut. Hat sich nicht bewährt. (26) Bekannt ist noch ein **Red Victoria,** bei uns **Roter Viktoria.**

Im Bundes-Obstarten-Sortenverzeichnis angegeben sind:
EASTER ORANGE
EBERDINGER SÄMLING

EBERFINGER MAGDALENENAPFEL
Synonym: **Magdalenenapfel.** Lokalsorte aus Südbaden.

EBERLES MOSTAPFEL
Angegeben im Bundes-Obstarten-Sortenverzeichnis.

ECHEMER SOMMERAPFEL
Lokalsorte aus dem Kreis Lüneburg. (Autor)

ECHTER PIEMONTESER
ECHTER PLANKENAPFEL
Sind im Bundes-Obstarten-Sortenverzeichnis eingetragen.

ECHTER PRINZENAPFEL
Synonym: **Sommerprinz.** Wurde schon in den 40er Jahren nicht mehr an der Niederelbe vermehrt. Tafelapfel, knackend, süß, würzig, wird aber schnell mehlig. Klein- bis mittelfrüchtig. Preisgruppe 2. (01) **Sommerprinz** war u. a. 1938 in Sachsen bekannt. (95)

ECHTER WAHRER WINTERSTREIFLING
Angegeben im Bundes-Obstarten-Sortenverzeichnis.

ECHTER WINTERSTREIFLING
Synonym: **Winterstreifling.** Koch- und Wirtschaftsapfel, auch Mostapfel. Genussreife: XII bis VI. Geeignet für alle Bodenlagen, auch rauhe Gebirgslagen. Wurde im 19. Jh. in der Steiermark und in Mähren angebaut. (02) Synonym: **Pomme Rayée d'Hiver.** Frucht ist abgestumpft rund. Schale fettig, grünlichgelb bis hellgelb. An der Sonne intensiv gestreift. Schwacher Geruch. Vorherrschende Säure, nicht gewürzt. (40)

ECKHOFFS GRÜNER
Lokalsorte im Alten Land. Wirtschaftsapfel. Synonyme sind nicht bekannt. Klein bis mittelfrüchtig, besonders in der II Meile des Alten Landes (Gemeinde Jork und Borstel) verbreitet. Anbau nur auf Hochstamm. Herb, säuerlich, kein besonderes Aroma, wird seit den 30er Jahren nicht mehr angebaut. Massenträger, teilweise alternierend. Wird im Kühllager leicht schalenbraun. Geschmack herb und säuerlich, etwas hart. Preisgruppe 4. (01) (Autor)

ECOLETTE
Seit 1995/96 bekannt. Herkunft: Wageningen, Niederlande. (27-2/96) Sortenschutz in der EU seit 1996. Kreuzung aus **Elstar X Prima.** (75) Die Sorte ist auch im Bundes-Obstarten-Sortenverzeichnis eingetragen. (70)

EDELAPFEL
Bestimmt der **Gelbe Edelapfel.** Spätblühend, diploid. (32 S.28)

EDELBÖHMER
Angegeben im Bundes-Obstarten-Sortenverzeichnis.

EDELBORSDORFER
Auch **Marschansker** genannt. Spätblühend, diploid. (32 S.28) Durch das wenig ansehnliche Äußere und die Warzenbildung scheidet die Sorte für den Erwerbsobstbau aus. Robuster Wuchs, hervorragender Geschmack. Sehr alte Sorte, stammt aus Sachsen und war früher in Bauerngärten in Österreich und in Süddeutschland weit verbreitet. Synonyme: **Borsdorfer, Edler Winterborsdorfer, Leipziger Renette, Pomme de Borsdorf, Reinette Bastarde, Reinette de Misnie, Wiener Marschanzker, Winterborsdorfer.** (39)

EDELCHRÜSLER
Angegeben im Bundes-Obstarten-Sortenverzeichnis.

EDELGRAUECH
Herkunft: Schweiz. Zufallssämling der Sorte **Sauergräuch.** Mittelgroß. Das Fleisch ist wenig würzig, zuckerarm. Genussreife: XI bis I. Heute bedeutungslos. Ein **Roter Sauergrauech,** mit nur lokaler Bedeutung ist ebenfalls bekannt. Synonym: **Grauech.** (03)

Im Bundes-Obstarten-Sortenverzeichnis angegeben sind:
EDELLUIKEN
EDELMASCHANZKER
EDELPISON
EDEN TRUSTY
EDIT HOPWOOD

EDELPEPPING
Historische Sorte, beschrieben 1797 von Christ. Winterapfel. Angenehmer Geschmack. Klein bis mittelgroß. Hellgelb, Sonnenseite gestreift. (40)

EDELRAMBUR VON WINNITZA
Stammt aus der Ukraine und ist seit 1899 bekannt. Synonym: **Rambour Podolskii.** Mittelgroß, ungleichmäßig. Stark fettige Schale. Feine Säure bei hohem Zuckergehalt. Fleisch ist grünlichweiß, fest und grob.

EDELRENETTE
Tafelapfel, braucht gute Böden und gute und mittlere Lagen. Im 19. Jh. in Südtirol im Anbau. Genussreife: November bis zum Frühjahr. Der Apfel neigt im Lager zum Welken. Heute keine Anbaubedeutung mehr. Synonyme: **Clarevall, Französische Edelrenette, Französische Renette, French Reinette, Reinette Franche, Renette von Clarevall.** (02) (39)

EDELROTER

Tafelapfel, wurde im 19. Jahrhundert in Südtirol angebaut. Geeignet für mittlere Lagen. Soll bei Lana/Südtirol entstanden sein. Schale wachsartig gelblichweiß, Sonnenseite intensiv gerötet. Fleisch ist weiß, fein, zart, saftig, edel bittermandelartig gewürzt. Genussreife: Oktober bis Januar.
Synonyme: **Edelböhmer, Noble Rouge, Triangelapfel.** (02) (39)

EDELSTEIN

Bei Prof. Schanderl ist 1948 zu lesen: **Edelstein (Delicious)** (33)

Im Bundes-Obstarten-Sortenverzeichnis angegeben sind:
EDEN TRUSTY
EDIT HOPWOOD
EDLER APFEL VON WILHELM AM SCHAP

EDLER PRINZESSINAPFEL

Sehr guter Tafel- und Wirtschaftsapfel. Genussreife: XI bis II. Mittelgroß. Ausgewogenes Zucker-Säure-Verhältnis. Schale hellgelb, Sonnenseite schwach gerötet, deutlich gestreift. Fleisch ist gelblichweiß, fein, saftig, gewürzt. (39) Synonym: **Prinzessinapfel. Edler Princessenapfel (Princesse noble)** so hat Schiller diese Sorte 1795 beschrieben: „*Wird ein mittelmäßig grosser Apfel. Öffters ist er von Form länglicht, viereckigt und etwas schief. Seine Schale ist glatt, und wenn er reif ist, von gelblichter Farbe, auch insgemein an der einen Seite etwas hellroth, oder gestreift. Sein Fleisch ist ziemlich mild, und von feinem gewürzhafften Geschmack, daher er denn einer der besten Tischäpfel seiner Zeit ist.* (37)

EDLER ROSENSTREIFLING

Synonyme: **Pomme Passe, Rose Striée, Rosenstreifling.** Tafel- und Wirtschaftsapfel. Mittelgroß bis groß. Rotgestreift. Fleisch ist gelblichweiß, fein, rosenapfelartig gewürzt. Harmonisches Zucker-Säure-Verhältnis. (39)

EDLER SZERCSIKA

Herkunft: Wahrscheinlich aus Ungarn. Tafel- und Wirtschaftsapfel. Genussreife: II bis VII. Neigt zur Stippe. Fettig, grünlichgelb. Geruch schwach. Fleisch ist grünlichgelb bis gelblich, ziemlich fein, saftig, wenig gewürzt. (39)

EDLER VON LEIPZIG

Lokalsorte im Bezirk Leipzig. Züchter: H. Heidrich, Leipzig-Holzhausen. Kreuzung aus **Ontario X Jakob Lebel.** Genussreife: XII bis V. Sehr groß. Fettige Schale.

EDUARD VII
Synonym: **King Edward VII.** Entstand um 1900 in England aus einer Kreuzung von **Blenheim Orange X Golden Noble.** Mittelgroß bis groß, abgestumpft, rundlich. Schale gelblichgrün, später gerötet und gestreift, glatt und leicht bewachst. Fleisch ist fest, fein, grünlichweiß, säuerlich. (39)

EGERS ROTE RENETTE
Tafel- und Wirtschaftsapfel. Großfrüchtig, Schale etwas fettig, hellgelb, später trüb gerötet. Schwacher Geruch. Genussreife: I bis V. Fleisch ist grünlichgelb, fein etwas gewürzt. Vorherrschende angenehme Säure, ausreichender Zuckergehalt. (39)

EGGERDINGER KALVILL
Wenig bekannte Lokalsorte in Österreich. (44)

EGREMONT RUSSET
Zufallssämling aus England, 1807 entstanden, gehört zur Gruppe der **Grauen Renetten.** Diploid, im Gegensatz zu den meisten ähnlichen Sorten. Wurde 1960 wieder in den Versuchsanbau bei der OVA aufgenommen, ist aber nicht empfohlen worden. Schale gelb, später fast völlig berostet. Birnenartiger Geschmack. (26)

Im Bundes-Obstarten-Sortenverzeichnis angegeben sind:
EHINGER STEINBRUCHAPFEL
EICHELGOLD

EIFELER RAMBUR
Synonym: **Dürener Rambur,** in Holland: **Ossenkopf, Ossekop,** auch **Ochsenkopf.** In Norddeutschland und in den Niederlanden häufig als Hochstamm auf Viehweiden anzutreffen. Mittelgroßer, rundlicher Apfel. Großer Baum mit breiter Krone. Herkunft ungewiß, wahrscheinlich in der Eifel entstanden. (39) (93)

EINEINHALBPFÜNDIGER ANTONOWKA
Sehr große Frucht, stark gerippt. Schale gelblichgrün.

EINSEITIG ROTE RENETTE
Historische Sorte. 1797 von Christ beschrieben. Mittelgroß, hochgebaut, leicht gerippt. Sonnenseite gerötet, leicht berostet. (40)

EISAPFEL
Sorte ist im Bundes-Obstarten-Sortenverzeichnis angegeben.

EISBRUCKER

Diese Sorte erschien erstmals im Katalog der Königlich-Württembergischen Obstbaumschule zu Hohenheim von 1823. Entstehung des Names ist nicht bekannt. Lucas beschrieb die Sorte 1854 unter den Namen **Gestreifter Eckapfel.** Synonym: **Eisbrucker.** Als **Eckapfel** im vorigen Jahrhundert auf den Fildern bekannt, als **Eisbrucker** im Raum Tübingen, Rottenburg und Rangendingen bekannt. Vereinzelte Bäume soll es noch im Raum Tübingen geben. Genussreife: X bis V. Most- und Kochapfel mittlerer Qualität. Mittelgroß bis groß, Schale matt glänzend, leicht fettig, duftend. Grundfarbe grün, später grüngelb. Sonnenseite blutrot mit kurzen violetten Streifen. Fleisch gelblichweiß, etwas mürbe und grob. Etwas stippeanfällig. Baum wächst stark, robust und gesund und breitkronig mit weit ausladenden Ästen. (67)

EISDENER KLUMKE

Alte Sorte, Herkunft ist nicht bekannt.

ELAN

Kreuzung aus **Golden Delicious X James Grieve.** 1967 in der Versuchsstation Elst in den Niederlanden entstanden. Überwiegend groß, bauchig rund, weite Blüte. Schale ist glatt, fast trocken. Bei Reife gelb bis goldgelb, sonnenseits rot gestreift. Saftig, guter Geschmack. Genussreife: IX bis X. (47)

Im Bundes-Obstarten-Sortenverzeichnis angegeben sind:

ELBEE

ELEGANZ Soll eine Ballerinasorte sein. **Ballerina „Eleganz“**

ELEKTRA

War in den 60er Jahren bei der OVA im Versuchsanbau. Eine Müncheberger Züchtung. Kreuzung aus **Cox Orangenrenette X Geheimrat Dr. Oldenburg.** Tafelapfel für den Frischverzehr. Gut für Apfelmusverarbeitung. Genussreife: X bis II. Schale bräunlichrot bis rotbraun verwaschen, kurzstreifig, netzartig berostet. Fleisch ist gelblichweiß, fest, feinzellig, süß mit geringer Säure, ähnlich **Cox Orange. Elektra** sollte einmal den **Cox Orange** ersetzen, ist aber anfällig für Krebs. Auch geringe Fruchtgröße und andere nicht befriedigende Eigenschaften führten zu rückläufigem Anbau. Literatur: (26) (39) (66)

ELISABETHINUMAPFEL

Synonym: **Elisabethinum.** Herkunft: Böhmen. Genussreife: XII bis IV. Tafelapfel. Mittelgroß bis groß. Schale gelb, später leicht gerötet. (40)

ELISE
Kreuzung aus **Septer X Cox Orange.** Stammt aus den Niederlanden. Seit 1974 bekannt. 1990 freigegeben. (27-7/91) 1996 vom Europäischen Sortenamt Sortenschutz erteilt. Der damalige Handelsname lautete **Red Delight.** Neuerdings ist die Sorte unter dem Namen **De Roblos** wieder als neue Sorte eingeführt worden. Die Frucht ist sehr groß und besitzt eine tiefrote Färbung. Fruchtfleischfestigkeit und gute Haltbarkeit ist besonders hervorzuheben. (27-11/99)

ELISE RATHKE
Synonym: **Rathke.** Um 1880 in der Nähe von Danzig aus Samen gezogen. Klein bis mittelgroß. Ein gleichmäßig gebauter Apfel. Schale glatt, grünlichgelb bis gelb. Sonnenseite unterschiedlich stark gerötet, fein gestreift.Fleisch ist gelblichweiß, fein, saftig, etwas gewürzt. Starker Geruch. Kräftige Säure. (39)

ELLISON
Ellisons Orange, Ellisons Orangenpepping. 1904 in England entstanden. Kreuzung aus **Cox Orangenrenette X Weißer Sommerkalvill.** Mittelgroß, fast mit dem **Cox Orange** zu vergleichen. Nur für den Liebhaberobstbau empfohlen. Genussreife: X bis XI. (47)

ELSÄSSER ROTE RENETTE
Synonym: **Elsässer Rote Winterrenette.** Tafel- und Wirtschaftsapfel. Genussreife: I bis VI. Mittelgroß bis groß. Ziemlich gleichmäßig gebauter Apfel. Schale glatt, etwas glänzend, grün, dann grünlichgelb bis hellgelb. Sonnenseite lebhaft gerötet und gestreift. Fleisch hellgelblich, fein, saftig, gewürzt, wenig Säure. (39)

ELSE LINDSTROW
Angegeben im Bundes-Obstarten-Sortenverzeichnis.

ELSENERS PIGEONARTIGE RENETTE
Mittelgroße, längliche Frucht. Baum trägt reichlich und in Büscheln. Fruchtfleisch ist süßweinig. (40)

ELSTAR
Gezüchtet in Wageningen/NL. Kreuzung aus **Golden Delicious X Ingrid Marie.** Seit 1972 im Handel. Prof. Fischer schreibt seit 1975 im Handel (38) Es besteht Sortenschutz. Unerlaubter Nachbau ist verboten. Frucht ist mittelgroß, rund und leicht abgeplattet. Schale glatt, goldgelb mit leuchtend roter Deckfarbe. Genussreife:

Oktober bis März. Geeignet für alle Lagerarten. Zur Zeit eine der Hauptsorten im Erwerbsobstbau. Sehr guter Tafelapfel.

Die bekanntesten Mutanten sind:

A 1629/Noue,
Ahrweiler,
Armhold, Altes Land. Flächig rot. Zum Teil streifige Übergänge.
Bel-El/Elswout, Niederlande
Bel-El/ Red Elswout, Züchter: Wouters, Belgien. Sortenschutz in der EU 1966.
Boerekamp, Niederlande
Bosman, Niederlande
Bougie, Niederlande
Bruynzeel I, Niederlande
Bruynzeel II, Niederlande
Bruynzeel III, Niederlande
Daamen I, Niederlande
Daamen II, Niederlande
Daliest (Elista), Züchter: G. Ligonniére, Angers, Frankr. Sortenschutz 1996.
Daliter (Elton), Frankreich
De Belders, Niederlande. Dunkelrote Farbmutante, dunkle Streifen.
De Bruin, Niederlande
De Jager (K), Niederlande
De Jager-Z, Niederlande
Ecks, Altes Land.
Ehlers I,
Elista (Daliest), Frankreich. s. a. **Daliest.**
Elnica (Goedhof), Belgien.
Elshof I, Rote Mutante, Farbe etwas dunkler als bei **Red Elstar**. Seit 1989 im Anbau. (27-08/91) Seit 1996 Sortenschutz.
Elshof II, Wie I aus den Niederlanden.
Elswout, Niederlande. Flächig, dunkle Mutante.
Elton (Daliter), Frankreich s. a. **Daliter.**
Fleuren I, Niederlande.
Fleuren II, Niederlande.
Flikweert, Niederlande.
Geerdens,
Giesen,
Heines, Niederlande
Hermens, Hellrote Mutante, etwas weniger intensiv gefärbt.
Huisman, Niederlande

In´t Groen, Niederlande
Jakobs, Niederlande
Kann,
KB,
Kuin I, Dunkelrote flächige Mutante, sehr dunkel. Niederlande
Langförden,
Leegwater, Hellrote Mutante. Niederlande.
Melsen I, Einheitlich gefärbte, hellrote Mutante.
Melsen II, Etwas heller als **Melsen I.**
Michielsen,
Moje, Aus dem Alten Land.
PFW, Hellrote Mutante mit einzelnen Streifenchimären.
NAKB,
Quast,
Quetard,
Red Elstar I, Am längsten bekannte Farbmutante. Niederlande.
Red Elstar II, Niederlande.
Red Elswout,
Reinhardt,
Rietveld I, Früchte identisch mit **Standard-Elstar.**
Roelofs, Niederlande.
Roter A,
Roter I,
Roter II,
Schmitz-Hübsch,
Segler,
Stassen, aus den Niederlanden.
T 1265,
V. d. Beck Nr. 1,
V. d. Beck Nr. 2,
Van der Bliek, Hellrote Mutante, weicht kaum vom normalen Elstar ab. Weniger intensiv gefärbt, oft fleckig. Niederlande.
Van der Borgh, Hellrote Mutante, weniger intensiv gefärbt. Niederlande.
Van der Grift, Sehr dunkelrote Mutante. Niederlande.
Van der Zahl, Hellrot gefärbte Mutante, weist aber einen Teil normale Elstarfrüchte auf. Niederlande.
Van der Zalm, Hellrot, stark gestreift. Niederlande.
Van der Zalm II, Niederlande.
Van Kaam, Niederlande.

Van Kempen I, Hellrote Mutante mit Streifenchimären. Weniger intensiv gefärbte Früchte sehen leicht fleckig aus.

Van Kempen II, Eine schöne, hellrote Mutante, bei der allerdings auch normal gefärbte Früchte vorkommen können.

Van Vliet, Hellrote Mutante bei der teilweise normal gefärbte Früchte auftreten. Niederlande.

Van Wijk, Niederlande.

VBOG,

Verbeek, Niederlande.

Vlaar, Ist stark gestreift. Aus den Niederlanden.

Nach 1999 herausgegebene Mutanten sind nicht mehr erfaßt.

Quellen: (26) (27) (39) (70) (75)

ELTON BEAUTY

Kreuzung aus **James Grieve X Worcester Parmäne.** Gezüchtet von N.W. Barrit in Elton, England. 1953 herausgegeben. (OVR / 1952) Mittelgroß, regelmässige Form. Glänzend, flächig oder geflammtes Rot. Fruchtfleisch weich, allgemein gutes, ansprechendes Aussehen. Reife: September bis Oktober.

EMANS RENETTE

Wirtschaftsapfel. Verarbeitung: XII bis III. Mittelgroß bis groß. Schale glatt, mattglänzend, grün, später grünlichgelb. Zur Reife gerötet und gestreift. Fleisch ist gelblich-weiß, fein, saftig und gewürzt. (39)

EMILIE MÜLLER

Tafel- und Wirtschaftsapfel. Genussreife: XI bis III. Frucht klein bis mittelgroß. Schale fettig, grünlichgelb, später gelb. Sonnenseite schwach gerötet. Kelch stets berostet. Fleisch ist gelblichweiß, fein, saftig, renettenartig gewürzt. (39)

EMNETH EARLY

Herkunft: USA, Exp.Stat.Geneva/New York. Seit 1966 im Handel. Laut niederländischen Quellen: **McIntosh X Golden Delicious.** Frucht klein bis mittelgroß. Schale hellgrün, später gerötet und gestreift. Bläulich bereift, parfümiert, süßsäuerlich. Synonym. **Early.**

EMPIRE

Exp. Station, Geneva. N.Y. USA. **Red Delicious X McIntosh.** Mittelgroße Frucht, spurartiger Wuchs, fruchtbar. Geschmackvoll. Mehltauanfällig. (25-1986)

Im Bundes-Obstarten-Sortenverzeichnis angegeben sind:

ENCORE

ENDSLEIGH BEAUTY

ENGELSBERGER

Engelsberger Renette. Zufallssämling aus dem Raum Öhringen, Hohenlohekreis (Baden-Württemberg). Wirtschaftsapfel. Kleinfrüchtig. Im Heimatgebiet eine leistungsfähige Mostapfelsorte. Bestens für den Streuobstanbau geeignet. Schale ist gelblichgrün, vollreif dann gelb bis goldgelb, glatt, aber nicht wachsig. Fleisch ist cremfarben bis weißlich, saftig, grobzellig und locker. Im Geschmack säuerlich, aber nicht unangenehm. Wenig Aroma. Synonyme und Mutanten nicht bekannt. Kurze Haltbarkeit. Verarbeitung: IX bis X. (05)

ENGELSHOFER

ENGISHOFER

ENGELSTAR

Sind im Bundes-Obstarten-Sortenverzeichnis angegeben.

ENGELSTERN

Auch **Engelstar.** Sämling unbekannter Herkunft. Sortenschutz seit 1997. Züchter und Inhaber sind Ch. Und H. Engelmann in Waldsteinberg. Herbstsorte mit mittelgroßen, festen und aromatischen Früchten. (75)

ENGLISCHE BÜSCHELRENETTE

Synonym: **Büschelrenette.**

ENGLISCHE HERBSTRENETTE

Synonyme: **Englische Graue Herbstrenette, Herbstrenette.** Tafel- und Wirtschaftsapfel. Genussreife: XI bis I. Mittelgroßer, gleichmäßig gebauter Apfel. Schale hellgrün, später grünlichgelb, Sonnenseite leicht gerötet. Schwacher Geruch. Fleisch ist fein, saftig, gewürzt. (39)

ENGLISCHE KÖNIGSPARMÄNE

Königsparmäne, Royal Pearmain. Historische Sorte, 1836 von Hinkert beschrieben. Lagerapfel. Großfrüchtig. Schale grünlichgelb, später großflächig gestreift. Leicht berostet. Fleisch gewürzt. (40)

ENGLISCHE SCHARLACHPARMÄNE

War im 19. Jahrhundert in Thüringen bekannt. Bekannt ist noch die **Scharlachrote Parmäne.** Synonyme: **Ecarlate d`Eté, Englische Scharlachrote Parmäne.** (17)

ENGLISCHE SPITALRENETTE

Synonyme: **Mennonisten-Renette, Spitalrenette.** Alte Sorte, war schon im 19. Jh. in Österreich sehr bekannt. Genussreife: XII bis III. Mittelgroßer, gleichmäßig gebauter Apfel. Saftreich, edel gewürzt, feine Säure bei hohem Zuckergehalt. Baum wächst schwach bis mittelstark. Tafel- und Wirtschaftsapfel. Diploid. (02) (32) (39)

ENGLISCHE WINTERPARMÄNE

Sehr alte Sorte, 1797 von Christ beschrieben. Großfrüchtig, hochgebaut. Schale an der Sonnenseite gerötet. Süß. Genussreife: XI bis I. Synonym: **Winterparmäne.** Schiller beschreibt 1795 eine **Winterparmain (Parmain d´Hyver)** und eine **Sommerparmain (Parmain dÉté)** Die Beschreibungen von Christ und Schiller sind übereinstimmend. (37) (40)

ENGLISCHER BACKAPFEL

Eine alte Sorte. Wurde bereits 1854 von Calwer beschrieben. Ist identisch mit dem **Carolin,** auch **Englischer Carolin, Costard Apfel.** Auch Schiller hat diese Sorte 1795 beschrieben. Synonym 1795: **Engelsche Carolin.** (37) (40)

ENGLISCHER BELLEFLEUR

Im Bundes-Obstarten-Sortenverzeichnis eingetragen.

ENGLISCHER ERDBEERAPFEL

Synonyme: **Erdbeerapfel, Winter-Strawberry.** Wirtschaftsapfel. Genussreife: XI bis I. Grünlichgelb, fettig, Sonnenseite gerötet, kräftig gestreift. Deutlicher Geruch, gewürzt. Viel Zucker. (40)

ENGLISCHER GEWÜRZAPFEL

Synonyme: **Gewürzapfel, Pomme Spicée, Smalley, Weißer Englischer Gewürzapfel.** Guter Wirtschaftsapfel. Verarbeitung: XI bis I. Großer, fast gleichmäßig gebauter Apfel. Schale glatt, grünlichgelb, später hellgelb. Sonnenseite goldiger. Fruchtfleisch weiß, ziemlich fein, saftig, schwach gewürzt. Intensiver Geruch. (39)

ENGLISCHER GOLDPEPPING

Synonyme: **Goldapfel, Golden Pippin, Goldpepping, Kleiner Englischer Pepping, Peppin d`Angleterre, Pomme d´Or d`Angleterre.** Tafelapfel und Wirtschaftsapfel. Genussreife: XI bis III. Frucht klein, abgestumpft und rund. Schale goldgelb und etwas berostet. Gewürzt, angenehme Säure, viel Zucker (39)

ENGLISCHER HERBSTPRINZ
Die Sorte wird in Pillnitz erhalten. Ich sehe hier den **Englischen Prinz** vor mir, der auch im Alten Land sehr bekannt war. Siehe a. **Englischer Prinz.**

ENGLISCHER KÖNIGSAPFEL
Synonyme: **Grosse Bretagne, Königsapfel, Königskalvill, Pomme Royale d'Angleterre, Winterkönigin, Winter Queen.** Tafel- und Wirtschaftsapfel. Sehr alte Sorte. Großfrüchtig. Schale zitronengelb, weinsäuerlich, nicht gewürzt. Fruchtfleisch weiß, zart und fest. (39)

ENGLISCHER PIPER
Seit dem 19. Jh. in Schleswig-Holstein bekannt. Ein kleiner, roter Tafelapfel. Baum ist ein guter Träger, stellt keine besonderen Ansprüche an den Boden. (71)

ENGLISCHER PRAHLRAMBUR
Synonyme: **Glory of the West, Prahlrambur.** Wirtschaftsapfel. Verarbeitung: X bis I. Schale hellgelb, Sonnenseite manchmal leicht gerötet. Deutlicher Geruch. (39)

ENGLISCHER PRINZ
Im Alten Land: **Englischer Prinzenapfel.** War an der Niederelbe, im Alten Land und auf der Stader Geest mäßig verbreitet. Genussreife: XII bis II. Für Kühllagerung geeignet. Geschmack feinsäuerlich, angenehm. Farblich ansprechend. Preisgruppe 3. Meine Devise lautet: "Einen **Prinzenapfel** mögen ist Geschmackssache." Keiner der zahlreichen Prinzenäpfel hat jemals meinem Geschmack entsprochen. (Autor)

ENGLISCHER ROTER CAROLIN
Historische Sorte, 1836 von Hinkert beschrieben. Schale hellgelb, Sonnenseite gerötet, Berostungen, gewürzt, süß. (40) Heutige schreibt man: **Englischer Roter Karolin, Karolin.**

ENGLISCHER SCHARLACHPEPPING
Synonyme: **Englischer Scharlachroter Sommerpepping, Scharlachpepping, Sommerpepping.** Tafel- und Wirtschaftsapfel. Genussreife: VIII bis IX. Schale fettig, hellgelb, deutlicher Geruch.

ENGLISCHER WEISSER CAROLIN
Historische Sorte, 1797 von Christ beschrieben. Frucht stark gerippt. Schale fettig, gelblichweiß, Sonnenseite etwas gerötet, gewürzt, fein, säuerlich. **Englischer Carolin (Engelsche Carolin)** wurde 1795 von Schiller beschrieben. (37)

ENKHUYSER AGATAPFEL
Tafel- und Wirtschaftsapfel. Genussreife: XII bis IV. Mittelgroß. Zitronengelb. **Enkuiser Agatapfel (Enkhuiser Aagtje)** nannte Schiller diesen Apfel 1795. Beschreibung von Schiller: *„Ist ein mittelmäßig großer, länglichter oder eyerförmiger Apfel. Seine Schale ist glatt, und wenn er reif geworden, grünlichtgelb, an der einen Seite aber, insgemein, ein wenig dunckelröthlicht. Sein Fleisch ist etwas fest, von ziemlich lieblichen angenehmen Geschmack. Wenn man auch seine Dauerhaftigkeit und ausserordentliche Fruchtbarkeit betrachtet, so kann man nicht umhin, demselben unter den besten Winteräpflen einen Platz einzuräumen.* (37) (39)

ENTERPRISE
Synonyme: **Co-op 30, Enterprize. PRI 1661-2 X PRI 1661-1.** Agricultural Experimental Stations Illinois, New Jersey and Indiana. USA. Seit 1993 im Handel. Sehr spät reifende, schorfresistente Sorte. Gut lagerfähig. Schale dunkelpurpurfarben. (75)

ENTHALER
Wurde in „Deutscher Obstbau" 1941 beschrieben.

EPICURAN
War in den 60er Jahren beim OVR im Versuchsanbau. (26)
Siehe auch: **Laxtons Epicure.**

EPPERLING
Historische Sorte, 1854 von Calwer beschrieben. 1 Jahr haltbar. Schale ist gelb, Sonnenseite gerötet. Geschmack ist süß. (40)

ERBACHHOFER WEINAPFEL
Synonym: **Erbachhofer.** Stammt aus dem Sauerland. Mostapfel. Verarbeitung: IX bis X. Gelb, später intensiv gerötet und gestreift. Fruchtfleisch fest, würzig. Geringe Ansprüche an den Boden. Diploid. Widerstandsfähig gegen Krankheiten und Schädlinge. Wenig pflegebedürftig. Bekannt ist auch ein **Erbachhofer Mostapfel.**

ERBLESAPFEL
Alte Lokalsorte in Württemberg. (67)

ERDBEERAPFEL VON WASHINGTON
Synonyme: **Fraise de Washington, Strawberry, Washington Strawberry.** Frühherbstapfel. Genussreife: IX bis X. Groß, kegelförmig gerippt. Schale glatt,

glänzend, grünlichgelb, später hellgelb. Sonnenseite leicht gerötet, gestreift. Deutlicher Geruch. Fruchtfleisch gelblichweiß, fein, etwas locker, saftig, gewürzt. (39)

ERDBEERSTREIFLING
Beschreibung in „Deutscher Obstbau“ 1941. (83)

ERDINGER SÜSSMOSTAPFEL
Synonym: **Erdmannsdorfer.** Lokalsorte in Oberbayern. Kegelförmig, intensiv gerötet und gestreift. Abb. (39 S. 131) (40)

ERICH NEUMANNS ROTER JAMES GRIEVE
Mutation vom **James Grieve.** Keine Verbesserung der Muttersorte. Wurde aber in den 60er Jahren vom OVR als als Ergänzungspflanzung empfohlen. (auf Grahams Sämling oder EM XI.) (26)

ERLER
Lokalsorte in der Schweiz. Wirtschaftsapfel, eher kleinfrüchtig. Genussreife: IX bis XI. Schale ist glatt, hellgrün, später hellgelb. Deckfarbe rot marmoriert und geflammt. Fleisch weiß, fest, zäh, saftig, aber wenig Zucker, schwach gewürzt. Bitterlich. (03)

ERNST BOSCH
Mittelspätblühend, diploid. (32 S.28) Entstand um 1900 bei Grevenbroich. Kreuzung aus **Manks Apfel X Ananas Renette.** Preisgruppe 2. Tafel- und Wirtschaftsapfel. Genussreife: X bis XI. Widerstandsfähig gegen Schorf. Mittelgroß, hochgebaut, flach gerippt. Hellgelb. Deutlicher Geruch. Der Baum hat einen kräftigen, gesunden Wuchs. (39) (78)

Im Bundes-Obstarten-Sortenverzeichnis angegeben:
ERNST TRIER
ERNTEAPFEL

ERPOLZHEIMER WILDLING
Tafel- und Wirtschaftsapfel. Genussreife: I bis V. Klein bis mittelgroß. Schale goldgelb, später intensiv gerötet. Leicht berostet. Preisgruppe 2. (13) (39)

ERWIN BAUR
War in den 60er Jahren im Versuchsanbau bei der OVA in Jork. 1928 begonnene Züchtung des Instituts für Obstbau und Obstzüchtung, Müncheberg/Mark. Aus Samen von **Geheimrat Dr. Oldenburg.** Nach dem bekannten Gründer des

Müncheberger Instituts für Züchtungsforschung Dr. Dr. Dr. H.C. Erwin Baur benannt. Frucht mittelgroß. Schale fettig, grüngelb. Deckfarbe marmoriert und gestreift. Aroma ist vom Standort abhängig. Süßsäuerlich, aromatisch, teilweise auch fade. Neigt zur Stippigkeit und Fleischbräune. Genussreife: XII bis III. Tafel- und Wirtschaftsapfel. Synonym: **Baur.**
Roba ist eine rote Mutante, soll besser sein. (26) (39) (66) (93)

ERWIN JUNGE
Kreuzung aus **Minister von Hammerstein X Gelber Bellefleur.** Geisenheimer Züchtung. (66)

ERZGEBIRGLER
Lokalsorte. Frucht ist plattrund. Rotgestreift, Sonnenseite gerötet, leicht gestreift. Abb. (39 S. 133) (40)

ERZHERZOG ANTON
Synonyme: **Anton, Archiduc Antoine.** Tafel- und Wirtschaftsapfel. Genussreife: I bis V. Mittelgroß, abgestumpft eiförmig, gleichmäßig gebaut. Schale glatt, etwas fettig, wachsartig gelb. Sonnenseite leicht gerötet und gestreift. Deutlicher Geruch. Fleisch gelblichweiß, fein, saftig, mäßig gewürzt.

ERZHERZOG JOHANN
Synonyme: **Archiduc Jean, Johann.** Tafel- und Wirtschaftsapfel. Genussreife: XI bis I. Mittelgroß bis groß. Schale grünlichgelb, später gerötet und gestreift. Fleisch ist gelblichweiß bis weiß, ziemlich fein, etwas locker, saftig, schwach gewürzt. Kräftige Säure bei geringem Zuckergehalt. (39)

ERZHERZOGIN SOPHIE
Synonyme: **Archiduchesse Sophie, Sophie.** Mittelgroß, rundlich gebaut. Schale fettig, hellgelb. Sonnenseite gerötet, später ganzflächig gestreift. Schwacher Geruch. Fleisch ist gelblichweiß, fein, saftig, rosenapfelartig gewürzt. (39)

ERZHERZOGSAPFEL
Historische Sorte, 1836 von Hinkert beschrieben. Tafel- und Wirtschaftsfrucht. Kugelförmig bis abgestumpft rund. Schale fettig, gelb. (40) Sonnenseite gerötet und großflächig gestreift. Kräftiger Geruch, gewürzt, säuerlich.

Im Bundes-Obstarten-Sortenverzeichnis sind angegeben:
ESCHACHER
ESCHBACHER und **ESLIVER**

ESOPHUS SPITZENBURGH
Großer bis sehr großer unregelmäßig gebauter Apfel. Schale gelb, später intensiv gerötet und gestreift. Schwacher Geruch, locker, etwas gewürzt. Im Prakt. Ratgeber von 1886 wurde **Aesopus Spitzenburgh** nicht für deutsche Verhältnisse empfohlen. Die Sorte stammt aus Nordamerika. Weitere Synonyme: **Esopus Spitzenburgh, Spitzenburgh, Esopus Spitzenberg.** Literatur: (15) (33) (39) (83)

Im Bundes-Obstarten-Sortenverzeichnis sind angegeben:
ESPERIEGA
ESSCHING
ESTIVA

ETLINS RENETTE
Etlin's Reinette. Tafel- und Wirtschaftsapfel. Genussreife: I bis V. Mittelgroß. Schale goldgelb, Sonnenseite gerötet, etwas gestreift. Großflächig berostet. Geruch schwach, gewürzt. Fleisch ist gelblichweiß, fein, oft etwas locker, ausreichend saftig. (39)

ETSCHEIDS STURMFESTE RENETTE
Im Bundes-Obstarten-Sortenverzeichnis angegeben.

EUTINER GRAVENSTEINER
Wird 1936 bei Goetz erwähnt, ohne Daten. (12)

EVA
Neuzüchtung aus Ungarn. Frühapfel (40)

EVAAPFEL
EVAC
Sind im Bundes-Obstarten-Sortenverzeichnis eingetragen.

EVAS APFEL
Synonyme: **Evas Kalvill, Pomme d'Eve.** Tafel- und Wirtschaftsapfel. Genussreife: Dezember bis April. Großfrüchtig, rund, deutlich gerippt. Schale gelblichgrün, leicht berostet. Fruchtfleisch gewürzt, etwas vorherrschende Säure. (39)

EVEAPFEL
Synonyme: **Manks Apfel, Manks Küchenapfel.** Massenträger, wurde 1947 noch für die Stader Geest empfohlen. Auf Sämlingsunterlage für roggenfähige und bessere Böden. Preisgruppe 4. Genussreife: X bis XI. (26) (Autor)

Im Bundes-Obstarten-Sorten-Verzeichnis sind angegeben:
EVERESTE
EVZIKA
EWRIKA

EXTERNTALER
Preisgruppe 4. Lokalsorte aus dem Weserbergland. Auch: **EXTERTALER.** (70)

EXETER CROSS
Angegeben im Bundes-Obstarten-Sortenverzeichnis.

EYLMANNS APFEL
Lokalsorte, war an der Niederelbe etwas bekannt.

EYSDENER KLUMKE
Angegeben im Bundes-Obstarten-Sortenverzeichnis.

FACHINGER GLASAPFEL
Historische Sorte, 1836 von Hinkert beschrieben. Winterapfel, 1 Jahr haltbar. Groß, rund bis hochgebaut. Schale gelb, später großflächig gerötet und gestreift. Süßsäuerlich. (40) Auch als **Glasapfel** bekannt.

FAIRS VORTREFFLICHER
Synonyme: **Fairs Nonpareil, Nonpareil, Nonpareille de Fair, Vortrefflicher.** Tafel- und Wirtschaftsapfel. Frucht klein, walzenförmig. Schale hellgelb, Sonnenseite intensiver gelb. Schwacher Geruch, gewürzt, angenehm säuerlich. Genussreife: Dezember bis März. (39)

FALCHS GULDERLING
Typische Tiroler Landsorte für Hof und Garten. Pflückreife: Oktober. Haltbar bis zum Früjahr. Mittelgroß und stark rotgestreift mit fester Schale. Fruchtfleisch ist weiß, säurereich, aromatisch. Mittelstarker Wuchs. Für Selbstversorgeranbau. (63)

FALLAWATER
Herkunft: Im Praktischen Ratgeber von 1886 als eine amerikanische Sorte angegeben. Ohne Beschreibung. (15 S. 145)

FALL-PEPPIN
Herkunft: Nordamerika. Bereits im 19. Jahrhundert bekannt. Wurde im Praktischen Ratgeber von 1886 als erfolgreiche Apfelsorte in Amerika gelobt. Der Anbau bei uns

wurde nicht empfohlen. (15) Auch **Fall Pippin.** Aus der Gruppe sind noch folgende Sorten bekannt: **Holland Pippin** (Frühe Herbstsorte), **York Pippin** und **French Pippin.** (83)

FALSCHER CHAMPAGNER
Herkunft: Schweiz. Synonym: **Falscher Jahrapfel,** franz.: **Fausse Champagne, Fausse Champagner.** Ziemlich würzig, wenig erfrischend, säuerlich. Qualitätsmäßig und farblich unbefriedigend. (03)

FALSCHER GRAVENSTEINER
FALSCHER PIEMONTESER
Angegeben im Bundes-Obstarten-Sortenverzeichnis.

FALSCHER THEURINGER RAMBUR
1936 von Goetz erwähnt, ohne Beschreibung. (12)

FALSTAFF
Herkunft: England, seit 1989 bekannt. Kreuzung aus **James Grieve X Golden Delicious.** (27-7/94) Züchter: East Malling Research Station, Maidstone, Kent. Sortenschutz seit 1993. Sehr ertragreiche, wohlschmeckende Spätherbstsorte. Genussreife: X bis XII. Mutante: **Red Fallstaff,** (England) **Roter Falstaff**(Mutation: Schneica) **Schneiwel.** Synonym: **Juwel.** Züchter und Sortenschutzinhaber ist B. Schneider in Edingen-Neckarhausen. (75)

FAMEUSE
Herkunft: Kanada. Synonyme: **Chimney Apple, Du Maréchal, Pomme Fameuse, Sangineuse, Schneeapfel, Snow Chimney.** Im Geschmack wenig ausdrucksvoll, Früchte mittelgroß. Aus Samen entstanden, den die ersten Siedler von Frankreich mit nach Amerika gebracht haben. Pflanzjahr 1730 am Chimney Point bei Vermont. (39) Der erste Apfel, der in Amerika entstanden ist. Genussreife: X bis XII. Der Name **Fameuse** ist im Praktischen Ratgeber von 1886 in einer Liste guter amerikanischer Apfelsorten aufgeführt. (15 S. 145)

Im Bundes-Obstarten-Sortenverzeichnis angegeben:
FANNY
FANTAZJA
FARA NUME
FAROS

FASSAPFEL

Faßapfel. Wirtschaftsapfel. Großfrüchtig. Schale fettig, hellgelb, manchmal leicht gerötet und gestreift. Fruchtfleisch ist locker, keine Würze, kräftige Säure. (39)

FEARN`S PIPPING

Angegeben im Bundes-Obstarten-Sortenverzeichnis.

FEDOROWKA

Aus Russland. Rotgestreift. Grundfarbe gelb. Kegelförmig. (39)

FEIGENAPFEL OHNE BLÜTE

Alte Sorte, 1797 von Christ beschrieben. Winterapfel. Frucht mittelgroß, kegelförmig. Genussreife: XI bis XII. Schale gelb, sonnenseits gerötet. (40)

FELDKIRCHENER RENETTE

Angegeben im Bundes-Obstarten-Sortenverzeichnis.

FELDRENETTE

Historische Sorte, 1836 von Hinkert beschrieben.Winterapfel. Fruchtfleisch gewürzt, säuerlichsüß. Schale gelb, später fast flächig berostet. (40)

Im Bundes-Obstarten-Sortenverzeichnis sind angegeben:
FELEAC
FELTHAM BEAUTY
FENCHELAPFEL
Bekannt sind: **Gelber Fenchelapfel, Gestreifter Fenchelapfel, Grauer Fenchelapfel, Roter Fenchelapfel, Weißer Fenchelapfel.**
1795 wurde der **Fenchelapfel,** Synonym: **Fenouillet** von Schiller beschrieben.

Im Bundes-Obstarten-Sortenverzeichnis sind angegeben:
FENTON
FERLENS RENETTE
FERTÖDI TELI

FESTIVAL

Frühsorte. Kreuzung aus **Akane X Delbarestivale.** (27-7/94) **Festivale** ist auch im Bundes-Obstarten-Sorten-verzeichnis angegeben. (70)

FESTIVAL DELROUGE

Vermutlich eine rote Mutation vom **Festival.** (70)

FETTAPFEL
In der I. Meile des Alten Land verbreitet. Baumreife: IX. Haltbar bis XI. Sehr fettige Schale. Großfrüchtig, säuerlich und saftig, ohne besonderes Aroma. Regelmäßiger Träger, frosthart und gesund. Wirtschaftsapfel, wurde in den 40er Jahren noch angebaut. Haltbar im Kühllager. Preisgruppe 4. (01) (Autor)

FETTE GOLDRENETTE
Synonym: **Goldrenette.** Tafel- und Wirtschaftsapfel. Genussreife: XI bis II. Mittelgroß, flachrund, Schale fettig, grünlichgelb bis gelb, Sonnenseite gerötet und gestreift. Schwacher Geruch. (39)

FEUERARSCH
Im Bundes-Obstarten-Sortenverzeichnis angegeben. Die Sorte ist in Österreich bekannt

FEUERFARBIGER STREIFLING
Historische Sorte, 1836 von Hinkert beschrieben. Tafel- und Wirtschaftsapfel. Gelblichweiß, Fruchtschale fettig. (40) Synonym: **Streifling.**

Im Bundes-Obstarten-Sortenverzeichnis angegeben:
FEUERROTER VOM KÖCKHOF
FEUILLEMORTE

FEUERROTE RENETTE
Historische Sorte, 1797 von Christ beschrieben. Lange Haltbarkeit. Hochgebaut, gerippt. Schale weißlichgelb, Sonnenseite intensiv gerötet. Schmackhaft. (40)

FEXFELDAPFEL
Wurde 1936 von Goetz erwähnt, ohne Beschreibung. (12)

FEYS RECORD
Diploid. Züchtung der Baumschule Fey. Hochgebaut. Schale weißlichgelb, später intensiv gestreift. (39)

FIESSERS ERSTLING
Fießers Erstling. Sorte ist diploid. Entstand 1896 bei Baden-Baden. Mostapfel. Schale gelb, Sonnenseite gerötet und leicht gestreift. Verarbeitung: XI bis II. Fleisch ist weiß, saftig, erfrischendes, weinsäuerliches Aroma. Baum wächst stark und ist gesund. Preisgruppe 5. Synonym: **Rotfranche.** In Sachsen gab es noch eine Sorte **Gelber Frenche** und einen **Weiß Frenche.**

FIESTA

Kreuzung aus **Cox Orange X Idared.** Hervorragender Geschmack. Kann sich in die "Cox-Linie" einreihen. (Bavendorf 1986). Entstand 1971 in East Malling unter der Zuchtnummer T 31/31. Kam 1985 in den Handel. Seit 1987 in der Pfalz angebaut, auch in den Niederlanden. Gelb, später leuchtend rot, etwas gestreift. Edel gewürzt. Teilweise selbstfruchtbar. (40) Synonym: **Red Pippin.** Sortenschutz seit 1987. (75)

FILIPPA

Synonym: **Filippas Apfel.** Diploid, auch im Alten Land bekannt gewesen. Heute ohne Bedeutung. (35) Entstand 1877 bei Hunstrup auf der Insel Fünen, Dänemark. (40) Baum wächst mittelstark, bevorzugt sandiglehmigen Boden. Genussreife: IX bis XII. Heute noch in Kleingärten zu finden. (Autor)

FINDLING VON BEDFORDSHIRE

Synonyme: **Bedfordshire Forming, Bedfordshire Foundling, Cambridge Pippin, Findling aus Bedfordshire, Mignon de Bedford, Trouvée dans le Comté de Bedford.** Tafel- und Wirtschaftsapfel. Genussreife: XII bis III. Schale ist glatt und dünn, erst gelblichgrün, zur Reifezeit eher strohgelb und die besonnten Teile orangegelb. Das Fleisch ist gelblich fein, mürbe, saftreich und süß. Angenehmer, gewürzter Geschmack. (39) (45)

FINDLING VON SELB

Im Bundes-Obstarten-Sortenverzeichnis angegeben.

FINKENWERDER

Finkenwerder Herbstprinz, Finkenwerder Prinzenapfel, Herbstprinz. Handelsname ist **Finkenwerder.** Zufallssämling aus dem Alten Land, wurde besonders in der III. Meile, dass ist das Gebiet zwischen der Este und Hamburg-Finkenwerder, angebaut. In den 50er Jahren noch für geschlossene Pflanzungen empfohlen. Geeignet für Kühlläger, schrumpft leicht im trockenen Lager. Die Frucht ist süßsäuerlich, würzig und erfrischend. Großfrüchtig. Der Baum ist ein guter Träger. Preisgruppe 2. Die Mutation **Roter Finkenwerder** wurde 1966/67 zum Anbau als Ergänzung empfohlen. (auf Grahams oder EM XI) (01) (Autor)

FINKENWERDER WINTERRAMBOUR

Auch **Finkenwärder Winterrambour.** Im Alten Land, besonders in der III. Meile etwas verbreitet gewesen. Beliebter Wirtschafts- und Konditorenapfel. Verarbeitung: Januar bis März. Die Frucht ist säuerlich, saftig, etwas hart und druckempfindlich. Der Baum hat nur geringe Frosthärte. Farblich nicht ansprechend. Preisgr. 4. (01)

FIRESIDE
Wurde 1949 entdeckt. Mutation der Sorte **Conell Red Fireside.**

FIRIKI
Angegeben im Bundes-Obstarten-Sortenverzeichnis.

FISH`S RAMBUR
Großer, ungleichmäßig gebauter Wirtschaftsapfel. Genussreife: XI bis XII. Flachrund. Schale fettig, grünlichgelb, Sonnenseite gerötet. Im Praktischen Ratgeber 1886 wurde eine neue englische Sorte mit dem Namen **D. F. Fish** empfohlen. Mit Sicherheit identisch. Der **Fish-Apfel** soll sehr groß und fruchtbar sein. Fleisch ist zart parfümiert und saftig. Fruchtfleisch grünlichweiß, etwas grob, sehr saftig, schwach gewürzt. Vorherrschende Säure bei geringem Zuckergehalt. (15) (39)
Fish´s Rambour ist auch im Bundes-Obstarten-Sortenverzeichnis eingetragen.

FLAMMENDER
Historische Sorte, 1836 von Hinkert beschrieben. Spätherbstapfel. Fruchtfleisch gewürzt, süß. Tafel- und Wirtschaftsapfel. Fettig, grünlichgelb, später großflächig gerötet. Leichte Berostungen. Synonyme: **Geflammter Rötling, Rötling.** (40)

FLAMENCO
In der Sortenprüfung Forschungsanstalt Geisenheim. (85)

FLANDRISCHER RAMBUR
Synonyme: **Rambour de Flandre, Rambur de Flandre.** Wirtschaftsapfel. Genussreife: XI bis I. Sehr groß, flachrund. Schale fettig gelb, Sonnenseite gerötet, großflächig gestreift. Wenig gewürzt, angenehme Säure, saftreich. Fleisch grünlich bis gelblichgrün, halbfein. Neigt zur Stippe. (39)

FLEINER
War im vorigen Jahrhundert in Württemberg bekannt. Verschiedene Abarten. **Kleiner Fleiner, Großer Fleiner, Später Fleiner, Glasfleiner.** (67) Schiller schrieb 1795 von einem **Welschen Fleiner** und einem **Fleiner** mit dem Synonym: **Salmon-Apple.** (37)

FLEISCHAPFEL
Angegeben im Bundes-Obstarten-Sortenverzeichnis.

FLENTINSKY
Großfrüchtig, etwas rot gestreift. Grundfarbe grünlichgelb. (39)

FLETCHER`S PROLIFIC
Angegeben im Bundes-Obstarten-Sortenverzeichnis.

FLORENTINER ROSENAPFEL
Alte Sorte, 1854 von Calwer beschrieben. Großfrüchtig, kalvillartig. Herbstapfel. Schale gelb, Sonnenseite gerötet. Gewürzt. (40) Synonym: **Caillot Rosat.**

FLORIANER ROSENAPFEL
Synonym: **Rose de St. Florian.** Genussreife: oktober bis Dezember. Tafel- und Wirtschaftsapfel. Mittelgroß, gewürzt. Schale fettig, gelb, Sonnenseite gerötet und großflächig getreift.

FLORIANER ROSMARIN
Ist im Bundes-Obstarten-Sortenverzeichnis eingetragen.

FLORINA
Synonym: **Querina.** Saftig-knackig, bläulich bereift, anfällig für Mehltau und Feuerbrand. Sortenschutz. Frucht ist mittelgroß bis groß. Reife: XI bis III. In Wilhelminadorp getestet, nicht zu empfehlen. Schorfresistent. Farbiger Winterapfel für Erwerbs- und Liebhaberobstbau. Kreuzung aus **Malus floribunda 821** und **Rome Beauty, Golden Delicious, Starking, Jonathan.** Starkwüchsig. Schale glatt, grünlichgelb mit dunkelroter Deckfarbe. Süßsäuerlich, aromatisch, mitunter fade. (38) Wird stark von Faltenläusen befallen und zeigt sehr stark Mehltau. In warmen Regionen ist die Frucht wenig lagerfähig. (27-4/96 aus 67-6/95) Nach Angaben vom BSA Züchtung der INRA, Frankreich. Seit 1977 im Handel. (75)

FLORY BELLFLOWER
Englische Apfelsorte. Im Pr. Ratgeber 1886 als vorzüglich empfohlen. Großfrüchtig. Genussreife: Im November. Ohne besondere Eigenschaften

FORELLEN RENETTE
Auch: **Getüpfelte Renette.**

FOREST
In den 60er Jahren bei der OVA im Versuchsanbau. (26-4/64)

FORFAR PEPPING
Tafel- und Wirtschaftsapfel. Genussreife: I bis V. Klein bis mittelgroß. Die Frucht ist gleichmäßig gebaut. Schale ist dick, gelblichgrün und stark berostet. Fruchtfleisch weich, ausreichend saftig. (39)

FORGE
Angegeben im Bundes-Obstarten-Sortenverzeichnis.

FORTUNA DELICIOUS
Großfrüchtige Sorte lt. EG-Norm.

FORTUNA EXELLENT
Angegeben im Bundes-Obstarten-Sortenverzeichnis.

FRAAS SOMMERKALVILL
Von Eduard Lucas 1850 bei Dekan Fraas in Balingen entdeckt. Diese Sorte wurde damals sehr empfohlen. Reicher Ertrag, gute Qualität der Frucht, weitverzweigter Wuchs. Herbstapfel. Genussreife: X bis XI. Heute kaum noch zu finden. Schale ist grünlichgelb, an der Sonne rosenartig angehaucht, leicht fettig, glänzend. Fleisch ist weiß, locker und süß, weinsäuerlich. (67) Sorte wird 1936 bei Goetz erwähnt. Tafel- und Wirtschaftsapfel. Mittelgroß bis groß. Schwacher Geruch.

Im Bundes-Obstarten-Sortenverzeichnis sind folgende Sorten aufgeführt:
FRAMBOOSAPPEL
FRANCATU
FRANKFURTER
FRANKFURTER APFEL
FRANKFURTER
Für mittelschwere Böden. War im 19. Jahrhundert als Mostapfel in Oberösterreich und im Salzburger Land bekannt. (02)

FRÄNKISCHER ESSLINGER
Fränkischer Eßlinger. Frucht ist glockenförmig. Schale mit leicht roten Streifen. Tafel- und Wirtschaftsapfel. Anfällig für Stippe. Genussreife: X bis XII. (39)

FRÄNKISCHER STREIFLING
Angegeben im Bundes-Obstarten-Sortenverzeichnis. Erhaltung in Triesdorf.

FRANKLIN
Amerikanischer Sommerapfel. Seit 1937 bekannt. Kreuzung aus **McIntosh X Golden Delicious.** Haltbar bis Dezember. (26-7/8/57)

FRANKLINS GOLDEN PIPPIN
Herkunft unbekannt. Kleinfrüchtig. Grünlichgelbe und fettige Schale. Unansehnlich, kommt für den Erwerbsobstbau nicht in Frage. (26)

FRANKSENAPFEL
Angegeben im Bundes-Obstarten-Sortenverzeichnis.

FRANS HALS
In den 60er Jahren bei der OVA im Versuchsanbau. (26-4/64)

FRANSE BELLEFLEUR
FRANSE ZUURE
Beide Sorten sind im Bundes-Obstarten-Sortenverzeichnis angegeben.

FRANZ SPÄTH
Minister von Hammerstein X Weißer Wintertaffetapfel. Stammt aus Geisenheim, ist dort 1896 entstanden. (66) (83)

FRANZAPFEL,
ROTER FRANZAPFEL,
FRANZOSENAPFEL,
sind im Bundes-Obstarten-Sortenverzeichnis angegeben.

FRANZÖSISCHE EDELRENETTE
Synonym der **Edelrenette.**

FRANZÖSISCHE GOLDRENETTE
Synonyme: **Goldrenette, Reinette Dorée.** Tafel- auch Wirtschaftsapfel. Genussreife: XII bis IV. Mittelgroß. Viel Zucker. Schale fettig, etwas berostet, grüngelb, Sonnenseite gerötet und gestreift. Geruch schwach. (39)

FRANZÖSISCHE RENETTE
Synoynm: **Reinette Franche.** Wurde bereits 1795 von Schiller beschrieben. Lt. Schiller brauchte diese Sorte einen guten trockenen Boden. Auf nassem Boden sehr krebsanfällig. (37)

FRANZÖSISCHER GÜLDERLING
Synonym: **Gulderling (Franse)** Wurde 1795 sehr gut von Schiller beschrieben.

FRANZÖSISCHER PRINZESSINAPFEL
Synonyme: **Französischer Edler Prinzessinapfel, Princesse Noble, Princesse Noble des Chartreux, Prinzessin-apfel.** Wirtschaftsapfel, auch als Essapfel geeignet. Genussreife: XII bis VI. Schale fettig, grünlichgelb bis gelb. Sonnenseite gerötet und gestreift. Deutlicher Geruch, süß, wenig Aroma. (39)

FRANZÖSISCHER TIROLER
Im Bundes-Obstarten-Sortenverzeichnis angegeben.

FRASCHDORFER STREIFLING
Wirtschaftsapfel. Genussreife: I bis V. Groß bis sehr groß, abgestumpft eiförmig. Schale grünlichgelb, Sonnenseite gerötet und intensiv gestreift. (39)

FRAU MARGARETE VON STOSCH
Mittelgroß bis großfrüchtig. Frucht kegelförmig, gerippt. Schale gelb, kaum Deckfarbe. Abb. (39 S. 146) (40)

FRAUENAPFEL
Wurde 1795 von Schiller beschrieben. Synonym: **Vrouvvtjes Appel.** *„Ein sehr großer Apfel, von rundlichter etwas platter Form, auch ist er manchmal schief, und dabei ungleich oder eckicht. Er steht als ein guter Kochapfel in ziemlicher Achtung.* (37)

FRAUENKALVILL
Synonym: **Calville des Femmes.** Genussreife: I bis V. Mittelgroß bis groß. Tafel- und Wirtschaftsapfel. Schale zitronengelb, Sonnenseite gerötet und gestreift. Leicht berostet. Geruch schwach. War vor 100 Jahren auch in Österreich bekannt. (39) (44)

FRAUROTACHER
Franz. Schweiz: **Franc Roseau.** Synonyme: **Châteigne du Léman** (Waadt), **Chläusler, Court pendu** (Genf), **Frauenrötlicher, Frauenrothacher (Pomme de Chataignier), Schläfler.** Gestreifter Winterapfel. Spätblüher, für jeden Boden geeignet, ausgezeichneter Wirtschaftsapfel. Genussreife: XI bis VII. Alte Sorte. Unbekannte Herkunft. Hauptsorte im Wallis. Bevorzugt milde Lagen. Begehrte Handels- und Exportsorte. (03). Fruchtfleisch ist gelblichweiß, unter der Schale etwas gerötet. Etwas renettenartig gewürzt. Vorherrschende Säure bei hohem Zuckergehalt. (39)

FRED WEBB
FREEDOM
Sind im Bundes-Obstarten-Sortenverzeichnis angegeben.

FREEDOM
Herkunft: USA. Seit 1985 bekannt. Um 1990 im Versuchsanbau in Dänemark. In Wilhelminadorp/NL getestet, nicht zu empfehlen. (27-3/91) (27-7/91)

FREIBURGER PRINZ
Lokalsorte von der Niederelbe. Wegen regelmäßiger Erträge und robuster Gesundheit sehr beliebt gewesen. Wird nicht mehr angebaut. Schale grünlichgelb, deutliche Lentizellen, keine Deckfarbe. (39)

FREIBURGER RENETTE
Lokalsorte in Südbaden. Vorwiegend Wirtschaftsapfel. Mittelgroß, flachrund. Sonnenseite marmoriert, süßsäuerlich. (39)

FREIHERR VON BERLEPSCH
Siehe unter **Berlepsch.**

FREIHERR VON PÖLLNITZ
Im Bundes-Obstarten-Sortenverzeichnis angegeben.

FREIHERR VON SOLEMACHER
Sorte ist diploid. (33) Keine weiteren Daten. Anm: Freiherr von Solemacher war u. a. ein bekannter Pomologe. (Autor)

FREIHERR VON TRAUTTENBERG
Synonyme: **Trauttenberg, Tulpenapfel.** Tafel- und Wirtschaftsapfel. Genussreife: XI bis II. Mittelgroß bis groß. Fruchtschale etwas fettig, gelb. Sonnenseite leicht gerötet. Schwacher Geruch, gewürzt, milde Säure, ausreichend Zucker. (39)

FREIHERR VON ULMENSTEIN
Frucht rund. Grundfarbe ist grünlichgelb. Zur Reife großflächig gerötet und gestreift. Abb. (39 S. 147)

FREINSHEIMER TAFFETAPFEL
Lokalsorte in der Pfalz. Genussreife: Januar bis Mai. Breit gebaut, in Form und Farbe ansprechend. Weinsäuerlich. (40)

FREMY
Ist im Bundes-Obstarten-Sortenverzeichnis angegeben.

FRENCH CRAB
Aus Australien. Seit 1850 bekannt. Granny Smith soll ein Sämling dieser Sorte sein.

FREQUIN ROUGE
Eine alte Mostapfelsorte in Österreich. (44)

Im Bundes-Obstarten-Sortenverzeichnis sind folgende Sorten angegeben:
FREUDENBERGER NÜTZERLING
FREUDENBERGER SCHLOSSRENETTE
FREUNDAPFEL
FREYBERG, wird bei der LLA in Triesdorf erhalten.

FREYBERG
Eine international geschützte Neueinführung. Sehr widerstandsfähig gegen Krankheiten. **Kidds Slg. Nr. 21.** Züchtung von Kidd aus Neuseeland. 1930 geschaffen. Kreuzung aus **Cox Orange Renette X Golden Delicious.** War in den 60er Jahren bei der OVA im Versuch. Früchte reifen in unserem Klima nicht aus. Süßer, aromatischer Geschmack. Farblich nicht befriedigend. Starke Anfälligkeit für Lagerschorf. Int. Warenzeichen: 214 978. (25) (39)

Im Bundes-Obstarten-Sortenverzeichnis sind folgende Sorten angegeben:
FRIANDISE
FRIEDBERGER BOHNAPFEL

FRIEDRICH AUGUST VON OLDENBURG
1936 bei Goetz erwähnt, ohne Beschreibung.

Im Bundes-Obstarten-Sortenverzeichnis angegeben sind:
FRIEDRICH DER GROSSE, Sorte wird in Triesdorf erhalten.
FRIEDRICHSAPFEL
FRIESLANDSE RENETTE
FROGMORE

FROMMS RENETTE
Auch: **Fromm`s Goldrenette** oder **Fromms Goldrenette.** (39) Synonyme: **Goldrenette, Seebaer Borsdorfer.** Genussreife: XI bis III. Klein bis mittelgroß, flachrund, Fruchtschale gelb, Sonnenseite manchmal leicht gerötet. Leicht berostet, gewürzt. Süß und aromatisch. Tafel- und Wirtschaftsapfel. Baum ist starkwüchsig, unempfindlich gegen Fröste. Lokalsorte aus dem Lallinger Winkel/Niederbayern.

FROSTPROOF
Im Bundes-Obstarten-Sortenverzeichnis angegeben. Sorte wird in Pillnitz erhalten.

FRUCHTBARER NORFOLKER
Synonyme: **Norfolk Bearer, Norfolker.** Tafel- und Wirtschaftsapfel. Mittelgroß, gleichmäßig. Genussreife: I bis IV. Grünlichgelb, Sonnenseite schwach gerötet. (39)

FRUCHTBARER VON FROGMORE
Synonyme: **Fertile de Frogmore, Frogmore Prolifique, Prolifique.** Mittelgroßer, gleichmäßig gebauter Apfel. Schale gelb, leicht berostet.

FRÜHAPFEL VON ROUEN
Synonyme: **Pomme Rouenaise Hàtive, Rouenaise Hátive.** Mittelgroßer, gleichmäßiger Apfel. Schale fettig, hellgelb. Sonnenseite intensiv gestreift. Ausreichend saftig, etwas gewürzt. Fleisch weiß, vorherrschende Säure, ausreichend Zucker. (39) Ist auch im Bundes-Obstarten-Sortenverzeichnis eingetragen. (70)

FRÜHE GOLDPARMÄNE
Historische Sorte. 1836 von Hinkert beschrieben. Herbstapfel. Genussreife: XI bis XII. Fruchtfleisch gewürzt, süß. Mittelgroß, rund. Fruchtschale hellgelb. Sonnenseite leicht gerötet. (40) Ist im Bundes-Obstarten-Sortenverzeichnis angegeben. Wird bei der Pomona Franconica erhalten. (70)

FRÜHE ROTGEFLECKTE MARKRENETTE
Historische Sorte, 1854 von Calwer beschrieben. Rot gepunktet. Genussreife: X bis XII. Tafel- und Wirtschaftsapfel. Gewürzt, weinsäuerlich. (40) Synonyme: **Markrenette, Reinette Molette, Rotgefleckte Markrenette.**

FRÜHER GELBER SOMMERKALVILL
Alte Sorte, 1854 von Calwer beschrieben. Frucht ist klein, Fruchtfleisch süß. (40)

FRÜHER GRAVENSTEINER
Wird im Bundes-Obstarten-Sortenverzeichnis angegeben.

FRÜHER HAGEBUTTENKALVILL
Historische Sorte, 1854 von Calwer beschrieben. Frucht groß. Fruchtfleisch gewürzt. Genussreife: X bis XI. (40) Synonym: **Hainebuttenkalvill.**

FRÜHER LIMONADEAPFEL
Historische Sorte, beschrieben 1836 von Hinkert. Tafelapfel. Frühsorte. Pflück- und Genussreife: IX. Frucht hochgebaut, leicht gerippt. Schale gelb, Sonnenseite gerötet. Fleisch gewürzt und süß. (40) Synonym: **Limonadeapfel.**

FRÜHER MUSKATENNUSSAPFEL
Historische Sorte, 1836 von Hinkert beschrieben. Schale gelblichgrün, fettig. Fruchtfleisch gewürzt. (40)

FRÜHER NONPAREIL
Synonyme: **Early Nonpareil, Hicks Fancy, Hicks Liebling, Nonpareil, Nonpareile Nouvelle, Wicks Liebling.** Tafel- und Wirtschaftsapfel. Genussreife: XI bis II. Klein bis mittelgroß. Schale zum Teil etwas aufgerauht. Erst gelblichgrün, später lebhaft gelb. Schwacher Geruch. Fruchtfleisch gelblichweiß, fein, saftig, renettenartig gewürzt. (39)

FRÜHER ROSENKALVILL
Synonym: **Rosenkalvill.**

FRÜHER SPERBERAPFEL
Frühherbstapfel. Genussreife: Mitte IX bis X. Klein bis mittelgroß. Fruchtfleisch weiß, fein, saftig, etwas rosenapfelartig gewürzt. Starker Geruch. (39)

FRÜHER SPLITT-APFEL
1795 von Schiller nur kurz als frühtragende Sorte angeführt. Synonym: **Codlin.**

FRÜHER VICTORIA
Handelsname in Deutschland: **Früher Viktoria.** Synonyme: **Early Victoria, Emmethy Early, Emneth Early, Victoria.** Massenträger. Wurde 1947 noch für bessere Böden der Stader Geest (Nachbargebiet des Alten Landes) empfohlen. Reife im August. Diploid. Preisgruppe: Sondergruppe Wertvolle Frühäpfel. Kleinfrüchtig, empfindlich für Stippe. Druckempfindlich, fettige Schale, viel Säure, daher kaum zum Frischverzehr geeignet. Stammt aus England. Von William Lynn, Emneth bei Wisbech (Nördlich von London) 1899 durch die Baumschule Gebr. Cross in Wisbech verbreitet. 1900 nach Deutschland. Baum wächst schwach. Ist eine Kreuzung aus **Lord Grosvenor X Keswicker Küchenapfel.** Quellen: (26-3/47) (39) (66) (92) Name 1947 im Alten Land: **Früher Victoria-Apfel.**

FRÜHER WELSCHISNER
Synonym: **Wilhelmsapfel.** (66)

FRÜHJAKOBER
Angegeben im Bundes-Obstarten-Sortenverzeichnis.

FRÜHLINGSRENETTE AUS ULMENSTEIN
1936 bei Goetz erwähnt, ohne Daten. (12)

Im Bundes-Obstarten-Sortenverzeichnis ist folgende Sorte angegeben:
FRUMOSE DE VOINESTI

FUJI

Herkunft: Japan. 1962 in der Versuchsstation Morioko in Japan aus der Kreuzung **Ralls Janet X Red Delicious** entstanden. Wird in der Pfalz seit 1989 angebaut, ebenfalls einige andere Fuji-Typen. Normale Wärmeansprüche können in Deutschland nicht befriedigt werden. 40% der japanischen Apfelproduktion ist die Sorte **Fuji.** Anbaubedeutung in China, Neuseeland, Australien, USA, Kanada und Brasilien. Synonym: **Tohoku 7.** Es sind sehr viele Mutationen bekannt, viele sind im Bundes-Obstarten-Sortenverzeichnis angegeben:

Aki-Fu 1, Leicht gestreift, ein Drittel der Oberfläche ist ausgefärbt.
Akifu 1 Davodeau,
Aki-Fu 7, Deutlich gestreift, die Hälfte der Frucht ist ausgefärbt.
Akifu Schneider,
Early Fuji, In China am stärksten verbreitete Mutante.
Early Schneider,
Fuji BC 1,
Fuji BC 2,
Fuji BC 2 Schneider,
Fuji Early Schneider,
Fuji Redspot 1, Aus der Region Morioka. Entstanden durch gezielte Bestrahlung.
Ganter,
Hafner,
Iwate 10, Aus dem Gebiet Iwata. Dunkelrot mit ausgeprägten Streifen.
Kalifornien Schneider,
Minemura-Fuji,
Moriho-Fu 1, Durch gezielte Bestrahlung entstanden. Bräunlich-rot.
Morihofu Schneider,
Myra Red,
Naga-Fu 1, Intensiv gefärbt, Schale kräftig rot, später auch gestreift.
Naga-Fu 1 Schneider,
Naga-Fu 2, Deutlich gestreift.
Naga-Fu 2 Zapf,
Naga-Fu 3,
Naga-Fu 6, Stark gestreift, wichtige Selektion. Aus dem Gebiet Nagano. Ausfärbung sehr attraktiv. In Neuseeland weit verbreitet.

Nagafu 6 Davodeau,
Nagafu 6 Schneider,
Noven Ahrweiler,
Naga-Fu 12, Kräftig rot, deutlich gestreift.
Nagano, Nr. 1 Schneider,
Nr. 1 Zapf,
Nr. 2 Delbard,
Nr. 2 Schneider,
Nr. 3 Schneider,
Nr. 4 Schneider,
Nr. 5 Schneider,
Nr. 6 Schneider,
Oberholz,
Quetard,
Red Schneider,
Red-Fuji, Spätreifend, rundlich bis länglich, stark ausgefärbt, für milde Anbaugebiete
Red-Spot 1, Durch Bestrahlung entstanden. Bräunlich-rot.
Red-Spot 2, Identisch mit **Moriho-Fu 2**
Shofu 1,
Shofu 2,
Spur Fuji (=Iwamatsu), Frühe Ausfärbung, deutlich gestreift.
Sun Fuji, Kirschrot mit starker Streifung. 1982 in Lodi, Kalifornien entdeckt.
Standard,
Starfruit,
Yataka-Fuji, Geschützte Mutante der Baumschule Nakajima. Lizenznehmer eine Baumschule in Brentwood, Californien. Ausfärbung wie **Standard-Fuji,** früher reif.
Yataka Herr,
Yataka Promofruit,
Yataka Zapf,

Die Sorte **Fuji** ist ein Tafelapfel, vor allem auf der südlichen Erdhalbkugel verbreitet. Frucht ist groß, gleichmäßig rund. Schale fest, etwas zäh, rosa bis rot, gestreift. Fleisch ist cremeweiß, feinkörnig, saftig. Sehr süß, leicht parfümiert. Mittelstarker Wuchs, neigt zur Alternanz. Anfällig für Feuerbrand. Ansprüche an Boden und Klima sind sehr hoch. Vor 10 Jahren war bereits 40 % der Apfelproduktion in Japan die Sorte **Fuji** und Mutanten. (27-9/91) (39) (70)

FUKUNISHIKI
Herkunft: Japan, schon in den 60er Jahren beim OVR im Versuch. (26-6/64)

FUKUSHIMA
Identisch mit dem **New Jonagold.**

FUKUSTINA
FURNES PIPPIN
Angegeben im Bundes-Obstarten-Sortenverzeichnis.

FÜRST BISMARCK
Tafel- und Wirtschaftsapfel. Kleiner, rundlicher, gleichmäßig gebauter Apfel. Genussreife: XII bis IV. Grundfarbe ist goldgelb, Deckfarbe intensiv. Fleisch gelblichweiß, fein, manchmal etwas zäh, saftig, gewürzt, vorherrschende Säure. (39) Synonym: **Bismarck.**

FÜRST BLÜCHER
Mecklenburgische Lokalsorte, unbekannter Abstammung. Äußerlich wenig ansprechend, neigt zum schrumpfen. Keine Bedeutung für den Anbau, nur Liebhaberwert. Gelblich bis weißlichgrün. Wenig ansprechend. Pflückreife: Oktober. Genussreife: Februar bis April. (40) (71)

FÜRST LIPPE
Synonyme: **Lippe, Prince de Lippe.** Wirtschaftsapfel, auch Essapfel. Genussreife: XII bis III. Mittelgroß bis groß, abgestumpft rund. Bewachst gelb, Sonnenseite marmoriert und gestreift. Fruchtfleisch locker, leicht gewürzt. Fleisch ist grünlichgelb, fein, etwas locker, saftig, wenig gewürzt. Vorherrschende Säure, geringer Zuckergehalt. (39)

FÜRSTENAPFEL
Siehe **Grüner Fürstenapfel.** Einige Sorten, haben den **Fürstenapfel** als Synonym.

FYAN
In den 60er Jahren bei der OVA im Versuchsanbau. (26)

GACKSAPFEL
Findling im Wald von Berghausen, Kreis Wetzlar. Wirtschafts- und Keltersorte. Verarbeitung: X bis II. Leicht lila, auf der Sonnenseite karmesinrote, dünne Streifen. Fleisch ist gelblichweiß, fein, saftig, manchmal glasig. (39)

GAESDONKER RENETTE
Synonyme: **Gaesdonker Goldrenette, Goldrenette.** Tafelapfel, im 19. Jh. in Schlesien bekannt. Geeignet für mittelschwere Böden. (02) Tafel- und

Wirtschaftsapfel. Schale glatt, stellenweise fein rauh. Matt glänzend, hellgrün, dann grünlichgelb bis hellgelb. Schwacher Geruch. Fleisch gelblichweiß, fein, saftig, renettenartig gewürzt. (39)

GAILLYS HERZOGIN VON BRABANT
Von Gailly in Laeken-Belgien gezogen. Syn: **Brabant, Duchesse de Brabant, Herzogin von Brabant.** Guter Wirtschaftsapfel, aber auch Tafelapfel. Genussreife: XI bis II. Großer, walzenförmiger, ziemlich gleichmäßig gebauter Apfel. Schale grünlichgelb, später gelb. An der Sonne leicht gerötet mit einzelnen roten Streifen. Fleisch gelblichgrün, halbfein, saftig, nicht gewürzt. Nur wenig süß. (39)

GALA
Kreuzung aus **Kidds Orange Red X Golden Delicious. Gala** wurde 1933 in Neuseeland gezüchtet. Züchter: J. H. Kidd, Greytown. Wird inzwischen weltweit angebaut. Besonders empfohlen in warmen Lagen. Versuche bei der OVA, Jork 1978 ergaben zu kleine Früchte, zwar saftig, aber unbefriedigend im Geschmack. **Gala** braucht warme Lagen, zum ausfärben und zum erreichen der Fruchtgröße. Synonyme: **Gala Delicious, Galla Delicious.** Tafelapfel. Seit 1960 im Anbau. (38)
Viele Mutanten sind bekannt:
Gala Brookfield,
Gala Delicious,
Gala King,
Gala Must (Regal Prince) Soll die größte Mutante sein. Sortenschutz seit 1990. Inhaber: Sociéte´Civile Agricole Davedeau-Lingonniére, Angers.
Galaxy, Mutante aus Neuseeland. Züchter: K. W. Kiddle, Havelock North in Neuseeland. Sortenschutz seit 1994. Wuchs ist etwas schwächer als **Gala.**
Galla Delicious, Doppelname (39)
Helden,
Kidds D. 8,
King,
Max,
Mitchgla,
Mondial Gala (Mitchgla),
Must,
Must Ahrweiler,
Must Dav,
Must King,
Obro,
Obrogala, Mutante aus den USA. Schwächer als die Ursprungssorte.

Prince,
Red,
Regal Gala, Zufallsmutante aus Neuseeland.
Rouge,
Royal Gala (Tenroy), Aus Neuseeland. Sortenschutz seit 1981.
Royal Nr. 4,
Royal X 4111,
Imperial Gala, Zufallsmutante aus Neuseeland.
Tenroy (Royal Gala), Zufallsmutante aus Neuseeland.
Eigenschaften des **Gala:** Mittelgroße Frucht, rotgefärbt, geschmackvoll, sehr gut lagerfähig, weitgehend blütenfrosthart, fruchtbar.
Literatur: (25) (26-2/96) (26-11/94) (27-8/94) (38) (39) (70) (75)

GALLIA BEAUTY
Herkunft: USA. Mutation vom **Rome Beauty.** Für Anbau in südlichen Ländern geeignet, bleibt bei uns zu farblos.

GALLOWAY PEPPING
Synonym: **Galloway Pippin.** Aus Galloway in Schottland. Sehr guter Tafel- und Wirtschaftsapfel. Genussreife: XII bis IV. Klein bis mittelgroß, flachrund, leicht berostet. Schale gelb, Sonnenseite leicht gerötet. Geruch deutlich. (39)

GALLUSAPFEL
Synonyme: **Gallenapfel, St. Gallusapfel.** Historische Sorte, wurde 1836 von Hinkert beschrieben. Wirtschaftsapfel. Genussreife: X bis II. Frucht ist plattrund und gerippt. Das Fleisch ist weinsäuerlich. (40)

GAMMEL KJÖGEGAARS ROSENAPFEL
Frühherbstsorte. Genussreife: IX bis X. Mittelgroß. Schale fettig, gelb. Deutlicher Geruch. Fleisch gelblichweiß, fein, markig bis mürbe, saftig, rosenapfelartig gewürzt. Süß. (39)

GAMPIRL HERBSTAPFEL
Frucht ist kegelförmig. Schale grünlichgelb, großflächig gerötet und gestreift. Leicht berostet. Abb. (39 S. 155) (40)

GAMBAFINA,
GAMRO,
GANDHI
Sind im Bundes-Obstarten-Sortenverzeichnis eingetragen.

GANO
Alte Sorte aus Nordamerika. Großfrüchtig, grobes und festes Fruchtfleisch. Die Schale ist dick, der Apfel ist haltbar und transportfähig. (83)

GÄNSEAPFEL
Angegeben im Bundes-Obstarten-Sortenverzeichnis.

GARCIA
Großfrüchtige Sorte lt. EG-Normen. (36)

GARDEN SUNRED
Angegeben im Bundes-Obstarten-Sortenverzeichnis.

GARIBALDIS KALVILL
Tafel- aber auch Wirtschaftsapfel. Genussreife: XII bis III. Großfrüchtig. Schale fettig, grünlichgelb bis gelb, Sonnenseite leicht gerötet. Bei Goetz wird ein **Garibaldikalvill** erwähnt. Die Sorte **Garibaldi** war vor 100 Jahren in Niederösterreich bekannt. (12) (39) (44)

GARTENMEISTER SIMON
1939 von der Baumschule Simon in Karlsruhe entdeckt. Großfrüchtig, guter Wirtschaftsapfel. Genussreife: X bis I. Fleisch fest, säuerlichsüß (39)

GASCOYGNE SCARLETT
Gascoynes Scharlachroter. Synonyme: **Gascoigne´s Scarlet Seedling, Gascoignes Sämling, Gascoynes Scharlachroter, Gascognes Scharlachsämling, Gascoynes Scarlett Seedling, Glory Of England, Scharlachroter, Schöner von Rusdorf.** Um 1870 in England gezüchtet. Tafel- und Wirtschaftsapfel. Mittelgroß bis groß, ungleichmäßig breitrund. Schale grünlichgelb, Deckfarbe scharlach. Wachsig. Fleisch ist fast weiß, unter der Schale rötlich, saftig, etwas fest, süß, fein aromatisch. Genussreife: Ende IX bis Anfang XII. Nur für Liebhaberanbau empfohlen. Ertrag ist ausreichend, aber alternierend. Weitere Synonyme in „Apfelsorten" von H. Petzold sind: **Schöner von Rußdorf, Friedrich August von Sachsen, Gascoyne´s Scarlet Seedling.** Gezüchtet von Gascoyne in Bapchild Court, Sittingbourne in Kent. 1871 von der Baumschule Geo Bunyard gehandelt, vor 1883 nach Deutschland gekommen. Namen in Deutschland sind: **Gascoignes Scharlachsämling** und **Gascoygnes Scharlachroter.** Bekannt ist auch **Gascoynes Jaune.** In Sachsen waren bekannt: **Friedrich August** und **Schnapsnase.** Literatur: (02) (38) (39) (47) (66) (92)

GAVIN
Ist seit 1981 in England bekannt. In Wilhelminadorp getestet, nicht zu empfehlen.

GAYS RENETTE
Synonyme: **Gays Herbstrenette, Reinette de Gay.** Genussreife: XI bis II. Schale fettig, grünlichgelb bis gelb. Sonnenseite leicht gerötet. Etwas berostet. Vor 100 Jahre **Gays Reinette.** Synonym: **Reinette de Gay.** (17) (39)

GEEVESTON FANNY
Zufallssämling aus Australien. War in den 60er Jahren schon bei der OVA in Jork im Versuchsanbau. (25) (26)

GEFLAMMTER ARZNEIAPFEL
Historische Sorte, beschrieben 1836 von Hinkert. Wirtschaftsapfel. Verarbeitung ab November. Groß, plattrund, Schale fettig, gelb, Sonnenseite gerötet. Fruchtfleisch weich, gewürzt, süß. (40)

GEFLAMMTER COUSINOT
Synonym: **Geflammter Früher Sommer-cousinot.** Sommerapfel. Mittelgroße, gleichmäßig gebaute Frucht. Genussreife: IX bis Anfang X. Hellgelb, Sonnenseite gerötet und gestreift. Ausgeprägter Geruch. Fleisch gelblichweiß, ziemlich fein, saftig, rosenapfelartig gewürzt. Ausreichender Zuckergehalt. (39)

GEFLAMMTER KARDINAL
Alte Schreibweise: **Geflammter Cardinal.** Um die Jahrhundertwende in Deutschland weit verbreitet. Synonyme: **Geflammter Weißer Kardinal** (Österreich), **Pleissener Rambour** (Mittel- und Norddeutschland) , **Kontorapfel** oder **Herrenapfel** (Holstein und Hannover). **Himmelhahn, Bischofsmütze, Meissener Gerstenapfel** (Sachsen). **Tortenapfel** in der Eifel, **Kaiserapfel, Hohlhäuschen** und **Rasselapfel** in Nassau (Hessen). **Hohlgacker** im Bodenseegebiet, vereinzelt auch **Schwerer Gravensteiner.** Goetz schreibt: **Pleißners Rambur.** Mehr Wirtschafts- als Tafelapfel, wurde gerne zur Herstellung von Apfelkuchen gebraucht. Im 19. Jh. in Niederösterreich, in der Steiermark und in Voralberg angebaut. Weitere Synonyme: **Bürgerherrenapfel, Cardinal Blanc Flammé, Comptoirapfel** (Hamburg), **Falscher Gravensteiner** (Braunschweig), **Gerstenapfel, Gestreifter Pfundapfel, Großer Schlotterapfel, Himbeerapfel, Kaiserapfel, Kardinal, Kontorapfel** (Holstein und Hannover); **Meißner Gerstenapfel, Pfundapfel, Pleissener Sommerrambur, Schlotterapfel, Semmelapfel, Sommer-Rambur, Strudelapfel, Weißer Kardinal.** Genussreife:

Oktober bis Februar. Mittelgroß bis groß. Unregelmäßig und unterschiedlich gebaute Früchte. Schale glatt, glänzend, erst grünlichgelb, später strohgelb. Unterschiedlich kräftig gestreift. Etwas fettige Schale. Fleisch ist weiß mit grünlichem oder gelblichem Schimmer. Grobfaserig, saftig, erfrischender Geschmack. Ohne Würze. Die Herkunft ist unbekannt. Die Sorte wurde 1801 schon von Diel beschrieben. Literatur: (02) (12) (24) (39) (47) (92)

GEFLECKTER GOLDAPFEL

Tafelapfel, auch Wirtschaftsapfel. Mittelgroßer, gleichmäßig gebauter Apfel. Genussreife: X bis I. Flachrund. Schale etwas fettig, leicht berostet. (39)

GEFLECKTER PEPPING

Historische Sorte, beschrieben 1797 von Christ. Genussreife: II bis V. Große Frucht. Schale gelb, deutliche Berostung, aromatisch.

GEHEIMRAT BREUHAHN

Siehe **Breuhahn.**

GEHEIMRAT DR. OLDENBURG

Synonym: **Oldenburg.** 1897 in Geisenheim entstanden. Kreuzung aus **Minister von Hammerstein X Baumanns Renette.** 1. Frucht 1904. 1912 zum ersten Mal beschrieben. Nach dem Vortragenden Rat im Landw. Ministerium zu Berlin benannt. Volle Ausfärbung nur in trockenen und wärmeren Gegenden. Geringe Haltbarkeit. Auch **Geheimrat Oldenburg.** Tafel- und Wirtschaftsapfel. Genussreife: XII bis I. Frisch, süß-säuerlich, angenehm im Geschmack. Wurde in den 40er und 50er Jahren an der Niederelbe verstärkt angepflanzt. Schale glatt, wird später fettig. Schwacher Geruch. Fleisch ist weißlichgelb bis orangegelb. Ausreichend fest, saftig, etwas parfümiert. Preisgruppe 2. Dr. Loewel schrieb 1941; Wird wegen seiner frühen und reichen Tragbarkeit als Hochstammfüller zunehmend angebaut. (01) (39)

GEHEIMRAT WESENER

Geisenheimer Züchtung, Mutter war die **Goldparmäne.** Kleinfrüchtig, unregelmäßige Erträge. Sorte hat dadurch keinen Anbauwert. (26/04/64)

GEHRERS RAMBUR

Alte deutsche Sorte. Anbau lokal begrenzt. Mostapfel. Großfrüchtig. Verarbeitung nach der Ernte Mitte bis Ende Oktober. Schale grün, hoher Säuregehalt. Etwas schorfanfällig, aber widerstandsfähig gegen Krankheiten und Schädlinge. (39) Im Bundes-Obstarten-Sortenverzeichnis: **Gehrers Rambour.** (70)

GEIGERS PRINZESSIN AUGUSTE
Synonym: **Auguste.**

GEISBERG
Im Bundes-Obstarten-Sortenverzeichnis angegeben.

GEISENHEIMER AUGUSTAPFEL
Sehr guter Frühapfel für den Sofortverzehr. Genussreife: August. Mittelgroß, plattrund. Schale gelb, manchmal etwas gerötet und gestreift. Leicht berostet. Fleisch ist gewürzt, angenehme Säure. (39)

GEISINGER LIEBLING
Stammt vom **Welschisner** ab. Anbauwert gut.

GEKA
Angegeben im Bundes-Obstarten-Sortenverzeichnis.

GELATA
Lokalsorte in Italien. (27-7/94)

GELBE HECKENRENETTE
Historische Sorte, 1836 von Hinkert beschrieben. Klein, hochgebaut. Genussreife: XII bis III. Schale fettig, gelb. Fruchtfleisch gewürzt, süß. (40)

GELBE KASSELER RENETTE
Tafel- und Wirtschaftsapfel. Genussreife: XII bis V. Mittelgroß, abgestumpft rund. Schale intensiv gelb, leicht berostet. Schwacher Geruch. Fleisch hellgelb, fein, zart, saftig, edel renettenartig gewürzt. Synonyme: **Kasseler Goldrenette, Kasseler Renette.** (39)

GELBE RENETTE
Synonym: **Reinette jeaune.** 1795 von Schiller beschrieben. Auch im Bundes-Obstarten-Sortenverzeichnis angegeben. (70)

GELBE SÄCHSISCHE RENETTE
Synonym: **Gelbe Renette, Sächsische Renette, Zitronen-Apfel.** Bei Diel und Oberdieck **Meißner Zitronenapfel.** Sehr alte Lokalsorte aus Sachsen. 1803 als **Zitronenapfel** in „Deutscher Obstgärtner“ von C. M. Bayer, Meißen beschrieben. Erst 1885 von Th. Engelbrecht unter obigen Namen beschrieben. (93)

GELBE SCHLESWIGER RENETTE
Lokalsorte in Schleswig-Holstein.

GELBE SPANISCHE RENETTE
Synonyme: **Kalvillartige Renette, Renette Calville, Spanische Renette.** Mittelgroßer Tafel- und Wirtschaftsapfel. Genussreife: Dezember bis März. (39)

GELBE ZUCKERRENETTE
Alte Sorte, 1854 von Calwer beschrieben. Winterapfel, mittelgroß, leichte Berostungen, süß. (40)

GELBER AMERIKANER
Historische Sorte. 1836 von Hinkert beschrieben. Genussreife: Oktober bis November. Frucht ist plattrund. Schale gelb, keine Deckfarbe. Fleisch ist gewürzt, süß, ohne Säure. (40)

GELBER BELLEFLEUR
Stammt aus Burlington, New Jersey. Soll um 1750 entstanden sein. Edler Tafelapfel. Genussreife: IX bis IV. Wurde im 19. Jahrhundert in mehreren österreichischen Bundesländern angebaut, auch in Südtirol und in Böhmen und Görz. Siehe: **Bellefleur, Gelber.** Die wichtigsten Synonyme sind: **Belle Flavoise, Bellefleur Jaune, Bellflower, Blumen-Calvill, Gelber Belle-Fleur, Gelber Englischer Schönblüher, Jellow Belleflower, Lady Washington, Lincoln Pepping, Linnoeus Pippin, Metzgerapfel, Metzgers Calvill, Metzgers Kalvill, Schafsnase, Schönblühender, Thüringer Gravensteiner, Warren Pippin, Washington, Weidenapfel, Weißer Metzgerapfel, Yellow Belle Flower, Yellow Bellefleur, Yellow Bellflower.** Bekannt ist noch ein **Englischer Bellefleur.**
Literatur: (02) (03) (16) (24) (39) (45) (92)

GELBER BOLCHAPFEL
Siehe unter **Goldgelber Bolchapfel.**

GELBER CYRUSAPFEL
Historische Sorte, 1836 von Hinkert beschrieben. Wrtschaftsapfel. Genussreife: XI bis I. Groß, plattrund, gerippt. Schale gelb, Sonnenseite manchmal gerötet, weinsäuerlich. (40)

GELBER ECKAPFEL
Wirtschaftsapfel. Verarbeitung von XI bis III. Schale hellgelb, Sonnenseite leicht gerötet. Deutlicher Geruch. Fruchtfleisch mit ausgeprägter Säure. (40)

GELBER EDELAPFEL

Originalname: **Golden Noble.** Herkunft: England. Um 1800 in einem Garten in Downham gefunden. In Deutschland schon im vorigen Jahrhundert bekannt. **Glasrenette** oder **Glasapfel** in Baden, **Gelber Scheibenapfel** in Ostpreußen, **Plattapfel** in Bayern, **Zitronenapfel** in Oldenburg, **Wachsapfel** in der Priegnitz. Mittelgroß, Tafelapfel, regelmäßige, schöne Form. Zufallssämling. Schale glatt, gelbgrün bis zitronengelb. Frucht ist weinsäuerlich, aromatisch. (24) Weitere Synonyme: **Carlisle Codlin, Edelapfel, Galben Nobil** (Rumänien), **Glow of the West, Golden Stanger, Gough`s Seedling, Lord Clyde, Noble, Reper`s Fall, Repers Fall, Rutlandshire Foundling, Scheibenapfel, Stanger, Szlachetna** (Polen), **Uslechtilé Zluté** (Tschechien). **Gelber Edel** ist der Handelsname.
Literatur: (04) (08) (14) (24) (25) (38) (39) (45) (66)

GELBER ENGLISCHER WINTERPEPPING

Alte Sorte, 1836 von Hinkert beschrieben. Tafel- und Wirtschaftsapfel. Genussreife: XII bis VII. Frucht mittelgroß. Schale gelb, Sonnenseite gerötet. Fruchtfleisch gewürzt, weinsäuerlich. (40)

GELBER FENCHELAPFEL

Historische Sorte, 1854 von Calwer beschrieben. Fruchtschale gelb, fast ganzflächig berostet. Fruchtfleisch gewürzt. (40)

GELBER GULDERLING

Wirtschafts- und Tafelapfel. Spitz zulaufende Frucht. Mittelgroß, aber gleichmäßig gebaut. Genussreife: XII bis IV. Schale fettig, hellgelb. Leicht gewürzt. (40) Schiller hat 1795 eine Sorte **Gelber Gülderling** beschrieben. Synonym: **Gulderling (Geele)** Auch im Bundes-Obstarten-Sortenverzeichnis eingetragen. Beide Sorten sind identisch. (Autor)

GELBER HERBSTKALVILL

Synonym: **Herbstkalvill.** Tafel- und Wirtschaftsfrucht. Haltbar bis Ende Oktober. Große, ungleichmäßige Früchte. Schale fettig, grünlichgelb, manchmal leicht gerötet.

GELBER HERBSTNUSSAPFEL

Historische Sorte, 1836 von Hinkert beschrieben. Reife: IX bis XI. Plattrund, gerippt. Schale ist grünlichgelb, Sonnenseite gerötet und gestreift. (40)

GELBER HERBSTRAMBUR

Historische Sorte, 1836 von Hinkert beschrieben. Wirtschaftsapfel. Genussreife: X bis XII. Plattrund, gerippt. Schale fettig, gelb, feinsäuerlich. (40)

GELBER HERBSTSTETTINER
Synonyme: **Gelber Stettiner, Stettiner.** Wirtschaftsapfel. Bedingt auch Tafelapfel. Genussreife: X bis XII. Schale bewachst, gelb, Sonnenseite gerötet. Fleisch gelblichweiß bis weiß, fein, markig, saftig, nicht gewürzt. (39)

GELBER KALVILLRAMBUR
Historische Sorte, 1836 von Hinkert beschrieben. Tafel- und Wirtschaftsapfel. Genussreife: XI bis I. Hochgebaut, gerippt. Schale gelb, Sonnenseite manchmal leicht gerötet. Vorherrschend süß.(40) Synonym: **Kalvillrambur.**

GELBER KATHARINENAPFEL
Alte Sorte, 1836 von Hinkert beschrieben. Reife: XI bis I. Frucht mittelgroß, rund. Schale gelb, Sonnenseite leicht gerötet. (40)

GELBER LAVENDELPEPPING
Guter Tafel- und Wirtschaftsapfel. Reife: IX. Nicht lagerfähig. Klein bis mittelgroß. Ungleichmäßig gebaut. Schale ist hellgelb, Sonnenseite goldig. Geruch kräftig, renettenartig gewürzt. (39)

GELBER MÜNSTERLÄNDER BORSDORFER
Alte Lokalsorte aus dem Münsterland.

GELBER OSTERAPFEL
Lokalsorte. Herkunft ist nicht bekannt.

GELBER PALLASAPFEL
Historische Sorte, 1854 von Calwer beschrieben. Wirtschaftsapfel. Frucht groß, hochgebaut. Schale gelb. Fruchtfleisch mit vorherrschender Säure. (40)

GELBER PEPPING VON INGESTRIE
Synonyme: **Ingestrie, Pippin d'Ingestrie, Pippin d`Ingestrie Jaune, Yellow Ingestrie.** Mehr Wirtschaftsapfel. Genussreife: X bis XI. Klein, abgestumpft rund. Schale ist fettig, selten gerötet. Leicht gewürzt. Fleisch hellgelb, fein, etwas fest, später mürbe, saftig, ausreichend süß. (39)

GELBER RICHARD
Sehr alte deutsche Apfelsorte, wurde in norddeutschen Küstengebieten **Grand Richard** genannt. Synonyme: **Eutiner Gelber Richard, Großer Richard, Körchower Grand Richard, Richard, Richard Jaune.** Frucht ist mittelgroß, schorfanfällig, stammt aus Mecklenburg. Zu Beginn des 19. Jh. schon bekannt. Für

den Erwerbsobstanbau ungeeignet. Genussreife: X bis I. Wurde im 19. Jh. auch in Böhmen und in Görz (Slowenien) angebaut. Tafelapfel. Schale zitronengelb, bläulich bereift. An der Sonne marmoriert, sehr aromatisch. (02) (24) (40) R. Coloc schreibt, dass die Herkunft Mecklenburg ist. Es hat wohl 2 ähnliche Sorten gegeben, die zuerst von Hirschfeld beschriebene Sorte **Grand Richard** wird verloren gegangen sein. **Gelber Richard** ist aber Anfang 1800 bereits bekannt gewesen. (93)

GELBER SCHLESWIGER
Alte Lokalsorte aus Schleswig-Holstein.

GELBER STETTINER
Im 19. Jahrhundert in Württemberg bekannt. Es dürfte sich hier um den **Gelben Winterstettiner** handeln. (Autor)

GELBER TELLERAPFEL
Synonyme: **Pfundapfel, Tellerapfel.** Name ist aber auch ein Synonym der Sorte **Weißer Sommerrambur.**

GELBER TRIERER WEINAPFEL
Auch **Roter Trierer Weinapfel.** Most- und Wirtschaftsapfel. Klein bis mittelgroß. Verarbeitung: IX bis III. (39)

GELBER WINTERSTETTINER
Synonyme: **Wahrer Gelber Winter-stettiner, Winterstettiner.** Verarbeitung: I bis VI. Koch- und Wirtschaftsapfel. Schale fettig, grünlichgelb bis gelb. Sonnenseite leicht gerötet. Wenig gewürzt. Großfrüchtig, gleichmäßig gebaut. Fleisch weiß, ziemlich fein, fest, saftig. (39) Im 19. Jh. in Südtirol, Kärnten und in Görz (Slowenien) bekannt.

GELBFRANCH
Eine wenig bekannte Lokalsorte im Alten Land. (35)

GELDERSCHER KRONENAPFEL
Historische Sorte, 1836 von Hinkert beschrieben. der Apfel ist klein, hochgebaut. Schale gelb, später ganzflächig gestreift. (40) Synonym: **Kronapfel.**

Im Bundes-Obstarten-Sortenverzeichnis sind folgende Sorten aufgeführt:
GENDREVILLE
GENERALSAPFEL
GENEROS, Sortenerhaltung u. a. in der Forschungsanstalt Geisenheim. (85)

GENEVA EARLY
GENEVA ONTARIO
GENITOR 82 und **GENITOR 86**
GEORG CARPENTER

GEORG CAVE
Anfang der 60er Jahre im Versuchsanbau bei der OVA in Jork im Alten Land. Kreuzung aus **Cox Orangen Renette X Unbekannt.** In den Handel gebracht von der Baumschule Seabrook aus Essex/England. In Deutschland durch die Baumschule Aldinger in Stuttgart verbreitet. Seit 1962 im Handel. Mittelgroß, soll einer der besten Frühäpfel sein. Reiche und regelmäßige Erträge. Siehe auch **Aldingers Georg Cave.** Dt. Warenzeichen: 755 653. Int. Warenzeichen: 239 647. 3 bis 4 Wochen haltbar. Schale rot gefärbt. Fleisch ist würzig. Triploid. (39) Vermutlich ein Sämling von der **Cox Orangenrenette.** Fleisch fast weiß oder gelblichweiß, fest, saftig, angenehmer Geschmack. (47) Bekannt ist auch ein **Roter Georg Cave.**
Literatur: (26) (39) (47) (70)

GERLINDE
1994 in Ahrensburg entstanden. Pflückreife: IX. Genussreife: X bis XII. Frucht mittelgroß. Deckfarbe leuchtend rot auf goldgelber Grundfarbe. Ertrag ist mittel bis hoch. Geschmack ist sehr gut. Süß, mit leichter Säure. Kreuzung aus **Elstar X TSR 15T3.** (27-11/95) Schorfresistent. Sortenschutz in der EU seit 1999. (75)

GEROLDINGER
Lokalsorte in Niederösterreich. Die Sorte soll aus der Zeit „Karls des Großen" stammen. Vor dem II. Weltkrieg hat es in Niederösterreich noch einige Bäume dieser Sorte gegeben. In diesem österreichischem Bundesland waren damals über 600 Lokalsorten bekannt. (02)

GERSTENAPFEL
GESCHENK AN KRAFSKY
sind im Bundes-Obstarten-Sortenverzeichnis angegeben.

GESTOCHENE RENETTE
Historische Sorte, 1797 von Christ beschrieben. Genussreife: II bis III. Zur Reifezeit ganzflächig gerötet. Fleisch weinsäuerlich. (40)

GESTREIFTE SOMMER-COUSINOTTE
Synonym: **Cousinotte.** Sehr alte Sorte. Ich meine es ist der **Gestreifte Cousinot.**

GESTREIFTE WALZE
GESTREIFTE WINTERRENETTE
Sind im Bundes-Obstarten-Sortenverzeichnis eingetragen. Sehr alte Sorten.

GESTREIFTER BACKAPFEL
Synonym: **Jakobacher.** Nach Metzger 1847.

GESTREIFTER BEAUFIN
Synonyme: **Striped Beaufin, Beaufin Strié.** Soll guter Tafelapfel und Wirtschaftsapfel sein. Genussreife: November bis Februar. Schale grünlichgelb, sonnenseits etwas gerötet und gestreift. Schwacher Geruch. Fruchtfleisch ist gelblichweiß, etwas grob bis halbfein, mürbe, saftig, nicht gewürzt. Der Baum wächst sehr stark und ist sehr fruchtbar. (39)

GENERAL CARRINGTON
Synonym: **Lady Carrington.**

GENERAL HENZEN
Von Oberpfarrer Henzen gezüchtet. Soll Tafel- und Wirtschaftsapfel sein. Klein bis mittelgroß. Schale gelb, Sonnenseite manchmal leicht gerötet und gestreift. Schwacher Geruch. Fleisch gelblichweiß, fein, markig, später mürbe, saftig. Edel gewürzt. Kräftige und angenehme Säure bei entsprechend hohem Zuckergehalt. (39)

GENERAL VON HAMMERSTEIN
Ohne Beschreibung. (32) Gelber, platter Apfel. Mittelgroß bis großfrüchtig.

GENERALSGESCHENK
Herkunft: Frankreich. 1862 nach Deutschland gekommen. Groß bis sehr groß. Genussreife: XII bis III. Schale ist gelb, später fast völlig gerötet grünlichgelb, sonnenseits etwas gerötet und gestreift. Schwacher Geruch. Fruchtfleisch ist gelblichweiß, etwas grob bis halbfein, mürbe, saftig, nicht gewürzt. Der Baum wächst sehr stark und ist sehr fruchtbar. (39)

GESTREIFTER BIRNENKALVILL
Synonym: **Birnenkalvill.** Sehr alte, schon im 18. Jh. bekannte Sorte. Vielseitig verwendungsfähig. Genussreife: November bis März. Schale wachsgelb, intensiv gestreift, Frucht ist mittelgroß, birnförmig. Fruchtfleisch ist gelblichweiß, etwas grob bis halbfein. Unter der Schale auch manchmal gerötet. Gewürzt, wenig Säure, viel Zucker. Baum wächst sehr stark. (39)

GESTREIFTER BÖHMISCHER BORSDORFER
Synonym: **Böhmischer Borsdorfer, Borsdorfer.** Vorwiegend Wirtschaftsapfel, auch als Essapfel zu verwenden. Genussreife: XII bis VI. Frucht mittelgroß, Fruchtschale hellgelb, Reifezeit gestreift. Fleisch gelblichweiß, fein, etwas fest. Ausreichend saftig, gewürzt, milde Säure, süß. (39)

GESTREIFTER CAPENDU
Historische Sorte, 1836 von Hinkert beschrieben. Klein, rund. Schale gelb, zur Reifezeit gestreift. Genussreife: Januar bis März. Tafel- und Wirtschaftsapfel. (40)

GESTREIFTER COUSINOT
Synoynm: **Gestreifter Sommer-Cousinot, Cousinot.** Genussreife: Ende September bis Ende Oktober. Wirtschaftsapfel, war für hohe und mittlere Lagen geeignet. Im 19. Jahrhundert in Oberösterreich bekannt. Frucht mittelgroß, abgestumpft rund, flach gerippt. Schale gelb, Sonnenseite gerötet und großflächig gestreift. Geruch ausgeprägt, leicht gewürzt. Auch als Dörrapfel sehr beliebt. (02)

GESTREIFTER FENCHELAPFEL
Alte Sorte, 1836 von Hinkert beschrieben. Tafelapfel. Klein und rund. Schale gelb, Sonnenseite gerötet und gestreift. Süß. Genussreife: XII bis IV. Schiller hat 1795 einen **Fenouillet (Anis- oder Fenchelapfel)** beschrieben, passt zu dieser Sorte. (37) (40) Weitere Synonyme: **Fenchelapfel, Fenouillet Rayée.**

GESTREIFTER FÜRSTENAPFEL
Synonym: **Fürstenapfel.** Tafelapfel. Guter Wirtschaftsapfel. Genussreife: I bis IV. Mittelgroß, abgestumpft flach. Schale hellgelb, Sonnenseite gerötet und gestreift. Etwas gewürzt und süß. (40)

GESTREIFTER GULDERLING
Aufgeführt im Bundes-Obstarten-Sortenverzeichnis. Erhaltung in Triesdorf.

GESTREIFTER HERBSTKALVILL
Synonyme: **Calville d`Automne Rayé, Geflammter Roter Herbstkalvill, Gestreifter Herbsterdbeerapfel, Gestreifter Roter Herbstkalvill.** Tafel- und Wirtschaftsapfel. Genussreife: VI bis I. Mittelgroß, walzenförmig. Schale gelb, zur Reifezeit gerötet und gestreift. Geruch schwach. Fleisch grünlichgelb bis gelblichweiß, manchmal auch gerötet. Fein, etwas locker, saftig, edel beerenartig gewürzt. Ist auch im Bundes-Obstarten-Sortenverzeichnis aufgeführt. Wird bei der Versuchs- und Beratungsstation in Langförden erhalten. (39)

GESTREIFTER JOSEPHSAPFEL
Synonym: **Josephsapfel.** Historische Sorte, Hinkert 1836, nach Diel beschrieben. Tafel- und Wirtschaftsapfel. Genussreife: XI bis I. Großfrüchtig, rund. Schale hellgelb, zur Reifezeit großflächig gerötet und gestreift. (40)

GESTREIFTER KARDINAL
Synonym: **Ulmer Apfel.** (40)

GESTREIFTER KÜMMELRAMBUR
Synonym: **Kümmelrambur.** Alte Sorte. 1836 von Hinkert beschrieben, nach Diel. Kelterapfel. Großfrüchtig, rund, gerippt. Schale fettig, gelb, zur Reifezeit gestreift. Weinsäuerlich. Verarbeitung von
September bis Oktober. (40)

GESTREIFTER MAISÜSSER
Synonym: **Maisüßer.** Historische Sorte Von Hinkert beschrieben. Genussreife: XII bis IV. Frucht plattrund. Schale gelb, später gestreift. Fruchtfleisch gewürzt, süß.

GESTREIFTER MUSKATKALVILL
Synonym: **Muskatkalvill.** Historische Sorte. Von Hinkert 1836 beschrieben, nach Diel. Genussreife: IX bis X. Frucht breitgebaut, gerippt, grünlichgelb, gestreift. Leicht berostet. Fleisch gewürzt. Tafel- und Wirtschaftsapfel. (40)

GESTREIFTER PEPPING
Synonym: **Pepping Rayé.** Historische Sorte, 1854 von Calwer beschrieben. Kleinfrüchtig. Schale gelb, Sonnenseite gestreift, süß. Genussreife: XII bis IV. (40)

GESTREIFTER PISON
Ist im Bundes-Obstarten-Sortenverzeichnis eingetragen. War vereinzelt im Alten Land anzutreffen. (Autor)

GESTREIFTER RAMBUR VON BEEK
Synonym: **Beek.** Historische Sorte, 1836 von Hinkert, nach Diel beschrieben. Tafel- und Wirtschaftsapfel. Genussreife: XI bis III. Frucht breit bis hochgebaut. Schale gelb, Sonnenseite gestreift. Süßsäuerlich. (40)

GESTREIFTER RETTICHAPFEL
Synonym: **Rettichapfel.** Historische Sorte, wurde 1836 von Hinkert beschrieben. Tafel- und Wirtschaftsapfel. Genussreife: XII bis III. Mittelgroß, hochgebaut. Schale gelb, Sonnenseite gerötet, großflächig gestreift. Gewürzt, süßsäuerlich. (40)

GESTREIFTER RÖMERAPFEL

Synonym: **Römerapfel.** Wirtschaftsapfel. Mittelgroß. Abgestumpft, kegelförmig. Genussreife: XI bis I. Schale ist grünlichgelb bis gelb, bewachst, starker Geruch. Fleisch ist weiß, fein, saftig, nicht gewürzt. Milde Säure, wenig Zucker. (39) **Gestreifter Römerapfel** ist auch ein Synonym für den **Pommerschen Krummstiel.**

GESTREIFTER ROSENAPFEL

Sommerapfel. Mittelgroß. Reife Mitte August. Schale gelb, zur Reifezeit ganzflächig gerötet und gestreift. Deutlicher Geruch. (39) Im Bundes-Obstarten-Sortenverzeichnis eingetragen.

GESTREIFTER TAFFETAPFEL

Synonym: **Taffetapfel.** Frucht ist flachrund. Schale wachsgelb, an der Sonne leicht gestreift. Abb. (39 S. 171) (40)

GESTREIFTER TITOWKA

Synonyme: **Ohm Paul, Titowka.** Sommerapfel. Reife: VIII bis Ende IX. Kräftige Säure, nur wenig süß. Schale fettig, hellgelb, Sonnenseite gerötet. Deutlicher Geruch. (39)

GESTREIFTER VIOLET

Historische Sorte, beschrieben 1836 nach Diel von Hinkert. Frucht mittelgroß, Schale gelb, Sonnenseite gestreift. Fruchtfleisch gewürzt, süßsäuerlich. Geruch veilchenartig. Winterapfel. (40) Synonym: **Violet.**

GESTREIFTER WIESLING

Im 19. Jahrhundert als Wirtschaftsapfel in der Steiermark und Niederösterreich bekannt. Wurde vorwiegend auf Feldern und an Straßen angepflanzt. Fallreife im Oktober. (02) Ein **Roter Wiesling** wurde in den vergangenen Jahren in Österreich noch als Mostapfel angeboten.

GESTREIFTER WINTERAGATAPFEL

Historische Sorte. 1836 von Hinkert beschrieben. Tafel- und Wirtschaftsapfel. Schale gelb, großflächig gestreift. Gewürzt und süß. (40)

GESTREIFTER WINTERHIMBEERAPFEL

Auch **Gestreifter Winter-Himbeerapfel** oder **Winter-Himbeerapfel.** Historische Sorte, 1836 von Hinkert beschrieben. Tafelapfel. Genussreife: XI bis

XII. Frucht ist rund, gerippt. Schale grünlichgelb, großflächig gestreift. Fruchtfleisch süß und gewürzt. (40)

GESTREIFTER WINTERKALVILL
Guter Wirtschaftsapfel. Genussreife: XII bis II. Großfrüchtig, flachrund gerippt. Schale fettig, gelb. Sonnenseite gerötet mit Streifen auf der ganzen Frucht. Fruchtfleisch gewürzt. (39)

GESTREIFTER WINTERPARADIESAPFEL
Synonym: **Paradiesapfel.** Sehr guter Wirtschafts- aber auch Tafelapfel. Zuckergehalt übersteigt den Säureanteil. Mittelgroß bis groß. Genussreife: XII bis III. Schale gelblichgrün, Sonnenseite gerötet, Schattenseite gestreift. Kräftiger Geruch. (39)

GESTREIFTER WINTERTAUBENAPFEL
An der Niederelbe auch **Unechter Pigeon.** Wurde 1947 noch für bessere Böden der Stader Geest auf Typ XI und Sämling empfohlen. Haltbar nach Lagerverhältnissen von XII bis I. Preisgruppe 4. (26-3/47) Ein **Gestreifter Taubenapfel** wird derzeit von einer Baumschule in Schleswig-Holstein angeboten. Schwacher Wuchs, anspruchslos. Kleiner süß-säuerlicher Apfel mit roten Streifen. Sorte soll aus Frankreich stammen. (71)

GESTREIFTE SCHAFSNASE
Im 19. Jahrhundert in Württemberg bekannt. Wahrscheinlich nur eine der vielen **Schafsnasen.** Synonym einer bekannten Sorte.

GESTRICKTE RENETTE
War vor 100 Jahren in Niederösterreich bekannt. Lokalsorte.

GETÜPFELTE RENETTE
Sehr alte Sorte. Synonyme: **Forellenrenette, Reinette Picotée.** Ausgezeichneter Tafel- und brauchbarer Wirtschaftsapfel. Synonym: XII bis V. Abgestumpft kegelförmig. Schale gelb, Sonnenseite gerötet und gestreift. (39) Sickler beschrieb diese Sorte als **Getüppelte Reinette. (Reinette picotée).** *„Dieses ist einer vom Anblick als auch vom Geschmack der schönsten Äpfel, und wird auch, wenn der Baum einen guten Stand hat, ziemlich groß. Die Grundfarbe ist gelb in seiner Zeitigung, auf der Sommerseite ist er hellroth, in welchem sich längere und kürzere, starke und zarte dunkelrothe Streifen befinden".* Beschreibung geht über 4 Seiten in Sicklers "Der Teutsche Obstgärtner" Band 7.

GEWÜRZAPFEL

Schiller beschreibt 1795 einen **Gewürzapfel (Bouweris).** Synonym: **Kruid Appel (Bouvveris)** und einen **Gewürzapfel (der weisse)** mit dem Synonym: **Kruid Appel (witte).** (37)

GEWÜRZAPFEL VON MISSOURI

Tafel- und Wirtschaftsapfel. Mittelgroß, unregelmäßig gebaut. Genussreife: XII bis II. Schale hellgelb, Sonnenseite gerötet, etwas gestreift. Starker Geruch. Fruchtfleisch gewürzt, süß. (39)

GEWÜRZBOIKEN

Synonym: **Fischerli.** Im Bundes-Obstarten-Sortenverzeichnis eingetragen. Sorte wird bei der LLA in Triesdorf erhalten.

GEWÜRZKALVILL

Synonym: **Calville Aromatique.** Brauchbarer Herbstapfel für Tafel und Küche. Genussreife: X bis XII. Großfrüchtig. Schale fettig, gelb, Sonnenseite gerötet und kräftig gestreift. Ausgeprägter Geruch. (39)

GEWÜRZLUIKENAPFEL

Auch **Gewürzluiken.** Eine alte Sorte, die in Württemberg schon lange bekannt ist. Essapfel, ist noch im bayerischen Streuobstanbau zu finden. Aromatisch, im Geschmack ausgeglichen. Genussreife: XII bis III. Mittelgroß bis groß. Schale ist gelblichgrün, marmoriert und gestreift. Ausgeprägter Geruch. Voller Name **Gewürzluikenapfel.** Entstehung ist ungewiß. Der Name wurde abgeleitet von der Eßlinger Weinbaufamilie Luiken. Heute noch eine begehrte Mostapfelsorte. (39) (47) Handelsname ist **Gewürzluiken.**

GIANT D' EXPOSITION

Angegeben im Bundes-Obstarten-Sortenverzeichnis.

GIDEON SWEET

Mittelgroße bis große Frucht. Schale ist rot mit bläulichem Hauch, sehr dick. Das Fruchtfleisch ist mürbe. (83)

GILLIFLOWER

Eine nordamerikanische Sorte. Frucht mittelgroß. Schale dunkelrot. Frucht ist gerippt. Das Fleisch ist grob und trocken. Bekannt sind noch **Black Gilliflower** und **Striped Gilliflower.** (83)

GINGER GOLD
Angegeben im Bundes-Obstarten-Sortenverzeichnis.

GINGER LUIKEN
Auch **Gienger Luiken** geschrieben. Sorte wurde 1936 bei Götz erwähnt, ohne Daten. Sorte wird bei der Forschungsanstalt in Geisenheim erhalten. (85)

GIPSEI KING
Tafel- und Wirtschaftsapfel. Genussreife: X bis II. Großfrüchtig. Fruchtschale ist weißlichgelb, keine Deckfarbe. (40)

GLADSTONE
Englische Sorte, über 100 Jahre alt, wenig bekannt und wahrscheinlich auch nicht beliebt. War im Alten Land in den 60er Jahren im Versuchsanbau. Einige Züchtungen der Laxton-Baumschulen sind durch Kreuzungen dieser Sorte mit der **Worcester Parmain** entstanden. (26-4/59)

GLANZRENETTE
Als Tafel- und Wirtschaftsapfel im 19. Jahrhundert u.a. in Mähren bekannt. Synonyme: **Glänzende Renette, Reinette Brillante, Reinette Glacée, Tiroler Glanzrenette.** Genussreife: XII bis IV. Klein bis mittelgroß. Schale ist hellgelb, etwas gerötet, leicht berostet. Schwacher Geruch. (39)

GLASRENETTE
Lokalsorte aus dem Bodenseegebiet. Guter Wirtschaftsapfel. Genussreife: XI bis VI. Mittelgroß, süßsäuerlich. Schale grünlichgelb, Sonnenseite leicht gerötet. Schwach berostet. (40)

GLASS GREEN
Amerikanische Sorte. 1941 in „Deutscher Obstbau" beschrieben.

GLOCKENAPFEL
Synonyme: **Altländer Glocken, Altländer Glockenapfel, Echter Weißer Glockenapfel, Pomme Cloche, Schweizer Glockenapfel, Schweizer Winterglockenapfel.** Handelsname: **Glockenapfel.** Bekannt waren im Alten Land noch der **Ladecoper Glockenapfel** und der kaum bekannte **Sommerglocken.** Der **Echte Glocken** (lokale Bezeichnung im Alten Land) war stark verbreitet. Die Frucht ist fein aromatisch, saftig, frisch, säuerlich. Lagerfähig bis April, heute kaum noch Bedeutung, da ein säuerliche Apfel nicht mehr gefragt ist. Preisgruppe I. War ebenfalls in der Schweiz verbreitet als **Schweizer Glockenapfel.** Herkunft:

Unbekannt. (03) Wurde als ausgezeichnete Handelssorte von großer Haltbarkeit gelobt. Herkunft: Schweiz (05) F. Mühl schreibt: Entstehung ungewiß, vermutlich Zufallssämling, wahrscheinlich aus der Schweiz. Kann Schweiz sein oder auch das Alte Land. Ebenso in Tschechien eine alte, bekannte Sorte. Mittelgroß bis groß, Schale glatt, gelblichgrün bis gelb mit leicht braunroter Deckfarbe. Wurde in den 60er Jahren noch vom OVR zur Pflanzung als Ergänzung empfohlen. (Auf Grahams Sämling und EM XI und VII.) 1947 wurde der **Glockenapfel** für das Alte Land, Kehdingen, Hadeln und die Stader Geest noch sehr empfohlen. Stammbildner sollten **Antonowka, Croncels** oder **Fettapfel** sein. Genussreife: April bis Mai. Ein **Roter Glockenapfel** ist auch noch bekannt.
Literatur: (01) (03) (05) (14) (25) (26) (47)

GLOGIROWKA

Vorwiegend im Osten angebaute Sorte. Stammt vom **Tiroler Rosmarinapfel,** bzw. vom **Weißen Taubenapfel** ab. Synonyme: **Litauer Pepping, Rigaer Taubenapfel.** Für rauhes Klima gut geeignet. Auf nassen Böden anfällig für Schorf. Kleinfrüchtig bis mittelgroß. Plattrund. Tafel- und Wirtschaftsapfel. Genussreife: X bis XII. (33) (39)

GLORIA MUNDI

Sorte entstand um 1800, **Hausmütterchen, Josephinenapfel,** in Oldenburg **Pfundapfel,** am Bodensee **Stiefmütterchen,** in Sachsen **Herrenapfel.** Teilweise auch **Ruhm der Welt.** Ist auch die deutsche Übersetzung. Großfrüchtig, farblich nicht ansprechend, saftig, ohne Würze. Aber ausgezeichneter Wirtschaftsapfel. Baum ist sturm- und wetterfest. Herkunft ist nicht bekannt. Wird häufig mit **Hausmütterchen** verwechselt. „Deutschlands Obstsorten" schreiben folgendes: **Gloria mundi, Hausmütterchen** und **Josephinenapfel** sind in den älteren pomologischen Werken nicht streng auseinander gehalten. Alle drei Namen werden dergleichen Sorte beigelegt, und so kommt es, daß auch von unseren Mitarbeitern aus den verschiedenen Gegenden die gleichen Bezeichnungen für dieselbe Sorte gebraucht werden. **Gloria mundi** und **Hausmütterchen** werden am meisten miteinander verwechselt. **Gloria Mundi** hat eine einfarbige Schale ohne Röte. Deutlich weiße Schalenpunkte. Haltbar bis ins Frühjahr. Das Fleisch ist weißlich, etwas grobfaserig und mürbe, nicht sehr saftig, ohne jegliche Würze. Als Kochapfel soll die Sorte damals unübertroffen gewesen sein. (24) Preisgruppe 5. Im Bundes-Obstarten-Sortenverzeichnis ist **Gloria Mundi, Gloria mundi** und **Ruhm der Welt** angegeben. Der Baum wächst sehr stark. Im Anbau nur auf Halb- und Hochstamm. Gedeiht in rauher Lage. Ansprüche an den Boden sind eher hoch. Die Erträge sind nur gering. (39)

GLORIE VON HOLLAND
In den Niederlanden: **Glorie van Holland,** auch: **Ruhm von Holland, Glory of Holland** und **Gloire d`Hollande.** Genussreife: X bis II. Mittelgroß, regelmäßige Form. Bei Vollreife weißgelb mit rotem Glanz. Etwas säuerlich, knackendes Fruchtfleisch. Tafelapfel, auch für die Industrie geeignet. (28)

GLOSTER
Originalname: **Gloster 69.** Züchtung der OVA, Jork im Alten Land. **Gloster 69** ist rechtlich geschützt. Haltbar je nach Lagerverfahren bis Mai. Inzwischen in ganz Mitteleuropa verbreitet, in Italien sehr anfällig für Glasigkeit. **Glockenapfel X Richared Delicious.** Seit 1969 im Handel. Empfindlich für Schorf, aber nicht für Mehltau. Mutanten: **Piglos (Pillnitzer Gloster), Pigloma. Gloster** ist diploid. Mittelgroß bis groß, längliche, unregelmäßige Form. Weißlichgrüner Grund, Deckfarbe ist ein kräftiges karminrot. Fruchtfleisch ist aromatisch, fein-säuerlich. (26) (39) (Autor)

GLOSTER SCHLACHTERS
Mutation vom **Gloster.**

GLUCKER
Alte Lokalsorte aus Wüttemberg. (67)

GO GO (HORN)
Sortenprüfung in der Forschungsanstalt in Geisenheim. (75)

GOCHSCHE RENETTE
Historische Sorte, 1836 von Hinkert beschrieben. Kleinfrüchtig, hochgebaut. Schale weißlichgelb, Sonnenseite gerötet. Teilweise Berostungen. Gewürzt, süß. Tafel- und Wirtschaftsapfel. Winterfrucht. (40)

Im Bundes-Obstarten-Sorten-Verzeichnis sind folgende Sorten eingetragen:
GOCHSHEIMER STAMMAPFEL
GODIVERT (RFG 1) Sorte wird bei der LLA in Triesdorf erhalten..
GOEDHOF Sortenerhaltung beim BSA, Prüfstelle Wurzen.

GÖHRINGS RENETTE
Tafel- und Wirtschaftsapfel. Genussreife: XII bis IV. Mittelgroß, flachrund. Schale hellgelb, Sonnenseite leicht gerötet. (40) Fruchtfleisch ist gelblichweiß, fein, etwas fest, saftig und gewürzt. Synonym: **Göhrings Gelbe Renette.**

Im Bundes-Obstarten-Sortenverzeichnis sind folgende Sorten eingetragen:
GOLCO
GOLD RUSH Gold Rush (Coop 38).
GOLDAPFEL

GOLDAPFEL VON KEW
Tafel- und Wirtschaftsapfel. Genussreife: XI bis II. Mittelgroß bis groß. Schale hellgelb, leichte Rötungen an der Sonnenseite. Schwacher Geruch, gewürzt. (40) Synonyme: **Dorée de Kew, Köstlicher von Kew.**

GOLDEN BELFLOWER
Im Bundes-Obstarten-Sortenverzeichnis aufgeführt.

GOLDEN DELICIOUS
Zufallssämling aus den USA, immer noch der bekannteste Apfel in allen Erdteilen. 1890 in West-Virginia entstanden und seit 1914 im Handel. Sehr viele Typen und Mutanten. Bekanntes Synonym ist: **Gelber Köstlicher.** War auch der offizielle Name in der DDR. Herbert Petzold schreibt: Von A. H. Mullins in Clay County, West Virginia gefunden. Weltsorte Nr. 1 und seit 1916 im Handel. Verbreitung durch die Baumschulen Stark Bros. Von der OVR wurde der **Golden** besonders für geschützte Lagen und humose Böden empfohlen. (auf EM VII und IX.) Der **Golden Delicious** im Alten Land bleibt zu grün und reift oft nicht genügend aus.
Die wichtigsten Mutanten, Typen und Spurtypen:
Anglia,
Auvil Super Golden, Int. Warenzeichen: 270 785.
Ba-Wü,
Belgolden, Zufallsmutante aus Frankreich.
Belgolden Champagner,
Bovey 85,
Crielaard,
Dania,
Dänemark, Zufallsmutante aus Dänemark.
Dould,
Early Gold, Zufallsmutante.
Elbee,
Ellis Nr. 1,
Frazier Goldenspur,
Golden Eyre,
Golden geschlitzt,

Goldspur,
Golden Smoothee, Zufällige Sproßmutante aus den USA.
Goldenir,
Goldensheen,
Goldspur, Zufällige Knospenmutante aus den USA.
Haidegg (F6A),
Harvey,
Klon 85, Zufallsmutante, vermutlich Schweiz.
Klon 88, Zufallsmutante aus den USA.
Lutzgolden,
Lysgolden, Aus bestrahltem Material. Frankreich.
Mauch,
Missouri,
Nania,
Oregon,
Perleberg Sel. 2,
Primerose,
Reinders, Aus den Niederlanden.
Resista,
Rosa Gold, Zufallsmutante auch **Rosagold.**
Rugginosa,
Rugos,
Russet Golden,
Sans Rugos,
Schweiz,
Shay,
Smith,
Starkgolden,
Starkspur, Zufällige Knospenmutante aus den USA.
Sturdyspur,
Sundale,
Testerspur,
Vinson,
Weinsberg, aus Süddeutschland.
Whisley,
Yellow Spur, Zufällige Knospenmutante aus den USA.

Im „Verzeichnis der Apfelsorten“ von W. Votteler sind folgende Typen angegeben: **Auvil Super Golden, Belgolden, Dänemark, Delicious, Goldenir, Goldensheen, Klon 85, Klon 88, Lysgolden, Missouri, Oregon, Rugginosa,**

Russet Golden, Schweiz, Shay, Smoothee, Starkspur, Weinsberg, Yellowspur. Die meisten sind normal wachsende Mutanten. Bei **Goldspur, Starkspur** und **Yellow Spur** handelt es sich um kurztriebig wachsende Mutanten. Weitere Mutanten nach Dr. Silbereisen: **Yellow Delicious, Stark Golden Delicious,** soll von der Sorte **Grimes Golden** abstammen. Vatersorte soll **Golden Reinette** sein. **Zlatna Prevazhodna.** Name in Bulgarien.
Quellen: (05) (25) (26) (38) (39) (66) (70) (75)

GOLDEN FOUR
Zufallssämling vom **Golden Delicious** aus den USA, war in Dänemark im Versuchsanbau, wurde empfohlen. Mir von Italien her bekannt, gleichmäßig in Form und Färbung. Geschmack zufrieden stellend. Wurde von Frankreich aus verbreitet. Ist 2 bis 3 Wochen vor dem **Golden Delicious** auf dem Markt. Haltbarkeit ist kurz. Schale ist zitronengelb. (Autor)

Im Bundes-Obstarten-Sortenverzeichnis sind folgende Sorten angegeben:
GOLDEN GEM Zierapfel. Erhaltung bei der OVA in Jork.
GOLDEN HARVEY
GOLDEN LASA
GOLDEN MONDAY
GOLDEN MIRA
GOLDEN NANIA
GOLDEN ORANGE
GOLDEN REINETTE
GOLDEN RESISTA
GOLDEN SPIRE

GOLDEN WHITE
Frostharte Sorte, soll aus Russland stammen. (83)

GOLDENER HANS
Historische Sorte, 1836 von Hinkert beschrieben. Tafel- und Wirtschaftsapfel. Kugelförmig bis kegelförmig. Schale goldgelb mit geröteter Sonnenseite. Süßsäuerlich. (40)

GOLDENER PEPPING
Synonym: **Peppin d´Or.** 1795 von Schiller beschrieben. Kleinfrüchtig. Auf fruchtbaren Böden wurden die Früchte größer, sie wurden dann als **Gedoppelte Goldene Peppinge** bezeichnet. (37)

GOLDENER SPIRL
Wirtschaftsapfel. Kegelförmiger, ungleich gebauter Apfel. Großfrüchtig. Vorherrschende Säure, wenig Süße. Verarbeitung: XI bis I. (39)

GOLDGELBE SOMMERREINETTE
19. Jh. in Württemberg bekannt.

GOLDGELBE SOMMERRENETTE
In Niederösterreich im 19. Jh. als Wirtschaftsapfel verbreitet. Ist identisch mit der **Sommerreinette** aus Württemberg. Nur andere Schreibweise. Synonyme: **Early Yellow Reinette, Gelbe Sommerrenette, Reinette Jaune Hátive, Sommerrenette.** Mittelgroßer, eiförmiger, gleichmäßig gebauter Tafel- und Wirtschaftsapfel. Genussreife: X bis I. Etwas berostet, schwacher Geruch. Schale glatt, etwas geschmeidig, hellgelb, später lebhaft gelb. An der Sonne goldiger. Fleisch gelblichweiß, fein, markig bis mürbe, etwas saftig, schwach gewürzt. Angenehme Säure, ausreichend süß. (02) (39) **Goldgelbe Renette** und **Goldgelbe Sommerrenette** sind im Bundes-Obstarten-Sortenverzeichnis angegeben. (70)

GOLDGELBER BOLCHAPFEL
Historische Sorte, wurde 1836 von Hinkert beschrieben. Wirtschaftsapfel. Verarbeitung: X bis XII. Großfrüchtig, rund. Schale fettig, gelb, leicht gerötet. Weinsäuerlich im Geschmack. (40)

GOLDGELBER HERBSTSTREIFLING
Historische Sorte, nach Diel 1836 von Hinkert beschrieben. Kelterapfel. Groß, plattrund. Schale goldgelb mit gestreifter Sonnenseite. Fruchtfleisch ist weinsäuerlich. Verarbeitung ab September. (40)

GOLDGULDERLING
War im vorigen Jahrhundert in Württemberg bekannt. Synonyme: **Englischer Gulderling, Gelber Englischer Gulderling, Gulderling, Gulderling Dorè.** Wirtschafts- auch Tafelapfel. Genussreife von November bis März. Mittelgroß bis groß, kegelförmig, gerippt. Schale grünlichgelb und leicht berostet. Deutlicher Geruch. Fleisch grünlichgelb, fein, saftig und deutlich gewürzt. Vorherrschende Säure bei hohem Zuckergehalt. (39) (40)

GOLDHÄRCHEN
Historische Sorte, 1836 von Hinkert beschrieben. (40) Tafel- und Wirtschaftsapfel. Großfrüchtig. Schale gelb, zur Reifezeit ganzflächig gerötet. Süßsäuerlich, gewürzt.

GOLDJON
Entstanden in Italien. Kreuzung aus **Golden Delicious X Jonathan.** Frucht ist mittelgroß, hochgebaut. Sonnenseite etwas gerötet. Baum ist sehr ertragreich. (25)

GOLDJUWEL
Spätherbstsorte mit großen, hellgrünen Früchten. Vorwiegend Wirtschaftsapfel. Sortenschutz seit 1997. Züchter u. Inhaber: J. Kreitmair, Weichs. Holz ist sehr frosthart. Wenig anfällig für Schorf und Mehltau. Stippeanfällig. (75)

GOLDMOHR
Synonym: **Mohr.** Tafel- und Wirtschaftsapfel. Genussreife: XII bis III. Kleine abgestumpft runde Frucht. Schale rauh, netzartiger Rost, grünlichgelb. Fleisch gelblichweiß, fein, erst fest, manchmal auch schwammig werdend. Etwas saftig. Wenig gewürzt. (39)

GOLDNOBEL
Siehe **Gelber Edelapfel.**

GOLDPARMÄNE
Syn: **Aranypármen** (Ungarn), **Englische Wintergoldparmäne, Goldrenette** (Deutschland), **Herzogsrenette, King of the Pippins** (England), **Königin der Renetten, Królowarenet** (Polen), **Parmen Auriu** (Rumänien), **Parmena Zlatá** (Tschechien), **Pearmain doré d'hiver, Pearmain doreé d'hiver, Reine des Reinettes** (Frankreich), **Zlatna Parmena** (Bulgarien), **Zolotai Parmen** (Russland). Handelsname ist: **Goldparmäne.** Stammt aus England, wurde ca. 1800 durch Diel bei uns eingeführt. 1853 bei der Pomologenversammlung in Naumburg/Saale sehr empfohlen. Schon im Mittelalter bekannte Sorte, vermutlich französischen Ursprungs. Das Bundessortenamt schreibt: Zufallssämling unbekannter Herkunft, vermutlich schon um 1510 in der Normandie entstanden. **Wintergoldparmäne, Herzogs Renette.** War in Deutschland weit verbreitet. Genussreife: Oktober bis Februar. Für Kühllagerung ungeeignet, Apfel ist angenehm süß, würzig, musartig, wird schon lange nicht mehr angepflanzt. Preisgruppe 2. Mutationen: **Rogo,** eine rote Mutante 1959 von G. Bräuer in Leisnig, Sachsen gefunden. **Belrene,** ist eine strahleninduzierte Mutante aus Frankreich. Ein Typ **Neumann** wird in Geisenheim erhalten. Quellen: (01) (05) (25) (66) (70) (75)

GOLDPEPPING
Synonym für viele Sorten. Mir sind 7 Apfelsorten bekannt mit dem Zweitnamen **Goldpepping.** (Autor)

GOLDPRINZ
Zufallssämling aus der Winsener Gegend. Soll Sämling des **Prinzenapfels** sein. Wie viele **Prinzenäpfel** im Aussehen wie der **Hasenkopf,** schmeckt nur kurze Zeit und verliert schnell den Saft. Wurde in der Winsener Elbmarsch und in der III. Meile des Alten Landes zeitweise vermehrt angebaut. Früchte zu klein. Wie viele Vertreter der Prinzenäpfel, ein Schlotterapfel mit klappernden Kernen in der Frucht. Baum- und Genussreife im September. Tafelapfel. In der Preisgruppe 1. Sollte in den 40er Jahren die Lücke nach dem **Klarapfel** schließen. (01) (Autor)

GOLDPURPUR
Ist eine rote Mutation von **Jonagold.** 1977 im Obstbaubetrieb Müller in Överich entdeckt und selektiert. Soll eine Verbesserung des **Jonagold** sein. (39) Der Ertrag ist hoch und regelmäßig. Genussreife: X bis IV. Andere Quellen sagen: Zum Anbau nicht zu empfehlen. Fruchtfleisch fest, saftig, süßaromatisch.

GOLD-RENETTE AUS PEASGOOD
Siehe auch **Goldrenette von Peasgood.**

GOLD-RENETTE AUS BLENHEIM
Siehe auch **Blenheim.**

GOLDRENETTE FREIHERR VON BERLEPSCH
Siehe a. **Berlepsch.**

GOLDRENETTE VON BLENHEIM
Unter diesem Namen in Österreich bekannt, identisch mit **Blenheim.** Tafelapfel. Wurde in Ober- und Niederösterreich angebaut, (19. Jh.) sowie in Böhmen und in der Bukowina. Um 1800 in der Nähe von Schloß Blenheim in England gefunden. Genussreife: XI bis II. Groß bis sehr groß. (40) Vor 100 Jahren: **Goldreinette von Blenheim.** Synonyme: **Belle d´Angers, Blenheim Orange, Blenheimer Pepping, Blenheim Pippin, Eugénie, Impératrice Eugénie, Perle d´Angleterre, Pomme de Blenheim, Woodstock Pippin.** (39) Weitere Synonyme bei Gaucher: **Blooming Orange, Dredge´s Fame, Gloucester Pippin, Kempster´s Pippin, Lucius Apfel, Northampton, Northwick Pippin, Orange Blenheim, Orange Pippin, Prince of Wales, Reinette de Blenheim, Ward´s Pippin.** (45) Schale ist glatt und glänzend, erst grünlichgelb, später orangegelb und auf der Sonnenseite karmesinrot gestreift, verwaschen und punktiert. Fleisch gelblichweiß, fein, mürbe, saftig,. Angenehm erfrischender Geschmack, etwas süßsäuerlich. (45) Die Sorte ist ein schlechter Pollenspender. Der Baum wächst sehr stark.

GOLDRENETTE VON PEASGOOD
Entstand um 1870 in England. Synonyme: **Peasgoods Nonsuch, Peasgoods Sondergleichen, Peasgoods Unvergleichlicher, Sanspareille de Peasgood.** Hervorragende Schaufrucht. Tafel- und auch sehr guter Wirtschaftsapfel. Sehr groß, abgestumpft rund. Schale gelb, Sonnenseite gerötet, großflächig punktiert, gestreift. Fruchtfleisch ist gewürzt, saftig und weinsäuerlich. (39)

GOLDRUSH
Synonym: **Co-op 38.** Kreuzung aus **Co-op 17 X Golden Delicious.** Züchter: Agricultural Experimentel Stations Illinois, New Jersey und Indiana, USA. Sortenschutz in der EU wurde 1995 beantragt. Inhaber: Purdue Research Foundation, West Lafayette, Indiana. Die Frucht ist leuchtend gelb und hat festes, aromatisches Fruchtfleisch. Die Sorte reift mit bzw. kurz nach **Fuji** und ist etwas anfällig für Mehltau. (27-4/96) Auch **Gold Rush** geschrieben. (27-9/96)

GOLDSTAR
Züchter: Institut für Experimentelle Botanik, Prag, Tschechien. Sortenschutz in der EU 1995 beantragt. Kreuzung aus **Rubin X Vanda.** Genussreife: XI bis II. Schorfresistente Lagersorte. Großfrüchtig. Schale hellgrün. Zartes, saftige Fruchtfleisch. (75)

GOLDZEUGAPFEL
Tafel- und Wirtschaftsapfel. Geignet für leichtere Böden. Wurde im 19. Jahrhundert in Böhmen angepflanzt. Genussreife: XII bis III. Mittelgroß, gleichmäßig gebaut. Schale grünlichgelb, häufig berostet. Fleisch hellgelb, fein, saftig, etwas zitronatartig gewürzt. Synonyme: **Drap d'Or, Goldstückapfel, Vrai Drap d'Or.** Gaucher schrieb 1894 folgendes: Ganz vorzügliche Frucht für die Tafel und alle ökonomischen Zwecke. Synonyme bei Gaucher: **Ananas-Apfel, Bay-Apple, Berlichinger, Berlinger, Bonne de Mai, Champagner Weinapfel, Character of Drap d ór, Charakterrenette, Deutscher Gulderling, Donauer's Reinetten Rambur, Drap d'Or, Drap d'Or de Bretagne, Early Summer Pippin, Gelber Klosterapfel, Goldgestickter Apfel, Goldreinette, Goldstückapfel, Milchapfel, Oberdieck's grosse gelbe Zuckerreinette, Pomme d'Or, Reinette Joseph II, Vrai Drap d'Or.** (39) (45)

Im Bundes-Obstarten-Sortenverzeichnis sind folgende Sorten eingetragen:
GOLIDA
GOLUB MIRA
GONDESEN'S GOLDRENETTE
GOODLAND

GOOD PEASANT
Herbstsorte, stammt aus Russland. (Dt. Obstbau 1941)

GÖRGES APFEL
Tafel- und Wirtschaftsapfel. Genussreife: I bis IV. Auch **Görge Apfel.** Klein bis mittelgroß, flachrund. Schale ist fettig, grünlichgelb mit leicht geröteter Sonnenseite. Fleisch grünlichgelb, fein, saftig, etwas kalvillartig gewürzt. Deutlicher Geruch. (39)

GÖRLITZER NELKENAPFEL
Wirtschaftsapfel. Verwertbar von I bis VI. Großfrüchtig, unregelmäßig gebaut. Schale ist hellgelb, gerötete Sonnenseite. Schwacher Geruch. Vorherrschend süß. Fleisch weiß, sehr fein, ausreichend saftig, sortentypisch, aber nur wenig gewürzt. Wenig Säure, hoher Zuckergehalt. (39) Synonym: **Nelkenapfel.**

GORO
Golden Delicious X Schweizer Orangenapfel. Kreuzung der Schweizerischen Eidgenössischen Forschungsanstalt in Wädenswil. Seit 1973 im Handel. Tafel- und Wirtschaftsapfel. Genussreife: X bis XI. Schale hellgelb, geflammte Sonnenseite. Fruchtfleisch gelblichweiß, grobzellig, sehr saftig. Erfrischende Würze ohne großes Aroma. Für den Frischverzehr. Enthält viel Vitamin C. (47) **Goro** und **Goro HH 7** sind im Bundes-Obstarten-Sortenverzeichnis angegeben. (70)

GOSMARINGER
Schweizer Lokalsorte. Ist im Bundes-Obstarten-Sortenverzeichnis angegeben. Wird bei der Pomona Franconica erhalten. (70)

GÖTTERAPFEL
Dominiska. Wirtschaftsapfel, auch Essapfel. Haltbar I bis VI. Mittelgroß, flachrund. Anbau nur in warmen Lagen zu empfehlen. Schale hellgelb, fettig. Gerötete und gestreifte Sonnenseite. Ausgeprägter Geruch. Fleisch hellgrün bis gelblichweiß, halbfein, saftig, wenig Würze.

GÖTTINGER GRAUE RENETTE
Tafel- und Wirtschaftsapfel. Synonym: **Graue Renette.** Genussreife: I bis IV. Frucht ist klein, abgestumpft rund. Schale gelb, sonnenseits gerötet. Weiches Fruchtfleisch, gewürzt. Säuerlichsüß. (39)

GRAF EZZO
Im Bundes-Obstarten-Sortenverzeichnis aufgeführt.

GRAF GICH
Synonym: **GICH.** Tafel- und Wirtschaftsapfel. Klein, flachrund, flach gerippt. Schale gelb, mit etwas gestreifter und geröteter Sonnenseite. Starker Geruch, gewürzt. (39)

GRAF HALLERS WINTERTÄUBLIG
Tafel- und Wirtschaftsapfel. Genussreife: Januar bis April. Kleinfrüchtig. Schale gelb, gerötete Sonnenseite. Fruchtfleisch gewürzt. Synonyme: **Täubling, Wintertäubling.**

GRAF LUX PARMÄNE
Synonym: **Luxburg.** Mittelgroß. (39 S. 186). Frucht ist kegelförmig. Schalenfarbe gelb, Sonnenseite gerötet und gestreift. (40)

GRAF NOSTITZ
Tafel- und Wirtschaftsapfel. Kleiner, rundlich, gleichmäßig gebauter Apfel. Genussreife: X bis I. Schale gelblichgrün, Sonnenseite gerötet. Leicht berostet, gewürzt, vorherrschend süß. Fleisch gelblichweiß, fein, fest, später mürbe, ausreichend saftig und gewürzt. (39)

Im Bundes-Obstarten-Sortenverzeichnis sind folgende Sorten aufgeführt:
GRAF VON OLDENBURG
GRÄFENSTEINER SÜSSAPFEL

GRAHAM
Sorte in USA. Seit 1938 patentiert. (92)

GRAHAMS JUBILÄUMSAPFEL
Herkunft: England. Seit 1893 im Handel. Wurde als **Grahams Königin-Jubiläumsapfel** in Deutschland eingeführt. Den heutigen Namen erhielt der Apfel auf dem Kongreß des Deutschen Pomologen-Verein in Frankfurt/M im Jahre 1906. Originalname: **Royal Jubilée.** Gezogen von John Graham, Hounslow bei London. Erste Frucht 1888, zum 50jährigen Regierungsjubiläum von Königin Victoria. Apfel ist großfrüchtig. Wurde noch in den 50 und 60er Jahren zur Kerngewinnung für Sämlinge angepflanzt. Heute keine Bedeutung mehr. Qualitative Mängel der Frucht, fader Geschmack und hartes Fruchtfleisch beschleunigten das Ende des Anbaus dieser Sorte. Haltbar nur bis Anfang Oktober. Wirtschafts- und Konditorapfel. Preisgruppe 4. War überall an der Niederelbe verbreitet. Vor etwa 100 Jahren wurde diese Sorte noch besonders in der III. Meile des Alten Landes empfohlen. Für die Kühllagerung ungeeignet. Synonyme: **Graham´s Royal Jubilee, Grahams,**

Royal Jubilee, Grahams Königs-Jubileumsapfel, Grahams Königlicher Jubiläumsapfel, Jubileumsapfel. Quelle: (01) (08) (14) (24) (39) (66) (78)

GRANAAT
Bei der OVA in den 60er Jahren im Versuchsanbau. (26-6/64)

GRANATAPFEL
Im Bundes-Obstarten-Sortenverzeichnis angegeben.

GRANATAPFEL VON TRIBLICE
Synonym: **Triblice.** Entstand 1890 in Böhmen als Sämling des **Roten Stettiner.** Großfrüchtig. Haltbar bis Juni. Schale fettig, Warzenbildung. Deutlicher Geruch, gewürzt, säuerlich mit viel Zucker. (40)

GRAND JENNITON
Ist im Bundes-Obstarten-Sortenverzeichnis eingetragen.

GRANNY PRECOCE
Sorte in Geisenheim im Anbau und in der Erhaltung. (75)
Bekannt ist auch noch ein **Early Granny.**

GRANNY SMITH
Wurde in Australien 1867 als Zufallssämling in der Nähe von Sydney gefunden, soll Sämling vom **French Crab** sein. Bekannteste Sorte in Australien. Seit etwa 1950 auf dem europäischen Markt. Mittelgroß bis groß und rundlich. Schale bleibt grünlich. Säuerlich, wenig Süße. Teilweise fade. Neigt zur Stippe. Genussreife: XI bis II. Breitete sich in den 50er und 60er Jahren in der südlichen Halbkugel stark aus. Seit den 70er Jahren große Einfuhren nach Westeuropa. Anbau in Deutschland wegen fehlender Vegetationstage nicht möglich. In Italien und Südfrankreich starker Anbau, ebenfalls in Spanien. Gefunden wurde die Sorte von Frau Smith in Eastwood bei Sydney. Literatur: (05) (26) (39)

GRAUE FRANZÖSISCHE RENETTE
Sehr alte französische Sorte, war bereits im 15. Jahrhundert bekannt. Im 19. Jh. in Kärnten und Voralberg als Tafel- und Kochapfel bekannt. In der Schweiz noch 1945 im Anbau. Klein bis mittelfrüchtig, soll aber haltbarer als die **Graue Herbstrenette** sein. Alte Schreibweise war **Graue Französische Reinette.** Synonyme: **Echte Graue Französische Renette, Französische Renette, Grauapfel, Graue Herbstrenette, Graue Renette, Grauer Kurzstiel, Grauer Rabau** (Rheinland), **Herrengast, Lederapfel** (Württemberg), **Lederrenette, Pelzapfel, Pomme**

Rouge Bouté, Rabau, Rauhapfel, Reinette Grise Ancienne, Reinette Grise d'Hiver, Reinette grise francaise, Reinette Grise Haute Bontè, Richters Graue Renette, Winter-Gray-Renette, Winter-Rabau. Literatur: (03) (24) (39)

GRAUE HERBSTRENETTE

Aus Holland oder Frankreich. War schon in der Mitte des 17. Jh. bekannt. In Deutschland **Sommer-Rabau, Herbst-Rabau, Lederapfel, Lederrenette.** Gebietsweise auch: **Graue Renette, Grüne Renette** oder **Goldrenette.** (nicht mit den **Gold-Renetten** identisch). Preisgruppe 4. Tafel- und Wirtschaftsapfel, besonders in Westfalen verbreitet. Genussreife: X bis XII. Mittelgroßer bis großer, stark abgestumpfte rundlicher, nicht ganz gleichmäßig gebauter Apfel. Schale zäh, lederartig, zum größten Teil fein rauh durch graubraunen, schuppigen Rost. Fleisch grünlichgelb, fein, sehr saftreich, angenehm weinsäuerlich. Neigt auf dem Lager zur Welke. (24) (39) Weitere Synonyme: **Herbstrabau, Herbst-Rabau, Herbst-renette, Reinette Grise d'Automne.**

GRAUE MEISSNER RENETTE

Synonym: **Meißner graugrüne, sehr haltbare Renette.** Tafel- und Wirtschafts-apfel. Genussreife: XII bis III. Frucht ist klein bis mittelgroß, mattgelb, großflächig berostet. Schale etwas gerötet und gestreift an der Sonnenseite. Schwacher Geruch.

GRAUE PORTUGIESISCHE RENETTE

Wirtschaftsapfel und Tafelapfel. Genussreife: XII bis IV. Mittelgroß, flachrund. Schale gelblichgrün, großflächig berostet, durch braunen, schuppigen oder engmaschigen Rost fein rauh. Zuerst dunkel, später etwas heller grün oder gelblichgrün. Fleisch grünlichweiß, fein, etwas schwammig, saftig. Renettenartig gewürzt. (39)

GRAUE REINETTE

1797 von J.V. Sickler einwandfrei beschrieben. Fremdnamen bei Sickler: **Grey Rennet.** (engl) und **Reinette grise.** (franz.) (31)

GRAUE RENETTE

1795 von Schiller sehr gut beschrieben. Synonym: **Grauvve Reinet.** Eine **Graue Renette** und eine **Graurenette** sind in Geisenheim in der Sortenprüfung. Ebenso eine **Graue Französische Renette** und eine **Große Französische Renette.** Diese Renetten sind ebenfalls alle im Bundes-Obstarten-Sortenverzeichnis eingetragen. (70) (85)

GRAUE RENETTE DER BRETAGNE
Synonyme: **Bretagne, Reinette de Bretagne.** Genussreife: XI bis II. Tafel- und Wirtschaftsapfel. Mittelgroß, flachrund. Schale grünlichgelb, berostet. Schwacher Geruch, weiches Fruchtfleisch. (39)

GRAUE RENETTE VOM ZABERGAU
Von Goetz 1937 erwähnt, ohne Angabe von Daten. Siehe unter **Zabergäurenette.**
GRAUE SÜSSE RENETT
Alte Sorte, wurde 1797 von Christ beschrieben. Tafelapfel, mittelgroß, rund. Schale berostet, Fruchtfleisch parfümiert, sehr süß. (40)

GRAUER BRÜNNERLING
Bekannt ist noch ein **Bayerischer Brünnerling.**

GRAUER FENCHELAPFEL
Historische Sorte, 1854 von Calwer beschrieben. Schale gelb, zur Reifezeit ganzflächig berostet, gewürzt. Genussreif ab Dezember. (40) Synonyme: **Anisrenette, Fenchelapfel, Fenouillet Gris, Pomme d´Anis, Winter-Anisrenette.**

GRAUER GÜLDERLING
Gulderling (drauvve) 1795 Schiller beschrieben.

GRAUER HOHLSÜSSER
1795 von Schiller beschrieben.

GRAUER HORDAPFEL
Herkunft: Schweiz. Stammt vom **Hordapfel** ab, ist aber besser, auch gute Eigenschaften des Baumes. Spezialmostapfel. Kleinfrüchtig. Auch in der Schweiz nur Lokalsorte. (03)

GRAUER KURZSTIEL
Synonym: **Kurzstiel.** Tafel- und Wirtschaftsapfel. Mittelgroßer bis großer Apfel. Ungleichmäßig, kein besonderes Aussehen. Genussreife von XII bis IV. (39)

GRAUER PAWLINER
Wird bei W. Votteler erwähnt. Keine Beschreibung. Ich vermute ein Synonym der Sorte **Grüner Pauliner,** da ein **Grauer Pauliner** in keiner Literatur zu finden ist.

GRAUER PEPPING
Pepping (grauvve). 1795 von Schiller beschrieben.

GRAUER RABAU
Rabau (grauvve). 1795 von Schiller beschrieben.

GRAUGRÜNE RENETTE
Synonym: **Reinette Grise Dorée.** Guter Tafel- und Wirtschaftsapfel. Kräftige Säure bei ausreichendem Zuckergehalt. Genussreife: XII bis III. Mittelgroß bis groß. Schale ist gelblichgrün, starke Berostungen. Schwacher Geruch. (39)

GRAVENSTEINER
Älteste der edlen Apfelsorten. Der „Praktische Ratgeber" schreibt bereits 1886 dass ihm der Heimatschein verlorengegangen ist. Es gab viele Vermutungen über seine Herkunft, so z.B. Süditalien, die Krim, aus Schleswig-Holstein (Schloss Gravenstein) u. a. Wurde damals in allen mitteleuropäischen Ländern, sowie in Schweden und Norwegen und in den USA angebaut. Im Sonoma County in Kalifornien lag um 1940/50 das größte Anbaugebiet der Welt mit **Gravensteinern.** Durch seine Anfälligkeit für Stippe und als schlechter Träger ist der Anbau bei uns stark zurückgegangen. Etwa 1725 soll ein Graf von Ahlefeld den Apfel nach Gravenstein gebracht haben, hier soll er auch **Römischer Kiker** geheißen haben. Synonyme: **Grafenapfel** in Württemberg, **Sommerblumen-Calvill** in Hannover, **Blumen-Calvill** in Bayern, **Haferapfel** in Hannover. **Ernteapfel** im Elsaß. Der bekannte dänische Züchter Mathiesen erwähnte 1889 verschiedene **Gravensteiner,** die unbekannt geblieben sind.
In seinem Baumschulkatalog bot er folgende Sorten an: **Blutroter Gravensteiner, Gravensteiner von Arreskop.** (dänische Sorte) **Gravensteiner von Gravenstein, Gravensteiner von Gundesstrup, Gravensteiner von Rydeholm,** (schwedische Sorte) **Gravensteiner von Taarnborg,** (1860 von Mathiesen gezüchtet) **Gravensteiner von Vallö,** (dänische Sorte) **Gravensteiner von Fredriksberg** (auf Langeland), **Gravensteiner von Sabygaard, Gravensteiner von Petersgaard** (auf Saeland). Anbau lohnt sich nur auf fruchtbaren Böden. Im 19. Jh. in Böhmen und Mähren, in Kärnten, sowie in Südtirol verbreitet. Ebenfalls in osteuropäischen Ländern bekannt. An der Niederelbe in der Mitte des 20. Jahrhundert verbreitet. Wurde 1947 noch vom Obstbauversuchsring für die Stader Geest empfohlen. Im Alten Land war der Name **Echter gelber Gravensteiner** bekannt. Dr. Loewel schrieb 1940 allerfeinster Tafelapfel. Preisgruppe 1. Genussreife: IX bis XI.
Der **Gelbe Gravensteiner** hat einen großen Verwandtenkreis:
Bad Pyrmont, wird bei der LLA in Triesdorf erhalten.
Crimson Grasten,
Gunstrup,
Henzens,

Koch´s,
Martens,
Palaisar,
Rellstab,
Roopers,
Roter Lühs,
Roter Schleibnitzer,
Roter Schlika,
Sabygrad,
Tanner,
Von Hesam.
Bei **Roter Schlika** vermute ich einen Übertragungsfehler, mit Sicherheit **Roter Schlieker.** Weitere Doppelnamen: **Blumenkalvill** (Bayern), **Diels Sommerkönig, Ernteapfel, Graasten, Grafenapfel, Haferapfel, Marbapfel, Pomme de Gravenstein, Sommerblumenkalvill, Sommerkalvill, Stroemling, Tom Harryman.** Typen: **Gravensteiner von Gunstrup, Gravensteiner von Saebygrad, Martens Gravensteiner.** (39) Synonyme bei Gaucher 1894: **Calville de Gravenstein, Calville Grafensteiner, Diel´s Sommerkönig, Grafen-Apfel, Grafensteiner, Grave Slije, Gravenstein, Gravenstein Apple, Ohio Nonpareil, Paradies-Apfel, Pomme Graefenstein, Prinzessin-Apfel, Ripp Apfel, Sabine, Strömling, Strohmer, Tom Harryman.** (45) Anmerkung bei Gaucher: Der **Gravensteiner** ist eine Marktfrucht ersten Ranges, wo er gut gedeiht, sollte man ihn als Spezialität züchten, dadurch würde die Klage wegen Mangel an Absatz und gedrückten Preisen bald aufhören. Es gibt die rotschalige Sproßmutante **Roter Gravensteiner.** Aus eigener Erfahrung bekannt, ein sehr schlechter Träger. Literatur: (01) (02) (05) (24) (38) (39) (45) (66) (78)

GRAVENSTEINER RED GRAASTEN

Herkunft: Dänemark. **Graasten** ist auch der Name für diese Sorte in Dänemark.

GRAVENSTEINER VON ARRESKOV

Auch **Grafensteiner von Avreskor** und **Gravensteiner von Arreskop.** Genussreife: X bis XII. Tafel- und Wirtschaftsapfel. Großer, abgestumpft rundlich-kegelförmiger, etwas ungleichmäßig gebaute Apfel. Schale glatt, etwas fettig, grünlichgelb, später gelb, etwas berostet. Ausgeprägter Geruch. Fleisch gelblichweiß, fein, sehr saftig, etwas gewürzt. (39)

GRAVENSTENER VON GUNSTRUP

Rotgestreifter Typ. Im Praktischen Ratgeber von November 1914 erwähnt. Stammt aus Dänemark. (78)

GRAVENSTEINER
Martens Roter Gravensteiner Sämling. (39 S. 194) Vollrot.

GREENDALE
In den 60er Jahren beim OVR im Alten Land im Versuchsanbau gewesen. Züchtung der Versuchsstation Geneva, USA. Wurde 1938 für den Anbau freigegeben. Mittelgroß. Schale mit grünlichgelber Grundfarbe, wenig braunrote Deckfarbe. Fruchtfleisch weich und und grünlichweiß. (26-11/12/63)

GREENSLEEVES
Synonym: **Malling Greensleves.** 1971 in East Malling entstanden. Kreuzung aus **Golden Delicious X James Grieve.** Guter Tafelapfel. Mittelgroße Frühsorte. Sortenschutz. Bei einer Exkursion 1986 in Bavendorf mußte ich erfahren, dass die Fruchtgröße unbefriedigend ist. In den EG-Normen ist die Sorte als großfrüchtig eingestuft. Baumreife: IX. Genussreife: X bis XII. Schale ist glatt, glänzend, nicht fettig. Bei Reife grüngold. Das Fleisch ist gelblichweiß, fest, saftig und aromatisch. Literatur: (21) (36) (47) (Autor)

GREENUPS APFEL
In England entstanden, seit etwa 1800 bekannt. Tafel- und Wirtschaftsapfel. Genussreife: X bis XII. Klein bis mittelgroß. Schale hellgelb, etwas gerötet an der Sonnenseite. Leichte Berostungen, schwacher Geruch. Fleisch weiß, fein, etwas fest, dann mürbe, saftreich, gewürzt. Kräftige Säure, ausreichend Zucker. (39) Synonym: **Greenups Pippin.**

GREEN NEWTON
Sorte wurde 1941 in „Deutscher Obstbau“ beschrieben.

GREEN SWEET
Russischer Abstammung, sehr frosthart. (83)

GREIFENBERGER WEINAPFEL
Lokalsorte im bayerischen Schwaben. Abb. (39 S. 195) Schale gelbgrün, etwas walzenförmig. (40)

GRENADIER
Herkunft: England. Seit 1886 in Deutschland bekannt. Frühherbstapfel. Groß bis sehr groß, unregelmäßig gebaut. Genussreife: IX bis X. Schalenfarbe strohgelb, an der Sonnenseite manchmal etwas gerötet. Häufig Warzenbildung. Fruchtfleisch weiß, grobkörnig, saftig. Erfrischend säuerlicher Geschmack, wenig gewürzt. Wurde

1914 als Frühapfel sehr gelobt. (39) (78) **Grenadier** ist auch ein Synonym für die **Rheinische Schafsnase.**

GRENSSEMANNS ERDBEERAPFEL

Synonym: **Erdbeereapfel.** War im 19. Jahrhundert in Ostfriesland bekannt. Damalige Schreibweise: **Grensemanns Erdbeereapfel.** Tafel- und Wirtschaftsapfel. Klein bis mittelgroß. Genussreife: XII bis III. Vielseitig verwendbar. Schale fettig, hellgelb. Sonnenseite gerötet und schwachgestreift. Leicht berostet. Starker Geruch. Fruchtfleisch weiß bis grünlichweiß, fein, etwas locker, saftig. Etwas gewürzt. (39)

GRETAPFEL

Herkunft: Angeln. Seit dem 19. Jahrhundert bekannt. Lokalsorte. Aromatischer kleiner runder Apfel. Genussreife: XI bis II. Baum wächst stark. (71) Bekannt ist auch ein **Doppelter Gretapfel,** auch **Doppelte Grethe.** Die **Doppelte Grethe** wurde bereits 1795 von Schiller beschrieben.

GRETE HÜNFELD

Angegeben im Bundes-Obstarten-Sortenverzeichnis.

GRIEMHILD

Anfang der 60er Jahre im Versuch bei der OVA in Jork. Quelle: (26-10/63)

GRIESAPFEL

Eine Mostapfelsorte in Österreich. Verarbeitung: X bis XI. (44) Bekannt sind ein **Roter Griesapfel** und ein **Weißer Grießapfel.** (70-13)

GRIFER

Vermutlich aus Frankreich. s. (Obstbau - 10/93) Seite 462.

GRIMES GOLDEN

1804 in West Virginia/USA gefunden. Die Früchte haben Ähnlichkeit mit dem **Golden Delicious,** sind aber länger geformt und neigen zu Berostungen. Fruchtfleisch ist ziemlich fest, erreicht aber nicht den Geschmack eines gut entwickelten **Golden Delicious.** Synonyme: **Dorée de Grimes, Grimes Goldapfel, Grimes Yellow Pippin, Zolotoe Graima.** (39) Die Sorte **Grimes** wurde 1941 in „Deutscher Obstbau“ beschrieben. (83)

Im Bundes-Obstarten-Sortenverzeichnis sind folgende Sorten aufgeführt:
GRIMMELFINGER RAMBUR

GRIS BRAIBANT
GRIS BAUDET BRONZÈE
GROENE KEIING Synonym: **Spanischer Keiing.**

GRONINGER KRONE
Erwähnt 1936 bei Goetz. (12) Synonym: **Groninger Kroon.** In der Preisgruppe 4.

Im Bundes-Obstarten-Sortenverzeichnis sind folgende Sorten aufgeführt:
GRONSVELDER KLUMKE
GROS API,
GROS LOCARD
GROSEILLE

GROSSE ENGLISCHE RENETTE
Siehe **Diels Große Englische Renette.**

GROSSE FRANZÖSISCHE RENETTE
Große Französische Renette. Ist in der Sortenprüfung in Geisenheim. (85)

Im Bundes-Obstarten-Sortenverzeichnis werden folgende Sorten aufgeführt:
GROSSE GESTREIFTE SCHAFSNASE
GROSSE GRÜNE RENETTE

GROSSE KASSELER RENETTE
Wahrscheinlich eine sehr alte deutsche Sorte, die auch in Holland und Frankreich verbreitet wurde, daher auch **Holländische Goldrenette. Mignonne** in Mecklenburg, **Deutsche Goldrenette** in Westfalen, **Grüne Renette** in Schleswig-Holstein und **Finkenwerder** in der Provinz Hannover. (Nicht identisch mit Finkenwerder Herbstprinz). Tafel- und Wirtschaftsapfel. Genussreife: II bis VI. Mittelgroß bis groß. Schale goldgelb auf dem Lager. Sonnenseite marmoriert und gestreift. Leichte Berostungen. Alte Schreibweise: **Grosse Casseler Reinette.** Synonyme: **Casseler Reinette, Christ´s Goldreinette, Contor, Copman-shorpe Russet, Copmanthorp Crab, Croft Angry, Deutsche Gold-Reinette, Deutsche Mignonne, Doppelte Casseler Reinette, Double Reinette de Cassel, Duitsch Mignonne, Dutch Mignonne, Grosse Kassler Reinette, Grosse Reinette de Cassel, Holländische Goldreinette, Paternoster-Apfel, Pomme de Laak, Rawle´s Reinette, Reinette de Caux, Reinette Dorée de Hollande, Reinette Impératrice, Reinette Parmäne Rouge, Reinette-dorée, White Dutch Mignonne.** (24) (45) Neue Schreibweisen der Synonyme: **Caux, Christs**

Goldrenette, Deutsche Goldrenette, Deutsche Mignone, Doppelte Kasseler Renette, Goldrenette, Kasseler Renette, Mignonne. (39)

GROSSER APFEL AUS DER BERBEREI
Synonyme: **Berberei, Gros Barbarie Blanc.** Tafel- und Wirtschaftsapfel. Genussreife: XI bis II. Mittelgroß bis groß, flachrund, breit gerippt. Schale fettig, hellgelb, Sonnenseite gerötet und gestreift. Geruch schwach. (39)

GROSSER API
Historische Sorte, 1854 von Calwer beschrieben. Lange haltbar. Schale gelb, zur Reifezeit gerötet und gestreift. Wohlschmeckend. (40)

GROSSER GESTREIFTER HALLISCHER HERRENAPFEL
Im Bundes-Obstarten-Sortenverzeichnis eingetragen. Sorte wird bei der LLA in Triesdorf erhalten.

GROSSER BOHNENAPFEL
Synonym: **Bohnenapfel.** Sehr alte Sorte, wurde 1797 von Sickler im „Teutschen Obstgärtner“ beschrieben.

GROSSER BRÜNNER
Bei F.Guenther als frostharte Sorte aufgelistet. Genussreife: XII bis III. (07)

GROSSER BRÜNNERLING
Angegeben im Bundes-Obstarten-Sortenverzeichnis. Erhaltung u. a. bei der Genbank Obst in Dresden-Pillnitz.

GROSSER FAROSAPFEL
Historische Sorte, 1797 von Christ beschrieben. Tafelapfel. Groß, plattrund, gerippt. Schale ist gelb, später großflächig gerötet und gestreift. Genussreife: X bis II. Der Apfel ist sehr wohlschmeckend. (40) Synonyme: **Farosapfel, Kaiserapfel.**

GROSSER GESTREIFTER RAMBUR
Synonyme: **Gestreifter Rambur, Großer Rheinischer Gestreifter Rambur.** Wirtschaftsapfel. Verwertung: XII bis IV. Groß, flachrund, breit gerippt. Schale fettig, hellgelb, an der Sonnenseite gerötet und gestreift. Starker Geruch. (39)

GROSSER GESTREIFTER WINTERTÄUBLING
Historische Sorte, wurde 1836 von Hinkert beschrieben. Genussreife: XI bis III. Tafel- und Wirtschaftsapfel. Groß und kegelförmig gerippt. Schale gelblichgrün,

später großflächig gerötet und gestreift. Gewürzt, süß.(40) Synonym: **Wintertäubling.**

GROSSER GRÜNER GULDERLING
Wirtschaftsapfel. Verarbeitung: November bis März. Groß, abgestumpft, kegelförmig. Schale grünlichgelb, fettig, deutlicher Geruch. (39) Synonym: **Gulderling.**

GROSSER GRÜNER RAMBUR
Wirtschaftsapfel, großfrüchtig, flachrund, ungleichmäßig gebaut. Schale fettig, gelblichgrün. Verarbeitung: XI bis III. (39)

GROSSER HÜRTHAPFEL
Angegeben im Bundes-Obstarten-Sortenverzeichnis. Sorte wird in in Triesdorf bei der LLA erhalten.

GROSSER JUNGFERNAPFEL
Großfrüchtig. Genussreife: X bis III. Schale gelblichgrün, Sonnenseite verwaschen gerötet. Weinsäuerlich. (39)

GROSSER MOGUL
Alte Sorte, 1836 von Hinkert beschrieben. Großfrüchtig, rund. Schale weißlichgelb, an der Sonne gerötet und gestreift. Süßsäuerlich. (40) Synonym: **Mogul.**

GROSSER NASSAUER
Historische Sorte, beschrieben nach Diel, von Hinkert 1836. Tafel- und Wirtschaftsapfel. Genussreife: XI bis II. Groß, rund. Schale fettig, hellgelb, Sonnenseite leicht gerötet. Fruchtfleisch süßsäuerlich. (40)

GROSSER RAMBUR
Alte Sorte, 1836 von Hinkert beschrieben. Frucht ist groß, plattrund. Fettiggelbe Schale, Sonnenseite leicht gerötet. Berostungen. Fruchtfleisch ist süßsäuerlich. (40)

GROSSER RHEINISCHER BOHNAPFEL
Siehe unter: **Bohnapfel.** Preisgruppe 4. Bekannt sind noch: **Friedberger Bohnapfel** und **Riesen-Bohnapfel.**

GROSSER RHEINISCHER SPREUSS
Historische Sorte, 1836 von Hinkert beschrieben, nach Diel. Genussreife: X bis XII. Tafelapfel. Großfrüchtig. Schale gelblichgrün bis gelb, Sonnenseite gerötet. Fruchtfleisch gewürzt, süßsäuerlich. (40) Synonym: **Spreuß.**

GROSSER RICHARD
Synonym: **Grand Richard.** Herbstapfel. Genussreife: X bis XI. Großfrüchtig, kegelförmig gerippt. Schale fettig, grünlichgelb, Sonnenseite gerötet und intensiv gestreift. Fruchtfleisch gewürzt. (39)

GROSSER ROTER HERBSTFAROS
Historische Sorte, 1836 von Hinkert beschrieben. Tafel- und Wirtschaftsapfel. Großfrüchtig, plattrund, leicht gerippt. Schale gelb, zur Reifezeit fast ganzflächig gerötet, leicht gestreift. Fruchtfleisch ist gewürzt, süßsäuerlich. (40)

GROSSER ROTER HERBSTRASSELAPFEL
Historische Sorte, 1836 von Hinkert beschrieben. Tafel- und Wirtschaftsapfel. Sehr groß, walzenförmig, gerippt. Schale gelb, später ganzflächig gerötet und gestreift. Süßweinsäuerlich. (40)

GROSSER SCHLOTTERAPFEL
In der Einteilung der Äpfel von Diel und Lucas gab es eine Gruppe der Schlotter- und Klapperäpfel. Hierzu gehörten alle damals bekannten **Prinzenäpfel** und verschiedene **Schlotteräpfel.**

GROSSER SCHMANTAPFEL
Wirtschaftsapfel. Genussreife: XII bis II. Schale fettig, gelblichgrün. Sonnenseite gerötet und gestreift. Fleisch ist grünlich-gelb, etwas grob, markig, saftreich, wenig gewürzt. Vorherrschende Säure, nur etwas süß. (39) Synonym: **Schmantapfel.**

GROSSER WEINAPFEL
Plattrunde Frucht, rot gestreift. Ohne Beschreibung. (39 S. 201)

GROSSER WEISSER SÄUERLING
Eingetragen im Bundes-Obstarten-Sortenverzeichnis.

GROSSER WINTERSTEINER
1836 von Hinkert beschrieben. Frucht ist groß, hochgebaut. Genussreife: XI bis II. Tafel- und Wirtschaftsapfel. Schale hellgelb, Sonnenseite gerötet. Leichte Berostungen. Fruchtfleisch ist gewürzt und süß. Synonym: **Wintersteiner.**

GROSSHERZOG FRIEDRICH VON BADEN
Wurde 1894 in Baden-Baden vom Großherzoglichen Hofgärtner Fießer aus einem Samenkorn des Bismarckapfels gezogen. Synonyme sind nicht bekannt. Schale

hellgelb bis zitronengelb. In den EG-Normen unter Großfrüchtige Sorten. Wirtschafts- und Schaufrucht. Genussreife: IX bis X. Preisgruppe 4. Französischer Name ist: **Grand Duc de Bade.** Quellen: (13) (24) (39) (93)

GROSSHERZOGS LIEBLING
Großherzogs Liebling. Preisgruppe 3.

GROSSVATER-APFEL
Lokalsorte in Österreich. (44)

GROTHS MELONENAPFEL
Ess- und Wirtschaftsapfel. Genussreife: XI bis XII. Groß bis sehr groß. Schale hellgelb, Sonnenseite etwas gerötet und intensiv gestreift. Leichte Berostungen. Fleisch ist gelblichweiß, fein, saftig, gewürzt. (39) Synonym: **Melonenapfel.**

GRUMKOWER WACHSPEPPING
Historische Sorte, 1836 von Hinkert beschrieben. Wirtschaftsapfel, 1 Jahr haltbar. Kleinfrüchtig, rund. Schale fettig, hellgelb. Süßsäuerlich. (40)

GRUMMETAPFEL
Angegeben im Bundes-Obstarten-Sortenverzeichnis.

GRÜNAPFEL
Wirtschaftsapfel. Verarbeitung: XII bis V. Frucht mittelgroß, abgestumpft. Schale fettig, gelblichgrün. Sonnenseite gerötet und gestreift. (39) Ist in der Forschungsanstalt Geisenheim in der Sortenprüfung. (85)

GRUNDHOFER STREIFLING
Im Bundes-Obstarten-Sortenverzeichnis angegeben. Wird in Triesdorf erhalten.

GRÜNE ATLASRENETTE
Synonym: **Atlasrenette.** S. a. unter Backapfel. Historische Sorte, 1836 von Hinkert beschrieben. Tafel- und Wirtschaftsapfel. Genussreife: XII bis VII. Schale gelblichgrün bis gelb. Keine Deckfarbe. (40)

Im Bundes-Obstarten-Sortenverzeichnis sind folgende Sorten aufgeführt:
GRÜNE LAUBRENETT
GRÜNE PERLRENETTE
GRÜNE RENETTE
Von Schiller 1795 als **Reinette verde** beschrieben.

GRÜNER APFEL VON SEDAN
Historische Sorte, 1836 von Hinkert beschrieben. Tafelapfel. Genussreife: XI bis II. Großfrüchtig, plattrund, gerippt. Schale grünlichgelb bis gelb, leicht berostet. Fruchtfleisch weich. Harmonisches Zucker-Säureverhältnis. (40)

GRÜNER BIETIGHEIMER
Eine Form des **Grünen Winterstettiner.**

GRÜNER BORSDORFER
Ähnlich wie **Neue Borsdorfer Renette.** Schale hellgelb, Sonnenseite leicht gerötet, Fruchtfleisch ist süß. (40)

GRÜNER CALVINER
War im Alten Land nur wenig verbreitet: Synonym: **Kantiger Boiken.** Bis März haltbar, war für Kühllager geeignet. Wirtschaftsapfel. Im Geschmack säuerlich, saftig, ohne besonderes Aroma. Gleichmäßige Größe. Wird schon lange nicht mehr angebaut. Spezifisch sehr leicht. Ich erinnere mich noch gut, eine 15kg-Kiste dieser Sorte hatte höchsten ein Nettogewicht von 13,5 kg. Preisgruppe 3. Diese Sorte wird schon seit 70 Jahren nicht mehr angebaut. (01) (Autor)
Siehe auch unter **Calviner.**

GRÜNER FÜRSTENAPFEL
Wirtschaftsapfel. Im 19.Jh. in der Steiermark und in Böhmen bekannt. Synonym: **Pomme de Prince Verte.** Mittelgroß bis groß. Schale grünlichgelb, Sonnenseite leicht gerötet. Schwacher Geruch. Angenehme Säure. (39) Ist in der Sortenprüfung: Forschungsanstalt Geisenheim. (85)

GRÜNER GULDERLING
Im vorigen Jahrhundert in Württemberg bekannt.

GRÜNER HERBSTBLUMENSÜSSER
Historische Sorte, 1836 von Hinkert beschrieben. Frucht ist groß, breitgebaut, gerippt. Schale gelblichgrün, sonnenseits gerötet und gestreift. Gewürzt, süß. (40)

GRÜNER KAISERAPFEL
Historische Sorte, 1836 von Hinkert beschrieben. Wirtschaftsapfel. Verarbeitung: Dezember bis März. Die Frucht ist plattrund und gerippt. Schale grünlichgelb, an der Sonnenseite gerötet und berostet. Das Fruchtfleisch ist Süßsäuerlich. (40) Synonyme: **Kaiserapfel, Pomme Imperiale Verte.**

GRÜNER KÄSAPFEL
Historische Sorte, 1836 von Hinkert beschrieben. Tafel- und Wirtschaftsapfel. Genussreife: X bis XII. Schale ist gelblichgrün, Sonnenseite gerötet und gestreift. Fruchtfleisch stark gewürzt. (40)

GRÜNER PAULINER
Wirtschaftsapfel. Genussreife: I bis VII. Mittelgroß, flachrund. Schale grünlichgelb bis gelb. Sonnenseite leicht gerötet. Synonym: **Grüner Pawliner.**

Im Bundes-Obstarten-Sortenverzeichnis sind folgende Sorten aufgeführt:
GRÜNER PAULINER
GRÜNER RAMBUR
GRÜNER RICHARD Alte Lokalsorte. Herkunft ist ungewiß.

GRÜNER SANS PAREIL
Historische Sorte, 1797 von Christ beschrieben. Mittelgroße Frucht. Schale grün, Sonnenseite gerötet. Wohlschmeckend. (40)

GRÜNER SOMMERGEWÜRZAPFEL
Im Bundes-Obstarten-Sortenverzeichnis eingetragen.

GRÜNER SOMMERKARTÄUSER
Historische Sorte. 1836 von Hinkert beschrieben. Frucht ist mittelgroß, rund. Schale ist grün, Sonnenseite gerötet. Fruchtfleisch ist süß. (40) Synonym: **Kartäuser.**

GRÜNER STETTINER
Wirtschaftsapfel. Großer, flach runder, gleichmäßig gebauter Apfel. Auch **Grüner Winterstettiner.** Mittelfrühblühend, diploid (32) Verarbeitung: I bis IV. Schale gelblichgrün, Sonnenseite gerötet. Deutlicher Geruch.

GRÜNER STINZENDORFER
Im Bundes-Obstarten-Sortenverzeichnis angegeben.

GRÜNER WIESLING
Wirtschaftsapfel, war im 19. Jh. in Niederösterreich verbreitet. (02)

Im Bundes-Obstarten-Sortenverzeichnis angegeben:
GRÜNER WEINSÄUERLING
GRÜNER WILHELM Alte Lokalsorte. Herkunft ist unbekannt.
GRÜNLING

GRÜNER WINTERSTETTINER
Wirtschaftsapfel, wurde im 19. Jahrhundert in der Steiermark angebaut. Soll genügsamer als der **Rote Winterstettiner** sein. Identisch mit dem **Grünen Stettiner.**

GRÜNFLEISCHIGE RENETTE
Synonym: **Reinette á Chair Verte.** Tafel- und Wirtschaftsapfel. Genussreife: XII bis IV. Sehr groß, flachrund, gerippt. Schale bläulichgrün. Schwacher Geruch. (39)

GRÜNHOFER HASENKOPF
Vorwiegend Wirtschaftsapfel. Genussreife: XI bis II. Frucht mittelgroß, abgestumpft kegelförmig. Schale hellgelb, Sonnenseite gerötet und gestreift. (39)

GRUNING
Nordamerikanische Apfelsorte. War im 19. Jahrhundert bekannt.

GRÜNLING VON RHODE ISLAND
Als Mostapfel im 19. Jh. in Oberösterreich sehr bekannt. Fallreife: Ende Oktober. Sehr geeignet für rauhe Lagen. Mittelgroße Frucht. Schale gelblichgrün, Sonnenseite gerötet, leichte Berostungen. Herkunft: Dem Namen nach aus der USA.
Synonyme: **Pomme Verte de Rhode-Island, Rhode Island Greening.**

GRÜNLING VON YORKSHIRE
Wirtschaftsapfel. Verarbeitung: I bis VI. Großfrüchtig, flachrund, gerippt. Schale ist gelbgrün, sonnenseits etwas gerötet und gestreift. Schwacher Geruch. (39)
Synonym: **Yorkshire Greening.**

GRÜNLINGSAPFEL
Alte Lokalsorte aus Österreich. (44)

GRUSCHEWKA KRASNAJA
Als guter Pollenspender erwähnt. (07)

GUBENER WARRASCHKE
Wirtschaftsapfel. Synonyme: **Warraschke, Warraschke de Guben.** Wirtschaftsapfel. Genussreife: I bis VI. Mittelgroß bis groß. Schale gelb, Sonnenseite marmoriert und gerötet. Schwacher Geruch. (39)

Im Bundes-Obstarten-Sortenverzeichnis angegeben:
GUL KANEL

GULDAEBLE
GÜLDERLING. Gülderlinge wurden schon vor über 200 Jahren beschrieben.
GULT AUGUSTAEBLE

GUNDELSDORFER
Lokalsorte in Bayern. Walzenförmig. Schale grünlichgelb. Deckfarbe großflächig verwaschen und gestreift. Abb. (39 S. 206)

GUSTÄVLE
Eine alte Lokalsorte aus Württemberg. Wird noch bei Nürtingen erhalten. (67)

GUSTAVS DAUERAPFEL
Lokalsorte in der Schweiz. Soll Tafel- und Wirtschaftsapfel sein. Frucht ist mittelgroß bis groß. Genussreife: XII bis V. Schale gelb, Deckfarbe großflächig, marmoriert und gestreift. Fruchtfleisch gelblich, fest, fein, saftig. Sehr angenehm süßweinig. (39) Auch bekannt als: **Gustav's Apfel.** (70)

GYLLENKROOKS ASTRACHAN
Sehr frostharte Sorte. Reife: IX. (07)

HAC 9
Sorte aus Japan. (27-2/96) Vermutlich noch Nummernsämling. 1986 wurde die Sorte **Hacnine** in Japan zugelassen. Kreuzung aus **Fuji X Tsugaru.** (27-7/95)

HACCOURTER GULDERLING
Synonym: **L'Abondante.** Vielseitig verwendbar. Mittelgroße Frucht. Flachrund und gerippt. Genussreife: XII bis IV. Schale grünlichgelb, sonnenseits manchmal gerötet. Leichte Berostungen, schwacher Geruch. Etwas gewürzt, vorherrschende Säure. (40)

HACKLEDTER KALVILL
Österreichische Lokalsorte. (44)

HADELNER NEUER ROTFRANCH
Lokalsorte aus dem Land Hadeln, (Heute Ldkr. Cuxhaven).

HADELNER ROTFRANCH
Lokalsorte aus dem Land Hadeln. (70) (79)Vermutlich identisch mit dem **Hadelner Neuen Rotfranch**. (Autor)

HADELNER SOMMERPRINZ
Alte Sorte. Stammt aus dem „Land Hadeln". Typischer Prinzenapfel. Dünner Stiel, Frucht länglich-walzenförmig. Im Geschmack zart und aromatisch. Baum wächst schwach. (Autor)

HÄCKERAPFEL
Lokalsorte. Erhaltung in der Forschungsanstalt Geisenheim.

HAFER-APFEL
Calville blanche d'Eté. 1795 von Schiller beschrieben.

HAGEDORN
Synonym: Hawthornden. (Engl.Name.) Schon im 19. Jh. in England bekannt, s.u. **Apfel von Hawthornden.** Synonyme 1894 bei Gaucher: **Hawley, Hawthornden, Lincolnshire Pippin, Lord Kingston, Old Hawthorndean, Pomme de Hawthornden, Shoreditch White, Weisser Hawthornden, Wheeler's Kernel, White Apple, White Hawthorndean.** R. Koloc schreibt: In Hawthornden bei Edinburgh, Schottland entstanden. Wurde 1780 im Katalog der Fa. Leslie u. Anderson, Edinburgh erwähnt. Kam um 1790 nach London. (93)

HAGLOE CRAB
Apfelsorte in Tschechien. (27-9/94)

HAHNENPEPPING
Synonym: **Cockle-Pippin.** Verwendbar als Tafel- und Wirtschaftsapfel. Genussreife: XII bis III. Frucht klein bis mittelgross. Schale gelb, leicht berostet. Fleisch ist gelblichweiß, fein, fest, später zart und mürbe. Saftig, zitronatartige Würze. Deutlicher Geruch. (39)

HAJKOWA MUSKATOWA RENETA
Im Bundes-Obstarten-Sortenverzeichnis aufgeführt. Erhaltung in Pillnitz, Müncheberg und Triesdorf. (70)

HAJKOVA RENETA
Apfelsorte in Tschechien. (27-9/94)

HALBERSTÄDTER JUNGFERNAPFEL
Lokalsorte aus der Halberstädter Gegend. War in Sachsen-Anhalt, besonders in der Umgebung von Magdeburg und im Südharz sehr bekannt. Wirtschaftsapfel. Genussreife: XI bis III. Synonyme: **Jungfernapfel.** In der Magdeburger Gegend

Ziemerling, im Unterharz **Prinzenapfel.** Frucht mittelgroß, geschmacklich und im Aussehen nicht zufriedenstellend. Für warmes Klima nicht geeignet, eher für rauhes Klima. Abstammung ungewiß. (26-3/64)

HALBWEISSER ROSMARINAPFEL
Mittelgroßer, ziemlich gleichmäßig gebauter Apfel. Vielseitig verwendbar. Genussreife: I bis IV. Schale hellgelb, fettig. An der Sonnenseite etwas gerötet. Deutlicher Geruch. Fruchtfleisch weich. Etwas gewürzt, wenig Säure, viel Zucker. (40)

HALDER
Siehe auch **Apfel von Halder.** Alter Name ist **Apfel aus Halder.**

Im Bundes -Obstarten-Sortenverzeichnis aufgeführt:
HALFOOGSTAPPEL Synonym: **Halbernteapfel.**
HALLAUER MAIENAPFEL Wird bei der LLA in Triesdorf erhalten.

HALLERS LIEBLING
Alte Lokalsorte, Herkunft und Verbreitung unbekannt.

HALLISCHER HERRENAPFEL
Synonyme: **Hallischer gestreifter Herrenapfel, Herrenapfel.** Wirtschaftsapfel, Verwertung: XII bis IV. Frucht mittelgroß bis groß. Schale hellgelb, Sonnenseite intensiv gerötet und gestreift. Deutlicher Geruch. Fleisch etwas gewürzt, viel Zucker. (39) (40)

HALLORENAPFEL
Alte Sorte. Großfrüchtig. Schale gelbgrün. Bis 2 Jahre haltbar (40)

HAMBLEDON DOUX ANS
Im Bundes-Obstarten-Sortenverzeichnis aufgeführt.

HAMMERAPFEL
Name für eine Lokalsorte im Raum Jena/Thür. (Autor)

HAMPERS
Soll ein guter Tafel- und Wirtschaftsapfel sein. Frühherbstapfel. Genussreife: September bis Oktober. Klein bis mittelgroß, flachrund, leicht gerippt. Schale hellgelb, fettig. Sonnenseite gerötet und etwas gestreift. Fruchtfleisch ist gewürzt, angenehme Säure. Deutlicher Geruch. (40)

Im Bundes-Obstarten-Sortenverzeichnis aufgeführt:

HAMPUS, Wird bei der Pomona Franconica erhalten.

HAMVAS ALMA, Sorte wird bei der Pomona Franconica erhalten.

HANA

Stammt aus Tschechien. Züchter: Institut für Exp. Botanik in Prag. Sortenschutz seit 1997. Schorfresistente Frühsorte. Frucht klein bis mittelgroß. Schale grün mit braunrot geflammter und gestreifter Deckfarbe. Genussreife: August. (75) Kulturversuche in der Forschungsanstalt Geisenheim. (85)

HANAIWA

Japanische Sorte. (27-2/96)

HÄNFLING

Im Bundes-Obstarten-Sortenverzeichnis aufgeführt.

HANITA

Unbekannte Sorte. Keine Daten gefunden.

HÄNGBEER-APFEL

Alte Sorte. Wurde 1795 von Schiller beschrieben.

Im Bundes-Obstarten-Sortenverzeichnis sind folgende Sorten aufgeführt:

HANS MATHIESEN

HANS ULI Sorte wird bei der LLA in Triesdorf erhalten.

HANSA

HANSA PRINZ Sorte wird in Bavendorf und in Triesdorf erhalten.

HANSENAPFEL Sorte wird bei der LLA in Triesdorf erhalten.

HAPKE

Knospenmutation des **Starking** aus Kanada. Synonym: **Hapke Delicious.**

HARALSON

Im Bundes-Obstarten-Sortenverzeichnis aufgeführt.

HARBERTS RENETTE

Wurde um 1830 vom Landpfennigmeister Harbert im Kreis Soest in Westfalen verbreitet. Synonyme: In Westfalen **Immapfel** und **Königsapfel.** In Bayern **Goldrenette.** Im Illustr. Handbuch erscheint noch der Name **Harberts Rambourrenette.** Großfrüchtiger Ess- und Wirtschaftsapfel. Liebt kräftige Böden,

später Ertrag. Wurde im 19. Jahrhundert auch in Böhmen angebaut. Weitere Synonyme sind: **Harberts Rambur, Harberts Renettenartiger Rambour, Harberts Renettenartiger Rambur.** Vermutlich aus einem Kloster inWestfalen. Von Diel 1828 zuerst beschrieben. War in der Preisgruppe 3.
Literatur: (02) (04) (13) (24) (39) (93)

HARLEMER GOLDRENETTE
Bei Goetz 1936 erwähnt, ohne Daten. (12)

HARMONIE
Sorte wird in Veitshöchheim erhalten, s. a. Bundes-Obstarten-Sortenverzeichnis.

HARMONY
Neue Apfelsorte aus Tschechien. (27-3/91)

Im Bundes-Obstarten-Sortenverzeichnis wird folgende Sorte aufgeführt:
HARTAPFEL, (Synonym: **Eckpeppler)**

HARROLD RED
Mutation des **Starking** aus dem Staate Washington. Fruchtausfärbung ist sehr gut. Vom Aussehen her eine Verbesserung des **Starking.** Ertrag soll geringer sein. (25)

HARTIGE
Eine Apfelsorte, die im 18. Jahrhundert in Sachsen, besonders um Meißen bekannt war. In einem Schreiben von Mag. Thalwitzer an J. V. Sickler im November 1796 werden verschiedene **Hartige** aufgezählt. **Rothhartige, Grünhartige, Mauerhartige, Weißhartige, Schönhartige, Streifhartige, Römischhartige** und **Glashartige.** Es sollen kleinfrüchtige, teilweise sehr farbige und gestreifte Äpfel gewesen sein. Über die Herkunft dieser Sorten wurde keine Einigung erzielt, aber man zog Vergleiche mit den damals in Sachsen bekannten **Geläpfeln,** auch **Wermuth Geläpfel, Kropschgen** und **Taubenfüßchen.** Diese Sorten waren kleinfrüchtige Winteräpfel. Diese Sorten wurden zur Gruppe der **Streiflinge** gezählt. Dieses und vieles mehr ist nachzulesen im "Teutschen Obstgärtner" 1797 von J. V. Sickler. (31) Die **Hartige** wurden 1938 noch in einem sächsischem Apfelsortenverzeichnis aufgeführt. (95) Ich vermute, dass der **Römische Härtling** und der **Doppelte Härtling** mit den **Hartigen** identisch sind. (Autor)

HÄRTLING
Eine alte Lokalsorte in Österreich. (44) Bekannt ist auch ein **Doppelter Härtling**

und ein **Römischer Härtling.** Beide Sorten werden bei österreichischen Genbanken erhalten und in Deutschland bei der LLA in Triesdorf.

HARTWIGS HERBSTAPFEL
Tafel- und Wirtschaftsapfel. Genussreife: X bis XII. Mittelgroße Frucht. Kegelförmig. Schale fettig, hellgelb. Sonnenseite gerötet und gestreift. Fleisch etwas gewürzt. Deutlicher Geruch. Angenehme Säure. (40)

HARVEYS GOLDAPFEL
Synonyme: **Brandy Apple, Golden Harvey.** Kleine, gleichmäßig gebaute Frucht. Schale gelb, Sonnenseite intensiv gerötet. Frucht neigt zum Welken. Kein Geruch. Fleisch gelblichweiß, fein, saftig, renettenartig gewürzt, angenehme Säure. Ausreichend Zucker. (39)

HASELDORFER PRINZ
Synonyme: **Fesefeld, Fesefeldapfel, Haseldorfer, Köllns Renette, Schöner aus Haseldorf, Schöner von Haseldorf.** Lokalsorte aus der Haseldorfer Marsch in Holstein. Große, ansehnliche Früchte. Geschmacklich nicht befriedigend. Fruchtfleisch wattig, neigt zur Fleischbräune. Dickschalig. Schale blau bereift. Periodischer Träger. Sorte ist triploid. Handelsname ist: **Schöner aus Haseldorf.**
Literatur: (26) (39) (Autor)

Im Bundes-Obstarten-Sortenverzeichnis werden folgende Sorten aufgeführt:
HASENAPFEL, Sorte wird bei der LLA in Triedorf erhalten.

HASENKOPF, War in der Preisgruppe 3. Sorte wird in Pillnitz erhalten.
Bekannt sind ein **Doppelter,** ein **Roter** und ein **Grüner Hasenkopf.**

HASENAPFEL
Eingetragen im Bundes-Obstarten-Sortenverzeichnis.

HASENKÖPFL
Alte Lokalsorte in Österreich. (44)

HASLACHER LUIKEN
Lokalsorte aus Baden-Württemberg.

HASLINGER
Ist im Bundes-Obstarten-Sortenverzeichnis eingetragen.

HASLINGER
Herkunft nach österreichischen Angaben ist Ungarn. 1871 erstmals eschrieben. Seitdem in der Steiermark, in Südtirol und im heutigen Slowenien als Wirtschaftsapfel bekannt. Laut W. Votteler vermutliche der **Rheinische Winterranbur. Haslinger** und **Haslinger Jägerapfel** sind Synonyme dieser Sorte. In Österreich: **Haselapfel, Roter Pogatschapfel.** (02)(39)

HASSFELDS GULDERLING
Haßfelds Gulderling. Im 19. Jahrhundert eine Lokalsorte in Thüringen (16 S. 799) Genussreife: X bis XII. Tafelapfel. (39)

HATZBACHER WEISSER SCHNEEAPFEL
Alte Lokalsorte, im Bundes-Obstarten-Sortenverzeichnis eingetragen.

HAUCKS HYBRIDE
In der Sortenprüfung bei der Forschungsanstalt in Geisenheim. (85)

HAUKS HYBRIDE
Sortenerhaltung in der Forschungsanstalt Geisenheim. (85)

HAUENSTEIN
Mit Sicherheit eine Züchtung von Peter Hauenstein aus Rafz in der Schweiz.

HATSUAKI
Neuzüchtung aus Japan. **Jonathan X Golden Delicious.** Ertrag soll hoch sein.

HAUGENAPFEL
Angegeben im Bundes-Obstarten-Sortenverzeichnis.

HAUPTMANNSAPFEL
Synonym: **Roter Hauptmannsapfel.** Ein großfrüchtiger Tafelapfel. Genussreife: X bis XII. Nur rotschalig. Baum ist starkwüchsig. Widerstandsfähig gegen Frost. (39) Auch den Frostwinter 1939/40 hat diese Sorte, wie nur wenige, überstanden. (83)

HAUSAPFEL
Alte Lokalsorte aus dem Raum Aachen. Im 19. Jh. bekannt. (17)

HAUSCHILD
Hauschild ist auch der Handelsname. Eine alte Lokalsorte im Alten Land. Heute bedeutungslos, auch wohl nicht mehr anzutreffen. (Autor)

HAUSMÜTTERCHEN
Synonyme: **Menagére, Pfundapfel, Pomme de Livre, Großer Rambour.** Großfrüchtiger Wirtschaftsapfel. Verwertung: X bis XII. Schale fettig, hellgelb, nur leicht gerötet. Fleisch ist weiß, saftig, feinzellig und mürbe. Im Geschmack süßlich, schwach gewürzt. Ausgeprägter Geruch. (02) (39)

HAUT-BONTÉ
Im Bundes-Obstarten-Sortenverzeichnis angegeben.

HAUXAPFEL
Vom Baumwart A. Haux in den 20er Jahren als Sämling entdeckt. Herkunft: Göppingen-Jebenhausen. Samenspendende Muttersorte war der **Rote Trierer Weinapfel.** Wirtschaftsapfel, besonders zum Versaften geeignet. Guter Koch- und Bratapfel. Mutanten nicht bekannt. Anspruchslos gegenüber Bodenverhältnissen. Fleisch grünlichweiß, grob. Aroma nicht ausgeprägt. Angenehme Säure, etwas Zucker. (39) Synonym: **Haux.**

HAVANTRENETTE
Im Bundes-Obstarten-Sortenverzeichnis angegeben.

HAVELGOLD
Stammt aus Pillnitz. Im Handel seit 1992. Großfrüchtig, qualitativ hochwertig. Länglich mit glatter Schale kaum berostet. Intensives Aroma. Früchte vorwiegend rot. (27-7/96) Kreuzung aus **Undine X Auralia.** Genussreife: Ende IX bis XII.

HAVIER DE BAVAY
Großer, plattrunder Apfel mit roten Streifen. (39)

Im Bundes-Obstarten-Sortenverzeichnis angegeben:
HAWAII GOLDEN
HECO

HEDINGER
Synonym: **Salenapfel.** Soll um 1850 aus England in die zürcherische Gemeinde Hedingen eingeführt worden sein. Herbstapfel, mittelgroß, druckempfindlich. Schale ist glatt, fettig. Grundfarbe weißgelb bis gelb. Deckfarbe rot marmoriert, gestreift und geflammt. Genussreife von November bis Januar. Sehr schlecht zu lagern. Der Apfel wird leicht mölsch. (Schweizer Ausdruck für morsches Fruchtfleisch). Druckempfindlich. (03)

Im Bundes-Obstarten-Sortenverzeichnis sind angegeben:
HEDWIG
HEIMENHOFER
HEINEMANNS SCHLOTTERAPFEL, ein platter, runder Apfel, stark rot gestreift und rotflächig. (39) (70)
HEINRICHSAPFEL,

HEINRICHS WILDER
Wurde 1938 in der sächsischen Obstbauzeitung erwähnt. Lt. Wertgruppenaufteilung ein Wirtschaftsapfel.

HEISS`S SPÄTER
Heiß´Später. Sortenprüfung in der Forschungsanstalt Geisenheim. (85)

HELDEN
Unbekannte Sorte. Keine Daten gefunden.

HELGA
Angegeben im Bundes-Obstarten-Sortenverzeichnis.

HELIOS
Stammt aus Müncheberg. **Geheimrat Dr. Oldenburg** war ein Elternteil. Frühapfel. Nur im August haltbar. Widerstandsfähig gegen Schorf. Anfällig für Glasigkeit. Seit 1969 im Handel. Mittelgroße rundliche Frucht. Schale ist gelb, an spezifischen Standorten orangeroter Hauch. Sonst Sonnenseite gerötet und gestreift. Schwache Säure, viel Zucker. (66) Bekannt ist auch ein **Roter Helios.** Genussreife: August. Relativ robuste Frühsorte. Nur kurz haltbar. (75)

HEMMERICHSAPFEL
Breitrund, hellgelb, später ganzflächig gestreift. (39)

HENZENS GOLDPEPPING
Synonym: **Goldpepping.**

HENZENS GRAVENSTEINER
Eingetragen im Bundes-Obstarten-Sortenverzeichnis.

HENZENS GULDERLING
Mittelgroßer goldgelber Apfel. Ausgezeichneter Kelterapfel. Baum ist reichtragend. (40) Synonyme: **Henzen, Gulderling.**

HENZENS PARMÄNE
Soll guter Tafel- und Wirtschaftsapfel sein. Genussreife: XII bis III. Mittelgroße Frucht, rund, gerippt. Schale glatt, gelblichgrün, später zitronengelb. (39)

HERBSTBORSDORFER
Eingetragen im Bundes-Obstarten-Sortenverzeichnis.

HERBSTGOLD
Anbau in den neuen Bundesländern. (Fruchthandel 7/92)

HERBSTKALVILL
Erhalten werden der **Gelbe Herbstkalvill,** der **Gestreifter Herbstkalvill,** der **Rote Herbstkalvill,** und der **Rotgestreifte Herbstkalvill** in verschiedenen Institutionen. (70) Die **Herbstkalville** waren Tafel- und Wirtschaftsäpfel und waren im 19. Jahrhundert sehr bekannt und beliebt.

HERBSTPARMÄNE
Bekannt seit 1500. Mittelgroßer bis großer Apfel. Schale ist gelb, Sonnenseite etwas gerötet. Leicht berostet. Geschmack süßsäuerlich. Reifezeit im Frühherbst. Synonyme:**Autumn Pearmain, Birnenrenette, Butterapfel, Englische Birnenrenette, Englische Königsparmäne, Erdbeerapfel, Geflammter Butterapfel, Gestreifte Sommerparmäne, Judenrenette, Pearmain d`Automne, Schleswiger Erdbeerapfel, Veilchenapfel.**

HERBSTSPITZAPFEL
War im 19. Jh. in der Provinz Hannover bekannt. (17)

HERBSTSTREIFLING
Synonym: **Striepeling (Herbst).** 1795 von Schiller beschrieben.

HERBSTVEILCHENAPFEL
Sehr alte Sorte, wurde schon um 1750 beschrieben. Synonym: **Pomme Violette d'Automne, Veilchenapfel.** Herbstapfel für die Tafel. Genussreife: X bis XII. Mittelgroße Frucht, plattrund. Schale weißgelb, Sonnenseite intensiv gerötet und gestreift. Fruchtfleisch ist zart, weiß, leicht gerötet. Ausreichend saftig, süßsäuerlich.

HERBSTZITRONENAPFEL
Tafel- und Wirtschaftsapfel. Genussreife: IX bis XI. Mittelgroß, einer der vielen Zitronenäpfel. Goldgelbe Schale, schwacher Geruch. Fruchtfleisch gewürzt. (39)
Synonym: **Zitronenapfel.**

HEREFORDSHIRE PARMÄNE
Synonyme: **Herefordshire Pearmain, Pomme de Hereford.** Sonnenseite gerötet. Mittelgroße Frucht. Gleichmäßig, hoher Zuckergehalt. Schale gelblichgrün, leicht berostet. Genussreife: XII bis III. Bekannt ist ein **Herefordshire Beefing.**

HERMA
Müncheberger Züchtung aus Samen des Jonathan. Widerstandsfähig gegen Mehltau und Schorf. Anfällig für Stippe. Frucht mittelgroß bis groß. Schale grünlichgelb, später gerötet und gestreift. Fruchtfleisch ist gelblichweiß, fest, feinzellig, sehr saftig, parfümiert, angenehm süßsäuerlich. Genussreife: XII bis III. Tafelapfel für Frischverzehr, brauchbar für Stücke, Mus und Tortenbelag. (66)

HERMENS
Hellrote Mutante vom **Elstar.** Genussreife: XI bis XII. Frucht ist klein, rund, fein gerippt. Schale gelblichgrün bis hellgelb. Sonnenseite gerötet und gestreift.

HERRENBRÜNNERLING
Im Bundes-Obstarten-Sortenverzeichnis eingetragen.

HERRENAPFEL
Sorte war um 1890 in Ostthüringen bekannt. Synonym: **Träubchen.** (16) Sickler schrieb 1796 über einen **Herrenapfel,** auch unter den Namen **Dominiska** bekannt. Ein **Herrenapfel** ist in der Sortenprüfung: Forschungsanstalt Geisenheim.

HERRENHÄUSER SCHMELZLING
Eine historische Sorte, 1836 von Hinkert beschrieben. Tafelapfel. Genussreife: XI bis XII. Kleinfrüchtig. Rund, fein gerippt. Schale gelblichgrün bis hellgelb. Sonnenseite gerötet und gestreift. Fruchtfleisch gewürzt. Synoynme: **Rostocker Schmelzling, Schmelzling.** (40)

HERRENHÄUSER WEISSER HERBSTSTRICHAPFEL
Vorwiegend Wirtschaftsapfel. Genussreife: X bis XI. Klein bis mittelgroß. Schale gelb, Sonnen-seite gerötet und etwas gestreift. Schwacher Geruch. Fruchtfleisch gewürzt, angenehme Säure. (39) Synonym: **Strichapfel.**

HERRINGS PIPPIN
In den 60er Jahren im Alten Land im Versuchsanbau. Abstammung unbekannt. Von Pearson in Nottingham, England eingeführt. Frucht groß, dunkelrot geflammt und gesprenkelt. Milder aromatischer Geschmack. Bei uns nicht empfohlen.
(26-11/12/63)

HERRNHUT
Zufallssämling, in Herrnhut bei Zittau in Sachsen um 1880 von Heintze gefunden. War stark verbreitet als guter Stammbildner. Säuerlicher Geschmack, ohne Aroma. Transport- empfindlich. Längliche, spitz zulaufende, kantige-unregelmäßige Form. Mittelgroß, hochrund, grünlichgelb mit braunroter Deckfarbe. Schale fettend. Bringt hohe Erträge. Genussreife: X bis XII. Verträgt Kühl- und Normallager.
Synonym: **Schöner von Herrnhut.** (26-3/64)

HERWEGS RENETTE
Synonym: **Herwegs Weiße Rentte.** Tafel- und Wirtschaftsapfel. Mittelgroße Frucht. Abgestumpft rund. Genussreife: I bis V. Schale gelb, teilweise berostet. Geruch schwach. Fleisch grünlichgelb, fein, oft etwas schwammig, saftig. Gutes Zucker-Säure-Verhältnis. (39)

HERZOG BERNHARD
Synonyme: **Bernhard, Duc Bernhard.** Tafel- und Wirtschaftsapfel. Genussreife: VIII bis IX. Großfrüchtig, kegelförmig, breit gerippt. Schale ist hellgelb, Sonnenseite etwas gerötet und kräftig gestreift. Schwacher Geruch. (39)

HERZOG VOM MÜNSTERLAND
Alte Lokalsorte. Im Bundes-Obstarten-Sortenverzeichnis eingetragen.

HERZOG VON DEVONSHIRE
Tafel- und Wirtschaftsapfel. Genussreife: II bis V. Frucht klein bis mittelgroß. Schale grünlichgelb, teilweise berostet. Gewürzt, angenehme Säure.
Synonyme: **Duc de Devonshire, Duke of Devonshire.** (39)

HERZOGIN OLGA
Soll guter Tafel- und Wirtschaftsapfel sein. Genussreife: VIII bis IX. Frucht sehr groß, rundlich, flach gerippt. Schale gelblichgrün, sonnenseits manchmal gelblichrot. Deutlicher Geruch. Frucht ist wenig gewürzt. (12) (39)

HERZOGIN VON OLDENBURG
Guter Pollenspender. Sorte ist diploid. (07)

HESLACHER GEREUTAPFEL
Tafel- und Wirtschaftsapfel. Kleinfrüchtig, flachrund. Genussreife: X bis XII. Weihnachtsapfel. Soll ein guter Kelterapfel sein. Widerstandsfähig gegen Krankheiten und Schädlinge. Synonym: **Gereutapfel.** (39)

HESLACHER LUIKEN
Lokalsorte aus Württemberg. Wirtschaftsapfel. Sorte wird in einer Altsortenanlage bei Nürtingen erhalten. (67)

HESLACHER ORIGINAL
Lokalsorte aus Baden-Württemberg.

HESSELBACHER
Lokalsorte aus dem Renchtal in Baden. Wirtschaftsapfel. Genussreife: XI bis II. Mittelgroß bis groß, stark gerippt. Rotbackig. Fruchtfleisch fest, säuerlich. Der Baum wächst sehr stark und aufrecht. Bildet eine kompakte Krone. (39)

HESSELMANNS SCHLOTTERAPFEL
Lokalsorte aus dem Raum Solingen. Wirtschaftsapfel. Genussreife: I bis IV. Großfrüchtig, walzenförmig, breit gerippt. Schale grünlichgelb, Sonnenseits kräftig gerötet, etwas gestreift. Fleisch gelblichweiß, halbfein, etwas saftig, wenig Würze.

HEUCHELSHEIMER SCHNEEAPFEL
Sortenerhaltung und Prüfung in der Forschungsanstalt Geisenheim. (85)

HEYDERS LIEBLING
Tafel- und Wirtschaftsapfel. Genussreife: XI bis II. Mittelgroß, abgestumpft rund. Schale gelb, Sonnenseite leicht gerötet, häufig Rost- und Warzenbildung. Schwacher Geruch. (39)

HI EARLY
Synonyme: **Hi Early Delicious, Hi Early Red Delicious, Neff Delicious.** Herkunft: Staat Washington, USA. Seit 1955 im Handel. (25)

HIBERNAL
Herkunft: Russland. Wirtschaftsapfel. Genussreife: IX bis I. Großfrüchtig. Baum wächst stark. Anspruchslos gegenüber Boden und Klima. Wegen der großen Frosthärte als Stammbildner besonders geeignet. (07)

HICKS LIEBLING
Synonym: **Liebling.** Synonym für **Früher Nonpareil.**

HIEFENAPFEL (der rothe sauere)
Synonym: **Joopen-Appel (roode zuire).** 1795 eingehend von Schiller beschrieben.

HIEROGLYPHENRENETTE
Alte historische Sorte. 1836 von Hinkert beschrieben. Tafelapfel. Kleine, abgestumpft rund bis hochgebaute Frucht. Schale gelblichgrün bis zitronengelb. Fleisch gewürzt. Gutes Zucker-Säureverhältnis. (40)

HIFLINGER
Kleinfrüchtig, gelbe Schale. Vermutlich eine Lokalsorte. (39)

HIGHLAND
Aus den USA. Tafelapfel, kleinfrüchtig. Schön gefärbt, erfrischend saftig. (83)

HILDE
Im Bundes-Obstarten-Sortenverzeichnis. Großfrüchtige Sorte. Walzenförmig, Schale rotbraun. Wirtschaftsapfel. (85) In Geisenheim im Versuchsanbau.

HILDESHEIMER GOLDRENETTE
Synonyme: **Christs Goldrenette, Goldrenette, Hildesheimer Gelber Winterpepping.** Lokalsorte aus dem Raum Hannover und Braunschweig. Groß, kegelförmig. Schale goldgelb, Sonnenseite gerötet, etwas gestreift. Schwacher Geruch, etwas gewürzt. Fruchtfleisch gelblichweiß, fest, saftreich. (39)

HILDESHEIMER SAFTRENETTE
Vorwiegend Wirtschaftsapfel. Genussreife: X bis XI. Mittelgroße Frucht. Schale hellgelb, Sonnenseite etwas gerötet. Schwacher Geruch. Fruchtfleisch gelblichweiß, fein, saftig, schwach gewürzt. (39)

HILLIARDS ROSMARINAPFEL
Mittelgroßer, ungleichmäßig gebauter Apfel. Tafel- und Wirtschaftsfrucht. Genussreife: XII bis II. Schale fettig, gelb, Sonnenseite leicht gerötet. Schwacher Geruch, gewürzt. Milde Säure, ausreichend Zucker. (39)

HILLJES WILLI
Angegeben im Bundes-Obstarten-Sortenverzeichnis. Wird in Triesdorf und bei der Pomona Franconica erhalten.

HIMBACHER GRÜNER
Sehr gute Keltersorte. Schale grüngelb, Sonnenseite leicht gerötet. 1890 in Himbach, Kreis Büdingen/Hessen gefunden. Fruchtfleisch ist fest und saftig. Verarbeitung: November bis März. (39)

HIMBEERAPFEL
Bekannt sind noch **Hofingers Himbeerapfel** und ein **Roter Winterhimbeerapfel.**

HIMBEERAPFEL VON HOLOVOUS
Auch **Himbeerapfel von Holowaus, Holowaus, Malinové, Holovouské, Roter Winterkalvill von Jaromér.** Züchter: M. Levener. Stammt aus Böhmen. War dort im 19. Jahrhundert als Tafelapfel bekannt. Bevorzugt mittlere Böden und Lagen. Schale hellgelb, Sonnenseite gerötet, Streifen auf der ganzen Frucht. Deutlicher Geruch. Fleisch ist fein, saftig, weiß. Liebhabersorte. (39) (47)

HIMBSELS RAMBUR
Synonym: **Rambour de Himbsel** und **Rambur de Himbsel.** Wirtschaftsapfel. Verwertung von XII bis IV. Sehr großfrüchtig. Zur Reifezeit intensiv gerötet. Schale fettig, hellgelb. Schwacher Geruch. Baum wächst gesund. Erträge befriedigend. (39)

HIMEKAMI
Japanische Apfelsorte. (27-2/96) Züchter: Fruit Tree Research Station, Ibaraki, Japan. Kreuzung aus **Fuji X Jonathan.** Früchte mittelgroß.

HINDENBURGAPFEL
Etwas länglicher, großfrüchtiger Apfel. Rot gestreift und gerötet. **Hindenburg** ist auch ein Synonym für die Sorte **Schöner aus Nordhausen.**

Im Bundes-Obstarten-Sortenverzeichnis sind folgende Sorten aufgeführt:
HINZNANGER Sorte wird in Bavendorf erhalten.
HIRSCHKNÄCKERLA Sorte wird in Weihenstephan und Triesdorf erhalten.
HIRTLING Sorte wird bei der Pomona Franconica erhalten.
HISTON FAVOURITE Sorte wird bei der Pomona Franconica erhalten.

HOCHFEINE RENETTE
1936 bei Goetz ohne Daten erwähnt. (12 S. 21)

HOCHZEITSAPFEL
Alte Sorte. Aus dem Angelner Land in Schleswig-Holstein. Starker Wuchs. Anspruchslos. Große gelbrote Frucht, süßsäuerlich, saftig. Genussreife: X bis XII.

HOCHZEITSRENETTE
Historische Sorte. Von Hinkert 1836 beschrieben. Frucht klein, plattrund. Schale gelb, Sonnenseite leicht gerötet. Vorherrschend süß.

HOFÄPFEL
Lokalsorte in Württemberg. Wird in der Nähe von Nürtingen erhalten. (67)

HOFFNUNGSAPFEL
Historische Sorte, von Hinkert 1836 beschrieben. Frucht mittelgroß, hochgebaut, fein gerippt. Schale fettig, gelb. Sonnenseite leicht gerötet. Gewürzt, süß. (40)

HOFWEILER
Bekannt sind ein **Gelber Hofweiler** und ein **Rotgelber Hofweiler.** Erhaltung in Triesdorf. In der Sortenprüfung in Geisenheim ist ein **Hofweiler Gelb.**

HOHE GÜTE APFEL
Historische Sorte, wurde von Christ 1797 beschrieben. Genussreife: I bis III. Frucht ist groß, abgestumpft rund, gerippt. Schale gelblich-grün, Sonnenseite schwach gerötet. Fruchtfleisch parfümiert, säuerlich. (40)

HOHEITSAPFEL
Wirtschafts- aber auch Essapfel. Genussreife: XII bis V. Schale glatt, grünlichgelb, später gelb. Sonnenseite kräftig gerötet. Zur Reife intensiv gestreift. Sehr schwacher Geruch. (39)

HOHENHEIMER RIESLING
Synonyme: **Hohenheimer Rieslingsapfel, Bastard des Beerenapfels.** Entstand um 1870 als Zufallssämling in der Akademie Hohenheim. Wirtschaftsapfel. Verarbeitung: IX bis XI. Klein, rund, gelb mit leicht geröteter Sonnenseite. Etwas berostet. Fleisch intensiv gelb, fein, fest, ziemlich saftig, zuckerreich. (39)

HOHENHEIMER SCHMELZLING
1598 wurde von J. Bauhin ein **Schmelzling** beschrieben. Lucas führte 1854 einen **Schmelzling** in der Gruppe „Gestreifte Rosenäpfel mit geschlossenem Kelch" mit den Synonymen **Bamberger, Göppinger, Jakobacher, Pfaffenapfel, Rosmarin-Apfel** an. Ab 1886 (J. Gsell, Hechingen) tauchte vermehrt der Name **Hohenheimer Schmelzling** auf. Durch verschiedene Pomologen wurde gleichzeitig die Verbindung zum **Geflammten Cousinot** hergestellt. (Goethe 1890) Möglicherweise sind es denoch verschiedene Sorten, oder es handelt sich gar um den **Gestreiften Backapfel.** Synonym: **Jakobacher.** (Nach Metzger 1847) **Hohenheimer Schmelzling** ist ein Synonym des **Backapfel.** Genussreife: IX bis X. Zum Dörren, Kochen und Mosten und auch zum Rohgenuss. Frucht mittelgroß bis groß, plattrund, bauchig bis kugelig mit kleinen flachen Rippen. Schale ist glatt

und geschmeidig, fettig, hellgelb, flammenartig gestreift, häufig gänzlich karminrot verwaschen. Fleisch ist gelblichweiß, fein, saftig, rosenapfelartig gewürzt. Für rauhe Lagen geeignet. Literatur. (67)

HOHENSTAUFENER ROSENAPFEL
Sorte war im 19. Jahrhundert in Thüringen bekannt. (Pr. Ratgeber von 1888)

HOHENZOLLERNAPFEL
Großfrüchtige Sorte. Schale gelbgrün. 2 Jahre haltbar. Im Bundes-Obstarten-Sorten-verzeichnis eingetragen. Synonym: **Hohenzollern.**

HOHMS RENETTE
Tafel- und Wirtschaftsapfel. Genussreife: XI bis II. Mittelgroß, flachrund. Schale goldgelb mit etwas geröteter Sonnenseite. Ausgeprägter Geruch. Gewürzt, viel Säure, ausreichend Zucker. (39)

HOKUTO
Neue Apfelsorte aus Japan. (27-2/96)

HOLIDAY
Ist im Bundes-Obstarten-Sortenverzeichnis eingetragen.

HOLLAND PIPPIN
Winterapfel. 1941 in „Deutscher Obstbau“ beschrieben.

HOLLAND PIPPIN
HOLLANDBURY,
sind auch im Bundes-Obstarten-Sortenverzeichnis aufgeführt und werden bei der Pomona Franconica erhalten.

HOLLÄNDISCHER PRINZ
Einer der vielen Prinzenäpfel unbekannter Herkunft und Abstammung. War an der Niederelbe ein beliebter und viel angebauter Apfel. Heute ohne Bedeutung. Nur noch für Liebhaber interessant, im Kleingarten usw. Schrumpft und wird mehlig bei zu trockener Lagerung. Angenehm würzig, aromatisch. Tafelapfel. Im Alten Land: **Holländer Prinz, Holländer Prinzenapfel.** Preisgruppe 2. (Autor)

HOLLÄNDISCHER BELLEFLEUR
Synonyme: **Brabanter Bellefleur, Roter Bellefleur, Roter Holländischer Bellefleur.** Tafel- und Wirtschaftsapfel. Genussreife: XI bis IV. Schale fettig,

zitronengelb, Sonnenseite etwas gerötet. Geruch schwach. Mittelgroßer, ziemlich gleichmäßig gebauter Apfel. Fruchtfleisch gelblichweiß, fein, saftig, leicht gewürzt. Ausreichend Zucker.

HOLLÄNDISCHER GRAUER RABAU
Tafel- und Wirtschaftsapfel. Genussreife: XII bis III. Mittelgroß, flachrund. Schale stark berostet. Grundfarbe gelblichgrün, Sonnenseite gerötet. Fruchtfleisch grünlichgelb, wird schnell braun. Ausreichend saftig, angenehm gewürzt. (39)
Synonym: **Rabau.**

HOLLÄNDISCHER HERRENGARTENAPFEL
Historische Sorte, 1836 von Hinkert beschrieben. Genussreife: IX bis XII. Mittelgroß, plattrund. Schale fettig, gelb, Sonnenseite gerötet und gestreift. Weinsäuerlich.
Synonym: **Herrengartenapfel.** (40)

HOLLÄNDISCHER KÜCHENAPFEL
Synonyme: **Codlin Hollandais, Dutch Codlin.** Großer, ziemlich gleichmäßig gebauter Apfel. Schale fettig, gelb. Geruch schwach. Fleisch grünlichweiß, mittelfein, saftig, keine Würze. (39)

HOLLÄNDISCHER VOLLTRAGENDER HERBSTAPFEL
Goetz erwähnt 1936 den Apfel, ohne Beschreibung. (12 S. 13)

HOLSTEINER COX
Vermutlich aus Samen von **Cox Orange.** (Norddeutschland). Ältere Bezeichnungen: **Holsteiner Cox´Orangenrenette, Vahldiks Cox III, Vahldicks Sämling Nr. 3.** Um 1900 in Eutin entstanden. 1966/67 für Nordkehdingen, Hadeln und Außendeichsländereien sehr empfohlen. Tafelapfel. Genussreife: Mitte IX bis XII. Mittelgroßer, runder, gleichmäßig gebauter Apfel. Schale grünlichgelb bis goldgelb. An der Sonne leuchtend gerötet und gestreift. Fruchtoberfläche durch netzartige Berostung und Risse in der Schale oft angerauht. Fruchtfleisch ist gelb bis rötlichgelb. Saftig, grobzellig, aromatisch und feinsäuerlich gewürzt. Starkwüchsig. Anfällig für Krebs. Frucht ist anfällig für Glasigkeit. Triploid. Gleichmäßiger Ertrag. Züchter war ein Lehrer Vahldick aus Eutin. In den 60er Jahren wurde diese Sorte in den Pflanzempfehlungen des OVR in Jork stark hervorgehoben.
Reihenabstand: 5 Meter, so konnten 360 Bäume auf einen Hektar gepflanzt werden. H. Petzold schreibt: Schale schwach wachsig, Grundfarbe grüngelb. Deckfarbe hell orangerot verwaschen, gesprenkelt, kurz gestreift, netzartiger Rost. Oft stippig und glasig. Handelsname: **Holsteiner Cox.** Weitere Synonyme: **Holstein, Holsteiner Gelber Cox.** Mutationen: **Esselborn, Griensmann, Mahler, Roter Ehlers,**

Roter Pallocks, Züchter ist mit Sicherheit G. Pallocks aus Osterjork (Ortsteil von Jork im Alten Land) Literatur: (05)(14)(25)(26)(30)(66)(Autor)
Mutationen: **Roter Holsteiner Cox Ehlers,** Synonym: **Ina-Cox.** Züchter: H. Ehlers, Ihlienworth. Sortenschutz 1996 beantragt. Bis zu 70 bis 80 % verwaschen dunkelrot gefärbt. **Roter Holsteiner Cox Völkers,** Synonym: **Tambustar.** Züchter: H. Völkers, Hollern-Twielenfleth. Sortenschutz 1997 beantragt. Fast vollständig dunkelrot gestreifte Früchte. (75)

HOLSTEINER ROSENHÄGER
Entstand in Schleswig-Holstein, wahrscheinlich als Sämling des **Prinzenapfel.** (Welcher **Prinz ?**) Genussreife: X bis I. Mittelgroß, hochgebaut. Schale grün, später großflächig gerötet und gestreift. Gewürzt, süßweinig. (39)

HOLSTEINER ZITRONENAPFEL
Größte Verbreitung und Bekanntheit in Schleswig-Holstein. Tafel- und Wirtschaftsapfel. Mittelgroß, gleichmäßig gebaut. Genussreife: XI bis I. Schale zitronengelb, leicht gewürzt, wenig Zucker. Geruch schwach. (39) (71)

HOLZGRUBER SÄMLING
Lokalsorte aus Niederbayern. Flächig rot gestreift. Abb. (39)

HOLZHÄUSER RENETTE
Im Bundes-Obstarten-Sortenverzeichnis aufgeführt.

HOLZOLLINGER RAMBUR
Lokalsorte aus Oberbayern. Flachrund. Grundfarbe gelb, Sonnenseite gestreift. (39)

HONEYGOLD
Herkunft: Niederlande. Kreuzung aus **Golden Delicious X Haralson.** Anbau auch in Dänemark. In den EG-Normen: **Honey Gold.** (25) (27-7/91) (36) Im Bundes-Obstarten-Sorten-Verzeichnis als: **Honeygold** und **Honey Gold.** (70)

HONIGAPFEL
Sehr alte Sorte, 1836 von Hinkert beschrieben, Tafelapfel. Genussreife: X bis III. Frucht groß, abgestumpft. Schale gelb, sonnenseits manchmal leicht berostet. (40)

HONIGRENETTE
Alte Sorte, 1836 von Hinkert beschrieben. (40) Tafelapfel.Genussreife: XII bis III. Mittelgroß, plattrund. Schale weißlichgelb, Sonnenseite gerötet. Zimtartig gewürzt.

Im Bundes-Obstarten-Sortenverzeichnis werden folgende Sorten aufgeführt:
HONIGWABE STOLL, Unbekannte Sorte, wird in Bavendorf erhalten.
HONIGZOETE,
HOOD´S SUPREME, Sorte wird bei der Pomona Franconica erhalten.

HOOPTER RUHM
Lokalsorte aus der Winsener Elbmarsch.

HOOVER
Amerikanische Apfelsorte. Diploid. (33)

HÖRBIJGAARDS NOVEMBERAPFEL
Wirtschaftsapfel. Genussreife: XI bis XII. Großfrüchtig. Schale fettig, hellgelb, an der Sonne etwas gerötet. Schwacher Geruch. Fruchtfleisch locker. (39)

HORDAPFEL
Spezialmostapfel, stammt aus der Schweiz. Kleinfrüchtig. Der Anbau wurde schon 1945 nicht mehr empfohlen. Geschmacklich als Tafelapfel nicht zu gebrauchen. Schale ist glatt und trocken, schwachglänzend. Grundfarbe hellgelbgrün, Deckfarbe rot marmoriert und geflammt. Fleisch grünlich, fest, knackend, ziemlich grob. Saftig, aber mit viel Zucker, mäßig gewürzt. Es gibt auch noch einen Typ: **Grauer Hordapfel.** Soll in Bezug auf Baumeigenschaften, Gesundheit und Tragbarkeit besser sei. (03)

HOREI
Herkunft: Japan. Versuchsstation Aomori. Kreuzung aus **Ralls Janet X Golden Delicious.** Bei uns nahezu unbekannt. (26-6/64)

HÖRLINS PEPPING
Synonyme: **Hörlins Winterpepping, Winterpepping.** Tafel- und Wirtschaftsapfel. Genussreife: I bis V. Kleiner, flach runder, gleichmäßig gebauter Apfel. Schale gelb, teilweise berostet. Sonnenseite gerötet. Fruchtfleisch gelblichweiß, wird schnell bräunlich, fein, saftig. Gewürzt. Vorherrschende Säure, hoher Zuckergehalt. (39)

HORNEBURGER PFANNKUCHEN
Lokalsorte, die in Horneburg, Kr. Stade gefunden wurde. Zufallssämling. Auch nur **Horneburger.** Mutation: **Roter Horneburger Pfannkuchen.** Ist eine eigene Sorte im Alten Land. Originalname ist **Horneburger Pfannkuchenapfel.** Ist heute noch im Alten Land verbreitet. Ausgezeichneter Wirtschafts- und Musapfel, für Kühllager hervorragend geeignet. Haltbar bis März. Saftig, säuerlich, frisch. Wurde

in den 40er und 50er Jahren noch stark vermehrt. Großfrüchtig bis sehr großfrüchtig. Ende der 60er Jahre wurden große Mengen dieser Sorte, in Stülpkartons, Früchte einzeln gewickelt in blauem Papier nach England exportiert. Die Verladungen erfolgten im Hafen von Stadersand an der Elbe. Es mußten einige Sendung wegen starker Stippigkeit vom Export ausgeschlossen werden. Da ich damals, als Kontrolleur bei der LWK Hannover, die Oberkontrolle über die Exporte hatte, war ich unzähligen Beschimpfungen von Erzeugern und Händlern im Alten Land ausgesetzt. Man hatte damals im Alten Land große Probleme, zu begreifen, daß man nur Qualität exportieren kann. (Autor) Preisgruppe 4. Die rote Mutation **Harms-Francop** wurde z.B. 1966/67 vom OVR als Ergänzungspflanzung empfohlen. (auf Grahams Sämling oder EM XI.) Pflanzabstand 6 Meter, so konnten 300 Bäume auf einen Hektar gepflanzt werden. Die rote Mutation hat sich aber als schlechter Träger erwiesen und wurde nicht mehr verbreitet. (01) (26) (Autor)

HORNS SÜSSAPFEL

Horns Süßapfel. 1936 bei Goetz erwähnt, ohne Daten.

HORSHAM RUSSET

Im Bundes-Obstarten-Sortenverzeichnis aufgeführt.

HOSSFELDS GULDERLING

Wirtschaftsapfel. Genussreife: XI bis IV. Mittelgroß, abgestumpft, gerippt. Schale fettig, gelb, Sonnenseite gerötet. Ganzflächig gestreift, Geruch schwach.

HOVE REINET

Im Bundes-Obstarten-Sortenverzeichnis eingetragen.

HOWGATE WONDER

Herkunft: England. Kreuzung aus **Blenheim X Newton.** Wirtschaftsapfel. Eine glattschalige Renette. Regelmäßige, reiche Erträge. Neigt zur Stippigkeit. Geschmacklich nicht ausgeprägt, nur als Kochapfel geeignet. Großfrüchtig. (36) (40)

HOYAISCHE GOLDRENETTE

Synonyme: **Goldrenette, Reinette Doré deHoya.** Mittelgroßer, vielseitig verwendbarer Apfel. Genussreife: XII bis IV. Schale goldgelb, teilweise berostet, später vollständig gerötet und gestreift. Fruchtfleisch gelblichweiß, fein, edel renettenartig gewürzt. Die Frucht welkt auf dem Lager nur wenig. Schwacher Geruch. (39) Die Sorte stammt vermutlich aus der Gegend von Hoya an der Unterweser, südlich von Bremen.

HUBBARDSTONE NONSUCH
Sondergleichen von Hubbardstone. Hubbardstone wurde 1941 in „Deutscher Obstbau" beschrieben. (83)

HUBERS MOSTAPFEL
Braucht kräftige Böden, höhere Lagen. Fallreife: Oktober. War im 19. Jh. in der Steiermark bekannt. (02)

HUBOWKA
Im Bundes-Obstarten-Sortenverzeichnis aufgeführt.

HUGHES GOLDPEPPING
Synonyme: **Goldpepping, Hughes Neuer Goldpepping, Hughes New Golden Pippin, Pomme Hughes.** Tafel- und Wirtschaftsapfel. Genussreife: XII bis II. Frucht ist klein und abgestumpft rund. Schale fettig, gelb. Geruch schwach. (39)

HUISMANSAPPLE
Sortenname war um 1890 in Holland bekannt. (17)

HUME
Apfelsorte in den USA. Reife: XII. Stammt vom **McIntosh** ab. Quelle: (26-7/8/58)

HUNTS RUSSETAPFEL
Synonyme: **Graue Renette, Hunts Graue Renette, Hunts Graue Renette.** Genussreife: XII bis IV. Schale gelblichgrün. Sonnenseite gerötet und etwas gestreift. Teilweise berostet. Kam 1860 aus Amerika. Mittelgroßer, plattrunder bis runder Apfel. Tafel- und Wirtschaftsapfel.

Angegeben im Bundes-Obstarten-Sortenverzeichnis sind folgende Sorten:
HÜRTHERAPFEL Bekannt ist auch ein **Großer Hürtherapfel.**
HUTTWILER ROSENAPFEL
HYAZINTHAPFEL

HY EARLY
Knospenmutation des **Starking.** 1945 von G.W.Neff in Pateros/Washington State gefunden und 1955 in den Handel gebracht. Richtige Schreibweise ist: **Hi Early.**

I.V.T. 146 und **I.V.T. 220**
Seit 1981 in den Niederlanden bekannt. **Golden Delicious X Ingrid Marie.**

IBACHS GOLDRENETTE
Alte Sorte. 1880 in den „Pomologischen Monatsheften" erwähnt. Reichtragend, ansprechende Frucht. **Ibachs Goldreinette** war um 1900 in der Provinz Hannover bekannt. (17) (40)

IDAGOLD
Gezüchtet in den USA. Ldw. Versuchsstation Idaho. **Esopus Spitzenberg X Wagener.** 1939 selektiert, 1944 in den Handel. Als Tafelapfel nicht befriedigend. (26-6/64)

IDAJON
War in den 60er Jahren beim OVR im Versuch. **Wagener X Jonathan.** 1936 an der Universität Idaho in USA selektiert. Seit 1949 im Handel. Mittelgroß. Schale rot geflammt, sonnenseits flächig rot. Fruchtfleisch ist säuerlich. (26-3/64) (26-3/65)

IDARED
Jonathan X Wagener. Keine Synonyme. Kühllagerung: Januar bis April. Im CA-Lager bis Juli. Mittelgroß bis groß. Geschmack ist schwach fein säuerlich, wenig und kurzes Aroma, ähnlich Jonathan. Lt. Prof Fischer 1935 entstanden und seit 1942 im Handel. Lt. Dr. Silbereisen Mitte der 30er Jahre von L. Verner in Idaho selektiert und seit 1942 bekannt. Tafelapfel. Diploid. Quellen: (05) (25) (39)
Mutationen: **Red Idared** und **Idared Red Noue 8936.**

IDAROS
Im Bundes-Obstarten-Sortenverzeichnis aufgeführt. Erhaltung in Bavendorf.

IDAS LIEBLING
Vielseitig verwendbar. Herbstapfel. Genussreife: X bis XII. Groß, flachrund, gerippt. Schale fettig, grünlichgelb, später gelb. Fruchtfleisch gelblichweiß, fein, saftig, gewürzt. (39)

IDUNA
Herkunft: Schweiz. 1971 in Wädenswil entstanden. Spätsorte. Genussreife: II bis VI. Kreuzung aus **Golden Delicious X Glockenapfel.** Ertrag ist hoch und setzt bereits früh ein. (75)

IGSTADTER BOHNAPFEL
Im Bundes-Obstarten-Sortenverzeichnis aufgeführt. Sortenprüfung in der FG Forschungsanstalt Geisenheim. (85)

ILDRÖD TAUBENAPFEL
Sehr alte dänische Sorte. In Dänemark: **Ildröd Pigeon.** Leuchtende rote, kräftige Farbe. Frucht ist zu klein und säuerlich. Festes Fruchtfleisch. Nicht zu empfehlen. Stammt von der Insel Fünen und ist seit 1840 bekannt.
Synonyme: **Feuerroter Taubenapfel, Pigeon Rouge Feu.** (39)

ILGA
Im Bundes-Obstarten-Sortenverzeichnis angegeben.

ILMBACHER BORSCHTERLI Verwandschaft vom **Borsdorfer.**
Im Bundes-Obstarten-Sortenverzeichnis angegeben.

ILZER ROSENAPFEL
Synonyme: **Ilzer Weinapfel, Ilzer Weinler.** Herkunft: Ilz/Oststeiermark. Wirtschaftsapfel. Mittelgroß, ungleichmäßig. Genussreife: XI bis III. Schale glatt, goldgelb. Zur Reife verwaschen dunkelrot und gestreift. Fleisch weiß, etwas rosa, feinkörnig, hart. Baum wächst stark. (02) (39)

IMMAPFEL
Tafel- und Wirtschaftsapfel. Frucht klein bis mittelgroß. Genussreife: X bis XII. Schale gelb, fettig, Sonnenseite gerötet. Zur Reife ist die ganze Frucht gestreift. Deutlicher Geruch. Fleisch gelblichweiß, fein, saftig, gewürzt. Zucker-Säure-Vrhältnis ist ausgeglichen. (39)

IMPERATORE
Siehe auch **Morgenduft.** Großfrüchtig (36)

IMPERIAL ALL RED
Im Bundes-Obstarten-Sortenverzeichnis angegeben. Erhaltung: Genbank Obst Dresden-Pillnitz und LLA in Triesdorf.

IMPERIAL GALA
Mutation vom **Gala.**

INDO
Neue Sorte, vermutlich aus den Niederlanden.

INGELIN
Im Bundes-Obstarten-Sortenverzeichnis angegeben. Erhaltung beim Bundes-sortenamt, Prüfstelle in Wurzen.

INGOL

Gute Erträge, gute Fruchtqualität. Der Anbau wird empfohlen. (Bavendorf 1986). Züchtung der OVA Jork, Altes Land. Kreuzung aus **Ingrid Marie X Golden Delicious.** Starkwüchsig, sehr ertragreich. Großfrüchtig. Ein sogenannter Mehrzweckapfel. 1955 von der OVA in Jork vorgestellt, seit 1975 im Handel. Grünlichgelbe Grundfarbe und leuchtend rote bis dunkelrote Deckfarbe. Süßsäuerlich mit angenehm zartem Aroma. Genussreife: XI bis I. Literatur: (05) (21) (26) (75)

INGOLSTÄDTER STRASSENAPFEL

Auch **Hirtapfel.** Eine Lokalsorte aus Oberbayern. Plattrund und rotgestreift. (39)

INGRID MARIE

Entstand 1910 auf der Insel Fünen, Dänemark. Gefunden in den Anlagen der Gartenbaumschule in Flemlöse. Zufallssämling. Benannt nach der Tochter des Lehres K. Madsen. 1936 verbreitet durch C. Matthiesen aus Korsör. Wurde in den 60er Jahren im Alten Land und in Kehdingen in großen Mengen angepflanzt. Soll vom **Cox** abstammen. Synonyme: **Hoed Orange, Marie.** Bekannt ist die rote Mutation **Karin Schneider,** die z.B. 1966/67 vom OVR besonders zum Pflanzen empfohlen wurde. Eine weitere Mutation **Quast** ist seit einigen Jahren verbreitet. Handelsname ist **Ingrid Marie.** Ein mittelgroßer, runder ziemlich gleichmäßiger Apfel. Grundfarbe ist gelblichgrün, später hellgelb. Zur Reife kräftige rote, bläulich schimmernde Deckfarbe. Berostungen sind häufig. Schalenpunkte gelb. Fleisch cremefarben bis grünlich, unter der Schale etwas gerötet. Erst saftig, später weich und mehlig. Wenig Aroma, feinsäuerlich. Im Alten Land ist **Karin Schneider** eine eigenständige Sorte. Der ideale Apfel für das Seeklima in Dänemark, Holstein und im Alten Land. Widerstandsfähig gegen Krankheiten, neigt aber zu Krebs. Lt. W. Votteler ein kleiner bis mittelgroßer Apfel, in den EG-Normen als großfrüchtige Sorte geführt. Quellen: (05) (26) (39) (66)

IRENE

Sommerapfel, wird in Italien angebaut. Reife Mitte August. Nur geringe Einfuhren dieser Sorte. Vermutlich auch in Italien noch bedeutungslos. (Autor)

IRISCHER PFIRSICHAPFEL

Synonyme: **Irischer Pfirschenapfel, Irish Peach Apple, Pfirsichapfel.** Tafel- und Wirtschaftsapfel. Sommerfrucht. Genussreife: August bis September. Klein bis mittelgroß. Schale ist fettig, gelb, Sonnenseite leicht gerötet. Deutlicher Geruch. Fruchtfleisch gelblichweiß, fein saftig, angenehm gewürzt. Baum wächst kräftig, trägt früh und reichlich. (39) Im Bundes-Obstarten-Sortenverzeichnis ist nur der Name **Irish Peach** angegeben. (70)

Im Bundes-Obstarten-Sortenverzeichnis werden folgende Sorten aufgeführt:
IRSINGER SÜSSLING (Irsinger Süßling).
ISAAC NEWTON'S TREE
ISBRANNICA, Alle drei Sorten werden bei den Ldw. Lehranstalten (LLA) in Triesdorf erhalten.

ISNYER JAHRESAPFEL
Siehe auch **Oberösterreichischer Brünnerling.** Im württembergischen Oberland, besonders im Raum Isny verbreitet. Genussreife: XII bis VI. Mittelgroß, hochgebaut. Schale goldgelb, Sonnenseite intensiv gerötet. Fleisch grünlichweiß, erst fest, später mürbe. Weinsäuerlich. (39)

Im Bundes-Obstarten-Sortenverzeichnis werden folgende Sorten aufgeführt:
ISLE OF WIGHT, auch: **Isle of Wight Pippin.**
ISUMRED, Sorte wird beim BSA, Prüfstelle Wurzen erhalten.
ITALIENISCHER WEINAPFEL

IVERSENAPFEL
Synonym: **Prinzessinapfel.** Alte Sorte, soll aus Angeln stammen. Ein sehr schöner länglicher roter Apfel. Süß, aber wenig Säure. Genussreife: X bis XI. (71)

IVETA
Aus Böhmen, ist im Bundes-Obstarten-Sortenverzeichnis aufgeführt.

IVETTE
Herkunft: Niederlande. Kreuzung aus **Cox Orange X Golden Delicious.** 1958 entstanden. Mittelgroß, etwa berostet. Schale goldgelb, Sonnenseite schwach gerötet. Aromatisch. (25) (39)

IWAKAMI
Neue Apfelsorte aus Japan. (27-2/96) Kreuzung aus **Fuji X Jonathan.** Sortenschutz seit 1987. Genussreife: Ende IX bis Anfang XI. (75)

IWATE 10
Mutation vom **Fuji** aus dem Gebiet Iwate/Japan. Dunkelrot mit ausgeprägten Streifen.

JACQUINS APFEL
Tafel- und Wirtschaftsapfel. Auch: **Jacquin.** Genussreife: III bis VIII. Frucht mittelgroß, rundlich, gleichmäßig gebaut. Fast glockenförmig. Schale zitronengelb, sonnenseits etwas gerötet. Hochgebaut. Geruch ist schwach. Fleisch gelblichweiß, fein, fest, weniger saftig, gewürzt. (39)

JÄGERAPFEL
Siehe auch: **Aargauer Jägerapfel, Jaegerapfel.** Aus der Schweiz.

JÄGERLUIKEN
Alte Lokalsorte in Württemberg. (67)

JÄGERMICHEL
Alte Lokalsorte in Württemberg. (67)

JÄGERS RENETTE
Identisch mit **Jäger Renette.** Synonyme: **Reinette de Jaeger, Reinette Jaeghers.** Genussreife: XII bis IV. Tafel- und Wirtschaftsapfel. Großfrüchtig. Schale grünlichgelb, Sonnenseite etwas gerötet, leicht berostet. Schwacher Geruch. Fleisch gelblich bis grünlichgelb, fein, saftig, edel renettenartig. Schwach gewürzt. (39)

JAHRAPFEL
Synonym für **Champagnerrenette** und **Oberösterreichischer Brünnerling.**

JAKOB FISCHER
Synonyme: **Fischer, Oberland, Roter vom Oberland, Schöner vom Oberland.** Großfrüchtig lt EG-Normen. Zufallssämling aus Süddeutschland. Wird hier auch als Stammbildner verwandt. Für Erwerbsanbau reichen Geschmack und Form nicht aus. Verträgt keinen kalten Standort, aber anspruchslos gegenüber Bodenverhältnissen. Große, klobige Früchte. Schale hellgelb, zur Reifezeit leuchtend rot gefärbt. Quelle: (04) (39) (47)

JAKOB LEBEL
Zufallssämling aus Frankreich. 1825 entstanden, kam 1849 in den Handel. Nach dem Züchter in Amiens benannt. Nach einigen Quellen sollen keine Synonyme bekannt sein. Andere Quellen geben folgende Synonyme an: **Eisenbahner, Gelber Mecklenburger, Jacques Lebel.** Guter Wirtschaftsapfel, wurde in den 40er und 50er Jahren noch vermehrt angebaut. War eine „Reichsobstsorte". Baumreife: IX. Genussreife: X bis XII. Wegen seiner fettigen Schale gut haltbar, heute deswegen unverkäuflich. Frisch, säuerlich, ohne besonderes Aroma. Großfrüchtig. Preisgr. 4.

In der Schweiz Musapfel, gut geeignet für Apfelringherstellung und zum Dörren. Triploid. Es soll auch einen **Roten Jakob Lebel** geben. Handelsname: **Lebel.**
Literatur: (01) (03) (08) (13) (24) (33) (36) (39)

JAKOBEY
Im Bundes-Obstarten-Sortenverzeichnis angegeben.

JAKOBIAPFEL
Name ist auch ein Synonym für den **Roten Astrachan.** (39)

JAKOBSAPFEL
Ein **Grüner Jakobsapfel** war in der Preisgruppe 4. Unter diesem Namen gibt es eine historische Sorte, die 1836 von Hinkert beschrieben wurde. Mittelgroß, hochgebaut, hellgelb, Sonnenseite gerötet. Genussreife: Ende VII bis VIII. Synonyme dieser Sorte sind **Kleiner Kornapfel** und **Kornapfel.** Schiller hat 1795 einen **Jakobs-Apfel** (Synonym: **Parmain d'Eté)** beschrieben. Also, ein Sommerapfel. In Schleswig-Holstein dagegen, ist ein **Jakobsapfel** bekannt. Soll aus Trittau stammen. Mittelgroße Frucht. Schale ist grünrot. Süßsäuerlich. Genussreife: X bis II. Der Baum wächst stark und ist anspruchslos. Der Beschreibung und der Genussreife nach, können beide Sorten nicht identisch sein. Quellen: (13) (37) (40)

JAKOBUSAPFEL
Sehr alte Sorte, vermutlich identisch mit dem **Jakobsapfel.**

JALLAISAPFEL
Wirtschaftsapfel. Verarbeitung: XII bis II. Sehr groß, flachrund, gerippt. Schale fettig, grünlichgelb. Geruch ausgeprägt. (39)

JAMBA
Jamba 69. Kreuzung aus **Melba X James Grieve.** Rechtlich geschützt. Züchtung der OVA in Jork. Ausgezeichneter Frühapfel. Genussreife: Mitte VIII bis X. Erfrischend, feinsäuerlich, aromatisch. Wurde in den Sortenempfehlungen des OVR in den 70er Jahren auf M IX und M VII besonders vorgeschlagen. Frucht ist mittelgroß bis groß. Walzenförmig, schwach kantiger, schön gestalteter Apfel. Fleisch ist grünlichweiß bis weiß. Am Anfang fest, später locker bis weich. Sehr saftig. Neigt zur Stippe. Soll diploid sein. Vermutlich keine Mutanten. Die Frucht gedeiht sehr gut im Seeklima, mag aberauch warme Lagen. Die großen Früchte, besonders bei einer geringen Ernte, sind etwas stippeanfällig.
Literatur: (05) (25) (26)

JAMES GRIEVE
Aus Samen von **Potts Seedling.** Synonyme: **Frühe Cox Orangenrenette, Grieve, Jems Griev.** 1880 bei Edinburgh-Schottland entstanden. 1890 in den Handel. Die Bedeutung und der Anbau begann erst nach dem Krieg im Alten Land. Baumreife: Mitte September. Haltbar höchstens bis Mitte Oktober. Sehr saftig, schaumig, feinsäuerlich. Frucht mittelgroß bis groß, rundlich. Schale ist glatt, mitunter leicht fettend. Gelbliche Grundfarbe und leuchtend rote Deckfarbe. Preisgruppe 1. Handelsname: **James Grieve.**

JAMES GRIEVE LIRED
Rote Mutation vom **James Grieve,** wurde in den 60er Jahren vom OVR besonders zum Anbau empfohlen (auf Grahams Sämling oder EM XI.) Internationales Warenzeichen unter der Nummer: 218 214. Flächig verteilte Deckfarbe, ohne Streifung. Stammt aus den Niederlanden.

JAMES GRIEVE POELMAN
Mutation, auf die man verzichten kann.

JAMES GRIEVE ROSAMUND
Rote Mutation, 1927 in England gefunden. Wenig ansprechende Färbung, Rückschritt gegenüber dem echten **James Grieve.** Weitere Mutationen sind:
Esselborn,
Molks,
Neumann,
Rubin ist eine rote Mutation. Bekannt ist auch ein **Roter James Grieve.**
Literatur: (01) (05) (26) (40) (66)

JANSEN VON WELTEN
Tafel- und Wirtschaftsapfel. Genussreife: XII bis V. Mittelgroß bis groß, hochgebaut, gerippt. Schale gelb. Sonnenseite etwas gerötet und kräftig gestreift. Deutlicher Geruch. Fruchtfleisch gelblichweiß, fein, saftig, etwas gewürzt. Milde Säure, hoher Zuckergehalt. (49) Synonyme: **Couronne des Pommes, Welten.**

JAN STEEN
Herkunft: Niederlande. Kreuzung aus **Rote Sternrenette X Cox Orangen Renette.** In den 60er Jahren beim OVR im Versuch. (26-3/64)

JASAPPEL
Vermutlich aus den Niederlanden, konnte auch beim BEF nicht genau geklärt werden. (25)

JASPI
Im Bundes-Obstarten-Sortenverzeichnis angegeben.

JEANNE HARDY
1878 als Sämling des **Kaiser Alexander** in der Gartenbauschule von Versailles entstanden. Genussreife: XII bis I. Großfrüchtig. Schale fettig, hellgelb, Sonnenseite gerötet und gestreift. Deutlicher Geruch. Fleisch gelblich, locker, sehr gutes Aroma. Baum wächst kräftig, sehr fruchtbar. (39)

JEDZENU
Im Bundes-Obstarten-Sortenverzeichnis angegeben.

JEFFERIS
Herkunft: Nordamerika. Im Praktischen Ratgeber von 1886 in einer Liste über amerikanische Apfelsorten angegeben. (15 S. 145)

JENAER FRÜHAPFEL
Lokalsorte, aus Thüringen. Im Bundes-Obstarten-Sortenverzeichnis aufgeführt.

JENNIFER WASTIE
Alte englische Sorte, hat den **Ribston Pepping** als Mutter. Vater ist **Barnack Beauty.** Fruchtfleisch ist fest und trocken, Geschmack ist aufdringlich süß. Schrumpft leicht, vorzeitiger Fruchtfall. (26-4/64)

JERSEY MAC
Auch **Jerseymac.** Frühsorte. Der Anbau wird empfohlen, in Italien verstärkt angebaut. 1970 in New Jersey entstanden. **Melba X (Wealty x Starr) X Red Rome X Melba)** Wurde unter der Bezeichnung **New Jersey 38** von L.F.Hough und K.H.Baely selektioniert und 1971 zum Anbau freigegeben. In den 80er Jahren erhebliche Mengen aus Frankreich und Italien nach Deutschland exportiert. Genussreife: VIII bis IX. Karminrote Deckfarbe auf grüngelblichen Grund. Schale glatt, an der Sonne bläulichrot. Fruchtfleisch gelblichweiß, weich, feinzellig, saftig, feinsäuerlich. Etwas anfällig für Mehltau und Schorf. Durchpflücken ist zu empfehlen. Sorte ist diploid. (25) (39) (Autor)

JERUSALEMAPFEL
Synonym für den **Prinzenapfel** im Raum Detmold. (39)

JESSENAPFEL
Auch **Malling Jester.** Im Bundes-Obstarten-Sortenverzeichnis aufgeführt.

JESTER
Worchester Parmaine X Star Spur Delicious. Herbstapfel. Herkunft: East Malling Research Station. Großfrüchtig. Geschmacklich unbefriedigend. (25) (36)

JEVERLÄNDER FEINSCHMECKER
Lokalsorte aus Ostfriesland.

JEWETT RED
Eine Sorte aus den USA. Große dunkelrote Früchte mit blauem Hauch auf der Schale. Das Fruchtfleisch ist mürbe, die Schale ist dick. Bekannt ist noch **Jewett`s Fine Red.** (Deutscher Obstbau 1941)

JOCKISCH GOLDRENETTE
Bei Goetz 1936, ohne Daten erwähnt. (12)

JOHANN NICKENICH
Deutsche Züchtung. **Geheimrat Oldenburg X Weißer Klarapfel.** Keinen Anbauwert. Früchte mittelgroß und streifig rot gefärbt auf grünlichem Grund. Sorte erweckt keinen Wunsch nach einer Vermehrung. Quelle: (26-11/12/63)

JOHANNES BÖTTNER
Aus Deutschland. 1910 bei Millich in Aachen entstandene Sorte. Vorfahren sind u.a. **Ontario, Charlamowsky, Northern Spy, Wagener** und **Gelber Bellefleur.** Es fehlen Anlagen für gute Färbung und guten Geschmack. Bringt aber hohe Erträge. Mittelgroße Frucht, abgestumpft rund. Fettige Schale. Genussreife: XI bis III.
Quelle: (26-4/64)

JOHANNSENS ROTER HERBST
Zufallssämling, zeitweise lokale Bedeutung. Reiche Erträge, aber viele Nachteile, z.B. früher Fruchtfall, mangelhafte Ausfärbung, säuerlicher Geschmack. Handelsname an der Niederelbe war **Ruhm von Kirchwärder.** Baumreife: Anfang September. Haltbar bis Anfang Oktober. Geschmack ist schaumig, saftig, süß. Muss frisch gegessen werden. Preisgruppe 3. Wurde in den 30er und 40er Jahren noch sehr vermehrt. In Geisenheim in der Sortenprüfung.
Literatur: (01) (26-11/12/63) (85) (Autor)

Im Bundes-Obstarten-Sortenverzeichnis werden folgende Sorten aufgeführt:
JOHN APPLE
JOHN SHARP
JOICE

JOLANA Tschechische Sorte. Viele Sorten sind mit **Jolana** gekreuzt worden. So z. B. **JOMAR, JONACAR** und **JONADEL.**

JONADEL
Pillnitzer Züchtung. Kreuzung aus **Jonathan X Golden Delicious.** Tafelapfel. Genussreife: X bis III. Anfang der 60er Jahre bereits beim OVR in Jork im Versuch.

JONAFREE
Herkunft: USA. Seit 1919 bekannt. Wurde in Jork und in Wilhelminadorp getestet. Sorte ist nicht zu empfehlen. (27-6/91)

JONAGER
Angegeben im Bundes-Obstarten-Sortenverzeichnis.

JONAGOLD
Kreuzung aus **Jonathan X Golden Delicious.** Der **Standard Jonagold** stammt aus den USA. 1953 in der Versuchsstation Geneva / New York entstanden. Lt. Prof. Fischer 1943. Seit 1968 im Handel. Sehr viele Mutanten. Frucht mittelgroß bis groß. Länglich rund, teilweise ungleichmäßig geformt. Grünlichgelb bis gelb mit roter Deckfarbe. Druckempfindlich, neigt zur Stippe. Über Belgien kam der Apfel in den europäischen Anbau. An der Niederelbe belegte diese Sorte 1994 bereits den dritten Platz im Mengenanteil hinter Gloster und Boskoop. Der **Jonagold** wird als hervorragender Tafelapfel bewertet. Pflückreife ab IX. Genussreife: X bis III. 1997 waren etwa 100 Mutationen in Mitteleuropa bekannt. Die meisten kommen aus den Niederlanden und Belgien, aber auch aus Deutschland, Frankreich, England und Italien. Über Mutationen in Nordamerika habe ich keine Angaben, muss aber davon ausgehen, dass die europäische Anzahl noch übertroffen wird. Viele Mutationen werden wieder verschwinden, da sie den Ansprüchen nicht genügen. Der „Obstbau" schreibt 1995, dass in Deutschland diese Sorte den ersten Platz erreicht hat.
Die wichtigsten und bekanntesten Mutationen:
Ahlem,
Ba-Wü,
Blohm-Pape,
Boerekamp, Synonym: **Early Queen.** Aus den Niederlanden. Sortenschutz in der EU seit 1997.
Boonen
Bruijgoms,
Crowngold, Ansprechende hellrote Farbe mit leichter Streifung. Züchter: National Fruits Trials, Kent. Sortenschutz seit 1994. 40 bis 50 % der Frucht ist mittel- bis dunkelrot, flächig mit Streifen überzogen.

Daamen I,
Daamen II,
Daliguy,
Daligo,
De Jager I,
De Jager II,
Decosta **(Dacosta)** Aus Belgien, farblich zwischen den hell- und dunkelroten Mutanten. Sortenschutz in der EU seit 1996. Etwa 80 % dunkelrote, stark geflammte und gestreifte Deckfarbe.
Early Queen,
Eversdijk I,
Eversdijk III,
Eversdijk IV,
Fernelmont,
Fleuren,
Glerum,
Goldpurpur,
Groffils,
Gorbi,
Hakkers,
Helden,
Heines
Highwood, Leuchtend gefärbte Mutante, aus England, soll nicht virusfrei sein.
J. Prince/de Haemer,
J. v.d. Beck,
J. v.d. Velpen,
Jakobs I,
Jomured,
Jonabel,
Jonaca,
Jonacap,
Jonabel,
Jonagold 2000 Synonym: **Excel.** Aus Belgien. Sortenschutz in der EU.
Jonagold 4001,
Jonagold Cordes,
Jonagold HR,
Jonagold Komet,
Jonagored Synonym: **Van Morren´s Jonagored.** Mutante wird seit Jahren verstärkt im Alten Land angebaut. Großfrüchtig. Sortenschutz seit 1986. Eine weitere Verbesserung soll **Jonagored Supra** sein. Sortenschutz in der EU 1996.

Jonakap,
Jonasty,
Jonaveld,
Jonica,
Jorayca,
King Aus Belgien. Hellrote Mutante.
Komet,
Ley,
Lindenbergh,
Looyen,
Maatschap I,
Maatschap II,
Martens,
Martens 1,
Marnica,
Moje,
Morren 1,
Morren´s Jonagored,
Naumann,
Neuw J. Nicolai,
New Jonagold,
New Jonagold 46,
New Jonagold II,
Nicobel Mutante aus Belgien, Anbau wird nicht empfohlen.
Nijsten,
Nordgold,
Novajo,
Peters,
Pfeiffer,
Prince J. d`Haemer,
Princen,
Red Jonaprince, Synonym: **Jonaprince, Wilton´s.** Aus den Niederlanden. Sortenschutz seit 1999. Mutante mit fast 100 % ganzflächig, dunkelroten Früchten.
Reniers I,
Reniers II,
Romagold,
Roter Jonagold,
Rubinstar, Züchter: J. Lichtenauer, Gaiberg. Inhaber: G. Herr. Sortenschutz 1992.
Ruissen,
Schliecker,

Schneider,
Schneica (Jonica) Entdeckt von G. Schneider, Edingen. 1988 in den Handel.
Stassen,
Supra,
Van de Borgh,
Van den Rijdt,
Van der Bliek,
Van Helden,
Van Ingen,
Van Leur,
Van't Anker,
Verploeg,
Waterval,
Weverwijk,
Wigger,
Wilmuta Aus den Niederlanden, etwas besser gefärbt als **Standard Jonagold,**
Wulff. Literatur: (26) (27-7/91) (27-9/95) (27-10/95) (39) (70) (75)

JONAGORED
Jonagored (Jonagold) ist in den Niederlanden seit 1993 eine eigene Sorte.

JONAGRAM
Im Bundes-Obstarten-Sortenverzeichnis angegeben.

JONALICIOUS
Aus den Niederlanden. **Jonathan X Golden Delicious.** (25)

Folgende Sorten sind im Bundes-Obstarten-Sortenverzeichnis aufgeführt:
JONALORD
JONAMAC
JONAPRINCE

JONARED
Wurde 1966/67 für bestimmte Böden in Nordkehdingen und auf der Stader Geest empfohlen. In den 70er Jahren auf M IX. Eine Zufallsmutante vom **Jonathan.** Herkunft: USA (25)

Im Bundes-Obstarten-Sortenverzeichnis sind folgende Sorten angegeben:
JONAS
JONAS HANNES

JONATHAN

Sämling von **Esopus Spitzenberg.** Um 1820 im State of New York entstanden. Synonyme: **King Phillipp, New Esopus Spitzenberg Ulster Seedling.** In der Schweiz auch **Ulster-Seedling.** Die Sorte kam um 1880 in die Schweiz. Knospenmutation **Black-Jonathan** war schon 1945 bekannt. Gefährlich ist der bekannte Jonathan-Spot. Die Sorte ist diploid. Bekannte Mutationen und Typen:
Blackjon, Zufallsmutante aus den USA.
Heines,
Jonared,
Jonared Double Red,
Jonnee,
Mured Jonathan,
Rode Watson,
Watson Tasmanian. Ebenfalls ist ein **Roter Jonathan** bekannt.
Literatur: (03) (05) (25) (39) (66) (70)

JONENAPFEL
JONGRIMES
JONGRIMES STARK
Alle drei Sorten sind im Bundes-Obstarten-Sortenverzeichnis aufgeführt.

JONGRIMES

Synonyme: **Hoosier Seedling, Stark Jongrimes.** Entstand in Bloomfield Indiana. Kreuzung aus **Jonathan X Grimes Golden.** (39) Seit 1920 im Handel. Tafelapfel, auch Wirtschaftsapfel. Mittelgroß, gleichmäßig rund, hochgebaut. Schale glatt. Wird auf dem lager fettig. Genussreife: X bis XII. Fleisch ist weiß, saftig, wenig Aroma.

JONICA

Rote Mutante von **Jonagold.** Ausfärbung in Süddeutschland sehr schön, in den Niederlanden ist die Ausfärbung nicht befriedigend.

JONNIE

Etwas in Südtirol verbreitet. Frühapfel. Geringe Einfuhren immer Anfang September. Sorte hat keine Bedeutung. (Autor)

JONWIN

Herkunft: Niederlande. **Jonathan X Baldwin.** Frucht ist walzenförmig. Schale grünlich, Sonnenseite gerötet. (40)

JORAYCA
Seit Herbst 1991. Mutation vom **Jonagold.** (27-9/95)

JOSEF MUSCH
Synonym: **Musch.** Genussreife: XI bis I. Großfrüchtige Sorte. Tafel- und Wirtschaftsapfel. Schale gelb, Sonnenseite intensiv gestreift. Schwacher Geruch. Fleisch weißlichgelb, wenig saftig, grob. Baum wächst mittelstark. Geringe Ansprüche an Boden und Klima. Sorte ist triploid. (39)

Im Bundes-Obstarten-Sortenverzeichnis sind folgende Sorten aufgeführt:
JOSEPH EERSELS
JOSEPHINE
JOSEPHINE KREUTER

JOSEPHINE KRÄUTER
(**Josephine Kreuter)** Vielseitig verwendbarer Apfel. Genussreife: XII bis IV. Mittelgroß, abgestumpft rund und gerippt. Schale ist fettig, hellgelb, Sonnenseite intensiv gerötet und gestreift. Schwacher Geruch. Fleisch gelblichweiß, fein, mürbe, saftreich und gewürzt. (39)

JOPPENAPFEL
Historische Sorte, 1797 von Christ beschrieben. Frucht ist mittelgroß, hochgebaut, walzenförmig. Schale grünlich, Sonnenseite gerötet. (40)

JOSEPHINES SCHÖNER RAMBUR
Synonym: **Belle Josephiné.** Wirtschaftsapfel. Verwertung ab XII., haltbar bis III. Frucht ist sehr groß. Schale grünlichgelb, Sonnenseite leicht gerötet. Deutlicher Geruch. Fleisch hellgelb bis grünlichgelb, ziemlich grob, saftig, keine Würze.

JOYCE
Sämling von **McIntosh.** Gezüchtet in Kanada. Die schwache blaurote Streifung auf grünem Grund gibt dem Apfel kein gutes Aussehen. Die Früchte sind sehr unterschiedlich geformt, meist hochgebaut und kantig. (26-10/63)

JU TSIN
Im Bundes-Obstarten-Sortenverzeichnis angegeben.

JUBILEE
Richtiger Name: **Delbard Jubilée.** Kreuzung aus **Golden Delicious X Lundbyt.** Züchter: Delbar, Frankreich. Frucht ist groß, gleichmäßig hochrund. Schale glatt,

leicht fettig. Bei Reife goldgelb. Belichtete Früchte flächig rot. Tafel- und Wirtschaftsapfel. (25) (47)

JUDAINE
Mostapfelsorte aus Frankreich.

JUDELINE
Mostapfelsorte aus Frankreich.

Im Bundes-Obstarten-Sortenverzeichnis eingetragen sind:
JUDENBOSCHTER (Borsdorfer).
JUDOR

JUICY BURR
Wurde 1941 in „Deutscher Obstbau“ beschrieben.

JULIA
Neuzüchtung aus Tschechien. Kreuzung aus **Quinte X Discovery.** Seit 1993 im Handel. Frühsorte. Genussreife: August. Frucht ist klein bis mittelgroß. Schale gelbgrün mit 80 bis 95 % roter Deckfarbe. Fruchtfleisch ist gelblich, saftig, süß mit ausgeprägter Säure. (75)

JULIANE
Im Bundes-Obstarten-Sortenverzeichnis aufgeführt.

JULYRED
In New Jersey/USA entstanden. Seit 1962 im Handel. Frühsorte, ist auch in Dänemark im Anbau. Frucht mittelgroß bis groß. Schale gelbgrün, später ganzflächig gerötet und gestreift. Leicht parfümiert. War Anfang der 60er Jahre auch bei der OVA in Jork im Versuchsanbau. (26) (27-5/91)

Im Bundes-Obstarten-Sortenverzeichnis aufgeführt:
JUMBO
JUNE WEALTHY
JUNE WEALTHY STARK. Auch: **Stark June Wealthy.**

JUNGFERNAPFEL
Synonym für: **Halberstädter Jungfernapfel** und **Roter Jungfernapfel.**
Ist auch im Bundes-Obstarten-Sortenverzeichnis eingetragen.

JUNGFERNGEWÜRZAPFEL
Wurde 1795 von Schiller beschrieben. Synonym: **Kruid-Appel (Juffers)**

JUNGFERNRENETTE
Historische Sorte, 1836 von Hinkert beschrieben. Tafel- und Wirtschaftsapfel. Genussreife: XI bis XII. Frucht ist klein, plattrund, gerippt. Schale hellgrün, später grünlichgelb. Zart, gewürzt, wohlschmeckend. (40)

JUNGFERNSCHÖNCHEN
Tafel- und Wirtschaftsapfel. Genussreife: X bis II. Mittelgroß, rundlich. Schale ist fettig, gelb. Sonnenseite gerötet und leicht gestreift. Leicht berostet. Warzenbildung. Schwacher Geruch. Fleisch gelblichweiß, fein, saftig und gewürzt. (39)

Im Bundes-Obstarten-Sortenverzeichnis werden folgende Sorten aufgeführt:
JUNGTALER
JUNIBLÜTE
JUNKER
JUNNI NATURALIST
JUNO

JUNO
Züchtung aus Müncheberg/Mark. **Ontario X London Pepping.** Seit 1971 im Handel. Mittelgroß bis sehr groß. Schale gelblichgrün, mit etwas dunkelroter Deckfarbe. Geschmack ist angenehm fein und süßsäuerlich. Genussreife: I bis V. Geeignet für Frischverzehr und Verarbeitung. (38)

JUPITER
Kreuzung aus **Cox Orange X Red Delicious.** Großfrüchtiger Herbstapfel. Ist sehr ertragreich, im Geschmack ähnlich wie **Cox.** Fruchtform unregelmäßig. Herkunft: East Malling. Seit 1987 bekannt. (25)

JURELLA
Im Bundes-Obstarten-Sortenverzeichnis aufgeführt.

JUWEL AUS KIRCHWÄRDER
1937 von Goetz erwähnt, ohne Beschreibung. Heute: **Juwel von Kirchwerder.** Sortenprüfung in der Forschungsanstalt Geisenheim.

KÄSAPFEL
Alte Sorte. Sortenprüfung: Forschungsanstalt Geisenheim. (85)

KAISER ALEXANDER

Herkunft: Russland, wahrscheinlich Ukraine. 1817 nach England und bald auch in Deutschland eingeführt. Synonym: **Aporta Nalivia** nach Diel und Dietrich. In Bayern **Allerweltsapfel.** Großfrüchtig, farblich sehr ansprechend. Ess- und Wirtschaftsapfel, wurde um die Jahrhundertwende besonders für Apfelkuchen verbraucht. Im 19. Jahrhundert in Niederösterreich, Voralberg, Böhmen und im Gebiet um Görz als Marktapfel geschätzt. Haltbar bis November. Sorte ist diploid. Synonyme bei Gaucher und W. Votteler: **Albertin, Alexander, Alexandre, Aporta, Aubertin, Beauty of Queen, Belle d'Orleans, Belle de Bruxelles, Britannica, Bruxelles, Comte Woronzoff, Corail, Empereur Alexandre de Russie, Empereur Alexandre I, Empereur de Russie, Emperor Alexander, English King, Fin d'Automne, Gentleman, Grand Alexander, Grand Alexandre, Gros Alexandre, Jolly Gentleman, Kaiserapfel, Korallenapfel, Korallen-Apfel, Napoleon, Pfundapfel, Phoenix, Pomona Britannica, Président Napoléon, Russian Emperor, Stoke Tulip, Tulip, Woronzoff, Wunderapfel.**

KAISER FRANZ JOSEPH

Tafel- und Wirtschaftsapfel. Genussreife: XII bis III. Mittelgroß, flachrund, gerippt. Schale fettig. Sonnenseite intensiv gelb, manchmal gerötet. Schwacher Geruch. Fleisch ist weiß, fein, zart, saftig, edel gewürzt. Harmonisches Zucker-Säureverhältnis. (39)

KAISER WILHELM

1864 vom Hauptlehrer Hesselmann in Witzhelden im Kreis Solingen gefunden. Man vermutet, daß er ein Sämling der **Harberts Renette** ist. Seit 1877 (Pomologen-Versammlung in Potsdam) über ganz Deutschland verbreitet. Keine Synonyme oder andere Namen. Lediglich in der DDR hatte er den Namen **Wilhelmapfel.** War in der Preisgruppe 2. Laut OVR um 1800 bei Solingen entstanden. Sorte ist triploid. Spät im Ertrag, periodisch. Erträge zu gering. Früchte zwar aromatisch, aber grobfleischig und trocken. Werden außerdem leicht mehlig.

Quellen: (04) (24) (26-04/64) (38)

KAISERAPFEL

Französisch: **Empereur.** Soll Wildling aus der Gemeinde Sissach (Schweiz) vom Hof Limberg sein. Wirtschaftsapfel. Größte Verbreitung im Kanton Baselland. Frucht mittelgroß. Schale glatt, schwach fettig. Grundfarbe grün bis hellgrün. Deckfarbe blassrot marmoriert. Sorte ist diploid. Synonyme: **Limberger, Rudinapfel, Weihermättler.** (03)

KAISERIN ELISABETH
Synonym: **Elisabeth.** Vielseitig verwendbar. Genussreife: XII bis II. Mittelgroße Frucht. Schale hellgelb, etwas fettig, Sonnenseite gerötet. Fleisch ist gelblichweiß, fein, sehr saftig, stark quittenartig gewürzt. Wenig Säure, viel Zucker. (39)

KAISERKALVILL
Tafel- und Wirtschaftsapfel. Genussreife: XI bis II. Mittelgroße Frucht. Schale ist gelb, etwas fettig, Sonnenseite intensiv gerötet, manchmal gestreift. Schwacher Geruch. Fleisch gelblichweiß, fein bis mürbe, saftig, angenehm gewürzt. (39)

Im Bundes-Obstarten-Sortenverzeichnis sind folgende Sorten aufgeführt:
KAISERAPFEL
KAISERKRONE
KALLINI

KALCO
Sorte ist aus Samen von **Cox Orange** um 1930 in Müncheberg entstanden. Seit 1975 im Handel. Synonym: **Carola.** Mittelgroß bis groß. Schale gelblichgrün, später zitronengelb. Süßlich bis feinfruchtiger Geschmack. Als **Kalco-Apfel** geschütztes Warenzeichen Nr.: 775 349. Max-Planck-Ges. in Göttingen. In der DDR war der Name **Fünfjahresplan.** (25) (39)

KALER APFEL
War in den 60er Jahren beim OVR im Versuch. (26-3/64)

KALTERER BÖHMER
In den 50er Jahren in Südtirol noch eine Hauptsorte. Heute bedeutungslos, seit Jahren nicht mehr im Export nach Deutschland. War dort schon im 19. Jh. weit bekannt. Anbau auch in höheren Lagen möglich. Genußreife bis Februar. 1954 waren 25 % der gesamten südtiroler Produktion noch **Kalterer.** (30 S. 268) In Italien: **Rosa de Caldaro.** Weitere Synonyme: **Apfel aus Mantua, Böhmer, Mantuaner, Mela Rosa Mantovana, Rosa die (?) Caldaro, Rosa Mantovano.**
Literatur: (25) (30) (39)

KALVENBACHS GOLDRENETTE
Synonym: **Goldrenette.**

KALVILL FOUQUET
Um 1900 verbreitet, nur eine Schaufrucht. Fruchtfleisch hart, nicht schmackhaft.
Synonym: **Fouquet.**

KALVILL FRIEDRICH DER GROSSE
Sorte ist triploid. (33)

KALVILL GROSSHERZOG FRIEDRICH VON BADEN
Diploid. (33) In Norddeutschland **Großherzog Friedrich von Baden.** Preisgr. 4.

KALVILL KRIMSKOJE
Im Bundes-Obstarten-Sortenverzeichnis aufgeführt.

KALVILL VON ANJOU
Synonym: **Calvill Rouge d'Anjou.** Großfrüchtig. Genussreife: XII bis IV. Schale grünlichgelb, später großflächig gerötet und etwas gestreift. Fruchtfleisch locker, ausreichend saftig. Etwas gewürzt. Milde Säure. Tafel- und Wirtschaftsapfel. (39)

KALVILL VON FORSTECK
Tafelapfel. Mittelgroß, hochgebaut. Schale dunkelrot. Fleisch weiß, unter der Schale gerötet, saftig, fein gewürzt. Genussreife: XI bis II. (39)

KALVILL VON GRÖBENZELL
Lokalsorte aus Oberbayern. Kegelförmig gerippt. Schale ist grünlichgelb, Sonnenseite gestreift. Abb. (39 S. 250) Synonym: **Gröbenzell.**

KALVILL VON OUILLINS
Um 1850 in Frankreich gefunden. Genussreife: X bis I. Großfrüchtig. Schale grünlichgelb, später großflächig gerötet. Häufig berostet. Weinsäuerlich. (39)

KALVILL VON ST. SAUVEUR
Historische Sorte, wurde 1871 von Lucas beschrieben. Groß bis sehr groß. Hochgebaut. Schale hellgelb, Sonnenseite leicht gerötet. Fruchtfleisch gewürzt. Synonyme: **Saint Sauveur, Pomme St. Sauveur.**

KANADA RENETTE
Zufallssämling aus Frankreich, soll aber englischen Ursprungs sein. Wurde aber schon vor 1800 als **Pariser-Rambour-Renette** bei uns eingeführt. Synonyme: **Reinette du Canada** und **Reinette gris du Canada** waren in Deutschland bekannt. **Große englische Renette** am Rhein und in Württemberg, **Rabau** im Elsaß, **Sternrenette** im Elsaß und in Sachsen, **Große Goldrenette** in Baden, Hessen und Württemberg. **Kaiserrenette** in Rheinhessen und Württemberg. **Holländische Renette** in Bayern. Es gab auch eine **Gestreifte Canada-Renette.**

Die Sorte war in der Preisgruppe 2. Wurde im 19. Jh. in einigen österreichischen Ländern, sowie in Südtirol, in der Krain und in Mähren als Tafel- und Mostapfel angebaut. In der Schweiz noch: **Pariser Rambour, Weiberrenette, Reinette de Caen.** In Frankreich schon 1771 im „Catalogue raisonnè des meilleures sorteas d`arbres fruitiers" beschrieben.
Weitere bekannte Synonyme bei N. Gaucher und W. Votteler: **Amerikanische Romanite, Andilli, Antillenrenette, Blanche du Canada, Butterapfel, Caen, Canada Blanc, Canada gris, Canadian-Reinette, Dittrichs Prachtrenette, Dittrich´s Pracht-Reinette, Englische Renette, Englischer Kurzstiel, Gestreifte Kanadarenette, Goldapfel, Graue Kanadarenette, Gris du Canada, Große Englische Renette, Grosse Reinette d´Angleterre, Harlemer Reinette, Harlemer Renette, Helena, Incomparable, Janurea, Kaiserrenette, Lederapfel, Mela Janurea, Murnauer Renette, Murner Reinette, Murner Renette, Nationalrenette, Oberösterreichische Nationalrenette, Pariser Rambour, Pariser Rambur, Pariser Rambourrenette, Pariser Rambour-Reinette, Pomme de Bretagne, Pomme de Caen, Portugal Apfel, Portugal Russet, Pracht-Reinette, Prachtrenette, Rabau, Reinette Blanche du Canada, Reinette d´Andilly, Reinette d´Angleterre, Reinette de Caen, Reinette du Canada á Cótes, Reinette du Canada Blanche, Reinette grosse du Canada, Reinette Grise, Reinette grise de Canada, Reinette Incomparable, Reinette Virginale, Reinette von Canada, Romanite, Rostapfel, Rumelins Renette, Rumelin´s Reinette, Saint-Helena Russet, Schmalzapfel, Schmantapfel, Sternrenette, Unvergleichliche Reinette, Unvergleichliche Renette, Unvergleichlicher Pepping, Virginale, Weiberreinette, Weiberrenette, Weiber-Reinette, Weiße Antillenrenette, Weisse antillische Renette, Windsor-Reinette, Windsorrenette.** Literatur: (02) (03) (08) (39) (45)

KANDIL KITAJKA

Mittelgroße Frucht. Genussreife: XII bis IV. Schale gelb, Sonnenseite gerötet. Fruchtfleisch weiß, fein, sehr saftig. Wohlschmeckend. (39) Kreuzung aus **Kandil Sinap X Kitajka.** (83)

KANDIL SINAP

Der exotisch anmutende Apfel stammt von der Halbinsel Krim. Walzenförmig. Ab Dezember Genussreif, bis zum Frühjahr haltbar. War ein beliebter Kreuzungspartner. Frosthart. Die Schale ist dünn, glatt und glänzend. Fruchtfleisch weiß, sehr fein, saftig. Angenehmer süßsäuerlicher Geschmack.
Synonym: **Kantil Sinap.**

KANSAS KING
Zufallssämling aus den USA. Große, stark kantige, unregelmäßig geformte Früchte. Oft schwach rot geflammt. Unangenehm sauer im Geschmack. Wurde bei der OVA in Jork bis 1964 eingehend getestet. Weder die äußere, noch innere Qualität hat den Anforderungen genügt. (26-4/64)

KANSAS QUEEN
Zufallssämling aus den USA. Sorte ist großfrüchtig. Die Frucht kantig und unregelmäßig geformt. Zur Reife schwach rot gestreift oder geflammt. (39)

KAPUZINERAPFEL VON TOURNAY
Synonyme: **Capucine de Tournay, Tournay.** Wirtschaftsapfel. Verarbeitung: XII bis IV. Frucht groß, flachrund, gerippt. Schale fast völlig berostet. Deutlicher Geruch. Fleisch gelblichweiß, fein, locker, saftig, nicht gewürzt. (39)

KAPUZINERRENETTE
Vielseitig verwendbar. Genussreife: I bis V. Schale fast völlig berostet, grün, später grünlichgelb. Sonnenseite etwas gerötet. Schwacher Geruch. (39)

Im Bundes-Obstarten-Sortenverzeichnis werden folgende Sorten aufgeführt:
KARABOKA
KARASTOJANKA Bulgarische Sorte.

KARBÄNDLER
Herkunft: Schweiz. Wirtschaftsapfel. Lokalsorte. Geschmacklich geringe Qualität. Fleisch gelblichweiß, knackend, grob, saftig, schwach gewürzt und wenig Säure. Synonyme: **Breitapfel, Flater, Schiebler, Weißrenette.**
Quelle: Apfelsorten der Schweiz.

KARDINAL BEA
Zufallssämling, wurde bei Esslingen in Baden-Württemberg gefunden. Tafel- und Wirtschaftsapfel. Genussreife: X bis XI. Mittelgroß bis groß, flachrund. Schale grünlichgelb, später intensiv gestreift. Z. Zt. Sortenprüfung FG Geisenheim. (85)

KARDINAL GRAF GALEN
Wirtschaftsapfel, plattrund, rotgestreift. Abb. (39 S. 254) **Kardinal von Galen** dürfte identisch sein. (Autor)

KARLIKOWOJE
Im Bundes-Obstarten-Sortenverzeichnis eingetragen.

KARIN SCHNEIDER
Siehe unter: **Ingrid Marie.** Eigene Sorte an der Niederelbe. (26)

KARLSAPFEL
Alte Sorte, wurde 1836 von Hinkert beschrieben. Wirtschaftsapfel. (40) Genussreife: XII bis III. Sehr groß, kegelförmig. Schale gelb, Sonnenseite gerötet.

KARMELITER RENETTE
Herkunft unbekannt, wurde aber bereits 1667 als eine in Frankreich verbreitete Sorte erwähnt. Geeignet für rauhe Lagen. Genußreife: XII bis III. Im 19. Jahrhundert in Kärnten und Oberösterreich als Tafelapfel verbreitet. Schale fettig, grünlichgelb, später ganzflächig gerötet und gestreift. Fruchtfleisch gewürzt. Vorherrschende Säure. Synonyme: **Forellenrenette, Getüpfelte Renette, Grüne Renette, Hakenrenette, Lange Rotgestreifte Renette, Reinette des Carmes, Reinette Truite, Schäferrenette.** Eine der ältesten bekannten Sorten. Soll 1204 schon in Norfolk/England als **Old Pearmain** bekannt gewesen sein. 1667 in Frankreich als **Reinette Rousse** beschrieben. Literatur: (02) (39) (93)

KARMEN
Im Bundes-Obstarten-Sortenverzeichnis aufgeführt.

KARMESINHEMDCHEN
Historische Sorte, 1836 von Hinkert beschrieben. Genussreife: VIII bis X. Frucht klein, plattrund. Schale fettig, gelb, später ganzflächig gerötet und gestreift. Fruchtfleisch ist süß.

KARMESINROTER KASTANIENAPFEL
Historische Sorte, 1836 von Hinkert beschrieben. Tafel- und Wirtschaftsapfel. Genussreife: XII bis III. Mittelgroß, hochgebaut. Schale gelb, später großflächig gerötet. Fruchtfleisch gewürzt und süß. (40)

KARMIJN
Voller Name ist **Karmijn de Sonaville.** Herkunft: Niederlande. Kreuzung aus **Cox Orange X Jonathan.** Seit 1971 bekannt. Großfrüchtig. Schale gelb, Sonnenseite gerötet. Tafel- und Wirtschaftsapfel. (25)

KARMINA
Stammt aus Tschechien. Kreuzung aus **Karmen X VEB 725/6.** Sortenschutz seit 1997. Schorfresistente Lagersorte mit schwachem Wuchs und hohen Erträgen. Genussreife: November bis Februar. (75)

KARMINKALVILL
Tafelapfel. Genussreife: XI bis I. Mittelgroß, hochgebaut. Schale gelb, später großflächig gerötet und etwas gestreift. Schwacher Geruch. (39)

KAROLINENHAIMER SÜSSAPFEL
KASCHAKER
Beide Sorten sind im Bundes-Obstarten-Sortenverzeichnis aufgeführt.

KASSELER RENETTE
Synonyme: **Deutsche Goldreinette, Deutsche Goldrenette, Holländische Goldreinette, Holländische Goldrenette, Reinette de Caux, Stetting Pippin.** Wahrscheinlich aus Holland. Im 19. Jahrhundert als Tafel- und Wirtschaftsapfel in Voralberg bekannt. Haltbar bis April. Wurde von Sickler in Bd. 7 „Der Teutsche Obstgärtner“ von 1797 sehr genau beschrieben. Tafelapfel und ebenfalls zu Torten und zum Dämpfen eine Delikatesse. Diel schreibt: **Casseler Reinette,** Christ schreibt: **Casselreinette.** Vor 200 Jahren wurde schon über die richtige Schreibweise des Namens debattiert und die Vergleichungen und die Meinungen sind nachzulesen bei Sickler in (31 S. 392/394) Von Diel 1801 beschrieben. (93) Eine **Kleine Kaßler Renette** wurde 1938 im sächsischen Wertgruppenverzeichnis angegeben. (95) Synonyme in der Schweiz: **Holländische Goldreinette, Deutsche Goldreinette.** (03)

KASTANIENAPFEL
Synonym: **Chataigner.**

KASTANIENLUIKEN
Lokalsorte in Baden-Württemberg.

KATALONIER
Historische Sorte, 1836 von Hinkert beschrieben. Genussreife: XI bis III. Schale gelb, Sonnenseite gerötet, ganzflächig gestreift. Gewürzt, süß. (40)

KATHRAILER
Alte Lokalsorte in Württemberg. (67)

KATINKA
KATJA
KATKA
Sind im Bundes-Obstarten-Sortenverzeichnis aufgeführt.

KATJA
Frühsorte aus Schweden. Synonym: **Katy.** Kleinfrüchtig, attraktive Färbung. Kreuzung aus **Worcester Pearmain X James Grieve.**

Im Bundes-Obstarten-Sortenverzeichnis sind folgende Sorten aufgeführt:
KATRINA
KATTEKOP

KEHDINGER RAMBUR
Lokalsorte an der Niederelbe. Synonym: **Sommerbaldwin.** Nur in Kehdingen Bedeutung, im Alten Land fast unbekannt. (26-4/64)

KENDALL
Herkunft: USA. Kreuzung aus **McIntosh X Zusoff.** Ist unangenehm dunkelrot gefärbt. Grundfarbe grün. Sorte ist wertlos. Im Versuch in Jork bis 1964. (26/04/64)

KENT
Kreuzung aus **Cox Orange X Jonathan.** Mittelgroße, rot gefärbte Frucht, Geschmack befriedigend, ertragreicher als **Cox.** Aus East Malling. Wenig anfällig für Stippigkeit. Sortenschutz seit 1987. Synonyme: **Malling Kent, Schöner von Kent.** Quellen: (25) (47) (75)

KENTISCHER KORBFÜLLER
Stammt aus England, war schon um 1800 bekannt. Großer, flach runder, leicht gerippter Apfel. Schale hellgelb, Sonnenseite manchmal leicht gerötet. Häufig Rostflecken. Schwacher Geruch. Fleisch hellgelb bis grünlichgelb, ziemlich fein, saftig, keine Würze. Synonyme: **Kentish Fillbasket, Lady de Grey, Potters Large Grey Seedling, Weißer Kentischer Pepping.** (39)

KENTISCHER KÜCHENAPFEL
Synonym: **Kentish Codlin.** Sehr früher Wirtschaftsapfel. Verarbeitung: VIII bis IX. Frucht klein bis mittelgroß. Schale grünlichgelb, später intensiv gelb. Sonnenseite leicht gerötet. Schwacher Geruch. Fleisch hellgelb bis grünlichgelb, ziemlich fein. Saftig, keine Würze. Im Stift Zwettl in Österreich war vor 100 Jahren ein **Kentscher Küchenapfel** bekannt. Ich meine beide Sorten sind identisch. (39) (44)

KERMERRIEN
Mostapfelsorte in Österreich. (44)

Im Bundes-Obstarten-Sortenverzeichnis sind aufgeführt:
KERRY PIPPIN
KESSELTALER STREIFLING, Lokalsorte, rotflächig und rotgestreift.
KESWICK CODLIN

KESWICKER KÜCHENAPFEL
Früher Wirtschaftsapfel, haltbar höchstens bis Mitte Oktober. Früchte weißgelb mit kleinen schwarzbraunen Flecken, sehr druckempfindlich. War bei meinem Großvater Johann Rolff, der wichtigste Frühapfel, er hatte einen Bestand von etwa 30 ausgewachsenen Hochstämmen. Heute ist diese Sorte nirgends mehr zu finden. Die Sorte stammt aus England und hat sich auch in rauhen und höheren Lagen bewährt. Mittelfrühblühend, diploid. (32 S. 27) (83) (Autor) Synonyme: **Keswick Codlin, Keswick´s Codlin, Keswick`s Küchenapfel.**

Im Bundes-Obstarten-Sortenvrzeichnis aufgeführt:
KEULEMAN, auch ein **Keuleman Rode. (Roter Keuleman).**
KEW TZA 104
KICKACHER SÄMLING

KIDDS ORANGE RED
Aus Neuseeland. Züchter: J.H.Kidd, Greytown, Neuseeland. Auch **Kidd´s Orange, Kidds Orange, Kidds 28.** Kreuzung aus **Red Delicious X Cox Orange.** 1924 entstanden. War beim OVR in Jork Anfang der 60er Jahre im Versuchsanbau. Frucht mittelgroß, gelbgrün, später marmoriert. Fleisch ist cremefarbig, fest, sehr saftig, intensives Aroma. (25) (39) (85)

KIENLESAPFEL
Historische Sorte, beschrieben 1889 von Th. Engelbrecht. Genussreife: IX bis X. Schale grünlichgelb, Sonnenseite gerötet und gestreift. Schwacher Geruch. In Württemberg Lokalsorte. Wurde dort schon 1854 von Lucas beschrieben. (40) (67)

Im Bundes-Obstarten-Sortenverzeichnis sind folgende Sorten aufgeführt:
KIEWSKOJE SIMNOJE
KILIAAN
KIM
KIN HUA
KINGS ACRE PIPPIN, Sorte ist stark berostet.
KING DAVID, Herkunft: USA.
Kreuzung aus **Jonathan X Arkansas Black.**

KING DELICIOUS
Kreuzung aus **Wyker Pippin X Cox Orange.** Herkunft: State of Washington. Wächst stark. Interessant wegen der Form und der stark gestreiften Deckfarbe.

KING OF KINGWORTH
Stark rot gestreift, großfrüchtig. Abb. (39 S. 260)

KING OF TOMPKINS COUNTY
Eine alte amerikanische Sorte. Triploid. Schale leuchtend rot geflammt auf grünlich-gelben Grund. Geschmack aromatisch. Nachteile sind fettige Schale und trockene, harte Beschaffenheit des Fruchtfleisches. Baum wächst stark, die Sorte ist aber für unsere Verhältnisse nicht geeignet. War in den 60er Jahren bei der OVA in Jork im Versuchsanbau. (26-4/64) Synonyme: **King, Tompkins King.**

KIRCHMESSAPFEL
Kirchmeßapfel. Vorwiegend Wirtschaftsapfel. Verarbeitung: X bis XII. Große, flachrunde Frucht. Schale hellgelb, später großflächig gerötet und gestreift. Fleisch weiß, sehr fein, saftreich, wenig gewürzt.

KIRGISKOJE SIMNEJE
Im Bundes-Obstarten-Sortenverzeichnis aufgeführt.

KIRKES NELSON
Historische Sorte, von Engelbrecht 1889 beschrieben. Tafel- und Wirtschaftsapfel. Schale gelb, Sonnenseite gerötet und gestreift. Schwacher Geruch. Fruchtfleisch gewürzt. Süßsäuerlich.

KIRKES SCHÖNER RAMBUR
Synonyme: **Hollandbury, Kirke's Scarlet Admirable.** Wirtschaftsapfel. Großfrüchtig. Genussreife: XI bis II. Schale ist fettig, hellgelb. Später gerötet und gestreift. Fleisch ziemlich weiß, halbfein, saftig, ohne Würze. (39)

KIRSCHAPFEL
Historische Sorte, wurde 1797 von Christ beschrieben. War Zier- und Wirtschaftsapfel. Frucht kirschgroß, fällt samenecht. Schale intensiv gerötet. Süßsäuerlich. (40)

Im Bundes-Obstarten-Sortenverzeichnis sind eingetragen:
KIRSCHWEINLING
KIRSTIN
KISSENREIMER In der Sortenprüfung: Forschungsanstalt Geisenheim. (85)

Im Bundes-Obstarten-Sortenverzeichnis eingetragen sind:
KITAJKA SOLATAJA RANNAJA
KITANOSACHI, Eine neue Apfelsorte in Japan. (27-2/96) (70)

KITZINGER TAUBENAPFEL
Lokalsorte aus Unterfranken. Hochgebaut, Schale gelb. Abb. (39 S. 261) Zur Reifezeit großflächig verwaschen gerötet. (40)

Im Bundes-Obstarten-Sortenverzeichnis aufgeführt:
KIZASHI
KJUSTENDILKA SYEZEST
KLAFTERBRUNNER Mostapfelsorte in Österreich. (44) (70)
KLAPPERAPFEL Sorte wird in Triesdorf erhalten. (70)
KLARA, ausTschechien. **Starking X Golden Delicious.** (27-9/94) (70)

KLARAPFEL
Siehe auch: **Weißer Klarapfel. Klarapfel** ist auch der Handelsname. Die bekanntesten Synonyme: **Belicnik** (Jugoslawien), **Biala Prozracina** (Bulgarien), **Cistecké Lahúdkove** (Tschechien), **Durchsichtiger Sommerapfel, Fehér Clar** (Ungarn), **Grand Sultan, Inflanka** (Polen), **Livländer Klarapfel, Livländischer Klarapfel, Naliwnoje Heloje, Papierowka Biela** (Polen), **Papirovka** (Rumänien und Ungarn), **Prúsvitne Zluté** (Tschechien), **Transparent Blanche** (Frankreich), **Transparent Jaune** (Frankreich), **Transparente de St. Leger, Weisser Transparent, Weißer Transparent, Weißer Transparentapfel, White Transparent, Yellow Transparent.**
Literatur: (02) (03) (04) (05) (08) (14) (24) (25) (66)

KLAUSDORFER HÄGER
Im Bundes-Obstarten-Sortenverzeichnis aufgeführt. Lokalsorte aus Schleswig-Holstein. Aus Klausdorf bei Kiel. Rotbackiger, länglicher Apfel. Süßsäuerlich, saftig. Genussreife: XI bis IV. Baum wächst stark.

KLEINE GRAUE RENETTE
Historische Sorte, 1797 von Christ beschrieben. Kleinfrüchtig. Schale gelb, Sonnenseite gerötet. Später berostet. Genussreife ab Januar, dann 1 Jahr haltbar. (40)

KLEINE KASSELER RENETTE
Historische Sorte, 1836 von Hinkert beschrieben. Mittelgroße Frucht. Genussreife: XI bis III. Schale gelb, Sonnenseite gerötet, großflächig gestreift. (40)

KLEINE ZARTSCHALIGE RENETTE
Tafel- und Wirtschaftsapfel. Genussreife: XII bis III. Mittelgroßer, flach runder, gleichmäßig gebauter Apfel. Schale glatt, etwas fettig, grünlichgelb, später gelb. Sonnenseite meistens gerötet. Kein Geruch. Fleisch gelblichweiß, fein, saftig, gewürzt. Ausgeglichenes Zucker-Säure-Verhältnis. (39)

Im Bundes-Obstarten-Sortenverzeichnis aufgeführt:
KLEINER ANTONOWKA

KLEINER API Wurde im 19. Jahrhundert in Südtirol angebaut. Synonyme: **Api, Bollenapfel, Königs Mundapfel, Krippele, Lady Apple, Pomme d'Api, Rotbäckchen, Rotbart, Rotkehlchen, Traubenapfel.** Genussreife: I bis VI. Tafel- und Wirtschaftsapfel. Lt. Österreichischen Quellen, ist nur eine Verwendung als Dekorationsapfel bekannt. Schale hellgelb, später intensiv gerötet. Geruch schwach, kaum gewürzt. Hoher Zuckergehalt, wenig Säure. (02)

KLEINER APIS-APFEL
Wurde 1795 von Schiller beschrieben. Dürfte mit dem **Kleinen Api** identisch sein.

KLEINER BERLEPSCH
Im Bundes-Obstarten-Sortenverzeichnis angegeben.

KLEINER BRONAPFEL
Lokalsorte im oberen Neckartal/Baden-Württemberg. (67)

KLEINER BRUNNER
Wirtschaftsapfel, besonder als Mostapfel im Anbau in Kärnten, Ober- und Niederösterreich im 19. Jahrhundert. Fallreife: Oktober. War für rauhe Lagen geeignet. (02)

KLEINER FAVORITENAPFEL
Historische Sorte, 1836 von Hinkert beschrieben. (40) Genussreife: IX bis XI. Hochgebaut. Schale hellgelb, später ganzflächig gerötet und gestreift. Deutlicher Geruch. Fleisch gewürzt, sehr süß. Synonyme: **Favoritapfel, Pomme Mignonne.**

KLEINER FLEINER
Im 19. Jahrhundert gering in Österreich verbreitet. Tafel- und Mostapfel. Für höhere Lagen geeignet. Genussreife: XI bis III. Schale grünlich-gelb bis hellgelb. Sonnenseite leicht gerötet. Synonym: **Petit Fleiner.** Verschiedene **Fleiner** waren auch im 19. Jh. in Württemberg sehr bekannt. Das Fleisch ist weiß, sehr saftig. Aroma wenig ausgeprägt. Milde Säure, hoher Zuckergehalt.

KLEINER HERRENAPFEL
Wirtschaftsapfel. Festfleischig, säurearm, süß. Genussreife: IX bis XI. Schale grünlichweiß, Sonnenseite leicht gerötet. Fleisch gelblichweiß, fein, fest bis markig, saftig, keine Würze. Synonyme: **Herrenapfel, Junkerapfel, Kleiner Krümling, Träubchen.**

KLEINER LANGSTIEL
Im 19. Jahrhundert in Württemberg bekannt. Synonyme: **Blauschwanz, Langstiel, Queue Bleue.** Genussreife: XII bis I. Klein bis mittelgroß. Schale gelb, später gerötet. Geruch schwach. Fruchtfleisch weiß, fein, saftig, wenig Würze. Baum ist anspruchslos, für rauhe Lagen. (39) (67)

KLEINER MARGARETHENAPFEL
Kleinfrüchtig, rotstreifig. (39 S. 262)

KLEINER RHEINISCHER BOHNAPFEL
Siehe unter - **Bohnapfel.** In alter Fachliteratur wird diese Sorte als identisch mit dem **Großen Rheinischen Bohnapfel** beschrieben. Genussreife: Januar bis Juni. Kleiner, walzenförmiger gleichmäßig gebauter Apfel. Schale glatt, grün, dann grünlichgelb. Kein Geruch. Fleisch ist grünlichgelb, halbfein, fest, später zäh, sehr saftig. Keine Würze. Herbe Säure, hoher Zuckergehalt. Synonyme: **Kleiner Bohnapfel, Petit Bohn.**

KLEINER ROSENHÄGER
Historische Sorte, 1797 von Christ beschrieben. Schale blassgelb, Sonnenseite etwas rot. Fruchtfleisch weich und süß. (40) Synonym: **Rosenhäger.**

KLEINER SCHÄMLING
Historische Sorte, 1836 von Hinkert beschrieben. Tafel- u. Wirtschaftsapfel. Hellgelb, Sonnenseite etwas gerötet. Fleisch ist süß. (40)

KLEINER STEINPEPPING
Synonyme: **Englischer Kleiner Steinpepping, Steinpepping, Stone Pepping, Stone Pippin.** Genussreife: I bis V. Tafel- und Wirtschaftsapfel. Klein, walzenförmig. Schale gelb, Sonnenseite gerötet und etwas gestreift. Geruch ist schwach, gewürzt, milde Säure. (39)

KLEINER VIOLETTER APFEL
Historische Sorte, 1797 von Christ beschrieben. Klein, rund. Zur Reifezeit ganzflächig schwarzrot. Geschmack nicht befriedigend. Genussreife: XII. (40)

KLEPPERLING
Im Bundes-Obstarten-Sortenverzeichnis angegeben.

KLÖCHER MASCHANZKER
Lokalsorte in Österreich. Herkunft: Vermutlich aus der Gegend von Klöch (Klöcher Weinstraße) Südoststeiermark. (44) (Autor)

KLOPPENHEIMER STREIFLING
Wirtschaftsapfel. Verarbeitung: XII bis IV. Mittelgroß, abgestumpft rund. Schale fettig, grünlichgelb, Sonnenseite etwas gerötet und kräftig gestreift. Geruch schwach. Fleisch grünlichgelb, ziemlich fein, ausreichend saftig. Ohne Würze. (39) Synonym: **Streifling.**

Im Bundes-Obstarten-Sortenverzeichnis angegeben:
KLUNSTERAPFEL Altländer Lokalsorte. Siehe **Altländer Klunsterapfel.**
KNACKERLE
KNÄCKER
KNADINGER SÄMLING Sortenprüfung und Erhaltung. FG Geisenheim.
KNEBUSCH

KNOOPS WEISSER HERRENAPFEL
Historische Sorte, wurde 1797 von Christ beschrieben. Schale blassgelb, Sonnenseite gestreift. Leicht gewürzt, wohlschmeckend. Genussreife: XI bis XII. (40) Synonyme: **Herrenapfel, Weißer Herrenapfel.**

KODROWSKOJE
Im Bundes-Obstarten-Sortenverzeichnis angegeben.

KOGETSU
Neue Apfelsorte in Japan. (27-2/96)

KOHLAPFEL
Eine sehr alte Sorte. 1797 von Sickler beschrieben. Auch Synonym für den **Roten Eiserapfel.**

KOHLENBACHER
Lokalsorte aus dem Eltztal in Baden. Most- und Wirtschaftsapfel. Frucht ist klein bis mittelgroß, flachrund. Verarbeitung: XI bis III. (40) **Kohlapfel** und **Kohlenbacher** sind im Bundes-Obstarten-Sortenverzeichnis eingetragen. (70)

KOLBES RAMBURRENETTE
Soll sehr guter Tafel- und Wirtschaftsapfel sein. Großfrüchtig. Genussreife: Dezember bis April. Schale gelb, Sonnenseite häufig gerötet. Synonym: **Ramburrenette.** (39)

Im Bundes-Obstarten-Sortenverzeichnis aufgeführt:
KOIT
KOLORIT

KOLVENBACHS GOLDRENETTE
Mittelgroßer Winterapfel. (39)

Im Bundes-Obstarten-Sortenverzeichnis aufgeführt:
KONFETNOJE Synonym: **Bonbonapfel.**
KÖNIG FRIEDRICH AUGUST VON SACHSEN

KÖNIG JAKOB
Historische Sorte. 1836 von Hinkert beschrieben. Tafel- und Wirtschaftsapfel. Winterapfel. Frucht ist rund. Schale gelb, deutliche Berostungen. Fruchtfleisch gewürzt. (40) Im Pr. Ratgeber von 1889 ein Synonym für die **Renette von Breda.**

KÖNIGIN LUISENS APFEL
Pomme reine Louise. Spätherbstapfel. Genussreife: XI bis XII. Tafel- und Wirtschaftsapfel. Sonnenseite gerötet und gestreift. Mittelgroß.

KÖNIGIN OLGA-APFEL
Synonyme: **Königin Olga, Olga Nicolajewna.** Wirtschaftsapfel. (39) Frucht mittelgroß, gleichmäßig gebaut. Genussreife: III bis VI. Schale glatt, bereift, etwas fettig. Grün, später gelb. Fleisch hellgelb, fein, saftig, etwas gewürzt. Hoher Zuckergehalt. (39)

KÖNIGIN SOPHIENAPFEL
Synonym: **Reine Sophie.** Tafelapfel. Genussreife: XII bis IV. Mittelgroß. Schale fettig, gelb. Stellenweise berostet. Fleisch gelblichweiß, fein, saftig, etwas gewürzt.

KÖNIGINAPFEL
Synonyme: **Königin-Apfel, Queen, The Queen.** Englische Züchtung. 1858 von W. Bull gezüchtet und 1880 von der Fa. Saltmarsh, Chelmsford in den Handel gebracht. Unter dem Namen **The Queen** in den Handel gekommen. Großfrüchtiger Wirtschaftsapfel. War im Alten Land gut bekannt. Bildhübscher Apfel mit einer

prachtvollen Färbung. Genussreife: X bis XI. Schale grünlichgelb, später hellgelb, glatt und glänzend mit fettigem Überzug. Zur Reifezeit kräftig gerötet und gestreift. Fleisch gelblichweiß, sehr locker und mürbe, saftig. Weinsäuerlich. Ohne Würze. (39) (93) (Autor)

KÖNIGLICHER EDELAPFEL

Synonym: **Französischer Königlicher Edelapfel.** (39) Wirtschaftsapfel. Genussreife: II bis VI. Großfrüchtig. Schale glatt, etwas fettig. Grünlich, später grünlichgelb bis hellgelb. Schwacher Geruch. Fleisch grünlichgelb, fein, saftreich, wenig Würze.

KÖNIGLICHER KRUMMSTIEL

Im Bundes-Obstarten-Sortenverzeichnis aufgeführt.

KÖNIGLICHER KURZSTIEL

Soll aus Holland stammen. Dort, sowie in Frankreich und Belgien, auch in England und in Amerika heißt er **Court-Pendu royal** oder **Court-Pendu rouge royal.** In Deutschland vorwiegend der obige Name, in Hessen-Nassau und Baden **Ringapfel** und **Käsapfel,** in Ostfriesland **Käske.** Folgende Abarten gibt es noch: **Grüner Kurzstiel (Court-Pendu vert), Grauer Kurzstiel (Court-Pendu gris), Roter Kurzstiel (Court-Pendu rouge), Königlicher Kurzstiel (Court-Pendu royal, Court-Pendu double, Court-Pendu regéneré).** Die Abarten wurden schon um die Jahrhundertwende teilweise nicht empfohlen. Im 19. Jh. in der Steiermark und in Böhmen im Anbau, als Ess- Koch und Mostapfel. Genussreife: XII bis III. Synonyme in der Schweiz: **Roter Kurzstiel, Käsapfel.** Schon um 1650 in der Schweiz eine bekannte Sorte. Literatur: (02) (03) (24) (39) (45)
Bekannte Synonyme aus zwei Jahrhunderten: **Belgischer Kurzstiel, Belle de Senart, Berlin, Court Pendu, Court Pendu Dur, Court Pendu Musque, Court Pendu Plat, Court Pendu Rouge Royal, Court Pendu Royal, Court Pendu Sanguin, Court Pendu Vermeil, Courte Queue, Edelapfel, Hongrie, Käsapfel, Käske, Königlicher Roter Kurzstiel, Kurzstiel, Pomme de Berlin, Pomme de Garnon, Princesse Noble Zoete, Reinette d`Osnabruck, Reinette de Hongrie, Reinette du Portugal, Reinette des Belges, Reinette Grise Royale, Ringapfel, Roter Kurzstiel, Russian, Senart, Wise Apple, Wollaton Pippin.**
R. Koloc schreibt: Soll bereits vor 1600 bekannt gewesen sein. (93)

KÖNIGLICHER RUSSET

Synonyme: **Reinettee Grise Royale, Royal Russet, Russet.** Tafel- und Wirtschaftsapfel. Genussreife; XII bis V. Frucht mittelgroß, abgestumpft, eiförmig, ungleichmäßig gebaut. Schale grünlich, später grünlichgelb bis gelb. Sonnenseite unterschiedlich braunrot. Fleisch grünlichgelb, fein, saftig, angenehm und kräftig gewürzt. (39)

KÖNIGLICHER STREIFLING
Synonyme: **Bauzan, Saint Bauzan, Streifling.** Wirtschaftsapfel. Genussreife: I bis VII. Mittelgroß, flachrund. Schale fettig, grünlichgelb, Sonnenseite leicht gerötet und etwas gestreift. Fleisch weiß, fein, saftig, wenig gewürzt. (39)

KÖNIGLICHER TÄUBLING
Synonyme: **Pigeonnet Royal, Täubling.** Auch ein Synonym für den **Roten Wintertaubenapfel.** (40)

KÖNIGS FLEINER
Synonym: **Fleiner du Roi** (Name in Frankreich), **Königsfleiner.** Vorwiegend Wirtschaftsapfel. Genussreife: X bis XII. Wurde 1851 von Lucas beschrieben. Frucht groß, walzenförmig. Schale fettig, gelbgrün, Sonnenseite teilweise stark gerötet. Geruch schwach. Fruchtfleisch gelblichweiß bis weiß, fein, saftig, wenig gewürzt. (39) (67)

KÖNIGS-APFEL
Wurde bereits 1795 von Schiller beschrieben. (37)

KÖNIGSAPFEL VON JERSEY
Einer der zahlreichen Königsäpfel. Vorwiegend Wirtschaftsapfel. Synonyme: **Jerse, Jersey, Pomme Royal de Jersey.** Schale gelb, leicht berostet. Schwacher Geruch. Fruchtfleisch gewürzt, süß. (40)

Im Bundes-Obstarten-Sortenverzeichnis angegeben:
KÖNIGSAPFEL VON ULM
KÖNIGSBOSKOOP
KÖNIGIN EMMA
KÖNIGSFLEINER

KONSTANZER
Wurde 1795 von Schiller beschrieben. Synonym: **Summering-Apfel.** (37)

Im Bundes-Obstarten-Sortenverzeichnis angegeben:
KOPFINGER ROLLING Lokalsorte in Österreich.
KORBACHER EDELRENETTE
KORBERAPFEL

KORBINIANSAPFEL
Tafel- und Wirtschaftsapfel. Genussreife: XII bis V. Mittelgroß, breitrund, gerippt. Schale gelb, Deckfarbe großflächig, gestreift. 1944 von Pfarrer Aigner aus einem Sämling entstanden. Arbeitstitel war **KZ 3,** der Apfel ist während der Inhaftierung des Pfarrers im KZ Dachau entstanden. Zu Ehren von Korbinian Aigner wurde der Apfel nach 1945 in **Korbiniansapfel** umbenannt. (39)

KOREI
Züchtung der Versuchsstation Aomori/Japan. **Golden Delicious X Indo.** Kreuzung erfolgte 1935, Sorte wurde aber erst 1960 bekannt. Im Geschmack aufdringliche Süße, wie bei den meisten japanischen Sorten. Kein Ersatz für den **Golden Delicious,** da noch wesentlich kleinfrüchtiger, gelblichgrün bis hellgelb gefärbt, häufig mit einer violetten Zeichnung um die Stielhöhle. (26-4/64)

Im Bundes-Obstarten-Sortenverzeichnis angegeben:
KÖRLER EDELAPFEL
KORNSÜSSLING Lokalsorte in Österreich. (44)
KORICNOJE NOWOJE
KÖSTLICHER

KOROBOWKA
Herkunft: Weißrussland. Ein sehr kleine Frucht, flachrund, ohne Rippen. Schale ist dünn und glatt. Grundfarbe ist wachsgelb und fast ganz mit weichselroten Streifen bedeckt. Fruchtfleisch ist gelblich, renettenartig, honigsüß, ohne Aroma. (83)

KÖSTLICHE RENETTE VON NEWTON
Synonyme: **Green Newton Pepping, Green Newton Pippin, Newton, Newton Pepping, Newton Pippin.** Tafel- und Wirtschaftsapfel. Genussreife: I bis IV. Großfrüchtig. Abgestumpft rundlich, nicht ganz gleichmäßig gebauter Apfel. Schale glatt, etwas fettig, matt glänzend. Grün, später grünlichgelb bis gelb. Sonnenseite etwas gerötet und gestreift. (39)

KÖSTLICHER AUS BÖHMEN
Herkunft: Böhmen. Gilt dort als außerordentliche Tafelfrucht. Mittelgroß. Schale wachsgelb, sonnenseitig intensiv gerötet. Fleisch ist weiß, fein, mürbe, mäßig saftig. Genussreife: X bis XII. Baum wächst kräftig, ist früh- und reichtragend. (39)

Im Bundes-Obstarten-Sortenverzeichnis angegeben:
KÖSTLICHER
KÖSTLICHER KÖNIG und **KÖSTLICHER VON HERBERSTEIN**

KÖSTLICHER VON KEW
Synonyme: **Admirable de Kew, Kiew.** Tafel- und Wirtschaftsapfel. Klein bis mittelgroß. Genussreife: I bis IV. Schale glatt, etwa fettig, grünlichgelb, später lebhaft gelb. Fleisch gelblichweiß, fein, zart, saftig und edel gewürzt. (39)

KOSZELLA
Frostharte Sorte. Genussreife: IX. (07)

KOULON KITAIKA
Eine sehr frostharte russische Züchtung. Ungleichmäßig gebaut. Rotstreifig, langstielig. Abb. (39 S. 271)

KOVELIT
Synonym: **Kavelit.** Im Bundes-Obstarten-Sortenverzeichnis angegeben.

KRANICHS-APFEL
Soll vor 1797 in der Wetterau bekannt gewesen sein. Der „Teutschen Obstgärtner" schrieb 1797, dass es sich hier um die Sorte **Dominiska** handelt. (Sickler Bd, VII).

KRANZRENETTE
Ist im Bundes-Obstarten-Sortenverzeichnis angegeben.

KRAPPE-KRUIN
1795 von Schiller beschrieben. (37)

KRASAVA
Ist im Bundes-Obstarten-Sortenverzeichnis angegeben.

KRÄUTERRENETTE
Synonym: **Reinette Aromatisée Allemande.** Kleine bis mittelgroße Frucht. Genussreife: XII bis VI. Schale hellgelb, Sonnenseite schwach gerötet und etwas gestreift. Schwacher Geruch. (39)

KRAUTSANDER BOIKENAPFEL
Lokalsorte an der Niederelbe. Stammt von der Elbinsel Krautsand. (01)

Im Bundes-Obstarten-Sortenverzeichnis sind folgende Sorten angegeben:
KRETTENBACHER WEINAPFEL
KRIMAPFEL
KRIMSKOJE und **KRIMSKOJE SIMNOJE**

KRIWITZER
In den 60er Jahren bei der OVA im Versuchsanbau. (26-4/64) Sortenprüfung in der Forschungsanstalt Geisenheim. (85)

KRONAPFEL
Schiller hat 1795 zwei verschieden Sorten beschrieben. Den **Kroons-Appel** und den **Kroons-Appel. (Soomer).** (37)

KRONPRINZ GRAZ
Im Bundes-Obstarten-Sortenverzeichnis angegeben. Österreichische Sorte.

KRONPRINZ RUDOLF
1873 auf der Weltausstellung in Wien vorgestellt. Geeignet für rauhe Lagen und ungünstige Bodenverhältnisse. Baum wächst kräftig, wurde damals zum Anbau empfohlen. Als Tafelapfel im 19. Jahrhundert in der Steiermark und im heutigen Slowenien, (Gegend von Görz) im Anbau. Genussreife: XII bis III. Schale fettig, grünlichgelb. (02)

KRONPRINZ VON ENGLAND
Die Sorte war vor einhundert Jahren in Niederösterreich bekannt. Anbau im Stift Zwettl. Das Stift hatte damals einen großen Sortengarten. (44)

KRONPRINZESSINAPFEL
Vielseitig verwendbar. (40) Mittelgroß bis groß. Flachrund, ungleichmäßig gebaut. Genussreife: XII bis IV. Fettige, grüngelbe Schale. Sonnenseite verwaschen rötlich.

KRÖTENRENETTE
Historische Sorte, 1871 von Lucas beschrieben. (40) Mittelgroß bis groß. Frucht ist plattrund. Schale grünlichgelb, Sonnenseite gerötet. Fleisch gewürzt, süßsäuerlich.

KRÜGERS DICKSTIEL
Stammt aus Norddeutschland. Gedeiht auch noch auf den Sandböden der Lüneburger Heide. Heute nur noch wertvoll für den Liebhaberanbau. War auf der Stader Geest und in der III. Meile des Alten Landes etwas verbreitet. Schrumpft bei trockener Lagerung, anfällig für Stippigkeit. Geschmack angenehm säuerlich, frisch und gewürzt. Wurde in den 40er und 50er Jahren auf der Stader Geest immer noch angebaut. Haltbarkeit bei richtiger Lagerung bis Februar. Preisgruppe 2. Synonyme: **Achimer Goldrenette, Achimer Goldreinette, Celler Dickstiel, Dickstiel, Donnerhorst, Donnerhorster, Feldkirchner Renette, Großvaterapfel, Krügers Goldrenette, Krügers Goldreinette, Liebling, Sulzbacher Liebling,**

Waltmann Renette, Woltmanns Herbstrenette, Woltmanns Renette. Eine Quelle sagt, dass die Sorte aus Mecklenburg stammt. Vor 1850 als namenloser Baum nach Zeven (Zwischen Bremen und Hamburg) gekommen. Bei Rentmeister Woltmann in Zeven zuerst gefruchtet. 1852 wurde die Sorte von Oberdiek beschrieben. Soll mit dem **Königlichen Kurzstiel** verwandt sein. Der Pr. Ratgeber 1914 schreibt, dass der Apfel als **Königlicher Kurzstiel** angesprochen worden ist. Handelsname ist **Krügers Dickstiel.** Quellen: (01) (02) (08) (26-3/64) (39) (78)

KRUMMER HASENKOPF
Eine alte, unbekannte Lokalsorte.

KRUMPETER
Lokalsorte aus dem Angelner Land. (Schleswig) Etwa 1900 gefunden. Frühsorte, süß aromatisch. Wird schnell mehlig. Baum stellt keine Ansprüche. Mittelstarker Wuchs. (71)

Im Bundes-Obstarten-Sortenverzeichnis sind folgende Sorten angegeben:
KUBAAPFEL
KUBAN
KUBANY

KUGELAPFEL
Stammt vermutlich aus Süddeutschland, da er sich beim Umpfropfen, besonders mit aus Württemberg stammenden Sorten verträgt. (12) Wirtschaftsapfel. Genussreife: XII bis VI. Synonym: **Pomme Boule.** (39)

KUHLÄNDER GULDERLING
Herkunft: Tschechoslowakei. Ist seit etwa 1820 bekannt. Mittelgroße Frucht. Genussreife: X bis XII. Vielseitig verwendbar. Tafel- und Wirtschaftsapfel. (39) Synonyme: **Jadernicky, Mährisch-Walachischer Gulderling, Rosmarinapfel.**

KUMPFENAPFEL
Lokalsorte in einem sehr kleinem Gebiet in Baden. Ist im Bundes-Obstarten-Sortenverzeichnis eingetragen.

KUNZES KÖNIGSAPFEL
Synonyme: **Königsapfel, Pigeon de Kunze.** Genussreife: XI bis IV. Klein bis mittelgroß, walzenförmig, leicht gerippt. Schale fettig, hellgelb, Sonnenseite leicht gerötet und intensiv gestreift. Geruch schwach.

KUPFER-APFEL
1795 von Schiller beschrieben als **Bastard Calvill.** (37)

KÜRBISAPFEL
Historische Sorte, 1836 von Hinkert beschrieben. Genussreife: XII bis V. Frucht sehr groß, hochgebaut, stark gerippt. Schale hellgelb, Sonnenseite gerötet. (40)

KURFÜRSTENAPFEL
Lokalsorte in Niederösterreich. (44)

KURSKY RENETTE
Plattrunde, gelbe Früchte. Herkunft unbekannt.

KURZCOX
War in den 60er Jahren bei der OVA im Versuchsanbau. (26-4/64)

KÜSTERAPFEL
Mittelgroße Frucht. Schale weißlich-gelb. Herkunft unbekannt. Fruchtfleisch mürbe, saftig. Tafel- und Wirtschaftsapfel. Vorwiegend süß.

KUTSCHERAIFER
Im Bundes-Obstarten-Sortenverzeichnis angegeben.

KYOKKO
Japanische Apfelsorte. **Ralls X McIntosh.** (26-7/8/59)

Im Bundes-Obstarten-Sortenverzeichnis sind folgende Sorten angegeben:
LA NATIONALE
LA PAIX

LA ROYALE D`ANGLETERRE
Von Sickler 1797 einwandfrei beschrieben. Zu Sicklers Zeiten, also vor 200 Jahren, hatten die meisten Früchte englische und französische Namen. Einheimische Sorten oder der Begriff Lokalsorte war noch nicht bekannt. Man gab ihnen den sogenannten „Provinzialnamen". Literatur: „Der Teutsche Obstgärtner". Bd. VII von 1797.

LADECOPER GLOCKENAPFEL
Wirtschafts- und Konditorapfel, war noch in den 40er Jahren im Alten Land stark verbreitet. War die Hauptapfelsorte bei meinem Großvater Johann Rolff in Mittelnkirchen. Wurde nach dem II. Weltkrieg aber nicht mehr vermehrt. Neigt stark

zur Alternanz, bei Vollertrag bleiben die Früchte zu klein. Für Kühl- und Scheunenlagerung hervorragend geeignet. Die Früchte wurden bei uns noch lose in große Boxen geschüttet. Früchte bis 2 m übereinander. Es bestand kaum eine Druckempfindlichkeit. Der Apfel war saftig, säuerlich, etwas hart, ohne besonderes Aroma. Früchte kamen selten über 75 mm. Schale gelblichgrün, nur an der Sonnenseite vereinzelt etwas rote Backen. Preisgruppe 4. (01) (Autor)
Synonym: **Ladecoper.** 1938 in Sachsen: **Ladecooper Glockenapfel.**

LADIES SWEET
Synonyme: **Douce des Dames, Frauenapfel, Süßer Frauenapfel, Sweet, Sweet Delicious.** Tafel- und Wirtschaftsapfel. Genussreife: XII bis III. Großfrüchtig. Schale fettig, zitronengelb, Sonnenseite leicht gerötet. Schwacher Geruch. (39) (40)

LADY
Amerikanische Sorte. Kleinfrüchtig, schön gefärbt. Fleisch erfrischend saftig, Schale dünn. Tafelapfel. Die Frucht ist gut haltbar. (83) Bekannt sind noch: **Lady Derby** und **Lady Hamilton.**

LADY HENNIKER
Wurde 1840 in England aus Samen gezogen. Wirtschaftsapfel. Genussreife: XI bis XII. Groß bis sehr groß. Schale gelb, später ist die ganze Frucht gestreift. Schwacher Geruch, leicht gewürzt. Wurde im Praktischen Ratgeber 1886 als vorzügliche, aus England stammende Sorte, empfohlen. Die Frucht soll sehr groß sein, zart parfümiert und saftig. Für Sandböden nicht geeignet. (15 S. 39)

LADY HOLLENDALE
Sorte ist diploid. Frucht klein bis mittelgroß. Schale gleichmäßig rot gestreift. (39)

LADY SANDWICK
Vielseitig verwendbar. Genussreife: I bis V. Mittelgroß. Schale grünlichgelb bis hellgelb. Sonnenseite etwas gerötet und intensiv gestreift. Leichte Berostung. (39)

LADY SUDELEY
Im Bundes-Obstarten-Sortenverzeichnis angegeben. Diploid. (32 S.28)

LADY WILLIAMS
Neue Apfelsorte in Australien. (27-2/95) **Lady William** ist im Bundes-Obstarten-Sortenverzeichnis angegeben. (70)

LAFFERTS GELBER GLASAPFEL
Historische Sorte, 1836 von Hinkert beschrieben. Tafel- und Wirtschaftsapfel. Genussreife: XI bis III. Mittelgroß, rund, gerippt. Schale fettig, hellgelb. Sonnenseite leicht gerötet. (40)

LALLINGER RAMBUR
Lokalsorte aus Niederbayern. Stammt aus dem Lallinger Winkel bei Deggendorf. Stark rotflächig und gestreift. Abb. (39 S. 277)

Im Bundes-Obstarten-Sortenverzeichnis weren folgende Sorten aufgeführt:
LAMB ABBEY PARMAIN
LAMOTTES LIEBLING
LAMPRECHTS RENETTE
LÄMMERMANN`S APFEL

LAMMWIRTSAPFEL
Mostapfel. Mittelgroß, breit gebaut. Verarbeitung: X bis III. Fruchtschale weißgelb. Deckfarbe großflächig. Vorherrschende Säure. (40)

LANAER BÖHMER
Lokalsorte aus Südtirol. Genussreife: X bis I. Mittelgroß, flachrund. Schale fettig, wachsartig hellgelb. Sonnenseite leuchtend gerötet, etwas gestreift. Deutlicher Geruch. Fruchtfleisch gewürzt. Feine Säure, viel Zucker. (40) Synonym: **Böhmer.**

LANARCK
Entstand in Lanarck, Illinois-USA. Genussreife: XII bis IV. Tafel- und Wirtschaftsapfel. Frucht ist mittelgroß. (40)

Im Bundes-Obstarten-Sortenverzeichnis sind angegeben:
LANCHESTER
LANDLER BRÜNNERLING

LANDLERAPFEL
Seit Ende des 18. Jh. bekannt. Frucht mittelgroß bis groß. Sonnenseite verwaschen rot. Hoher Ertrag. Fleisch mäßig saftig, gewürzt. Vorherrschend süß. Hoher Ertrag.

LANDSBERGER RENETTE
Landsberger Reinette. Wurde in den 50er Jahren des 19.Jh. von Justizrat Burchardt in Landsberg/Warthe (Westpreußen) gezogen. Unter diesem Namen weit verbreitet und bekannt. Französischer Name ist **Reinette de Landsberg.** Andere Namen sind

nicht vorhanden. Preisgruppe 2. Nicht frostempfindlich, Frucht mittelgroß. Druckempfindlich. Im 19. Jahrhundert in der Steiermark und in Böhmen verbreitet. Genussreife: Ende X bis II. Schale glatt, sehr fettend, grünlichgelbe Grundfarbe, bräunlichrote Deckfärbe. Mild süßsäuerlich mit schwachem Aroma. Nicht transportfähig. Für den Garten, nicht für den Feldobstbau.

LANES PRINZ ALBERT
Synonyme: **Albert, Lanes Prince Albert, Prinz Albert.** 1840 von Th. Squire erzogen. Wurde 1857 in England in den Handel gebracht. Nach dem Gemahl der Königin Victoria, anläßlich eines Besuches, benannt. Kreuzung aus **Russet Nonpareil X Wellington (Dumelow).** Genussreife: XII bis III. Großfrüchtig. Schale weißlichgelb, an der Sonne etwas gerötet und gestreift. Fleisch schwach gewürzt. Angenehme Säure. Widerstandsfähig gegen Schorf. Sorte ist diploid. Preisgruppe 3. Quellen: (40) (92)

LANGELANDSAPFEL
Soll guter Tafelapfel sein. Genussreife: X bis I. Frucht groß, hochgebaut. Schale etwas fettig. Hellgelb, Sonnenseite schwach gerötet und deutlich gestreift. Kräftiger Geruch. Fruchtfleisch gewürzt, vorherrschende Säure, viel Zucker. (35) (40)

LANGER BELLEFLEUR
Historische Sorte, 1836 von Hinkert beschrieben. Süßapfel für Tafel und Verwertung. Genussreife: XII bis III. Frucht hochgebaut bis walzenförmig. Schale gelb, Sonnenseite gerötet und gestreift. Fruchtfleisch gewürzt, sehr süß. 1795 schon von Schiller beschrieben. (37) (40)

LANGER CHRISOFSKER
Im Bundes-Obstarten-Sortenverzeichnis angegeben.

LANGER GRÜNER GULDERLING
Im 19. Jahrhundert vor allem in Sachsen bekannt. Lokalsorte. War in Bauerngärten weit verbreitet. Wirtschaftsapfel. Große Frucht, walzenförmig, flach gerippt. Schale fettig, gelbgrün, an der Sonne etwas gestreift. Schwacher Geruch. Fleisch leicht gewürzt. (35) (40) Synonyme: **Fäßlesapfel, Grönartiger Gulderling, Gulderling, Gulderling Long Vert, Lauchsenapfel, Weilburger Weinapfel, Weinapfel.**

LANGER HIMBEERAPFEL
Vielseitig verwendbare Frucht. Mittelgroß bis groß. Genussreife: XI bis I. Schale etwas fettig, grünlichgelb, an der Sonne gerötet und gestreift. Schwacher Geruch.

Fleisch gelblichweiß, fein, etwas locker, mürbe und mäßig saftig. Himbeerartig gewürzt.

LANGER KARTÄUSERAPFEL
Historische Sorte, 1797 von Christ beschrieben.Genussreife: XI bis III. Schale gelb, ohne Deckfarbe. Frucht ist wohlschmeckend. (40) Synonym: **Pomme court Pendu.**

LANGER ROTER HIMBEERAPFEL
Diploid. (07) **Langt Rödt Hindbaeraeble** ist der Name in Skandinavien.

LANGES GOLDPEPPING
Tafel- und Wirtschaftsapfel. Genussreife: XI bis IV. Kleinfrüchtig, abgestumpft kegelförmig. Schale gelb, Sonnenseite etwas rot. Geruch schwach. (39)

LANGFORD BEAUTY
Apfelsorte in den USA. Keine Daten gefunden.

LANGHORNER FRIESENAPFEL
Im Bundes-Obstarten-Sortenverzeichnis angegeben.

LANGSCHEIDER
Historische Sorte. 1836 nach Diel von Hinkert beschrieben. Tafel- und Wirtschaftsapfel. Genussreife ab Dezember. 1 Jahr haltbar. Frucht ist plattrund. Schale hellgelb, zur Reife ganzflächig gestreift und gerötet. Fleisch ist sehr süß. (40)

LANGSUR
Im Bundes-Obstarten-Sortenverzeichnis angegeben.

LANGSÜSSER
Lokalsorte aus Pommern. Synonyme: **Pommerscher Langsüßer, Prinzenapfel, Süßer Prinzenapfel.** Herbstapfel. Genussreife: IX bis XI. Groß bis sehr groß. (40)

LANGTONS SONDERGLEICHEN
Sorte stammt aus England. War im 19. Jahrhundert in der Provinz Sachsen bekannt, ebenso in Böhmen. Genussreife: X bis XI. Baum war auch für rauhe Lagen geeignet. Mittelfrühblühend, diploid. Vorwiegend Wirtschaftsapfel. Mittelgroße bis große Frucht. Flachrund, abgestumpft, gleichmäßig gebaut. Schale glatt, grünlichgelb, später hellgelb. Fleisch gelblichweiß, unter der Schale manchmal etwas gerötet. Fein, saftig, wenig gewürzt. Synonyme: **Langton´s Nonsuch, Maiden, Nonpareille de Langton, Nonsuch, Sans Pareille.**

Beachtenswert ist die farbliche Beurteilung dieser Sorte durch verschiedene Pomologen. Lauche beschreibt 1882/83 die Sorte rotgestreift , Eipeldauer (Österreich) beschreibt 1939/41 die Sorte gelb und W. Votteler beurteilt 1996 in seinem „Lexikon der Obstsorten" die Sorte großflächig gerötet und gestreift. Ich gehe davon aus, dass zu verschiedenen Reifeperioden beurteilt wurde. (Autor) Anm: Vor Jahren musste ich eine Partie **Cox** und eine Partie **Ingrid Marie** aus Norditalien beurteilen, beide Sorten waren nicht als diese zu erkennen und sahen eher wie eine Lokalsorte aus einem ungepflegtem Garten aus. Völlig farblos und ohne Geruch. (Autor)

LARGE LONG WHITE
Großfrüchtige Sorte, aus Russland. (83)

LARGE TRANSPARENT
Im Bundes-Obstarten-Sortenverzeichnis angegeben.

LATERNENAPFEL
Synonyme: **Fleuren Cloche, Pomme Lanterne.** Vorwiegend Wirtschaftsapfel. Großfrüchtig. Fettige Schale, grünlichgelb, Sonnenseite gerötet. Deutlicher Geruch. Fleisch grünlichgelb, fein, kaum gewürzt. Angenehme Säure. (39)

LATE DUCHESS
Late Ducheß. Wirtschaftsapfel. Herkunft ist nicht gewiß. Frucht ist mittelgroß bis groß. Baumwuchs ist mäßig, Krone rundlich. (83)

LATE TOP RED
Wurde 1984 und 1985 aus Südafrika importiert. Eine rote Sorte. Keine weiteren Daten gefunden. (Autor)

LAUBRENETTE
Bei Goetz 1936 erwähnt. Ohne Daten. (12)

LAUFENER KALVILL
Lokalsorte aus Niederbayern. Etwas kegelförmig, gerippt. Schale leuchtend gelb, Sonnenseite nur leicht gerötet, leichte Berostungen. Abb. (39 S. 282)

LAUREAT
Ist im Bundes-Obstarten-Sortenverzeichnis angegeben. Erhaltung der Sorte bei der LLA in Triesdorf und der Genbank Obst in Dresden-Pillnitz. (70)

LAURENZIAPFEL
War vor 100 Jahren in Niederösterreich bekannt. Anbau in Zwettl. (44)

LAUSITZER NELKENAPFEL
Eine Lokalsorte aus Mitteldeutschland. Tafel- und Gebrauchsapfel. Genussreife: XII bis II. Mittelgroß. Zur Reifezeit rot gestreift und geflammt. Fruchtfleisch fest, süß, feine Säure, würzig. Nur für Halb- und Hochstamm. (39)

LAUTENBACHER
Im Bundes-Obstarten-Sortenverzeichnis angegeben.

LAVANTTALER BANANENAPFEL
Lavantaler Bananenapfel, Lavanthaler Bananenapfel. Synonyme: **American Mother, Bananenapfel, Mother, Mutter, The Mother.** Aus den USA. Ist seit etwa 1870 bekannt. Tafelapfel. Mittelgroß. Geschmack ist säuerlichsüß, bananenartig gewürzt. War im Alten Land schon 1940 bekannt. Dr. Loewel schrieb 1941: Wegen seines guten Geschmacks, verbunden mit schöner Färbung und gesundem Wuchs, überall zum versuchsweisen Anbau empfohlen. Genussreife: XII bis I. Preisgruppe 1. Handelsname war im Alten Land **Mutterapfel.** (01) (02)

LAW RED ROME BEAUTY
Deutsches Warenzeichen. (26-10/64)

LAWFAM
Kanadische Züchtung. Kreuzung aus **Lawver X Fameuse.** Bei der OVA in Jork bis 1964 im Versuch angebaut worden. Nicht bewährt. Weder im Geschmack, noch im Aussehen ansprechend. Die dunkelblaurot auf hellgrünem Grund gefärbten Früchte bleiben bei uns gewöhnlich zu klein. Brüchiger Fruchtstiel. (26-4/64)

LAWVER
Aus Kanada, Elternteil vom **Lawfam.** Soll guter Tafel- und auch Wirtschaftsapfel sein. Genussreife: I bis V. Frucht klein bis mittelgroß. Schale glatt, mattglänzend, grün, später grünlichgelb. Sonnenseite trüb gerötet. Kein Geruch. Fleisch gelblich bis gelblichgrün, manchmal rötlicher Anflug, fein, fest und saftig, renettenartig gewürzt, etwas Säure. (39)

Fast alle Züchtungen von Laxton Bros. (Gebrüder Laxton) sind im Bundes-Obstarten-Sortenverzeichnis aufgeführt:
LAXTONS ADVANCE
Sortenerhaltung: Genbank Obst in Dresden-Pillnitz.

LAXTONS EARLY CRIMSON
Englische Kreuzung aus **Worcester X Gladstone.** 1931 eingeführt.

LAXTONS EPICUR
Aus der Baumschule Laxtons Brother/England. **Cox Orange X Wealthy.** 1950 entstanden. Früchte knapp mittelgroß, rot gestreift auf gelbem Grund. Aromatisch, saftig. Versuchsanbau im Alten Land hat sich nicht bewährt. Synonym: **Epicur.**

LAXTONS EXQUISIT
In der Baumschule Laxtons Bros. in England aus der Kreuzung **Cox Orange X Cellini** entstanden. 1929 herausgegeben. Mittelgroß, goldgelbe Grundfarbe und dunkelrot geflammte Deckfarbe. Unregelmäßige Form, im Geschmack ist die Verwandschaft mit dem Cox nicht zu leugnen. In der Beurteilung durch den OVR heißt es: Diesem Apfel fehlt das „gewisse Etwas", um ein erfolgreicher Tafelapfel zu werden. (26-12/64)

LAXTONS FORTUNE
Aus der Baumschule Laxtons Brother/England. **Cox Orange X Wealthy.** Ähnlich wie der **Laxton Epicure,** 1904 entstanden, aber erst seit 1960 bei uns bekannt geworden. Tafel- und Wirtschaftsapfel. Mittelgroß. Schale glatt, hellgelb, zur Reifezeit flächig rot mit hellen Schalenpunkten. Fleisch cremeweiß, von süßem aromatischem Geschmack. Genussreife: Ende VIII bis X. Synonym: **Fortune.** (39)

LAXTONS HERALD
Worcester X Schöner aus Bath. (26-4/59)

LAXTONS IMPERIAL

LAXTONS LEADER
Kreuzung aus **Worcester X Gladstone.** Aussaat: 1905. (26-4/59)

LAXTONS PEARMAIN

LAXTONS PIONEER
Kreuzung aus **Worcester X Cox Orange.** (26-4/59)

LAXTONS PREMIER
Worcester X Gladstone. Eingeführt 1920. (26-4/59)

LAXTONS SUPERB
Wyker Pippin X Cox Orange. Seit 1918 im Handel. Züchtung, wie alle Laxtonsorten, von der Baumschule Laxton Brothers in Bedford. Wurde im Alten Land in den 50er Jahren verstärkt angebaut. Im Aussehen war er dem **Cox** unterlegen, im Geschmack allerdings knackend, würzig, Coxähnlich, fest. Nach meinen Erfahrungen stark alternierend. Haltbar bis März. Feiner Tafelapfel. Preisgruppe 1. In den 60er Jahren noch besonders für Nordkehdingen vom OVR empfohlen. (auf EM VII und Grahams Sämling). (01) (Autor) Zu erwähnen ist noch ein **Roter Laxtons Superb** und eine Mutation **Laxtons Superb Eckhoff.**
1938 schrieb man teiweise **Laxtons Superbe.** (95)

LAXTONS TRIUMPH

LAXTON VICTORY

Im Bundes-Obstarten-Sortenverzeichnis sind aufgeführt:
LEATHERCOAT RUSSET
LECKERBISSEN Ende des 19. Jahrhunderts Lokalsorte in Deutschland. (17)
LEDER-APFEL **Renet grise double.** 1795 von Schiller beschrieben. (37)
LEDERER

LEFERS APFEL
Wenig bekannte Lokalsorte aus dem Alten Land.

LEHMANNS GOLDFINK
Historische Sorte, 1836 von Hinkert beschrieben. Genussreife: XI bis III. Frucht mittelgroß, abgestumpft rund. Schale hellgelb, an der Sonnenseite leicht gerötet. Fruchtfleisch gewürzt und süß. (40) Synonym: **Goldfink.**

LEHMANNS UNGERAPFEL
Historische Sorte, von Christ 1836 beschrieben. Vielseitig verwendbar. Genussreife: XII bis III. Mittelgroß, plattrund. Schale grünlichgelb, Sonnenseite manchmal etwas gerötet und etwas gestreift. Fleisch ist gewürzt und süß. (40)

LEICHTER MATAPFEL
Synonym der Sorte **Rheinische Schafsnase.** Wird auch als eigene Sorte aufgeführt. Auch J.V. Sickler beschreibt 1797 verschiedene Sorten mit dem Namen **Matapfel.** In der Forschungsanstalt Geisenheim in der Sortenprüfung und in der Erhaltung. Literatur: (31) (40) (70) (85)

LEIPFERDINGER LANGSTIEL
In Geisenheim in der Sortenprüfung. (85)

LEITHEIMER STREIFLING
Guter Wirtschaftsapfel. Verarbeitung: XII bis IV. Mittelgroß, hochgebaut, grünlichgelb, später gerötet und gestreift. Schwacher Geruch, wenig Saft. (39) Synonym: **Streifling.**

LEMOA-PEPPIN
Stammt aus Nordamerika. Im 19. Jahrhundert schon bekannt. Wurde 1886 im Praktischen Ratgeber in einer Liste der erfogreichen Apfelsorten in Amerika aufgeführt. Vor einem Anbau bei uns wurde gewarnt. (15)

LEMOEN
Synonyme: **Lemoenappel,** bzw. **Lemonenapfel. Lemoen** ist der holländische Name. Im Alten Land wurde 1950 der Name **Lemonenrenette** eingeführt. (26-1/2/1950) Großfrüchtige Sorte. (36)

LENA
Im Bundes-Obstarten-Sortenverzeichnis angegeben.

LESANS KALVILL
Synonyme: **Calville Madame Lesans, Kalvill Madame Lesans.** Sorte ist diploid. Tafelapfel. Genussreife: XII bis II. Frucht mittelgroß, rund, flach gerippt. Schale goldgelb, keine Deckfarbe. Fleisch gelblichweiß, sehr fein, saftreich. Angenehme Würze, süßsäuerlicher Geschmack. Aus Frankreich. Um 1880 entstanden. (02) (39)

LETTENLUIKEN
Im Bundes-Obstarten-Sortenverzeichnis angegeben.

LEUENAPFEL
Aus der Schweiz. Vorzüglicher Mostapfel, Lokalsorte. Kleinfrüchtig. Besonders für Süßmost geignet. Geschmack würzig, zuckerreich, angenehm sauer und etwas herb. Herkunft ist unbekannt. (03)

LEUPOLDSDORFER SÜSSAPFEL
Leupoldsdorfer Süßapfel. Sortenprüfung und Erhaltung in der Forschungsanstalt Geisenheim. (85)

LEWEN ALMA
Leven Apfel. Russische Züchtung. Am Anfang des 20. Jh. wegen der Frosthärte eingeführt. Großfrüchtig. Minderwertiger Geschmack. (40)

LEWIS INCOMPARABLE
Im Bundes-Obstarten-Sortenverzeichnis angegeben.

LIBERTY
Bedingt schorfresistenter Herbstapfel, mit begrenzter Lagerfähigkeit. Anfällig für Kernhausbräune. Tafelapfel, farblich nicht besonders zusagend. In Wilhelminadorp getestet. Nicht zu empfehlen. (27-7/94)

LIBERTY SIR PRIZE
Auch nur **Sir-Prize.** (Obstbau 6/91 S. 331)

LICHTHARDTS APFEL
Der Sämling Nr. 1 vom **Adersleber Kalvill.** 3. Sämling ist der **Amtsrat Meyer.**

LICHTENWALDER WACHSAPFEL
Im 19. Jh. in der Untersteiermark (heute Slowenien) als Ess- und Wirtschaftsapfel bekannt. Lokalsorte. Haltbar bis III. Braucht kräftige Böden, gute Lagen. (02) (83)

Im Bundes-Obstarten-Sortenverzeichnis angegeben:
LIEBAUER APFEL Erhaltung bei der LLA, Triesdorf.
LILLI BOXHALL Erhaltung beim BSA, Prüfstelle Wurzen.

LIMONENRENETTE
Synoynm: **Englische Rote Limonenrenette, Reinette Limon, Renette Limon.** Tafel- und Wirtschaftsapfel. Genussreife: XII bis VI. Frucht groß, rund. Schale hellgelb, Sonnenseite etwas rot und deutlich gestreift. Leichte Berostung. Kein Geruch. Fleisch grünlichgelb bis gelb, fein, saftig, etwas gewürzt. (39)

LIMONIAPFEL
Lokalsorte in Tirol, Südtirol und Südbayern. Synonyme: **Bergener Weinling, Brixener Tafelapfel, Limonienapfel, Rosmarinapfel, Sommerköniger.** Genussreife: X bis I. Klein bis mittelgroß. Schale zitronengelb, Sonnenseite manchmal leicht gerötet. Berostung deutlich. Fleisch gelblichweiß, fein, ausreichend saftig. Wenig gewürzt. Geringer Zuckergehalt. Im Bundes-Obstarten-Sortenverzeichnis **Limonoaapfel, Limoniapfel** und **Limonienapfel** geschrieben.

LIMPERTS GOLDRENETTE
Historische Sorte, 1880 in den Pomologischen Monatsheften erwähnt. Mittelgroß, guter Geschmack. Keine Daten über Herkunft.

LINDA
In den 60er Jahren bei der OVA im Versuchsanbau. 1908 in Ottawa-Kanada entstanden. Mittelgroß bis groß. Soll Sämling vom **Langford Beauty** sein. (26) Hellgelbe bis weißlichgelbe Grundfarbe, mittelstark bis stark flächige dunkelrot gefärbte, fettige Schale. Fruchtfleisch weiß, fein, zart, säuerlichsüß und aromatisch.

LINDAUER GLASRENETTE
Lokalsorte aus dem Bodenseegebiet. (40)

LINKER KARDINAL
Lokalsorte in Niederösterreich. (44)

LINNEJAKOBS MOSTAPFEL
Sortenprüfung in der Forschungsanstalt in Geisenheim. (85)

LINSENHOFER SÄMLING
War in Süddeutschland verbreitet, Ertrag war nicht befriedigend, daher aus dem Sortiment verschwunden. Alte Sorte. Zufallssämling aus dem Kreis Esslingen. Auch **Linsenhofer.** Synonyme: **Beuren, Linsenhofer Renette, Schöner von Beuren.** Frucht ist klein bis mittelgroß. Geruch schwach. Vorwiegend Mostapfel. Verarbeitung: X bis III. Fleisch ist gelblichweiß, saftig. Kräftige Säure. (39)

LIPAER WILDLING
Vielseitig verwendbar. Genussreife: X bis XII. Schale fettig, gelb, Sonnenseite kräftig gerötet, ganzflächig gestreift. Fleisch hellgelb, oft etwas rötlich, fein, saftig, wenig gewürzt. (39)

LIPPISCHE GOLDPARMÄNE
Im Bundes-Obstarten-Sortenverzeichnis angegeben.

LIROW DELICIOUS
Aus den Niederlanden. **Golden Delicious X Weißer Klarapfel.** Genussreife: Anfang August. Kurze Haltbarkeit. (25)

LISBET
Im Bundes-Obstarten-Sortenverzeichnis angegeben.

LITAUER PEPPING
Synonym: **Rigaer Taubenapfel.** Wurde für die Unterlagenzucht genommen. Besonders frosthart. Hat sich als Marktfrucht nicht bewährt. Zu klein, wird rasch mehlig. Massenträger. Wurde 1947 noch für bessere Böden der Stader Geest empfohlen. Haltbar bis September. Preisgruppe 3. Die Sorte wird auch als Synonym des **Glogierowka** beschrieben. Gering abweichende Daten von der Empfehlung des OVR in Jork. (39) (Autor)

LITAUER ROSMARIN
Bei Goetz erwähnt. Keine Daten angegeben. (12)

LIVII KULTRENETTE
Sorte aus dem Baltikum. Früchte hellgelb mit schwacher Rötung. Würziger Geschmack mit viel Zucker, aber zu klein und unansehnlich. (26-11/12/63)

LIVLÄNDISCHE RENETTE
Identisch mit der **Livländischen Goldrenette.** Frucht ist rund, kaum gerippt. Schalenfarbe gelb. Keine Deckfarbe. (Abb. 39 S 287)

LIVLÄNDISCHER HIMBEERAPFEL
Sehr frostharte Sorte. Ohne Beschreibung bei F. Guenther in „Der Neue Obstbau" von 1942. Er zählt in dem Buch alle frostharten Kern- und Steinobstsorten auf.

LOANS PARMÄNE
Historische Sorte, 1797 von Christ und 1871 von Lucas beschrieben. Schale grünlichgelb bis hellgelb, großflächig gerötet und gestreift. Berostungen deutlich. (40) Synonyme: **Englische Herbstparmäne, Herefordshire Pearmain, Loans Sommerparmäne.**

LOBO
Frühsorte. Tafelapfel. Sämling des **McIntosh.** Aus freier Abblüte, von der Abteilung für Gartenbau der zentralen Versuchsfarm 1906 in Ottawa-Kanada selektiert und seit 1930 im Handel. Fruchtschale grün bis gelblichgrün. Lt. BEF aus freier Abblüte von **McIntosh** in Kanada. Früchte am Baum blaubereift, in der Grundfarbe aber grünlich. Frühreifer als **McIntosh.** Im Geschmack macht sich das Aroma der Muttersorte bemerkbar, doch fehlt es ihm im übrigen an Ausdruck. Fruchtfleisch ist weiß, sehr weich, und saftig. (26-12/64) Ist auch im Bundes-Obstarten-Sortenverzeichnis aufgeführt.

LOCHBUIE
Aus Neuseeland. Eine Mutation vom **Braeburn.** Mittel- bis großfrüchtig, ovale Form. Sehr festes Fruchtfleisch. 80 bis 90 % der Frucht rot gefärbt. Geschmack ist sehr gut, süßsäuerlich und sehr aromatisch. Ertrag ist sehr hoch und regelmäßig. Einer der schönsten Typen vom **Braeburn.** (71)

LOCHER APFEL
Eine Lokalsorte in Österreich. (44)

LODI
Herkunft: USA. Kreuzung aus **Montgomery X Weißer Klarapfel.** In der Versuchsanstalt Geneva 1911 entstanden. 1924 zum versuchsweisen Anbau freigegeben. Seit den 50er Jahren Anbau in der Pfalz und in Hessen. Frühapfel, aber nicht besonders zu empfehlen. Genußreife: August. Keine Haltbarkeit. (26-11/64) Es gibt noch einen Spurtyp: **Lodi Spur.**

LOGENS
Vielseitig verwendbarer Apfel. Genussreife: XII bis II. Großfrüchtig. Schale gelb, Sonnenseite leicht gerötet und deutlich gestreift. (39)

LOHRER RAMBUR
Synonym für den **Schwaikheimer.** In Württemberg stark verbreitet. Vermutlich identisch mit dem ungarischen **Sikula-Apfel,** auch **Siku-Alma** genannt. Tafel- und Wirtschaftsapfel. Genussreife: I bis IV. Großer bis sehr großer hochgebauter, ungleichmäßiger Apfel. Schale glatt, hellgrün und später gelb. Sonnenseite leicht gerötet und gestreift. Schwacher Geruch. Fruchtfleisch gelblichweiß, sehr fest und saftig. Wenig gewürzt. (39) Synonyme: **Lohrer, Schwaikheimer Rambur, Sikula-Alma, Sikula-Apfel, Sternwirtsapfel, Zocklerapfel.** Handelsname ist **Schwaikheimer.** Erhaltung als **Lohrer Rambour** bei der FG Geisenheim.

LOISELS HERZOGIN VON BRABANT
Synonyme: **Brabant, Herzogin von Brabant, Reinette Duchesse de Brabant.** Genussreife: I bis IV. Schale fettig, hellgelb, Sonnenseite leicht gerötet, berostet.

LOMBARTS KALVILL
In den Niederlanden im Anbau. Wurde dort 1911 gefunden. Als Nebensorte dort Bedeutung gehabt. Hohe Erträge, lange Haltbarkeit. Geschmack ist gut, Schale aber fettig. Synonym: **Lombarts Calville.** Sämling vom **Weißen Winterkalvill.** (25)

LONDON PEPPING
In England schon um 1600 bekannt. Später überall in Deutschland verbreitet und geschätzt. Tafel- und Wirtschaftsapfel. Preisgruppe 2. Genussreife: XII bis IV. War im 19. Jahrhundert in Oberösterreich, Böhmen und Mähren und in der Region Görz bekannt. Baum anspruchslos. Mittelgroßer, deutlich gerippter Apfel. Synonyme: **Bastardkalvill, Bastard-Kalvill, Deutscher Kalvill, Englischer Kalvill, Five Crown Pippin, Five Crowned Peppin, Grüner Kalvill, London Pippin, Londres, Pomme de Londres, Pomme des Londres, Werderscher Kalvill.** Literatur: (02) (03) (24) (39) Lt. R. Koloc schon 1580 in England bekannt gewesen. Heute noch etwas Anbau in den Niederlanden und in Ungarn. Franz. Name: **Calville de Londres.** (92)

LONGFIELD
Sorte wurde 1941 in „Deutscher Obstbau“ beschrieben.

LONGVILLES SÄMLING
Vorwiegend Wirtschaftsapfel. Genussreife: IX bis X. Frucht klein bis mittelgroß. Schale gelb, an der Sonne etwas rot und intensiv gestreift. Schwacher Geruch. (39) Synonyme: **Kernapfel, Kernel, Longvilles Kernapfel, Longvilles Kernel.**

Im Bundes-Obstarten-Sortenverzeichnis sind folgende Sorten angegeben:
LONJON
LONY
LORD BURGHLEY Sorte wird in Triesdorf erhalten.

LORD DERBY
Großer, plattrunder, ungleichmäßig geformter Apfel. Fruchtschale glatt, fettig, grüngelb, später hellgelb. Genussreife: IX bis XII. (39)

LORD GROSVENOR
Um ca. 1880 aus England bei uns eingeführt. Im Praktischen Ratgeber von 1886 als vielgepriesene Sorte aufgeführt. (15 S. 145) Andere Namen sind nicht bekannt. Sehr großfrüchtig. Druckempfindlicher Frühapfel. Preisgruppe 5. Die Druckempfindlichkeit ist mir noch aus meiner Praxiszeit sehr gut bekannt. (Autor)

LORD HINDLIP
Im Bundes-Obstarten-Sortenverzeichnis angegeben.

LORD KINGSTON
Ein Synonym des **Hawthornden.**

LORD LAMBOURNE
Englische Kreuzung aus **Worcester X James Grieve.** Ausgesät: 1907 Eingeführt: 1923. Geschmacklich sehr gut, ähnlich dem **Cox.** Wurde außer in England, in vielen Ländern angebaut. War beim OVR in Jork, in den 60er Jahren im Versuchsanbau. (26) 2 Mutationen sind bekannt. **SE 21** und **SE 117.** Es gibt auch einen **Roten Lord Lambourne.** Auch ein Synonym: **Lady Lambourne.**

LORD SUFFIELD
Aus England, 1875 entstanden. War nur unter diesem Namen bekannt. Bekannte Synonyme: **Imperial, Lady Suffield, Lady Sutherland, Livesley´s Imperial, Suffield, Sutherland.** Großfrüchtig. Wirtschaftsapfel. Sehr druckempfindlich, geringe Haltbarkeit. Preisgruppe 5. (13) (39)

LORD WOLSELEY
Großer, ansprechender Tafelapfel. Fruchtschale hell, grünlichgelb. Angenehme Säure. Fruchtfleisch weiß, saftreich, erfrischend. (39)

LORSBACHER MOSTAPFEL
Alte Lokalsorte aus Süddeutschland. Ein **Lorsbacher Rosenapfel** ist in der Sortenprüfung bei der FG Geisenheim. (85)

LÖSCHNIGRENETTE
Alte Lokalsorte aus der Steiermark.

LOSKRIEGER
In der Schweiz ein Synonym der **Champagner Reinette.** Wurde 1799 erstmals durch Diel unter der Bezeichnung **Loskrieger** beschrieben. Synonym: **Fürstlicher Tafelapfel.**

LOTHRINGER BUNTER GULDERLING
Historische Sorte, 1836 von Hinkert beschrieben. Genussreife: XI bis III. Tafel- und Wirtschaftsapfel. Mittelgroß, hellgelb, an der Sonne gerötet. Süß. (40)

LOTHRINGER RAMBOUR
Wirtschaftsapfel. Schale grünlichgelb, später intensiv gerötet und gestreift. Deutlicher Geruch. Verarbeitung: IX bis XI. Synonyme: **Rambo, Rambour d'Eté, Rambour Franc, Rambur Franc, Summer Rambo, Grüne Renette, Lothringer Grüne Renette.**

LOTHRINGEER RENETTE
Synonyme: **Grüne Renette, Lothringer Grüne Renette.** Genussreife: XII bis IV. Großfrüchtig, abgestumpft rund, breit gerippt. Schale fettig, grünlichgelb, leicht berostet. Schwacher Geruch. (39)

LOTOS
Aus Tschechien. Kreuzung aus **Otcovo X Jolana.** Sortenschutz seit 1997. Neue schorfresistente Herbstsorte. Genussreife: IX bis XI. Frucht mittelgroß bis groß. Schale ist gelbgrün marmoriert mit 40 bis 60 % dunkelroter, flächig gemaserter Deckfarbe. (75)

LOWELL
Amerikanische Sorte. 1941 in „Deutscher Obstbau“ beschrieben.

LUCAS ROTE REINETTE
Um 1890 in Deutschland bekannt gewesen. (17)

LUCAS` RAMBURRENETTE
Historische Sorte, wurde 1880 in den Pomologischen Monatsheften beschrieben. Großfrüchtig. (17)

LUCAS` TAUBENAPFEL
Wenig bekannte Sorte mit schwachem Bittermandelaroma. Tafel- und Wirtschaftsapfel. Genussreife: IX bis X. Mittelgroße Frucht. Schale glatt, bereift, hell grüngelb, später wachsartig weiß. Schwacher Geruch. Fleisch gelblichweiß, fein, zart, saftig. Synonyme: **Pigeon de Lucas, Pigeonnet de Lucas, Taubenapfel.** (39)

LUCOMBE`S SEEDLING
Im Bundes-Obstarten-Sortenverzeichnis aufgeführt.

LUCULLUS
In den 60er Jahren beim OVR in Jork im Versuch. Stammt aus Wageningen/NL. Kreuzung aus **Jonathan X Cox Orange.** Mittelgroße Frucht, leuchtendrot geflammt. Grünlichgelbe Grundfarbe. (26-3/64)

LUDWIGSBURGER RAMBOUR
Im Bundes-Obstarten-Sortenverzeichnis aufgeführt. Wird in Triesdorf erhalten.

LÜHRS BOIKEN
Lokalsorte im Alten Land. 1885 beschrieben. Heute nicht mehr vorhanden.

LÜTJENS PRINZ
1938 in einer sächsischen Sortenliste erwähnt. (95)

LUIKENAPFEL
Tafel- und Wirtschaftsapfel. Genussreife: X bis I. Mittelgroß, flachrund. Schale hellgelb, Sonnenseite gerötet, später ganzflächig gestreift. Schwacher Geruch. Fleisch gelblichweiß, oft etwas gerötet, fein, saftreich und wenig gewürzt. **Luikenapfel** und **Gewürzluiken** sind verwandte Sorten, aber nicht eine Sorte, wie von einigen Pomologen behauptet wird. Im 19. Jahrhundert in Württemberg stark verbreitet, auch in Ober- und Niederösterreich, sowie in Böhmen. Haltbarkeit sehr gering, bzw. bis zum Januar. Bei der Vielzahl der **Luiken** absolut möglich. Der Baum is für rauhe Lagen geeignet. Synonyme: **Ludwigsapfel, Pfullinger, Sträumerling, Streifling.** Zur Gruppe der **Luiken** zählen u.a der **Haslacher Luiken, Pfullinger Luiken, Plochinger Luiken.** Bekannt ist noch ein **Luikenapfel Heumischhof.** Schiller hat bereit 1795 einen **Luigen,** Synonym: **Pomme de Rose** beschrieben. Der **Luigenapfel** wird von Schiller auch als **Sommerstreifling** bezeichnet. Damit ist die Identität hergestellt. Die Beschreibungen sind fast identisch. Literatur: (37) (39) (70)

LUISENAPFEL
Synonym: **Prinzessin Louise.** Auch: **Prinzessin Luise.**

Im Bundes-Obstarten-Sortenverzeichnis sind folgende Sorten aufgeführt:
LUNDBYTORPAEBLE, Erhaltung bei der Pomona Franconica.
LUNDSGAARDENER STOLZ, Wird bei der Pomona Franconica erhalten.
LUNEVILLE,

LÜNEBURGER DAUERAPFEL
War in der Preisgruppe 2. Muss demnach ein guter Tafelapfel gewesen sein. Auch in meiner Sortenaufzählung von 1948 erwähnt. (35) Leider keine Daten gefunden. Vermutlich Lokalsorte aus der Lüneburger Heide.

LUNOW
Hier besteht eine ganze Gruppe von Namen. **Apfel aus Lunow, Apfel von Lunow, Lunower Apfel, Schöner von Lunow.**

Im Bundes-Obstarten-Sortenverzeichnis aufgeführt:
LUNTERSE PIPPELING, Sorte wird bei der Pomona Franconica erhalten.
LUSTHÄUSER,

LÜTTICHER ANANAS KALVILL
Große Frucht, unregelmäßig gebaut. Genussreife: XII bis III. Tafel- und Wirtschaftsapfel. Schale glatt, etwas fettig, hellgrün, später grünlich bis hellgelb. Sonnenseite manchmal etwas gerötet. Schwacher Geruch. Fleisch gelblichweiß bis weiß, fein, saftig, gewürzt.

LÜTTICHER RENETTE
Synonym: **Große Lütticher Renette.** Keine Daten gefunden.

LÜTTICHER RAMBUR
Wirtschaftsapfel. Verarbeitung: XII bis V. Großfrüchtig. Schale fettig, grünlichgelb. Später trüb gerötet, leicht berostet. Schwacher Geruch, ohne Würze. (39)

LÜTTICHER WINTERSTREIFLING
Historische Sorte, 1836 von Hinkert beschrieben. Großfrüchtig. Genussreife: XII bis III. Schale hellgrün, später hellgelb, Sonnenseite etwas gestreift. Süßsäuerlich. (40)

LUXEMBURGER GOLDRENETTE
Im Bundes-Obstarten-Sortenverzeichnis aufgeführt. Erhaltung in Triesdorf. Identisch mit der **Luxemburger Renette.**

LUXEMBURGER RENETTE
Synonyme: **Coastress, Reinette des Verges, Verger.** Vor 1860 in Luxemburg entstanden. Genussreife: II bis VII. Mittelgroß, flachrund, gerippt. Schale gelb, Sonnenseite schwach gerötet, leicht berostet. Geruch schwach. Für Höhenlagen geeignet, gedeiht in ungünstigen Lagen. (39)

LUZERNER WEINAPFEL
Herkunft: Schweizer Mostapfel. War nicht beliebt. Kleinfrüchtig. Fleisch gelblichgrün, locker, grob, trocken, fade, bitter. (03)

LYMANS LARGE SUMMER
Im Bundes-Obstarten-Sortenverzeichnis aufgeführt.

MABBOTS PARMÄNE
Aus England im 19. Jahrhundert bekannt. Im Praktischen Ratgeber von 1886 als vielgepriesene Sorte aufgeführt. (15) Synonyme: **Parmäne von Mabbot, Pearmain de Mabbot.** Soll Tafel- und Wirtschaftsapfel sein. Genussreife: XI bis II. Mittelgroßer, gleichmäßig gebauter Apfel. Fruchtschale glatt, grünlichgelb, später

goldgelb. Zur Reifezeit gerötet und gestreift. Fruchtfleisch gelblichweiß, saftig, etwas gewürzt. (39)

MABIE SWEET
Sorte aus Noramerika. Große dunkelrote Frucht mit bläulichem Hauch. Schale ist dick, das Fruchtfleisch ist mürbe. (83)

MAC LELLAN
Vielseitig verwendbar. Genussreife: XII bis III. Mittelgroß bis groß, abgestumpft rund. Schale etwas fettig, gelb, Sonnenseite leicht gestreift. Schwacher Geruch. (39)

MAC MAHON
Wirtschaftsapfel. Großfrüchtig, schwach gerippt. Weißlichgrün, kaum Deckfarbe.

MACFREE
Wurde in Wilhelminadorp/NL getestet. Nicht zu empfehlen. Stammt aus Kanada. Soll schorfresistent sein. (27-3/91)

MACINTOSH BLACKMAC
Rote Mutation von **McIntosh.** Seit 1928 bekannt. (26)

MACOUN
Aus den USA. **McIntosh X Jersey Black.** Geschmack und Aussehen sind ausreichend. Fehler sind eine zu geringe Fruchtgröße und periodischer Träger. Schale bläulich-grün, Deckfarbe ganzflächig verwaschen und gestreift. Bläulich bereift. Gewürzt, süß. (39)

MACOWN
Eine frostharte Sorte. Genussreife: XI bis I. Identisch mit **Macoun.** (07) **Reinette de Macon** ist ein Synonym der **Renette von Damason.** (39)

MACROSS
Anfang der 60er Jahre bei der OVA im Versuch. Früchte uneinheitlich in der Form. Lockeres, würziges Fruchtfleisch. Frucht häßlich blaurot gestreift auf hellgrüner Grundfarbe. Nicht zum Anbau empfohlen. 1927 in Kanada entstanden, 1950 bei uns bekannt. (26-10/63)

MACSHAY
Apfelsorte aus den USA. Seit 1984 bekannt. (27-3/91)

MADAME HAYEZ
Guter Tafel- und Wirtschaftsapfel. Genussreife: XII bis II. Mittelgroß, abgestumpft kegelförmig. Schale gelb, Sonnenseite manchmal gerötet. Deutlicher Geruch. Fruchtfleisch gelblichweiß, fein, saftig, wenig gewürzt. (39)

Im Bundes-Obstarten-Sortenverzeichnis aufgeführt:
MADAME MACORS, Sorte wird bei der Pomona Franconica erhalten.
MADELEINE, Sorte wird bei der LLA in Triesdorf erhalten.

MADERS TAUBENAPFEL
Stammt aus Südtirol, war dort im 19. Jahrhundert als Tafelapfel bekannt. Baum eignete sich in rauhen und guten Lagen. Haltbar bis Januar. Frucht mittelgroß, walzenförmig. Schale etwas fettig, gelblichweiß. Sonnenseite verwaschen rötlich. Schwacher Geruch. (39)
Im Bundes-Obstarten-Sortenverzeichnis sind folgende Sorten angegeben:
MAGDEBURGER, Erhaltung bei der Pomona Franconica.
MAGGY SINCLAIR,
MAGLEMER,

MAGLEMER STREIFLING
Genussreife: X bis XII. Guter Tafel- und Wirtschaftsapfel. Mittelgroß, ungleichmäßig gebaut. Schale etwas fettig, hellgelb, an der Sonne marmoriert gerötet und gestreift. Deutlicher Geruch. (39) Synonym: **Streifling.**

MAGNA SUPER
Sortenerhaltung bei der FG in Geisenheim. (85)

MAHLERAPFEL
Alte Lokalsorte in Österreich. (44)

MAIBIERS PARMÄNE
Ein vielseitig verwendbarer Apfel. Genussreife: X bis XII. Frucht ist groß bis sehr groß, hochgebaut. Schale etwas fettig, hellgelb, Sonnenseite mamoriert gerötet und gestreift. Schwacher Geruch. (39) Synonym: **Maibierparmäne.** Um 1850 vom Handelsgärtner Maibier in Dresden-Löbtau erzogen. (39)

MAICHER
MAIDEN BLUSH (Maiden´s Blush)
Sind im Bundes-Obstarten-Sortenverzeichnis angegeben.

MAIDEN BLUSH
1817 in den USA gefunden. Früchte sind mittelgroß, flach gebaut, flächig mattrot überhaucht. Schale ist druckempfindlich. Nur als Kochapfel geeignet. (26-3/64)

MAIGOLD
Fraurotacher X Golden Delicious. Wurde wurde in einem Ort in Südtirol reichlich angebaut. Farbig sehr ansprechend, im Geschmack nicht befriedigend. „Obstbau“ 08/94 schreibt, dass die Sorte 1964 zugelassen wurde. Stammt aus der Schweiz. 1944 in Wädenswil gezogen. **Franc-Roseau X Golden Delicious.** **Franc Roseau** ist der französische Name vom **Fraurotacher.** Großfrüchtig lt. EG-Normen. (02) (27) (36)

Im Bundes-Obstarten-Sortenverzeichnis sind folgende Sorten aufgeführt:
MAIKKI und **MAILÄNDER,** werden unter anderem in Triesdorf erhalten.

MAISCHRENETTE, (Maisch-Renette). In den 60er Jahren bei der OVA in Jork im Versuch. (26-4/64 + 26-10/64)

MAJDA
1947 in Jugoslawien als Kreuzung aus **Jonathan X Golden Noble** entstanden. Seit 1986 im Handel. Großfrüchtig. Genussreife: XII bis III. Schale grünlichgelb, später unterschiedlich stark dunkelrot gestreift. Fruchtfleisch ist fest und saftig, erfrischend säuerlich. Wird bei der Verarbeitung nicht braun. (39)

MALACARLE
Historische Sorte, 1836 von Hinkert beschrieben. Wirtschaftsapfel. Genussreife: Dezember bis März. Frucht ist mittelgroß, kegelförmig, gerippt. Schale fettig, hellgrün, später hellgelb. Fruchtfleisch ist süßsäuerlich. (40)

MALERAPFEL
Eine Abart oder Form der Sorte **Gelber Winterstettiner.**

MALLING KENT
Aus East Malling in England. **Cox Orange X Jonathan.** Frucht ist mittelgroß bis groß, hochgebaut. Schale bräunlichgelb, Deckfarbe großflächig verwaschen und gestreift. Etwas berostet. Genussreife: X bis IV. (39)

MALLING SUNTAN
In England entstanden aus **Cox Orange X Court Pendu Plat.** Oft streifig und berostet, anfällig für Stippe. Mittelgroß bis groß. Sorte ist triploid. (39)

Im Bundes-Obstarten-Sortenverzeichnis sind folgende Sorten aufgeführt:
MALVESIER
MALZICHER
MAMMOTH BLACK TWIG

MANDELRENETTE
Synonyme: **Amande, Dietzer Mandelrenette, Dietzer Rote Mandelrenette, Reinette Amande.** Frucht mittelgroß. Schale gelb, später unterschiedlich stark gerötet und gestreift. Schwacher Geruch.

MANGA SUPER
Wird von einer Baumschule als „Wunderapfel" angeboten. (Autor) Ein **Magna Super** wird in Geisenheim erhalten. Lt. Bundes-Obstarten-Sortenverzeichnis ein Synonym für **Manga Super.** In Veitshöchheim ist ein Synonym **Manga Supergold** und in Bamberg ein Synonym **Super Manga** bekannt.

MANKS KÜCHENAPFEL
In den Niederlanden **Manks Codlin.** War in den 50er Jahren noch in Holland verbreitet. Besonders geeignet für Kuchen, Strudel, usw. Ernte: Ende August bis Anfang September. Haltbarkeit bis Oktober. (28) Frühblühend, diploid, (32 S. 27) Bei Goetz: **Eveapfel.** Sorte stammt wahrscheinlich aus Irland. Andere Quellen geben Schottland an. Lt. R. Coloc ist der Apfel Anfang 1800 von Kewley in Ballanard auf der Insel Man gezogen worden. 1. Frucht 1815. Heute auch in England kaum noch bekannt. Synonyme: **Belmont, Codlin de Mank, Evaapfel, Eveapfel, Eve Apfel, Eve Apple of Scotland, Frith Pippin, Frith Pitcher, Irish Codlin, Irish Pitcher, Küchenapfel, Manks Apfel, Mank´s Codlin, Mauks Codlin, Orme, Pitcher, Schottischer Evaapfel, Scotland.** Quellen: (02) (28) (39) (92)

MANN
Herkunft: USA. Wurde in „Deutscher Obstbau" 1941 beschrieben.

MANNAAPFEL
Im Bundes-Obstarten-Sortenverzeichnis angegeben.

MANNINGTONS PARMÄNE
Vorwiegend Wirtschaftsapfel. Genussreife: XI bis II. Mittelgroß, hochgebaut. Schale fettig, etwas berostet, gelb, Sonnenseite etwas gerötet und deutliche Streifen. Synonyme: **Manningtons Parmain, Pearmain de Mannington.** (39) (40)

MANTET
Stammt aus Kanada. Sämling von **Tetofsky,** in den Niederlanden soll es eine rotfrüchtige Mutante geben. **Roda Mantet.** Der **Mantet** ist süßfruchtig, aromatisch. Frühapfel, sehr weichfleischig, äußerst druckempfindlich, kurze Haltbarkeit. Wurde nicht zum Anbau an der Niederelbe empfohlen. Die Sorte ist diploid. 1928 in Manitoba-Kanada entstanden. 1929 bereits im Handel. Frucht klein bis mittelgroß. Schale ist gelblichgrün bis wachsartig gelb. Sonnenseite orangerot geflammt. Literatur: (05) (26) (39)

MANTUANER
Tafel- und Wirtschaftsapfel. Genussreife: XI bis III. Breitrund, gerippt. Wachsartig gelb. Sonnenseite gerötet und gestreift. Deutlicher Geruch. Aromatisch. (40)

MARBRÈ DE WATERVLIET
Im Bundes-Obstarten-Sortenverzeichnis angegeben.

MAREN NISSEN
Lokalsorte aus Schleswig-Holstein. Tafelapfel. Aromatisch. War wenig bekannt. Genussreife: IX bis X. (71) Synonym: **Maren Nis.** (70)

MARGARET
Anscheinend gibt es hier zwei Sorten. **Margaret (Red Joaneting)** und **Margaret (White Joaneting).** Beide Sorten werden bei der Pomona Franconia erhalten.

MARGARETHEN APFEL
Synonym: **Pomme de Citron.** 1795 von Schiller beschrieben.

MARGLEMER APFEL
Auf der Insel Lalland, Dänemark entstanden. Tafelapfel. Genussreife: X bis I. Mittelgroß, kegelförmig. Schale hellgelb, später intensiv gestreift. Deutlicher Geruch, vorherrschend süß. Fleisch gelblichweiß, fein, sehr saftig. (39)

MARGOL
Ingrid Marie X Golden Delicious. Züchter: OVA in Jork im Alten Land. (27-9/96) 1986 entstanden. Herbstsorte. Genussreife: X bis XII. (75)

Im Bundes-Obstarten-Sortenverzeichnis sind folgende Sorten angegeben:
MARIE JOSEPH D`OTHÈE
MARIE-MADELEINE

MARIENBURGER CHRISTAPFEL
Wirtschaftsapfel. Verarbeitung: XI bis I. Klein bis mittelgroß. Hochgebaut. Schale fettig, gelblichgrün, später gerötet. Schattenseite gestreift. Schwacher Geruch. Fleisch gelblichgrün, fein, weniger fest, saftig, nicht gewürzt. Der Baum wächst schwach. (39)

MARIENWERDER GULDERLING
Synonyme: **Gulderling, Stettiner, Weißer Stettiner, Weißer Winterstettiner, Winterstettiner.** Auch **Marienwerder Gülderling.** Lokalsorte, wurde vor allem in den Weichselniederungen angebaut. Genussreife: XII bis V. Mittelgroß. Schale gelb, an der Sonne leicht gerötet, schwach berostet. Gewürzt. (39) (40)

MARINA
Im Bundes-Obstarten-Sortenverzeichnis angegeben.

MARKGRAFENAPFEL
Historische Sorte, 1836 von Hinkert beschrieben. Wirtschaftsapfel. Genussreife: XI bis II. Frucht groß, walzenförmig, leicht gerippt. Schale dünn, grünlichgelb bis gelb, später verwaschen gerötet. (40)

MARMORAPFEL
Ist im Bundes-Obstarten-Sortenverzeichnis angegeben.

MARMORIERTE ROSETTE
Historische Sorte, 1854 von Calwer beschrieben. Genussreife: IX bis XI. Frucht ist klein, kegelförmig. Schale gelb, später gestreift. Fruchtfleisch gewürzt. (40)
Synonym: **Rosette d'Eté Marblée.**

MARMORIERTER SOMMERPEPPING
Synonyme: **Pepin Marbré d'Eté, Sommerpepping.** Genussreife: IX bis XI. Frucht ist klein. Schale fettig, gelblichgrün, später gerötet und gestreift. Leicht gewürzt. Fleisch ist grünlichgelb, fein, saftig, etwas gewürzt. Kräftige Säure, geringer Zuckergehalt. (39)

Im Bundes-Obstarten-Sortenverzeichnis angegeben sind:
MARTENS GRAVENSTEINER
MARTENS SÄMLING, Sorte wird in Pillnitz erhalten.

MARTENSAPFEL
Synonym: **Doeke Martens,** wurde 1795 von Schiller beschrieben.

MARTINI
In den 50/60er Jahren verstärkt an der Niederelbe angebaut, hat sich nicht bewährt. In nassen Sommern zu klein, Qualität unbefriedigend, ebenso fehlende Farbe. War auch in Schleswig-Holstein verbreitet. Soll vom **Cox** abstammen. (30 S. 265) Wurde 1875 bei Kollmar in Holstein gefunden. Der Mutterbaum soll am Elbdeich bei der Schleuse gestanden haben. Kleinfrüchtig, auch farblich nicht ansprechend. Oft rauhschalig. Krebsresistent. Nur noch für den Hausgarten brauchbar. Genussreife: I bis III. Der Handelsname ist **Martini.** In der Preisgruppe 1. 1947 wurde der **Martini** vom OVR in Jork noch besonders für die Stader Geest auf EM XI oder Sämling empfohlen. Bekannt ist auch ein **Roter Martini.** Der Name wurde nach der Pflückzeit benannt. 11. November, Martinstag. In den USA gibt es eine seit 1943 patentierte Sorte **Martini.** Literatur: (26) (39) (71) (93)

MARTINSAPFEL
Historische Sorte, wurde 1836 von Hinkert beschrieben. Tafel- und Wirtschaftsapfel. Mittelgroß, plattrund, gerippt. Schale hellgelb, an der Sonne etwas gerötet. Gewürzt. Süßsäuerlich. Genussreife: September bis Oktober. (40)

MARZIPANRENETTE
Tafel- und sehr guter Wirtschaftsapfel. Genussreife: X bis XII. Großfrüchtig. Schale fettig, gelblichgrün, Sonnenseite kräftig gerötet. Ausgeprägter Geruch. Fruchtfleisch grünlichweiß, mürbe, etwas locker, saftig und rosenapfelartig gewürzt. (39)

MASCHANZKER
Es gibt eine Gruppe von der Sorte **Maschanzker,** teilweise auch **Maschansker** geschrieben. Die bekanntesten sind der **Steirischer Machanzker** und der **Tiroler Maschanzker.** Siehe u. **Steirischer Maschanzker.** Bei Schindler 1908 **Maschantzker** geschrieben, Synonym: **Eisapfel.** (100)

MASKONS HARTE GELBE GLASRENETTE
1836 von Hinkert beschrieben, historische Sorte. Genussreife ab Dezember, haltbar bis zum Herbst. Mittelgroß, breitrund. Schale hellgelb, Sonnenseite schwach gerötet. Fruchtfleisch gewürzt. (40)

MASON ORANGE
Sorte wurde 1941 in „Deutscher Obstbau“ beschrieben.

MAUKA
Schorfresistente Sorte. (27-7/94) Mostapfelsorte. (71)

MAUKS APFEL
Lokalsorte in Württemberg. Vereinzelt noch anzutreffen. (67)

MAUKS SÄMLING
Im Bundes-Obstarten-Sortenverzeichnis angegeben.

MAUNZEN
Auch **Maunzenapfel.** Wirtschafts- bzw. Mostapfel. Verarbeitung: XII bis III. Wurde bei Göppingen in Württemberg gefunden. Robust, anspruchlos gegenüber Bodenverhältnissen. Wird als Unterlage und Stammbildner verwendet. Kleiner bis mittelgroßer, kegelförmiger Apfel. Schale glatt, etwas fettig, gelblichgrün. Zur Reife großflächig gerötet und gestreift. Fleisch ist saftig. (39) Der **Maunzenapfel** ist in der Sortenprüfung in Geisenheim. (85)

MAURERAPFEL
Lokalsorte in Württemberg. Im Raum Nürtingen bekannt. (67)

MAUSS REINETTE
Auch **Mauss' Renette.** Herkunft unbekannt. Genussreife: IX bis II. Frucht ist mittelgroß, hochgebaut. Schale gelb, später kräftig gerötet. Deutlicher Geruch. (39)

MAUSSIONS KALVILL
Herkunft unbekannt. Genussreife: I bis V. Mittelgroß, flach gerippt. Schale fettig und hellgelb, an der Sonne manchmal gerötet. Schwacher Geruch. (39)

MAUTAPFEL
Seit dem Ende des 18. Jh. im Rheinland bekannt. Genussreife: XI bis I. Wirtschaftsapfel. Schale rötlichgelb, Streifen auf der ganzen Frucht, etwas berostet. Schwacher Geruch. Fleisch ist hellgelb bis weißlichgelb, fest, saftig, wenig gewürzt. (39)

MAUTHAUSENER
Mostapfelsorte in Österreich.

MAUTHAUSENER LIMONIAPFEL
Eine Lokalsorte in Oberösterreich. Identisch mit der Sorte **Mauthausener.**

MAVAC
MAY QUEEN
Sind im Bundes-Obstarten-Sortenverzeichnis angegeben.

MAYERS TAUBENAPFEL
Wirtschaftsapfel. Verarbeitung: XII bis V. Frucht klein bis mittelgroß. Länglich bis eiförmig und gleichmäßig gebaut. Schale ist fettig. Zitronengelb, an der Sonnenseite etwas gerötet. Fleisch weiß, saftig, fein, schwach gewürzt. Synonyme: **Mayers Weißer Wintertaubenapfel, Taubenapfel.** (39)

MAYPOLE
1960 von Wijcik in Kanada entdeckt. Zufallsmutante von **McIntosh.** Ballerina-Apfel mit säulenförmigen Wuchs für Topf und Engpflanzung. Früchte purpurrot. Genussreife: IX. Kann zu Marmelade vearbeitet werden. (39)

MCINTOSH
Zufallssämling. Seit Beginn des 19. Jahrhundert bekannt. War in den USA immer eine Hauptsorte. Von John McIntosh 1796 in Ontario/Kanada als Zufallssämling gefunden. (04 S.47) Die **McIntosh**-Familie ist inzwischen sehr groß geworden. Zahlreiche Mutationen und Typen sind bekannt geworden. Die bekanntesten Mutanten sind **McIntosh, Rogers** und die kaum zu unterscheidende Mutante **McIntosh, Boller.** Synonyme bei Dr. Silbereisen für den **McIntosh, Rogers** sind: **McIntosh Rogers New York Strain, Double Red McIntosh, Red McIntosh** und **Rogers Red.** W. Votteler gibt folgende Doppelnamen an: **Mc Intosh, Boller; McSpur; Black McIntosh**. Der OVR (Obstbauversuchsring des Alten Landes) schrieb 1957 drei Seiten über den **McIntosh.** Entstehung und Entwicklung, Verwandschaft und über neue Sorten, die vom **McIntosh** abstammen. Die Sorte stammt aus dem Dundas County in Ontario/Kanada. Sie wird daher als sehr frosthart eingestuft. Von den älteren **McIntosh**-Züchtungen weiß man häufig die Vatersorte nicht. Bei einigen soll es sich um frei abgeblühte Sämlinge handeln. Die Hälfte aller bekannten Züchtungen stammt aus dem Züchtungsinstitut Geneva, New York-State, die anderen aus dem kanadischen Institut in Ottawa. Rote Mutationen sind: **Blackmack** (1928), **McIntosh Double Red, McIntosh Rogers** (1932) und **Summerland McIntosh. Early Mcintosh** ist die am frühesten reifende Züchtung. Sehr viele bekannte Apfelsorten haben den **McIntosh** als Vater, bzw. als Mutter. **Sweet McIntosh** ist eine Kreuzung aus **Lawver X McIntosh.**

MCINTOSH ROGERS
Im Jahre 1930 als Mutante des bekannten **McIntosh** entdeckt. Entdecker war J. C. Rogers in Dansville, New York State. Von 1932 an verbreitet. Die Sorte ist diploid. Wird mit gutem Erfolg in der Steiermark angebaut. Geschmack: Süßaromatisch, mild und etwas parfümiert. Bekannte Sorten die den **McIntosh** als Mutter haben sind

u.a. **Lobo, Melba, Milton, Red Melba, Spartan** und **Victory. McIntosh** als Vater hatten u.a. **Cortland** und **Tydemans Early Worcester.**
Im Bundes-Obstarten-Sortenverzeichnis sind noch folgende Namen angegeben:
McIntosh Black,
McIntosh Blackmac,
McIntosh Cornell,
McIntosh M 25,
McIntosh MacSpur,
McIntosh Solid Red,
McIntosh Spur 20,
McIntosh Spur E,
McIntosh Steeles Scarlett,
McIntosh Summerland und
McIntosh Wijcik. Literatur: (04) (05) (25) (26-7/8/57) (39) (70)

MC LELLAN
Im Bundes-Obstarten-Sortenverzeichnis aufgeführt.

MECKLENBURGER KANTAPFEL
Vorwiegend Wirtschaftsapfel. Lokalsorte. Genussreife: XII bis II. Frucht ist groß bis sehr groß, flachrund, gerippt. Schale etwas fettig, grünlichgelb, später intensiv gerötet und gestreift. Etwas parfümiert. Der Apfel war 1890 schon bekannt. Synonym: **Kantapfel.** (17) (39)

MECKLENBURGER KÖNIGSAPFEL
Vorwiegend Wirtschaftsapfel. Genussreife: XII bis II. Großfrüchtig. Schale dick, gelb, später ganzflächig gerötet und gestreift. Lokalsorte. War in der Preisgruppe 3.

Im Bundes-Obstarten-Sortenverzeichnis sind folgende Sorten angegeben:
MECKLENBURGER KRUMMSTIEL
MECKLENBURGER ORANGE

MECKLENBURGER WINTERCALVILL
Lokalsorte. Im 19. Jh. in Mecklenburg bekannt.

MEDINA
Aus den USA. Entstanden aus **Deacon Jones X Golden Delicious.** Im Geschmack sehr süß, aber nur wenig Aroma. Deckfarbe ist rotgeflammt. Für den Anbau an der Niederelbe nicht geeignet.

MEGUMI
War in den 60er Jahren bei der OVA im Versuchsanbau. (26-4/64)

MEININGER EDLER ROSMARIN
1888 eine Lokalsorte in Thüringen. (16)

MEISSNERS LEBERROTER HIMBEERAPFEL
Sehr alte Sorte, wurde 1836 beschrieben. Wirtschaftsapfel. Genussreife: X bis II. Groß, hochgebaut. Schale gelblichgrün, später ganzflächig gerötet. Fruchtfleisch ist gewürzt und süß. (40) Synonym: **Himbeerapfel.**

MELA CARLA
Im Bundes-Obstarten-Sortenverzeichnis aufgeführt.

MELBA
Frühsorte, wegen seines ausgezeichneten Geschmacks begehrt. Allerdings sehr transportempfindlich, geringe Haltbarkeit. Baum ist periodischer Träger. Es gibt auch eine rote Mutation. Wurde in den 70er Jahren im Alten Land angepflanzt. Spätsommerapfel. Genussreife: VIII bis IX. Mutter ist **McIntosh.** 1898 aus freier Abblüte hervorgegangen. Ihr gutes Aussehen, der feine Geschmack und die Frosthärte trugen zur Vermehrung bei. **Melba** wurde nach der berühmten Sängerin Melba benannt, stammt aus Ottawa. Die Sorte wurde etwa 1910 eingeführt. Die rote Mutation **Red Melba** wurde 1940 eingeführt. Die Sorte ist sehr druckempfindlich. In Europa ist die Färbung oft nicht genügend. **Melred** ist auch der Name für die rote Mutation. Sie wurde unter Bäumen gefunden, die eine Baumschule in Fonthill, Ontario verkauft hatte und 1937 an verschiedenen Stellen Kanadas zugleich entdeckt. (26-7/8/59)

MELBINGER MOSTAPFEL
Mostapfelsorte in Österreich. Wenig bekannt.

MELCHENAUER SONNTAGSAPFEL
Ist im Bundes-Obstarten-Sortenverzeichnis angegeben.

MELCHERS RAMBURRENETTE
Wurde 1880 in den Pomologischen Monatsheften beschrieben. Großfrüchtig, wohlschmeckend. Fruchtfleisch ist dunkelgelb. Lange haltbarer Winterapfel. (40)

MELKAPPEL
Ist im Bundes-Obstarten-Sortenverzeichnis eingetragen.

MELODIE
Stammt aus Tschechien. Kreuzung aus **Shampion X OR 38 T 16.** Sortenschutz seit 1998. Sehr ertragreiche, schorfresistente Herbstsorte mit saftigen, leicht säuerlichen Früchten. Genussreife: X bis XII. (75)

MELON
Amerikanische Sorte. Tafelapfel. Großfrüchtig, rot gestreift. Frostempfindlich. (83)

MELONENAPFEL
Historische Sorte. 1797 von Christ beschrieben. Großfrüchtig, melonenförmig. Schale ist gelb, Sonnenseite gerötet. Fruchtfleisch gewürzt. Winterapfel. Bekannt sind verschiedene **Melonenäpfel.** Die bekanntesten sind: **Alsener Melonenapfel, Amerikanischer Melonenapfel, Doppelter Melonenapfel, Groths Melonenapfel** und der **Rote Melonenapfel.** (40) Bekannt ist auch ein Synonym: **Tausendtaler.**

MELROSE
1932 durch F. S. Howlett von der Agric.Exp. Station in Wooster, Ohio aus Sämlingen der Kreuzung **Jonathan X Red Delicious** selektiert. Seit 1944 bekannt. Die Früchte sind mittelgroß bis groß. Schale ist glatt, deutlich sichtbare berostete Lentizellen. Grünliche Grundfarbe und braunrote Deckfarbe. Geschmack ist kräftig süßsäuerlich und aromatisch. Pflückreife ist Anfang Oktober. Genussreife: XI bis V. Sehr guter Tafel- und Wirtschaftsapfel. Aus Frankreich sind 3 Mutanten schon lange bekannt. **Melrouge,** (reift 1 Woche später, Früchte sind klein und rundum rot). **Melrose-Mutante Inra,** (bestrahlt, 50 % Mehrertrag) und **Super Melred.** (verbesserte Deckfarbe). In wärmeren Gebieten Mitteleuropas liegen gute Anbauerfahrungen vor. Frosthärte soll ausreichend sei. Keine Synonyme. (05) (38)

MENZNAUER JÄGER
Name in der Schweiz, auch bekannt als **Chasseur de Menznau.** Synonyme in der Schweiz: **Bellefleur, Schärli's Wildling, Teuringer Winterrambour, Jägerapfel.** In Deutschland **Menzenauer Jägerapfel.** Alte, weitverbreitete Sorte, stammt aus Menznau in der Schweiz. Fruchtfleisch ist grünlichweiß bis gelblich, fest, ziemlich grob, süßlich, säurearm, schwach gewürzt. Tafel- und Wirtschaftsapfel. (03) (33)

MERAN
Kreuzung aus **Golden Delcious X Morgenduft.** Entdecker und Züchter: Karl Zanon und Franz Waldner aus Südtirol. Sorte beim italienischen Patentamt angemeldet am 11.05.1982. Eine wesentliche Verbesserung der Ausgangssorten, Resistenz gegenüber Krankheiten, früher Ertragsbeginn. Ausgezeichnete Lager-

fähigkeit. Pflückreife 2 Wochen nach dem **Golden.** Genußreife: XI. (20) Sorte ist diploid. (Fruchthandel 24/88) Die Züchter schreiben, dass 8 Jahre nach der Züchtung im Jahre 1974 mit der intensiven Beobachtung und Untersuchung der Sorte begonnen wurde. Im Versuchsfeld wurde die Vermehrung auf M IX, M 26 und auf Grahams-Sämling vorgenommen. (20) Synonyme sind noch keine bekannt.

MERANER CALVILL
Sorte ist diploid. (33) Alte Lokalsorte.

MERE DE MENAGE
Sorte ist triploid. (33) Keine weiteren Daten gefunden.

MERI CRETESTI
Sorte ist diploid. 1951 in Rumänien entstanden. Mittelgroßer, flach runder Apfel. Schale grünlichgelb, später verwaschen orangerot und gestreift. Leichte Berostungen, etwas fettige Schale. Fleisch ist weich und grob, etwas säuerlich. (39)
MERI NOBILE Sorte ist diploid. (33) Vermutlich auch aus Rumänien.

MERI PRINZ CAROL
Sorte ist diploid. (33) Saurer, mehlig trockener Geschmack. Mangelhafte Ausprägung der Deckfarbe und die unregelmäßig Fruchtform machen den Apfel unansehnlich. Herkunft ist nicht bekannt. Dem Namen nach, vermute ich Rumänien. Wurde 1964 von der OVA nicht empfohlen. Die Sorte ist auch nie wieder aufgetaucht. (26-4/64) (Autor)

MERI RIL
Rumänische Sorte. Frucht ist abgestumpft rund. Fruchtschale ist gelb. (39 S. 313)

MERLYN
Schorfanfällig, nicht für den Anbau zu empfehlen. Schorfanfällig. **Jonagold X Liberty.** Soll aus Belgien stammen. (26-8/95) War auf der Esteburg (OVR-Jork) im Versuchsanbau. Mit der Fruchtgröße war man zufrieden, aber wegen innerer Qualitäten abgelehnt. Synonym: **Merlijn.**

MERODER RENETTE
Tafel- und Wirtschaftsapfel. Genussreife: I bis V. Frucht mittelgroß, gleichmäßig gebaut. Schale grünlichgelb, Sonnenseite leicht gerötet und gestreift. Ohne Geruch. Fleisch grünlichgelb, fein, saftig, mild renettenartig gewürzt. (39)

Im Bundes-Obstarten-Sortenverzeichnis sind folgende Sorten angegeben:
MERTON BEAUTY
MERTON CHARM
MERTON PIPPIN, In der Sortenprüfung bei der FG Geisenheim. (85)
MERTON PROLIFIC
MERTON RUSSET

MERTON WORCESTER
Englische Kreuzung: **Worcester X CoxOrange.** Aussaat: 1915. Eingeführt: 1946. Züchtung des John-Innes-Instituts in England. 1948 in den Handel gebracht. Mittelgroße, runde und gleichmässig gebaute Früchte. Strahlendes flächiges Rot. Angenehmer frischer Geschmack. (26-12/64)

METTENER ROSENAPFEL
Lokalsorte aus Niederbayern. Schale grünlichgelb, leicht gerötet und gestreift. (39)

METZERSUR
Im Bundes-Obstarten-Sortenverzeichnis angegeben.

METZ` RENETTE
Tafelapfel. Genussreife: XII bis V. Großfrüchtig, leicht kantig. Schale grünlichgelb, leicht berostet. Sonnenseite gerötet, ganze Frucht gestreift. (39)

METZGERAPFEL
Ohne Beschreibung und Daten. Abb. (39 S. 315)

MICHELINE
Im Bundes-Obstarten-Sortenverzeichnis angegeben.

MICHELPRINZ
Der Apfel war in der Preisgruppe 4. Sorte in meinen alten Aufzeichnungen von 1948 ohne Beschreibung erwähnt. (Autor)

MICHINOKU
Japanische Sorte. (27-2/96)

MILLERS SEEDLING
In der Mitte des 19. Jahrhundert in England aufgefunden. Bringt nur alle 2 Jahre große Mengen sehr kleiner, weißlichgelber Früchte mit roten Streifen. Anbauwert ist unbefriedigend. (40) Schreibweise auch: **Miller´s Seedling.**

MILLETS SCHLOTTERAPFEL
In Belgien: **Pomme de Baratte.** Weitere Synonyme: **Baratte, Schlotterapfel.** Wirtschaftsapfel. Genussreife: XI bis I. Großfrüchtig, walzenförmig, gerippt. Schale grünlichgelb, später ganzflächig gerötet und gestreift. Deutlicher Geruch. (39)

MILLICENT BARNES
War in den 60er Jahren bei der OVA im Versuch. Züchtung von N. F. Barnes in Chester, England. **Cox Orange X Gascoynes Scharlachroter.** Seit 1923 im Anbau. Mittelgroße, unregelmäßige Früchte. Grünlichweiße Grundfarbe, leuchtend-rot geflammte Deckfarbe. (26)

MILTENBERGER RENETTE
Im Bundes-Obstarten-Sortenverzeichnis eingetragen. Sorte wird in Triesdorf erhalten.

MILTON
Sorte ist diploid. 1909 in Geneva-USA entstanden. Mittelgroß, Fruchtschale hellgelb, später gestreift. (39) Die OVA schreibt Kreuzung aus **McIntosh X Weißer Klarapfel.**

MILWAUKEE
Wirtschaftsapfel. Beschreibung 1941 in „Deutscher Obstbau".

MINIAPFEL „LILIPUT"
Im Bundes-Obstarten-Sortenverzeichnis angegeben.

MINISTER VON HAMMERSTEIN
Züchter: Landesökonomierat R. Goethe-Geisenheim. 1882 aus der **Landsberger Renette** entstanden. 1891 die erste Frucht. Nach dem damaligen Landwirtschafts-minister von Hammerstein benannt. Großfrüchtig. Schale grünlichgelb, Sonnenseite leicht gerötet. Tafel- und Wirtschaftsapfel. Genussreife: XII bis III. 1900 beschrieben. Literatur: (24) (39) (85)

MINJON
Aus Minnesota/USA. Kreuzung aus **Wealthy X Jonathan.** Entstand 1923 und kam 1942 in den Handel. Frucht klein bis mittelgroß. Geschmack nichtssagend, Schale etwas fettig, Fruchtfleisch oft rötlich, feine Säure. Bei guter Besonnung zeigen die Früchte eine genügend dunkelrote, flächig bis geflammt verteilte Deckfarbe auf gelblich-grünem Grund. (26-11/12/63)

MINNAS BUNTER STREIFLING
Vorwiegend Wirtschaftsapfel. Genussreife: X bis I. Schale ist rot gestreift. Fruchtfleisch weiß, fein und saftig. Baum wächst stark, ist sehr fruchtbar.

MIO
Schwedische Kreuzung aus **Worcester x Oranie.** Aussaat: 1932. Eingeführt: 1955. Bei uns seit 1965 bekannt. Entstanden in der Versuchsstation Alnarp. Mittelgroße Frucht. Dickschalig, weißfleischig, wohlschmeckend. Fruchtfleisch ist grobzellig und die Fruchtfarbe spricht durch das bonbonfarbige rosarot nicht an. (39)

MISEN JAROMERSKA
Im Bundes-Obstarten-Sortenverzeichnis angegeben.

MISSOURI PEPPING
Aus Nordamerika, schon im vorigen Jahrhundert bekannt. Genussreife: Januar bis April. Großfrüchtig. Schale weisslichgelb, später großflächig gestreift. Gewürzt. Schreibweise 1886 **Missouri-Peppin.** (15)

Im Bundes-Obstarten-Sortenverzeichnis sind folgende Sorten angegeben:
MLEJEWSKOJE LETNEJE
MODEST

MOIRA
Apfelsorte aus Kanada. Seit 1978 bekannt. (27-3/91)

MOLDAUER TAUBENAPFEL
Stammt aus Rumänien, wurde 1831 zum ersten Mal erwähnt. Großer, eiförmiger Apfel ohne Rippen. Schale ist gelb, Sonnenseite ist marmoriert gefärbt. Synonyme: **Domnesc, Domnese, Fürstenapfel, Götterapfel, Herrenapfel, Moldauer Fürstenapfel, Taubenapfel.**

MÖLLESKOVAPFEL
Soll ein sehr guter Tafel- und Wirtschaftsapfel sein. Genussreife: XI bis IV. Frucht ist mittelgroß bis groß. Schale ist gelb, Sonnenseite leicht gerötet und gestreift. (39)

MOLLIES DELICIOUS
Herkunft: USA. Ist mir noch gut aus Italien bekannt. Wurde von L. F. Hough und C. Baley an der Rudgers Universität von New Brunswick/N. J. unter der Nr. New Jersey 28 selektioniert. 1966 für den Anbau freigegeben. Es handelt sich dabei um eine Kreuzung von **(Golden Delicious x Edgood) X (Red Gravensteiner x**

Close). Der Baum wächst stark, hat große Blätter und trägt vorwiegend auf 2-jährigem Holz. Die Sorte alterniert. Die Frucht ist großfallend, länglich und teilweise gerippt. Der Apfel reift 3 Wochen vor dem **Golden.** Gut gefärbte Früchte weisen bis zur Hälfte, max. bis ¾ der Oberfläche ein helles verwaschenes Rot auf. Die Grundfarbe ist grüngelb und deutlich sichtbar. Das Fruchtfleisch ist weißlich, süß, wenig aromatisch, säurearm, ziemlich fest. (25) (Autor) Auch: **Mollie's Delicious.**

MOLLY
Im Bundes-Obstarten-Sortenverzeichnis angegeben.

MONARCH
Kochapfel. Stammt aus England. Früchte mittelgroß bis groß. Eine Kreuzung aus **Peasgoods Nonsuch X Wellingtons Seedling.** 1888 entstanden. Kocheigenschaften sind gut, würde aber keine bekannte Kochapfelsorten ersetzen. (26-3/64)

MÖNCHSAPFEL
Kleiner bis mittelgroßer Apfel, vielseitig verwendbar. Genussreife: XII bis III. Schale grünlichgelb bis hellgelb, Sonnenseite gerötet und gestreift. (39)

MONIDEL
Mutante von **Delcorf.** Sortenschutz seit 1997. Züchter und Inhaber ist die Baumschule Delbard, Commentry, Frankreich. (75)

MONROE
Kreuzung aus **Jonathan X Rome Beauty.** Wurde 1949 von der amerikanischen Versuchsstation in Geneva herausgegeben. Früchte mittelgroß. Der Geschmack ist gut. Anfällig gegen Witterungseinflüsse. Mehltauanfällig. Also nicht anbauen. (26-4/64) Bekannt ist noch eine Sorte mit dem Namen **Monroe Sweet.** War 1940 schon bekannt. Mittelgroß bis großfrüchtig. Schale dunkelrot mit bläulichem Hauch. (83) Anbau ist bei uns auch nicht zu empfehlen.

MORGENDUFT
Lt. BEF eine Zufallsmutante von **Rome Beauty.** Wirtschaftsapfel, der in den 80er Jahren noch in großen Mengen aus Italien nach Deutschland geliefert wurde. Wurde 1820 in Ohio-USA gefunden und ist seit 1848 im Handel. Der Apfel sieht sehr gut aus, die Güte ist aber nicht befriedigend. Nach amerikanischen Quellen 1820 als fruchtender Trieb einer Sämlingsunterlage von H. N. Gillett bei Proctorville/Rome Township in Ohio entdeckt. 1832 duch G. Walton benannt und 1848 öffentlich vorgestellt. Anbau in Europa fast nur in Norditalien. Standortanspruch ist Weinklima. Fleisch ist grünlichweiß, fest, grob, wird bald mürbe bis trocken und

leicht zäh. Kaum Vitamin C. Im Geschmack wäßrig bis leicht süß, fade, ohne Aroma. Sorte ist diploid. Literatur: (05) (25) (39) (Autor) Synonyme: **Gillett's Seedling, Imperatore, Rimskaia Krasvita, Rome Beauty.**
Mutanten: **Frimely Beauty, Gallia Beauty, Glengyle Red, Summerland.**

MORGENDUFT DALLAGO - Mutation. Grün bis grünrot, langer Stiel, sieht nicht so gut aus wie der normale Morgenduft. Aus Südtirol. (Autor)

MORGENDUFTAPFEL
Synonym: **Hoary Morning.** Nicht zu verwechseln mit **Morgenduft.** Vorwiegend Wirtschaftsapfel. Genussreife: XII bis V. Großfrüchtig, flachrund, flach gerippt. Schale gelb, etwas fettig, später ganzflächig marmoriert gerötet und gestreift. Deutlicher Geruch. Fruchtfleisch ist gelblichweiß, unter der Schale und an den Gefäßbündeln gerötet. Ziemlich fein, erst fest, später mürbe. Saftreich, rosenapfelartig gewürzt. Zuckergehalt überwiegt die Säure. (39)

MORGENROT
Im Bundes-Obstarten-Sortenverzeichnis angegeben.

MORIHO-FU 1
Aus Morioka/Japan. Bräunlich-rot, identisch mit Fuji-Redspot 1.

MORINGER CALVILL
Lokalsorte. Vermutlich aus Südniedersachsen. (Autor)

MORINGER ROSENAPFEL - Seit 1857 bekannt. Herbstapfel. Genussreife: X bis XI. Mittelgroß bis groß. Schale hellgelb, später ganzflächig gerötet und gestreift. Etwas fettig. Schwacher Geruch. Fleisch ist weiß, unter der Schale etwas gerötet, fein, saftig, rosenapfelartig gewürzt. Angenehme Säure. (39)

Im Bundes-Obstarten-Sortenverzeichnis sind folgende Sorten angegeben:
MORRIS'S RUSSET
MOSEL EISENAPFEL
MOSKWOSKAJA (Später Moskauer)
MOSTZIGEUNER
MOUILLE-BOUCHE (Mundnetz)
MOUKA

MOSELAUER

Historische Sorte, nach Diel 1836 von Hinkert beschrieben. (40) Pflück- und Genussreife ist September. Frucht mittelgroß, kegelförmig, fein gerippt. Schale hellgrün, später flächig gerötet und gestreift. Schwacher Geruch, gewürzt.

MOTHER

War im Praktischen Ratgeber 1886 als amerikanische Apfelsorte bekannt. Wurde bei uns aber nicht empfohlen. Hier dürfte es sich um den Mutterapfel handeln, der ja bekanntlich aus Amerika stammt. (15) (Autor)

MR. GLADSTONE

Seit 1885 bekannt. Tafelapfel. Reife: VII. Sommerfrucht. Geringe Haltbarkeit. Mittelgroß. Schale ist wachsgelb, Sonnenseite gerötet und gestreift. Fleisch ist grünlichweiß bis weiß, saftig, gewürzt, angenehm säuerlich. (39)

MUCKENHEIMS WINTERKRONENAPFEL

Tafel- und Wirtschaftsapfel. Genussreife: I bis VI. Mittelgroß bis groß. Schale fettig, gelb, später gerötet und gestreift. Deutlicher Geruch. Fruchtfleisch ist hellgelb, fein, ausreichend saftig, rosenapfelartig gewürzt. (39) Synonym: **Winterkronenapfel.**

MÜHLENAPFEL

Im Bundes-Obstarten-Sortenverzeichnis angegeben.

MÜLLERKLEINS SÄMLING

Soll guter Tafel- und Wirtschaftsapfel sein. Genussreife: XI bis I. Mittelgroß, rundlich. Schale zitronengelb, Schale leicht fettig, später gerötet und gestreift. Ohne Geruch. Fleisch ist gelblichweiß bis weiß, fein, saftig, wenig gewürzt. (39)

MÜLLERS ROTER SPITZAPFEL

Auch: **Müllers Spitzapfel.** Genussreife: XII bis IV. Tafel- und Wirtschaftsapfel. Schale grünlichgelb, fettig. Frucht klein bis mittelgroß. Sorte ist diploid. (07) (39)

MULTHAUPTRENETTE

Auch **Multhaupts Renette.** Im Bundes-Obstarten-Sortenverzeichnis angegeben.

MULTHAUPTS CARMINREINETTE

Haltbarer Winterapfel, geschmacklich gut, war im 19. Jh. in Thüringen bekannt. Genussreife: XI bis III. Erhaltung als **Multhaupts Renette** in Müncheberg und in Pillnitz. Synonyme: **Multhaupts Karminrenette, Reinette Multhaupt.**

MULTHAUPTS KRONENAPFEL
Synonyme: **Kronenapfel, Multhaupts Winterkronenapfel, Winterkronenapfel.** Wirtschaftsapfel. Genussreife: XII bis IV. Mittelgroß. Schale hellgelb, Sonnenseite gerötet und gestreift, fettig. Kräftiger Geruch. (39) (40)

MÜNCHHAUSENS GESTREIFTER GLOCKENAPFEL
Historische Sorte, wurde 1854 von Calwer beschrieben. Süßapfel. Großfrüchtig. Schale hellgelb, später flächig gestreift. (40)

MUNROES FAVORIT
Ansprechender Tafelapfel. Großfrüchtig mit intensiver Rötung. Zeitweise aus Australien importiert. Fruchtfleisch ist süßsäuerlich. (40)

MÜNSTERLÄNDER BORSDORFER
Von Goetz 1936 ohne Beschreibung erwähnt. (12). Verwandt sind **Gelber Münsterländer Borsdorfer** und **Roter Münsterländer Borsdorfer.**

MUNSTER TULIP
Im Bundes-Obstarten-Sortenverzeichnis aufgeführt.

MUOLER ROSEN
Wirtschaftsapfel aus der Schweiz. Lokalsorte. Im Geschmack, in der Haltbarkeit und im Aussehen nicht ansprechend. Schale ist glatt und fettig. Grundfarbe schmutzig grün. Deckfarbe blassrot marmoriert und schwach gestreift. Fleisch ist gelblichweiß, weich, saftig und mit wenig Gewürz. Französisch: **Muoler-Rosen.** (03)

MURASAKI
Jonathan X Golden Delicious. Gezüchtet von der japanischen Versuchsstation in Aomori. Nichtssagender Geschmack, im Aussehen nicht befriedigend. Entstanden 1935. 1949 in den Handel, bei uns seit 1965 bekannt. (26-4/64)
Auch im Bundes-Obstarten-Sortenverzeichnis aufgeführt.

MURRAY
Sorte stammt aus Kanada. Ist seit 1978 bekannt. (27-3/91)

MÜSCHENS ROSENAPFEL
Im 19. Jahrhundert in der Rheinprovinz bekannt gewesen. Genussreife: VIII bis X. Mittelgroß bis groß. Etwas fettige Schale, grünlichgelb, Sonnenseite gerötet und gestreift. Fruchtfleisch weiß, fein, etwas locker, saftig, rosenapfelartig gewürzt. (39)

MÜSCHTERAPFEL
Synonym: **Münnerstädter Apfel.** Im Bundes-Obstarten-Sortenverzeichnis aufgeführt. Erhaltung bei der Pomona Franconica.

MUSIKDIREKTOR RIEDEL
War in den 60er Jahren bei der OVA in Jork im Versuch. Züchtung des ehemaligen Erwin-Baur-Institut in Müncheberg. **Cox Orange X Geheimrat Oldenburg.** Frucht mittelgroß. Grünlichgelbe Grundfarbe, wenig mattrote, flächig verteilte Deckfarbe. (26-3/64)

MUSKATAPFEL
Synonym: **Muskataeble.** Im Bundes-Obstarten-Sortenverzeichnis aufgeführt. Erhaltung bei der Pomona Franconica.

MUSKAT RENETTE
Sehr alte Apfelsorte. 1670 von Frankreich nach England in die Baumschule Brompton Park gebracht worden. Von da nach Holland und weiter nach Deutschland gekommen. Bekannt unter verschiedenen Bezeichnungen. Frucht ist klein bis mittelgroß, wird schon lange nicht mehr angebaut. War im 19. Jh. auch in Oberösterreich, Böhmen und in der Bukowina als Ess- und Mostapfel bekannt. Synonyme: **Badener Renette, Bisamrenette, Gewürzrenette, Gezuckerte Bisamrenette, Margil, Muskateller Renette, Muskierte Renette, Pfefferrenette, Renette Musquée, Reinette Musquée, Ribston, Rote Badener Renette, Small Ribston, Würzapfel, Zimmetapfel, Zimtapfel.** (02) (07) (24) (39)

MUSTERRENETTE
Synonyme: **Modéle, Reinette Modelé.** Tafel- und Wirtschaftsapfel. Vielseitig verwendbar. Genussreife: XII bis III. Mittelgroß. Schale gelb, Sonnenseite leicht gerötet, leicht berostet. Schwacher Geruch. (39)

MUTHS SÄMLING
Vielseitig verwendbar. Genussreife: XI bis II. Schale grünlichgelb, später leicht gerötet. (39)

MUTSU
Stammt aus Japan. Seit 1949 bekannt. **Golden Delicious X Indo.** Handelsname in Großbritannien ist **Crispin.** Soll bereits 1930 entstanden sein, wird seit etwa 20 Jahren bei uns eingeführt, vor allem aus Frankreich, aber auch aus Italien. Frucht ist groß bis sehr groß, glattschalig, zeitweise etwas berostet. Schalenfarbe grünlichgelb mit leicht rotem Hauch. Mutanten sind nicht bekannt. Literatur: (05) (25) (39)

MUTTERAPFEL
Synonyme: **American Mother, Lavanthaler Bananenapfel, Lavanttaler Bananenapfel** (Österreich), **Mother, The Mother.** Stammt aus den USA, dort unter **The Mother** am bekanntesten. Hat sich in Norddeutschland, auch im Alten Land nicht bewährt. Wurde in den 40er Jahren zwar überall zum Versuchsanbau empfohlen, war aber vergeblich. Feingewürzt, knackend, süß. Tafelapfel. Sollte der rote Weihnachtsapfel werden. Preisgruppe 1. Literatur: (01) (14) (26) (39) (Autor) Bekannt ist noch der **Drei Jahre Dauernder Mutterapfel.** Ist eine andere Sorte.

NABELLA
Züchtung aus Tschechien. Kreuzung aus **Mutterapfel X Starking Delicious.** Erstmals 1994 beschrieben. (27/12/94)

NABELLE
Neuzüchtung aus Tschechien. **Starking Delicious**-Kreuzung. Ich vermute identisch mit **Nabella.** Die Frucht ist gelb. (27/09/94)

NACHBARNAPFEL
Die deutsche Übersetzung der vor 200 Jahren in Frankreich bekannt gewesenen Sorte **Pomme de Prochain.** Es soll die englische Sorte **Reinette d´Angleterre,** bzw. unsere bekannte **Borsdorfer Reinette** gewesen sein. (31)

NAGA-FU 1,
Intensiv ausgefärbte Mutante vom **Fuji.** Aus Nagano/Japan. Gut 50 % der Schale ist rot gefärbt, aber etwas verwaschen und unregelmäßig. Die Streifung tritt spät auf. **NAGA-FU 2,** aus der Umgebung von Nagano/Japan, stark verbreitet in Tasmanien. Etwa 55 % der Oberfäche ist intensiv rot gefärbt. **NAGA-FU 6,** ist eine stark gestreifte Mutation aus dem Anbaugebiet Nagano/Japan. Weit verbreitet in Neuseeland. Die Ausfärbung ist sehr attraktiv. **NAGA-FU 12,** Mutation aus der Region Nagano/Japan. Schale ist kräftig rot, deutlich gestreift.

Im Bundes-Obstarten-Sortenverzeichnis sind folgende Sorten aufgeführt:
NALIV
NAMFO
NAUMBURGER TIEFBLÜTE

NATHUSIUS TAUBENAPFEL
1824 von dem Obergärtner Dieskau in den Althaldensleber Baumschulen aus Samen gezogen. Nach dem Rittergutsbesitzer Gottlob Nathusius (hat sich um den Obstbau

erhebliche Verdienste erworben) benannt. War an der Niederelbe vereinzelt anzutreffen. Spätblühende Sorte, wird daher von Blütenfrösten kaum betroffen. Baumreife: Anfang Oktober. Genussreife: IX bis XII. Bittersüß, etwas gewürzt, eigentümlicher Geschmack. Essapfel, eher kleinfrüchtig. Preisgruppe 4. (01)

NATSUMIDORI
Apfelsorte aus Japan. (27-2/96)

NAUMBURGER TIEFBLÜTE
Lokalsorte in Sachsen-Anhalt. Erhaltung der Sorte bei der LfG in Müncheberg.

NEBUTA
Japanische Apfelsorte. (27-2/96)

NECKARTÄLER
Lokalsorte in Baden-Württemberg.

NEILD´S DROOPER
Im Bundes-Obstarten-Sortenverzeichnis angegeben.

NELA
Stammt aus Tschechien. Kreuzung aus **Prima X Krasava.** Sortenschutz seit 1997. Schorfresistente, ertragreiche Frühsorte. Genussreife: Mitte VIII bis Anfang IX. Frucht klein bis mittelgroß. Schale grünlichgelb bis hellgelb mit bis zu 70 % leuchtendroter, geflammter Deckfarbe. Versuchsanbau in Geisenheim. (75) (85)

NELCKENAPFEL
Wurde 1795 von Schiller beschrieben. *„Ist ein mittelmäßig grosser Apfel, von rundlichter Form. Sein Schale ist glatt, und wenn er reif ist, von gelblichweisser Farbe, auch dabei mehr oder weniger schön rosenroth gestreift. Sein Fleisch ist mild, von ziemlich lieblichem, feinem Geschmack weßwegen er denn unter den guten Äpfeln den zweyten Rang verdienet." (37)*

NELGUIN
Historische Sorte, 1797 von Christ beschrieben. Großfrüchtig, rund. Schale leicht gerötet. Genussreife: II bis III. Fruchtfleisch wohlschmeckend, süßsäuerlich. (40)

NELKENAPFEL
Es sind verschiedene Nelkenäpfel bekannt. **Cornwalliser Nelkenapfel, Görlitzer Nelkenapfel.** Letzterer ist ein guter Wirtschaftsapfel.

NENNSTETTER BOIKENAPFEL
Lokalsorte. Im Bundes-Obstarten-Sortenverzeichnis eingetragen. Erhaltung bei der LLA in Triesdorf.

NESRAWNIENNOJE
Im Bundes-Obstarten-Sortenverzeichnis angegeben.

NETZRENETTE
Synonyme: **Gestrickte Renette, Reinette Filée, Reinette Tricotée.** Identisch mit **Burchardts Renette.**

NEUE ANANASRENETTE
Tafel- und Wirtschaftsapfel. Klein bis mittelgroß. Schale grünlichgelb bis gelb. Genussreife: XII bis III. Schwacher Geruch. Fleisch gelblichweiß bis grünlichgelb, fein, saftig, etwas gewürzt. Der Baum wächst schwach und trägt sehr stark. (39) Synonym: **Ananasrenette.**

NEUE BORSDORFER RENETTE
Soll guter Tafel- und Wirtschaftsapfel sein. Genussreife: XII bis IV. Schale gelb, Sonnenseite leicht gerötet. Berostungen. Schwacher Geruch. Fruchtfleisch gelblichweiß, fein, nicht sehr saftig, gewürzt. (39) Synonym: **Borsdorfer Renette.**

NEUE EDELRENETTE
afelapfel. Genussreife: I bis V. Mittelgroß. Schale gelblichgrün, Sonnenseite etwas gerötet. Leicht berostet. Schwacher Geruch. Synonym: **Edelrenette.**

NEUE GOLDPARMÄNE
Auch: **Strauwaldts Neue Goldparmäne.** Tafelapfel. 1905 entstanden. Kreuzung aus **Wintergoldparmäne X Parkers Pepping.** Mittelgroß. Schale gelb, Sonnenseite marmoriert gerötet. Berostungen. Genussreife: XI bis III. Fruchtfleisch fein, fest, gelblichweiß. Süß. (39) Synonym: **Strauwaldts Goldparmäne.**

NEUER AMERIKANER
Vielseitig verwendbarer Apfel. Genussreife: XI bis II. Frucht mittelgroß. Sonnenseite gerötet und gestreift. Schale meistens glatt, manchmal etwas fettig. Schwacher Geruch. Neigt auf dem Lager zum welken. Fleisch ist fein, saftig, etwas zitronenartig gewürzt. (39) Synonym: **Amerikaner.**

NEUER BERNER ROSENAPFEL
Wurde 1888 als Waldsämling in der Schweiz gefunden. Tafel- und Wirtschaftsapfel. Genussreife: XI bis XII. Fettige Schale, gelbgrün, später verwaschen rötlich. Typisch ist die bläuliche Bereifung. Fleisch ist gelblich bis gelblichweiß, unter der Schale etwas rötlich. Mittelfest, saftig, schwach aromatisch, ausgewogenes Zucker-Säure-Verhältnis. (39) Synonyme: **Berner Rosenapfel, Rose de Berne.**

NEUER ENGLISCHER NONPAREIL
Auch **Neuer Großer Englischer Nonpareil.** Tafelapfel. Brauchbarer Wirtschaftsapfel. Genussreife: I bis V. Frucht klein bis mittelgroß. Schale hellgelb, Sonnenseite leicht gerötet. Berostungen. (39)

NEUER ENGLISCHER TAUBENAPFEL
Synonyme: **Neuer Englischer Pigeon, Pigeonnet Anglais, Taubenapfel.** Genussreife: XII bis II. Mittelgroß, hochgebaut. Schale fettig, gelb. Später verwaschen gerötet. Fleisch fein, ausreichend saftig, zimtartig gewürzt. (39)

Im Bundes-Obstarten-Sortenverzeichnis sind folgende Sorten angegeben:
NEUES EUROPA Synonyme: **Nouvelle Europe, Nueva Europa.**
NEUHÄUSER
NEUHÄUSER BOIKENAPFEL

NEUER STEINPEPPING
Synonym: **New Rock Pippin.** Genussreife: I bis VI. Frucht klein, flachrund. Schale grünlichgelb, Sonnenseite gerötet. Leichte Berostungen. Schwacher Geruch. Fleisch fein, saftig, kräftig und angenehm gewürzt. Geringe Säure. (39)

NEUHADELNER ROTFRANSCH
Alte Lokalsorte von der Niederelbe. (71)

NEUHAUSER
Alte Lokalsorte. Um 1890 im Raum Düsseldorf bekannt. (17)

Im Bundes-Obstarten-Sortenverzeichnis angegeben:
NEUJAHRSAPFEL Unbekannte Lokalsorte. Erhaltung in Pillnitz.
NEUNZERLING, auch: **Neuzerling.**

NEUMANN'S ROTER JAMES GRIEVE
Auch **Erich Neumanns Roter James Grieve.** Kann den **Standard James Grieve** nicht ersetzen., schrieb die OVA in Jork. (26)

NEUNECKENAPFEL
1854 von Lucas als Lokalsorte für den Tübinger Raum beschrieben. War auch als **Neunecker** bekannt. Es sollen noch einige Einzelbäume vorhanden sein. Mostapfel. Verarbeitung: IX bis III. Sehr schöner, mittelgroßer, kalvillartig gebauter Apfel. Mittel- bis stielbauchig und zum Kelch hin zugespitzt. Schale ist geschmeidig. Grundfarbe weißgelb, auf der Sonnenseite rot verwaschen und gestreift. Fleisch ist hart und säuerlich mit geringer Süße. Hoher Baum, weit ausladender Wuchs. (67)

NEUSTADTS GELBER PEPPING
Mittelfrühblühend, diploid (32 S. 27) Wirtschaftsapfel. Mittelgroßer abgestumpfter Apfel. Genussreife: I bis VI. Schale glatt, hellgrün, später grünlichgelb bis gelb. Synonyme: **Gelber Pepping, Großer Pepping, Neustadts Großer Pepping, Yellow Newton Pippin, Yopps Favorite.** (39) (40)

NEUZERLING
Sorte ist seit dem Ende des 18. Jahrhundert bekannt. Wirtschaftsapfel. Verarbeitung von XI bis V. Schale grüngelb, später großflächig gestreift. Häufig Berostungen. 1797 von Sickler im „Teutschen Obstgärtner“ auf drei Seiten beschrieben. Sickler hielt den Apfel für eine Provinzialsorte (Lokalsorte) im Lahngebiet, da der Name nur hier auftauchte. Selbst bei den berühmten Pomologen der Zeit, Diel und Christ, wurde die Sorte nicht beschrieben. (31)

NEW FAME
Sorte ist diploid. Auch **Newfame.** Synonym: **Neuwfame.**

Im Bundes-Obstarten-Sortenverzeichnis sind folgende Sorten angegeben:
NEW GOLD
NEW JERSEY 46

NEW JONAGOLD
Stammt aus Japan. Ist nicht virusfrei. Frucht hellrot gefärbt, weist recht breite Chimärenstreifen auf, die das Aussehen der Frucht stören. Für den Anbau nicht empfohlen. Nach neueren Informationen handelt es sich hier um eine Mutante vom **Jonagold,** die aus Japan stammt und auch unter dem Namen **Fukushima** bekannt ist. 1998 erste Lieferungen aus Chile. (BLE 12/98)

NEW ROCK PIPPIN
Im Bundes-Obstarten-Sortenverzeichnis angegeben.

NEW YORKER RENETTE
Tafelapfel. Genussreife: XII bis VI. Ich meine ist identisch mit **Newton Pepping.** Synonyme: **Amerikanischer Gewürzapfel, Gewürzapfel, Newton Pippin, Pomme de New York.** Frucht ist mittelgroß, plattrund. Schale hellgelb. Schale verwaschen rot mit kräftigen Streifen. Fleisch locker und zart, säuerlichsüß. (39)

NEWFAME
War in den 60er Jahren bei der OVA im Versuchsanbau. (26-4/64)

NEWKERKER SPITZAPFEL
War um 1890 bekannt. (17 S. 130)

NEWMAN
Wurde 1941 in „Deutscher Obstbau“ beschrieben. (83)

NEWTON PEPPING
Aus Nordamerika. Auch **Newton Pippin,** vor 100 Jahren **Newton-Peppin.** Wurde im Praktischen Ratgeber als erfolgreiche amerikanische Apfelsorte gelobt. Vor einem Anbau bei uns wurde gewarnt.

NEWTON WONDER
Spätblühende und diploide Sorte. (32 S. 28)

NICO
Synonym: **Grüner Klarapfel.** Siehe Bundes-Obstarten-Sortenverzeichnis.

NICOLAS RENETTE
Soll sehr guter Tafel- und Wirtschaftsapfel sein. Genussreife: I bis V. Mittelgroß, flachrund bis kegelförmig. Schale grünlichgelb, Sonnenseite leicht gerötet. Fleisch ist gelblichweiß, fein, saftig, renettenartig gewürzt. (39)

NIEDAUER
Wirtschaftsapfel. Genussreife: X bis XII. Schale gelb, Sonnenseite hell gerötet. Deutlicher Geruch, leicht gewürzt. (39)

Im Bundes-Obstarten-Sortenverzeichnis sind folgende Sorten angegeben:
NIEDERLAUSITZER BERNSTEINAPFEL
NIEDERLENZER

NIEMANNS ROTE RENETTE
Historische Sorte, 1836 von Hinkert beschrieben. Tafelapfel. Genussreife: XII bis III. Mittelgroß. Schale grünlichgelb, später großflächig gerötet und gestreift. (40)

NIKA
Ist im Bundes-Obstarten-Sortenverzeichnis angegeben.

NIKITAER SOMMERRENETTE
Vielseitig verwendbar. Genussreife: IX bis X. Schale hellgelb. Frucht hochgebaut, mittelgroß. Fleisch gelblichweiß, fein, sehr saftig. Synonym: **Sommerrenette.** (39)

NIKITAER STREIFLING
Synonyme: **Herbststreifling, Nikitaer Roter Herbststreifling, Streifling.** Wirtschaftsapfel. Genussreife: X bis XI. Frucht klein bis mittelgroß, flachrund. Schale etwas fettig, hellgelb. Sonnenseite leicht gerötet und intensiv gestreift. (39)

NIKOLAUSAPFEL
Im Bundes-Obstarten-Sortenverzeichnis aufgeführt.

NIMMERMÜR
Sehr alte Sorte. Herkunft unbekannt. Wirtschaftsapfel. Genussreife: I bis V. Synonyme: **Glasapfel, France Saure.** Schwacher Geruch. Schale gelblichgrün, Sonnenseite gerötet, später gestreift. (39) Identisch mit dem **Pleißnerapfel.**

NITSCHNERI MAASIKOUM
Stammt aus Rußland. Besonders Frosthart. Ungleichmäßig in der Form, hartes Fruchtfleisch, kein Aroma. Für Mitteleuropa nicht zu empfehlen. (26-11/12/63)

NITSCHNERS ERDBEERAPFEL
Wurde vor allem an der russischen Seite der Ostsee angebaut. Tafel- und Wirtschaftsapfel. Genussreife: XII bis III. Mittelgroßer, flach runder, etwas ungleichmäßig gebauter Apfel. Der Baum wächst kräftig und eignet sich besonders für schwere Böden. (39)

NITTANY
Ist im Bundes-Obstarten-Sortenverzeichnis angegeben.

NODOBS WILDER
In der Preisgruppe 4, also Wirtschaftsapfel. Schreibweise 1939 in Sachsen war: **Notorps Wilder.** (13) (95)

NOIRE DE VITRY
Großer, plattrunder Apfel. Sonnenseite rot gestreift. Abb. (39 S. 335) Deutscher Name ist: **Schwarzer aus Vitry.**

Im Bundes-Obstarten-Sortenverzeichnis werden folgende Sorten aufgeführt:
NONETIT, ein Sortenname aus Böhmen.
NONNETIT BASTARD,
NONNETIT FRAU ALS,
NONPAREIL, steht für viele Sorten. **Nonpareil** auf englisch. **Nonpareille** auf französisch.

NONPAREIL VON MARTIN
Synonym: **Martins Nonpareil.** Soll guter vielseitig verwendbarer Apfel sein. Genussreife: I bis V. Mittelgroß, leicht berostet. Schale grünlichgelb. Schwacher Geruch. Fleisch fein, etwas schwammig, saftig und leicht angenehm gewürzt. (39)

NONPARILRENETTE
Synonym: **Reinette Non Pareille.** Wurde schon 1795 von Schiller beschrieben. *„Ist ein mittelmäßiger grosser Apfel, von etwas platter Form; und nach dem Buzen zu ein wenig zugespitzt. Sein Fleisch ist mild genug, von grünlichtgelber Farbe, und von lieblichem feinem geschmack; daher er denn für einen der besten Winter-Tischäpfel zu halten."*

Im Bundes-Obstarten-Sortenverzeichnis werden folgende Sorten aufgeführt:
NORAN War 1990 in Dänemark im Versuchsanbau. (27-7/91)
NORCUE Wird u. a. beim BSA, Prüfstelle Wurzen erhalten.
NORDA War 1990 in Dänemark im Versuchsanbau. (27-7/91)

NORDRENETTE
Historische Sorte, 1797 von Christ beschrieben. Großfrüchtig. Hochgebaut. Frucht ist grasgrün. Über 1 Jahr haltbar. (40)

Im Bundes-Obstarten-Sortenverzeichnis werden folgende Sorten aufgeführt:
NORET War 1990 in Dänemark im Versuchsanbau. (27-7/91)
NORFOLK BEAUTY
NORFOLK ROYAL
NORHEY

NORMÄNNISCHER CIDERAPFEL
1936 Bei Goetz erwähnt. Ohne Beschreibung. (12 S. 28)

NORMANDA
Großfrüchtige Sorte lt EG-Norm. (36)

Im Bundes-Obstarten-Sortenverzeichnis werden folgende Sorten aufgeführt:
NORMAN`S PIPPIN,
NORSON, 1990 in Dänemark im Versuchsanbau gewesen. (27-7/91)
NORTHERN GREENING

NORTHERN SPY
Synonym: **Roxburger Russet.** Stammt aus Nordamerika, war schon im 19. Jahrhundert bekannt. Lt. OVA ein Zufallssämling, um 1800 in den USA entstanden. Wird wegen guter Verwertungseigenschaften gelobt. Neigt zur Stippigkeit, aber Blutlausresistent. In Deutschland **Späher des Nordens.** Im Praktischen Ratgeber von 1886 als amerikanische Apfelsorte angegeben, von der auch Reiser zu uns nach Deutschland gekommen sind. (15) (26)
Bekannt sind 2 Mutationen: **Crimson Spy** und **Double Red,** auch **Double Red Northern Spy.**

NORTHWESTER GREENING
Amerikanische Sorte. In „Deutscher Obstbau" von 1941 beschrieben. Soll großfrüchtig sein. Nicht geeignet für frostgefährdete Gebiete. (83)

NOTARAPFEL
In den Niederlanden **Notarisappel.** War dort in den 50er Jahren noch sehr verbreitet. Ernte: Mitte September, haltbar bis Dezember. Großfrüchtig. Fleisch ist leicht säuerlich, saftreich. Vitamin-C-haltig, neigt zur Stippigkeit. Großfrüchtig.
Synonyme: **Notaris, Notarisapfel, Notarisappel, Notary Appel, Pomme Notaire.** (28) (36)

NÖTHLICHS GULDERLING
Tafel- und Wirtschaftsapfel. Genussreife: XI bis I. Frucht mittelgroß, hochgebaut, gerippt. Schale gelb, Sonnenseite leicht gerötet. Kräftiger Geruch. (39)

NOVA EASY GROW
Seit 1971 in Kanada bekannt. (27-3/91) **Nova** ist vermutlich identisch. **Nova Esygro** im „Obstbau" erwähnt, ohne Beschreibung. (27-6/91)

NOVAJO
Auch **Novaja.** Belgische Farbmutante des Jonagold, gleichmäßig dunkelrot. (27)

Im Bundes-Obstarten-Sortenverzeichnis sind folgende Sorten angegeben:
NOVAMAC
NYARI ZAMATOS

OBELISK
Synonym: **Obelisk Flamenco.** Aus England. **AI 583 X McIntosh Wijcik.** Spurtyp. Genussreife: X bis XI. Frucht ist klein bis mittelgroß. Sehr schlecht pflückbar. (75) **Obelisk Ballerina Flamenco** ist im Bundes-Obstarten-Sortenverzeichnis angegeben.

OBERDIECKS RENETTE
Tafel- und Wirtschaftsapfel. Synonyme sind keine bekannt. Zufallssämling aus Deutschland. Wurde 1850 bei Cannstadt gefunden. War in Kärnten und in Böhmen im 19. Jh. als Tafelapfel im Anbau. Genussreife: I bis III. Der Baum mochte gute geschützte, aber auch hohe Lagen. Spätblühend. Die Sorte ist diploid. Preisgruppe 3.

OBERDIECKS TAUBENAPFEL
Synonyme: **Oberdieck´s Pigeon, Pigeonnet Oberdieck** und **Taubenapfel.** Kleiner bis mittelgroßer glockenförmiger Apfel. (39) Schale ist glatt, hellgrün, später hellgelb. Sonnenseite gestreift. Genussreife: XII bis II. Fleisch weiß, sehr fein, saftig, bittermandelartig gewürzt. Baum ist schwachwüchsig, gesund und fruchtbar.

OBERLÄNDER HIMBEERAPFEL
Lokalsorte. Tafel- und Wirtschaftsapfel. Genussreife: XI bis III. Frucht mittelgroß, rund, flach gerippt. Schale fettig, grünlichgelb. Zur Reifezeit intensiv gerötet und deutlich gestreift. Vorherrschende Säure, wenig Zucker. Deutlicher Geruch. (39) Die Sorte **Oberländer** wird bei der Pomona Franconica erhalten.

OBERLAUSITZER MUSKATRENETTE
Eine Lokalsorte der Oberlausitz. War dort sehr stark verbreitet. Gesunder Baumwuchs, regelmäßiger Ertrag. Früchte bis Januar haltbar. Sehr gute Färbung und würziger Geschmack machte den Apfel sehr beliebt. (95)

OBERLAUSITZER NELKENAPFEL
Eine Lokalsorte. Beliebter Weihnachtsapfel. Früchte mittelgroß. Schale grünlichgelb mit auffallend roten Backen. Sehr saftig mit nelkenartigem, würzigem Geschmack. Baum mag keine nassen und kalten Böden. (95)

OBERÖSTERREICHISCHER BRÜNNERLING
Synonyme: **Brünner, Brünnerling, Isnyer Jahrapfel, Prinerling.** Sehr alte österreichische Sorte, auch im süddeutschen Raum weit verbreitet. Tafel- und Wirtschaftsapfel. Genussreife: I bis V. Frucht mittelgroß, flachkegelförmig, oft etwas unregelmäßig gebaut. Schale grünlichgelb, später tief goldgelb. Sonnenseite bräunlichrot, wird auf dem Lager karminrot. Fleisch fein, sehr fest, wenig saftig. (39)

OBERRIEDER GALLWYLER
Angegeben im Bundes-Obstarten-Sortenverzeichnis

OBERRIEDER GLANZRENETTE
Sorte stammt aus der Schweiz und wird vor allem dort angebaut. Frucht ist mittelgroß bis groß. Etwa 1 Jahr haltbar. Synonym: **Glanzrenette.**

OBERWARTER RENETTE
Im Bundes-Obstarten-Sortenverzeichnis angegeben.

OCCIDENT
Sorte wurde 1941 in „Deutscher Obstbau“ beschrieben.

OCHSENHERZ
Historische Sorte, 1836 von Hinkert beschrieben. Genussreife: I bis IV. Wirtschaftsapfel. Schale gelblichgrün, später gerötet und gestreift. (40)

Im Bundes-Obstarten-Sortenverzeichnis werden folgende Sorten angegeben:
OCHSENKOPF
OCHSENNASE

ODENWÄLDER
Ein Haushaltsapfel, unbekannter Herkunft. Ist in Österreich verbreitet. Frucht ist mittelgroß. Schale glatt. Grundfarbe gelblichgrün, später grünlichgelb bis goldgelb. Deckfarbe orange. Fleisch ist gelblichweiß, saftig. Geschmack süßsäuerlich, etwas gewürzt. Genussreife: XI bis XII. (02)

ODENWÄLDER BOHNAPFEL
ODENWÄLDER HERBSTAPFEL
Sind im Bundesobstarten-Sortenverzeichnis angegeben.

ODENWÄLDER KURZSTIEL
Sortenprüfung und Erhaltung bei der FG Geisenheim. (85)

ODENWÄLDER MOSTAPFEL
Mostapfelsorte in Österreich. (02) (44)

ODIN
Aus den Niederlanden. **Golden Delicious X Ingrid Marie.** 1953 entstanden, seit 1966 im Anbau. Mittelgroße Frucht, hochgebaut. Genussreife: IX bis XI. Tafelapfel.

OEDHEIMER
Im Bundes-Obstarten-Sortenverzeichnis angegeben. Erhaltung in Triesdorf.

OEL AUSTIN
Nordamerikanische Sorte. Große dunkelrote Früchte mit bläulichem Hauch. Schale ist dick, Fruchtfleisch ist mürbe. Beschrieben in „Deutscher Obstbau" 1941. (83)

OELKOFER PEPPING
Synonyme: **Jährling, Oelkofer Jährler, Oelkofer Jährling, Störkles Pepping, Zweijährling.** Kleiner bis mittelgroßer Apfel. Über 1 Jahr haltbar. (39) (67)

OETWILER RENETTE
Französisch: **Reinette d'Oetwil.** Stammt aus der Schweiz. Sehr gut aussehender Tafelapfel, aber schlechte Lagereigenschaften. Fest, knackend, saftig und eigenartig gewürzt. Anbau wurde schon 1945 nicht mehr empfohlen. (03)

OGDEN
Apfelsorte in den USA. Kreuzung aus **McIntosh X Zusoff.** Genussreife: XII bis I. Seit 1912 bekannt. (Aussaat) Einführung: 1928. (26-7/8/59)

OHEIM MICHELS RENETTE
Historische Sorte, 1836 beschrieben von Hinkert. Tafelapfel. Genussreife: XI bis I. Plattrund. Schale gelb, an der Sonne leicht gerötet. Berostungen. (40)

OHENIMURI
Im Bundes-Obstarten-Sortenverzeichnis angegeben.

OHIO NON PAREIL
Um 1860 im State Ohio/USA aus einem Zufallssämling entstandene Sorte. Hat viel Ähnlichkeit mit dem **Gravensteiner,** ist aber mit diesem nicht verwandt. Als Synonym ist **Gravensteiner** in Amerika bekannt. In den USA Lokalsorte, in unserem Klima würde es nicht einmal dazu reichen. (26-3/64)

OHIO REINETTE
Herkunft: Dayton, Ohio. Frucht ist klein bis mittelgroß. Grundfarbe ist weißgelb oder gelb. Spärliche rotbraune oder orangerote Deckfarbe. Genussreife; X bis I. Synonyme in der Schweiz: **Ernstapfel, Ohio, Ohio Pippin, Reinette d´Ohio, Shannon.**

OHM PAUL
Synonym: **Schneeapfel.** Stammt aus Sachsen. Frühapfel. Genussreife: Ende VII bis Anfang VIII. Mittelgroßer, abgestumpft rundlicher, oft flachkantiger Apfel. (39)

ÖHRINGER BLUTSTREIFLING
Aus der Gegend von Öhringen in Württemberg. Tafel- aber besonders Wirtschaftsapfel. Genussreife: Januar bis April. Frucht ist klein bis mittelgroß. Schale bewachst, strohgelb. Zur Reifezeit gestreift, Schattenseite marmoriert. Fruchtfleisch mit leichtem Aroma und süß. (39) **Oehringer Blutstreifling.** (85)

ÖKONOMIERAT HÖLCK
Bei Goetz 1936 erwähnt. Ohne Daten. (12 S. 28)

ÖLANDS KUNGSÄPPLE
Keine Sortenbeschreibung. Abb. in (39 S. 340). Dem Namen nach, muss es sich um eine Sorte aus Skandinavien handeln. (Autor)

OLD NONPAREIL
Synonym: **Alter Nonpareil.** (Deutscher Name).

Im Bundes-Obstarten-Sortenverzeichnis angegeben ist
OLD SUMMERSET RUSSET

OLDENBROKER KÖNIGSRENETTE
Bei Goetz 1936 erwähnt, ohne Daten. (12)

OLDENBURG
Geheimrat Doktor Oldenburg, Geheimrat Dr. Oldenburg oder **Geheimrat Oldenburg.** Es gibt auch eine Sorte **Roter Oldenburg.** (70)

OLGAAPFEL
Im Bundes-Obstarten-Sortenverzeichnis angegeben.

OLIVER
Sorte wurde 1941 in „Deutscher Obstbau“ beschrieben.

OLTERS GRÜNER
Lokalsorte, war im Alten Land mäßig verbreitet. Guter Träger. Baumreife ist Anfang Oktober. Verarbeitung: XII bis I. Wirtschafts- und Musapfel. Im Geschmack saftig, säuerlich, ohne besonderes Aroma. Großfrüchtig. Wird schon lange nicht mehr angebaut. Preisgruppe 4. (Autor)

OMAAPFEL
Im Bundes-Obstarten-Sortenverzeichnis angegeben. Erhaltung: LLA in Triesdorf.

OMENSK
Russische Sorte. 1941 in „Deutscher Obstbau“ beschrieben.

ONONDAGA
Stammt aus Amerika. Mittelgroße Frucht. Rot gefärbt, gestreift. Schale ist dünn. Fruchtfleisch weiß. Für kalte Gebiete zu empfehlen, frosthart. (83)

ONTARIO
Stammt aus der Provinz Ontario in Kanada. **Northern Spy X Wagenerapfel.** Um 1820 entstanden. Wurde von den Gebrüdern Transon in Orlèans 1882 in den Handel gebracht. 1945 bis 1955 noch überall in Deutschland angebaut. Heute keine Bedeutung mehr. Großfrüchtig. Ess- und Wirtschaftsapfel. Grünlich bis gelblichgrüne Grundfarbe und bräunlichrote Deckfarbe. Der Versuch den **Ontario** wegen des hohen Vitamin-C-Gehalt als Diätapfel zu vermarkten, ist nicht gelungen. (60er Jahre). Der **Ontarioapfel war** eine der sogenannten Reichsobstsorten. Preisgruppe 2. Lt. Schweizer Literaur 1874 in Ontario entstanden. War ein geschätzter Tafelapfel. Leider sehr druckempfindlich. Wurde aber auch in der Schweiz nach 1945 nicht mehr vermehrt. Genussreife: I bis V. Der Baum ist sehr frostempfindlich. Literatur: (01) (03) (14) (24) (26-6/64) (39) (95)

ORANGEAPFEL
Synonym: **Oranje-Appel.** 1795 von Schiller beschrieben.

ORANGENBURG
1930 entstanden. Kreizung aus: **Cox Orange X Geheimrat Dr. Oldenburg.** Tafelapfel. Frucht mittelgroß, regelmäßig hochrund. Genussreife: IX bis XII. Schale goldgelb, sonnenseits verwaschen rot oder gestreift. Auf dem Lager fettig werdend.

Fruchtfleisch gelblichweiß, saftig und süß. Mehrmaliges durchpflücken ist erforderlich. (39)

ORANIE
Ein schwedischer Sommertafelapfel. (83) Frucht ist mittelgroß. Schale weiß, grün gepunktet, mit schwachen Rippen um den Kelch. Kurz haltbar. Baum ist frosthart.

ORANJE DE SONNAVILLE
Kreuzung aus **Cox Orange X Jonathan.** Niederländischer Name.

ORANSHEVOJE
Synonym: **Oransjewes** und **Oranshewoje.** Sorte wird in Bavendorf erhalten.

ORBAI-APFEL
Alte Sorte aus Siebenbürgen. Wurde 1888 im „Praktischen Ratgeber" beschrieben.

ORDENSAPFEL
Historische Sorte, 1836 von Hinkert beschrieben. Genussreife: XII bis III. Frucht kegelförmig, flach gerippt. Schale fettig, grünlichgelb. Sonnenseite etwas gerötet. Fruchtfleich ist süßsäuerlich. (40)

OREI
Züchtung der Japanischen Versuchsstation in Aomori. Eher kleinfrüchtig. Zwar sehr saftig, aber durch das Fehlen einer gewissen ausgleichenden Säure für unseren Geschmack unangenehm süß, schreibt die OVA 1963. Kreuzung aus **Golden Delicious X Delicious.** Genussreife: IX bis XII. Tafelapfel. (26) (39)

ORIDE
War Anfang der 60er Jahre bei der OVA im Versuchsanbau. (26)

ORIGINAL TOSINER
Im Bundes-Obstarten-Sortenverzeichnis aufgeführt.

ORIN
Japanische Sorte. Seit 1952. **Golden Delicious X Indo.** (27-7/95)

ORIOLE
Abstammung unbekannt. Ausgesät 1914, selektiert 1923. 1949 von der Universität Minnesota in den Handel gebracht. Mittelgroße Frucht, etwas hochgebaut. Hell-grünliche Grundfarbe, Schwache rote Streifung, fettige Schale, guter Geschmack.

Druckempfindlich. (26-11/64) Die Sorte wird als **ORIOL** bei der LLA in Triesdorf erhalten. (70)

ORLEANS

Kreuzung aus **Deacon Jones X Delicious.** Aus den USA, Versuchsstation Geneva. 1924 für den Versuchsanbau eingeführt. Soll in Amerika schöner, großfrüchtiger und haltbarer als **Delicious** sein. Für unser Gebiet, die Niederelbe z.B. nicht geeigent. Unansehnlich durch schmutzige, dunkelrote streifig verteilte Deckfarbe. Nicht identisch mit der **Orléansrenette.** In den 30er Jahren kamen Bäume dieser Sorte nach Deutschland. Wegen ungenügender Frosthärte, wurde der Anbau damals schon nicht empfohlen. (26) (83)

ORLEANS-RENETTE

Vor 100 Jahren als **Orleans-Reinette** verbreitet in Frankreich und Deutschland. Synonyme: **Doerells große Goldreinette, Doppelte Goldreinette, Englische Karoline, Großer Borsdorfer, Pepping von Holland, Perl-Renette, Triumphreinette** sind die alten Synonyme. Aus neuerer Zeit: **Doppelte Goldrenette, Renette von Orleans, Renette d´Orleans, Renette von Orleans.** Wurde bereits 1857 zum Anbau empfohlen (Versammlung der deutschen Pomologen in Gotha). Wurde im 19. Jahrhundert in Niederösterreich, in der Steiermark, in Böhmen und in Görz als Ess- Wirtschafts- und Mostapfel angebaut. Liebte gute Lagen und war bis zum März haltbar. Schreibweise heute: **Orléansrenette.** R. Koloc schreibt, dass Herkunft und Namensgebung unsicher ist. Vom holländischen Pomologen Hermann Knoop zuerst 1766 in deutsch beschrieben.

OREL

Großfrüchtige Sorte, aus Russland. (Deutscher Obstbau, 1941)

ORTELL

In der Gruppe B der roten Sorten. EG-Norm. (36)

ORTHLEY

Im Bundes-Obstarten-Sortenverzeichnis angegeben.

ORTHS GOLDRENETTE

War in der Preisgruppe 3.

OSNABRÜCKER RENETTE
Mittelfrühblühende Sorte, triploid. (32 S.27) Im 19. Jh. noch **Osnabrück Reinette.** Synonyme: **Französische Goldreinette, Französische Goldrenette, Graue Osnabrücker Renette, Reinette d'Osnabrück.** Stammt aus der Gegend von Osnabrück-Hannover und ist schon seit Ende des 18. Jahrhunderts bekannt. Mittelgroß. Wurde in der Schweiz angebaut. Lagereigenschaften nicht besonders. Geschmack: Saftig, kräftig und nachhaltig gewürzt, später angenehm erfrischende Säure. Baum ist Krebsanfällig, wurde daher nicht weiter zum Anbau empfohlen. Genussreife: I bis III. (03)

OSSENKOOP
Alte Lokalsorte aus Holland oder Norddeutschland.

OSTERAPFEL
Synonym: **Paasch-Appel.** 1795 von Schiller beschrieben. Es ist ein **Gelber Osterapfel** und ein **Roter Osterapfel** bekannt.

Im Bundes-Obstarten-Sortenverzeichnis angegeben:
OSTERBERGER RENETTE
OSTERHOLZER RENETTE Lokalsorte aus Norddeutschland.
OSTERKAMPS RENETTE Leicht rotgestreifter plattrunder Apfel. (39 S. 343)

OSTFRIESISCHER GLASAPFEL
Bei Goetz 1936 erwähnt, ohne Daten. (12)

Folgende Sorten sind im Bundes-Obstarten-Sortenverzeichnis eingetragen:
OSTFRIESISCHER HERBSTKALVILL
Erhaltung in der Versuchsstation Langförden. Identisch mit **Ostfriesischer Kalvill.**
OSTFRIESISCHER KALVILL
OSTOGATE
OSTPREUSSEN
Ist in der Sortenprüfung: Forschungsanstalt Geisenheim.

OSTPREUSSISCHE GOLDRENETTE
Ostpreußische Goldrenette. Beurteilung der Frosthärte in „Deutscher Obstbau“

OSTPREUSSISCHER ADAMSAPFEL
Bei Goetz 1936 erwähnt, ohne Daten. (12)

OSTPREUSSISCHER HERBSTKURZSTIEL
Lokalsorte, soll ein guter Tafelapfel gewesen sein. Genussreife: X bis I. Mittelgroß, flachrund, gleichmäßig gebaut. Schale grünlichgelb, Sonnenseite manchmal leicht gerötet. Berostungen. Schwacher Geruch. Fleisch gelblichweiß, fein weniger saftig, angenehm gewürzt. (39) Synonym: **Kurzstiel.** Beurteilung über das Verhalten bei starken Frösten in „Deutscher Obstbau“ 1941. (83)

OSTPREUSSISCHER HIMBEERAPFEL
Im Bundes-Obstarten-Sortenverzeichnis angegeben. Wird bei den Landwirtschaftlichen Lehranstalten in Triesdorf erhalten.

OSTPREUSSISCHER WINTERKURZSTIEL
Klein bis mittelfrüchtiger Apfel. Vielseitig verwendbar. Genussreife: XII bis III. Schale grünlichgelb, an der Sonne etwas gerötet. Schwacher Geruch. (39)

OSTPREUSSISCHER SOMMERHASENKOPF
Lokalsorte, wurde aber in den 30er Jahren nicht mehr in Ostpreußen verbreitet. Sorte hat sich aber als sehr frosthart erwiesen. (83)

OSTPREUSSISCHER ZITRONENAPFEL
Tafel- und Wirtschaftsapfel. Genussreife: IX bis XI. Mittelgroßer, rundlicher und gleichmäßig gebauter Apfel. Schale fettig, gelb, Sonnenseite gerötet, manchmal gestreift. Schwacher Geruch. Fruchtfleisch gelblichweiß, fein, saftig, renettenartig gewürzt. Kräftige und angenehme Säure. Ausreichender Zuckergehalt. (39)

OSTRAKOW
Russische Sorte. 1941 in „Deutscher Obstbau“ beschrieben.

OSWEGO
Amerikanische Sorte. Großfrüchtiger Tafelapfel. Frostempfindlich.

OTAVA
Aus Tschechien. Anbau ist nicht zu empfehlen. (26) Sortenschutz in der EU 1995 beantragt. Kreuzung aus **Shampion X Jolana.** (75)

OTSEGO
Stammt aus Nordamerika. Soll frosthart sein. Mittelgroß, etwas rot und gestreift. Sorte war bei uns unbekannt. (83)

OTTERNDORFER PRINZ
Synonym: **Hadelner Prinz.** War besonders im Land Hadeln und in Kehdingen vertreten. Wirtschafts- und Konditorenapfel. Süßsäuerlich, etwas fest, kein besonderes Aroma. Preisgruppe 4. (01) Farblich ein gut aussehender Apfel. (Autor)

OTTOLANDERS RENETTE VON SORGVLIET
Tafel- und Wirtschaftsapfel. Mittelgroße, abgestumpft runde Frucht. Schale etwas berostet, grünlichgelb, an der Sonne etwas gerötet. Schwacher Geruch. Genussreife: I bis IV. (39)

OTTOWA 292
Eine kanadische Kreuzung aus **Melba X Roter Astrachan.** Für den Erwerbsobstanbau nicht empfohlen. Reift ungleichmäßig, die Früchte haben bei uns eine hellgrüne, unreif wirkenden Grundfarbe. Spätsommerapfel. (26-10/63)

OTTWEILER RENETTE
OUDRUPGAARD`S HOSTAEBLE
Beide Sorten sind im Bundes-Obstarten-Sortenverzeichnis aufgeführt.

OWEN THOMAS
Aus England, Spätsommerapfel. Aussehen und Geschmack sind mäßig. Kreuzung aus **Cox Orange X Gladstone.** Mittelgroß. (39)

OXFORD HOARD
Siehe: Bundes-Obstarten-Sortenverzeichnis. Erhaltung bei der Pomona Franconica.

OZARK APFEL
Auch **Ozark Golden. (Golden Delicious X A 1291)** In den Niederlanden nur **Ozark.** Lt. BEF (Bundesamt für Ernährung) nur **Ozark Gold.** Großfrüchtig. In Missouri, USA entstanden. **Golden Delicious X (Conrad x Red Delicious).** Wurde in den 80er Jahren vorwiegend in Norditalien angebaut, wird auch nach Deutschland exportiert. Mir ist die Sorte gut bekannt und ich kann nur über positive Erfahrungen berichten. (25) (39) (Autor)

PACHTEL WEBER
Mostapfelsorte in Österreich. Lokal beschränkt. (44)

PACIFIC ROSE
Herkunft: Neuseeland. Diese Sorte wurde u. a. von 2 chilenischen Obstbauern in Neuseeland gestohlen und wird, obwohl unter Sortenschutz, auch in Chile angebaut.

(BLE 99) Chilenen sollen 65.000 Bäume gepflanzt haben, Prozeß wird angestrengt. (Fruchthandel 18/99) Nach letzten Berichten haben die Chilenen den Prozeß verloren und die gesamten Bäume müssen gerodet werden. (Autor) In Deutschland ist der Apfel von Juni bis Ende Juli verfügbar. Delikates, erfrischendes und aromatisches Fruchtfleisch. Quelle: Enza-Neuseeland.

PADLEYS PEPPING
Englisch: **Padleys Pippin.** Vorwiegend Wirtschaftsapfel. Mittelgroß bis groß. Flach runder, nicht gleichmäßig gebauter Apfel. Schale fettig, gelb, Sonnenseite gerötet. Geruch ist stark. Genussreife: X bis I. (39)

PALANDTS HIMBEERAPFEL
Frühherbstapfel. Vorwiegend Wirtschaftsapfel. Mittelgroß, gleichmäßig gebaut. Reife: IX bis X. Schale fettig, hellgelb, später flächig gerötet und gestreift. (39)

PALÄSTINERAPFEL
Pomme de Palaestina. 1795 von Schiller beschrieben.

PALMERS ROSEY
Im Bundes-Obstarten-Sortenverzeichnis angegeben.

PANNEMANNS APFEL
Bei Goetz: **Pannemanns Tafelapfel.** War in der Preisgruppe 2. Muss ein guter Essapfel gewesen sein. (12 S. 29) (13)

PAPAGEIAPFEL
Synonyme: **Pomme Suisse Panachée, Pomme de Perroquet, Suisse.** Wirtschaftsapfel. Verarbeitung: X bis XII. Großfrüchtig. Schale fettig, hellgelb, Sonnenseite gerötet und gestreift. Deutlicher Geruch. (39)

PAPELEUS RAMBUR
Synonyme: **Rambour Papeleu, Winterrambur.** Vorwiegend Wirtschaftsapfel. Genussreife: XI bis II. Großfrüchtig. Schale leicht fettig, hellgelb, Sonnenseite gerötet und etwas gestreift. Schwacher Geruch. Fruchtfleisch grünlichgelb, halbfein, saftig, wenig gewürzt. Angenehme Säure. (39)

Im Bundes-Obstarten-Sortenverzeichnis angegeben:
PAOLARED,
PAPELNY, Synonym: **Aschapfel.**
PAPPENHEIMER KRONENAPFEL,

PARADIESAPFEL,
PARADIJS,

PARAGON
Sorte wurde 1941 in „Deutscher Obstbau“ beschrieben.

PARAMISTER
In einer Sortenliste aus Sachsen wurde dieser Apfel 1938 erwähnt. (95)

PARFÜRMIERTER WINTERROSENAPFEL
Historische Sorte, 1836 von Hinkert beschrieben. Genussreife: XI bisXII. Mittelgroß. Fruchtschale grünlichgelb, später gerötet und gestreift. (40)

PARISER GOLDRENETTE
Dürfte sich um die **Pariser Ramburrenette** handeln. (Autor)

PARISER RAMBOUR RENETTE
Eigenständige Sorte, mit dem Namen **Pariser Ramburrenette.** Synonym: **Reinette du Canada.** Kann nur die **Kanadarenette** sein. Der Praktische Ratgeber hat bereits 1886 geschrieben, dass der Apfel identisch mit der **Kanadarenette** ist. **Pariser Rambour-Reinette.** (15 S. 341) Synonyme: **Canada Reinette, Goldreinette, Graue Canada-Reinette, Harlemer Renette, Österreichische Nationalrenette, Pomme de Paris, Prachtrenette, Ramburrenette, Renette von Granville, Rümelins Renette, Sternrenette, Weiberrenette, Weiße Antillenrenette, Windsorrenette.**

PARISER REINETTE
Französisch: **Reinette de Paris.** Wurde in der Schweiz angebaut. H. Kessler schreibt, wahrscheinlich ein Abkömmling der **Kanada Reinette.** Synonym: **Marthaler Kanada.** Schon 1945 wurde der Apfel in der Schweiz nicht mehr zur weiteren Vermehrung empfohlen. (03)

PARKERS PEPPING
Eine alte englische Sorte, war überall in Deutschland verbreitet. Diel beschreibt sie als **Parkers grauer Pepping.** Weitere Synonyme: **Graue Renette, Lederapfel, Lederer, Parker´s Pippin** (19. Jh.), **Pelzapfel, Rabau, Sankt Nikolaus Renette.** Preisgruppe 2. Ebenfalls zu der Zeit als Tafel- und Wirtschaftsapfel angebaut in fast allen österreichischen Bundesländern. (02) (24)

PARLIN
Synonym: **Parlins Beauty.** In der Mitte des 19. Jahrhunderts in den USA entstanden. Guter Kochapfel mit großen, glänzenden, mattrot überhauchten Früchten. Historische Sorte der USA. In Deutschland besteht kein Bedarf für diese Sorte. (OVA 1964 S.174)

PARMAIN ROYAL
1795 von Schiller beschrieben.

PARMÄNE DE GRANGE
Synonym: **Grange.**

PARMÄNE VON MABBOT
Synonyme: **Mabbot, Pearmain de Mabbot.** Tafel- und Wirtschaftsapfel. Mittelgroß. Schale grünlichgelb bis gelb. Später gerötet und gestreift. Schwacher Geruch.

PAROQUET
Im Bundes-Obstarten-Sortenverzeichnis aufgeführt.

PARRY WHITE
Sommerapfel. Mittelgroß. Schale hellgelb, Fleisch feinkörnig. Ist nur für warme Gebiete geeignet. (83)

Im Bundes-Obstarten-Sortenverzeichnis sind folgende Sorten aufgeführt:
PASSE POMME BLANCHE
PASSE POMME ROUGE
PASSERTAPFEL

PASSAMER
Synonym: **Steirischer Passamer.** Wirtschaftsapfel

PATER VAN DER ELSEN
Großfrüchtig. Im Bundes-Obstarten-Sortenverzeichnis aufgeführt.

PATRICIA
Amerikanische Sorte. 1920 selektiert. Mutter ist **McIntosh.** Genussreife: I bis II.

PAULARED
Sämling von McIntosh. Aus den USA. (25)

PAYETTE
1944 gezüchtet aus **Ben Davis X Wagener** in der Versuchsstation Idaho. Große, farbige, glattschalige, etwas fettige unregelmäßig geformte Frucht. Qualitativ nur ein Wirtschaftsapfel. Seit 1944 im Handel. (26-4/64)

PEARL
Englische Kreuzung. **Worcester X Rivel.** Eingeführt: 1938. (26-4/59)

PEARSONS RENETTE
Synonym: **Pearsons Plate.** Tafel- und Wirtschaftsapfel. Kleiner, gleichmäßig gebauter Apfel. Genussreife: XII bis III. Schale grünlichgelb, Sonnenseite gerötet und etwas gestreift. Teilweise berostet. Schwacher Geruch. Fleisch grünlichgelb, fein, saftig, gewürzt.

PEASGOODS EISERAPFEL
Wurde 1938 in einem sächsischen Sortenverzeichnis erwähnt. Wirtschaftsapfel. (85)

PEASGOODS GOLDRENETTE
Stammt aus England, bekannt seit 1872. Nach Deutschland als **Peasgood´s Nonsuch** oder **Peasgoods Unvergleichlicher.** Handelsname ist **Peasgood.** In Deutschlands Obstsorten" **Goldrenette aus Peasgood.** Weitere Synonyme: **Peasgoods Goldrenette, Peasgoods Sondergleichen.** Engelbrecht schrieb 1882 **Goldreinette von Peasgood.** Großfrüchtig. Wirtschaftsapfel. In der Preisgruppe 4. (02) (13) (24)

PEASGOODS NONSUCH
Wurde im Praktischen Ratgeber 1886 als neue, aus England stammende Sorte, vorzüglich empfohlen. Die Sorte wurde als großfrüchtig, sehr saftig und süß beschrieben. Reife: XI bis II. (15 S. 39) Identisch mit der **Peasgoods Goldrenette.**

PEAU DE VACHE
Synonym: **Kuhhaut.** Im Bundes-Obstarten-Sortenverzeichnis angegeben.

PECHE D´HIVER
Im Bundes-Obstarten-Sortenverzeichnis angegeben.

PECK PLEASENT
Amerikanische Sorte. 1941 in „Deutscher Obstbau" beschrieben.

PEDERSTRUPS RENETTE

Pederstrup, Pederstrup Renet. Im Landstädtchen Pederstrup bei Odense auf der Insel Fünen, Dänemark entstanden. 1858 vom Handelsgärtner H. Larsen verbreitet. 1909 zuerst von C. Matthiesen beschrieben. (93) In Dänemark 1945 noch 7,7 % der Produktion. (30 S.267)

PEGGYS FAVOURITE

Im Bundes-Obstarten-Sortenverzeichnis angegeben.

PEICKERS BOUTIGNE-APFEL

Tafel- und Wirtschaftsapfel. Genussreife: I bis V. Mittelgroß bis groß. Schale grünlichgelb, später großflächig gerötet und gestreift. Schwacher Geruch. Fleisch gelblichweiß bis weiß. Fein, saftig, mild renettenartig gewürzt. Vorherrschende Säure, unterschiedlicher Zuckergehalt.

PELZHAUPT

Im Bundes-Obstarten-Sortenverzeichnis angegeben.

PENDENT EAR

Frühe Wintersorte. Stammt aus Russland. (83)

PENNOCK

Amerikanische Sorte. 1941 in „Deutscher Obstbau“ beschrieben.

Im Bundes-Obstarten-Sortenverzeichnis sind folgende Sorten aufgeführt:

PEPIN CERNENKO

PÉPIN DE BORGUEIL

PEPPING KITAJKA

PEPPING VON COURT OF WICK

Tafelapfel. Genussreife: XII bis III. Kleiner, rundlicher, gleichmäßig gebauter Apfel. Schale gelb, Sonnenseite leicht gerötet und gestreift. Schwacher Geruch. Fruchtfleisch gelblichweiß, fein, saftig, edel gewürzt. (39)

Synonyme: **Court of Wick, Wick.**

PEPPING VON NOTTINGHAM

Historische Sorte, beschrieben 1836 von Hinkert. Tafelapfel. Frucht klein, weißlichgelb, später zitronengelb. Fruchtfleisch gewürzt, süß. (40) Synonym: **Nottingham.**

PEPPING VON WYKEN
Synonyme: **Pepin du Warwick, Warwick, Wyken Pippin.** Tafel- und Wirtschaftsapfel. Genussreife: XII bis IV. Kleinfrüchtig. Schale gelb, teilweise berostet und aufgerauht. Kein Geruch. Fleisch gelblichweiß, fein, saftig, edel gewürzt. Wenig Säuere, viel Zucker. (39)

PERL-RENETTE
Alte Sorte, war in Österreich bekannt. (44)

PERWENEZ
Im Bundes-Obstarten-Sortenverzeichnis angegeben.

PETER BROICH
1850 bei Grevenbroich entstanden. Großfrüchtig. Genussreife: XII bis IV. Schale fettig, gelb, Sonnenseite verwaschen rot und dunkler gestreift. Berostungen. (39)

PETER HEUSGENS GOLDRENETTE
Wurde um 1870 von Oberpfarrer Henzen gezüchtet. Tafelapfel. Genussreife: I bis V. Mittelgroßer, rundlich bis flach runder Apfel. Stark rot gestreift. (39) Auch bekannt als **Heusgen´s Goldrenette** und **Heusgen´s Goldreinette.**

PETER JANSENS SOMMERAPFEL
Historische Sorte, 1836 von Hinkert beschrieben. Frucht ist plattrund. Genussreife im September. Geringe Haltbarkeit. Grünlichgelb, Sonnenseite kaum gerötet. Fruchtfleisch gewürzt, süßsäuerlich. (40)

PETER MATHIAS
Im 19. Jahrhundert im Rheinland bekannt. Züchter Uhlhorn hat diese Sorte mit dem **Kaiser Alexander** gekreuzt. Ergebnis: **Creo.**

PETER MÖRTEL
Originalname ist: **Petermörtelapfel.** Massenträger, geeignet für rauhe und hohe Lagen. Für Feld und Straße. Im 19. Jh. in Oberösterreich als Mostapfel verbreitet.

PETER SMITH
Tafel- und Wirtschaftsapfel. Genussreife: I bis IV. Frucht ist mittelgroß. Schale ist gelb, leicht fettig, an der Sonne manchmal gerötet. Schwacher Geruch. Englische Sorte, wurde im Praktischen Ratgeber von 1886, als vorzüglich empfohlen. + Versuchsanbau, bzw. Veredelungen mit dieser Sorte begannen um diese Zeit in der Mark Brandenburg. Erste Ergebnisse waren folgende: Reichtragend, ohne hervor-

ragende Eigenschaften. Haltbar bis zum Frühjahr. Baum liebt bessere Böden. Fruchtfleisch ist gelblichweiß, fein, saftig und etwas gewürzt. (15)

Im Bundes-Obstarten-Sortenverzeichnis sind folgende Sorten aufgeführt:
PETER STRUPP
PETER SUREN

PETERSAPFEL
Tafelapfel in der Schweiz, ähnlich der **Goldparmäne.** Hat aber viele schlechte Eigenschaften, daher 1945 schon nicht mehr empfohlen. (03)

PETERSELIEAPPEL
Im Bundes-Obstarten-Sortenverzeichnis angegeben.

PETERSONS CHARLAMOWSKY
Sorte stammt aus Russland und war in den kalten Gebieten der USA und Russlands verbreitet. (Deutscher Obstbau 1941)

PETIT JAUNE
Mostapfelsorte in Österreich.

PEUPIONS RENETTE
Tafel- und Wirtschaftsapfel. Genussreife: XII bis III. Großfrüchtig, ungleichmäßig gebaut. Schale gelb, Sonnenseite etwas gerötet. Deutlicher Geruch. (40)

PEWAUKEE
Wirtschaftsapfel. Beschreibung in „Deutscher Obstbau“ 1941.

PFAFFENHOFENER SCHMELZLING
Auch: **Pfaffenhofer Schmelzling.** Lokalsorte in Süddeutschland. Mostapfel und Stammbildner. Verarbeitung XI bis I. Schale ist grüngelb, gestreift. Fruchtfleisch weiß, süß mit milder Säure. (40)

PFAHLINER RENETTE
Bei Goetz 1936 erwähnt, ohne Beschreibung. (12)

PFARRAPFEL
Lokalsorte in Württemberg. Heute noch vereinzelt in der Gegend von Nürtingen anzutreffen. (67)

PFARRER NEUMÜLLER
Alte Sorte. War in Österreich bekannt. (44)

PFIRSICHAPFEL
Bekannt sind: **Amerikanischer Pfirsichapfel, Irischer Pfirsichapfel.**

PFIRSICHROTER COUSINOT
Im Bundes-Obstarten-Sortenverzeichnis angegeben.

PFIRSICHROTER SOMMERAPFEL
Im 19. Jh. in Südtirol als Essapfel bekannt. Soll aus Frankreich stammen. Die Sorte wurde schon 1794 von Sickler beschrieben. Synonyme: **Jenaer Rosenapfel, Pfirsichapfel, Pfirsichroter Sommerrosenapfel, Rosenapfel.** Erntezeit: Ende Juli bis Anfang August. Keine Lagerfähigkeit. Braucht nährstoffreiche Böden und geschützte Lagen. Frühblühend, diploid. (32) Bis 900 m anbaufähig. Lt. OVA ein altbekannter kantiger, rotbackiger Apfel mit parfümiertem Geschmack, der den heutigen Vorstellungen eines Tafelapfels nicht entspricht. Das Fleisch ist weiß, unter der Schale etwas rötlich, fein, locker, saftig. Milde Säure, ausreichend Zucker. Deutlicher Geruch. In rauhen Gegenden bleibt der Apfel zu klein.
Literatur: (02) (26) (39) (70) (78) (92)

PFLANKENAPFEL
Im Bundes-Obstarten-Sortenverzeichnis angegeben.

PFOTENHAUERS RENETTE
Tafel- und Wirtschaftsapfel. Genussreife: XII bis III. Mittelgroßer, flachrunder, gleichmäßig gebauter Apfel. Schale gelb, Sonnenseite leicht gerötet. Etwas gestreift. Ausgeprägter Geruch. Fleisch ist weiß, fein, saftig, schwach gewürzt. (39)

PFULLINGER LUIKEN
Alte Lokalsorte aus Württemberg.

PFUNDAPFEL
Ist ein Synonym für verschiedene Apfelsorten. Unter anderem für den **Backapfel, Gloria Mundi, Kaiser Alexander** und verschiedene weniger bekannte Sorten.

PFUNDAPFEL und
PHANTASIE
Sind im Bundes-Obstarten-Sortenverzeichnis angegeben.

PIA
Kreuzung aus **Idared X Helios.** Züchter: Institut für Obstforschung, Dresden-Pillnitz. Roter Spätsommerapfel, attraktiver Tafelapfel, geeignet für Erwerbs- und Liebhaberanbau. (27-9/96) Genussreife: IX bis X. Groß bis sehr große Früchte. 30 bis 60 % rote geflammt und kurz gestreifte Deckfarbe. (75)

PIFLORA
Züchtung aus Dresden-Pillnitz. Frühwinterapfel mit gleichmäßig hohen Erträgen und gutem Aroma. Früchte sind groß, flachrund und mittelbauchig. Schale ist leicht rauh und nicht fettend. Gelber Grund, kräftig rote Deckfarbe. Geschmack ist kräftig süß-säuerlich, aromatisch. Sorte für den Erwerbs- und Liebhaberobstbau zu empfehlen. Genussreife: X bis I. (27-7/96) Kreuzung aus **Idared X Golden Delicious.** (75)

PIGEON
Wurde bereits 1795 von Schiller beschrieben. Ebenso ein **Doppelter Pigeon** und ein **Bunter Pigeon (der bunte),** Synonym: **Pigeon (bonte).** Der **Pigeon** ist eine uralte Sorte, nur ist es schwer die Verschiedenen zu unterscheiden. **Pigeon** ist auch noch ein Synonym für einige Sorten mit den Namen **Pigeonnet** und **Pigeonette.** Bekannt ist noch **Pigeon Almindeling.** Bekannt ist auch ein **Roter Pigeon.**

PIGEON LUCAS
Ist **Lucas Taubenapfel.**

PIGEON MARIBO
Eine alte Sorte, war in Schleswig-Holstein bekannt.

PIGEONARTIGE RENETTE
Wirtschaftsapfel. Genussreife: XII bis III. Frucht mittelgroß, hochgebaut. Fettige Schale, grünlichgelb, leicht berostet. Schwacher Geruch. (39)

PIGEONETTE
Zufallssämling aus Port Albert, Neuseeland. Bekannt seit Ende des 19. Jh. Für Deutschland, bzw. Mitteleuropa nicht geeignet. **Pigeonette** ist auch ein Synonym der Sorte **Weißer Wintertaubenapfel.** (25) (39)

PIGLOS
Eine Pillnitzer Züchtung. Synonym: **Pillnitzer Gloster.** Baum mit geringer Triebkraft und niedriger Wuchshöhe, um Bearbeitung und Ernte zu erleichtern. Veränderung der Erbanlagen mittels Kobalt 60. (27-7/96) (39)

PIKANT
1962 in Pillnitz entstanden. 1988 zugelassen. **Undine X Kalco. Kalco** ist das Synonym für **Carola.** Prof. Fischer schreibt: **Undine X Carola.** Es besteht Sortenschutz. Frucht ist sehr groß, flach, leicht gerippt. Zinnoberrote Deckfarbe auf gelblichem Grund. Fleisch ist feinzellig, saftig, angenehm mild süßsäuerlich. Schale ist glatt. Genussreife: X bis XII. Literatur: (38) (39)

PIKKOLO
Pillnitzer Züchtung. Seit 1993 im Handel. **Clivia X Auralia.** Es besteht Sortenschutz. Frucht ist mittelgroß. Farblich sehr ansprechend. Gelbe Grundfarbe, attraktive, leuchtend rote Deckfarbe. Genussreife: XI bis II. Gering anfällig für Schorf und Mehltau. (38)

PIKORA
Im Bundes-Obstarten-Sortenverzeichnis angegeben.

PIKOTIERTE RENETTE
Historische Sorte, wurde 1797 von Christ beschrieben. 2 Jahre haltbar. Frucht rund. Schale gelb, Kelch rötlich. Fruchtfleisch ist wohlschmeckend. (40)

PILES RUSSET
Sehr alte Sorte, 1836 von Hinkert beschrieben. Tafel- und Wirtschaftsapfel. (40) Genussreife: XI bis II. Schale grünlichgelb, später ganzflächig gerötet und gestreift.

PILOT
1962 in Pillnitz entstanden. **Clivia X Undine.** 1988 zugelassen. Tafelapfel, auch als Kelterapfel gut geeignet. Genussreife: II bis VI. Deckfarbe ist leuchtend rot auf orangefarbenem Grund. Manchmal etwas berostet. Fruchtfleisch fest. Die Sorte entwickelt ihr spezifisches, kräftiges Aroma erst ab Februar und besitzt in der vollen Reifezeit bis Juni einen säuerlich-süßen Geschmack. (38) Sortenschutz 1988. (75)

PIMONA
Eine Züchtung aus Dresden-Pillnitz. Genussreife: X bis I. (27-7/96) Kreuzung aus **Clivia X Undine.** Seit 1985 im Handel. (75)

PINETT
Im Bundes-Obstarten-Sortenverzeichnis aufgeführt.

PINGO
Pillnitzer Züchtung. **Idared X Bancroft.** Dunkelroter Spätwinterapfel, sehr guter Tafelapfel. Qualitativ hochwertig. Sehr ertragssicher. (27-9/96) Sortenschutz. (75)

PINK LADY
Aus Australien. Anbau auch in Neuseeland. **Golden Delicious X Lady Williams.** Ursprünglicher Name **Cripps Pink.** 1973 entstanden und nach ihrem Züchter John Cripps benannt. 1994 auch in Südafrika eingeführt. Erntezeit ist dort Anfang bis Mitte Mai. Deckfarbe ist ein helles Rosa auf einer grünen bis cremefarbenen Grundfarbe. Das Fleisch ist knackig, saftig und sehr süß. Siehe auch unter **Cripps Pink.** Rote Mutante **Pink Rose.** (25) (Obstbau-7/96)

PINK PEARL
Im Bundes-Obstarten-Sortenverzeichnis aufgeführt.

PINOVA
1965 in Pillnitz entstanden. **Clivia X Golden Delicious.** Seit 1986 im Handel. Sortenschutz. Frucht mittelgroß. Zinnoberrot, fest, saftig knackend. Lagerfähig bis Mai (Kühllager) oder Juni (CA-Lager). Stärkere Anpflanzungen in Frankreich führten, bedingt durch das französische Sprachgefühl zu einer Änderung des Namen in Frankreich. Anfang 1999 wurde **Pinova** unter der Handelsbezeichnung **Corail** zum Warenzeichenschutz angemeldet. Die Bezeichnung soll dann korrekt lauten: **Corail (Pinova)** und ausschließlich für Frankreich gültig sein.(25-14/99) (26-9/96) Sortenschutz in der EU seit 1996. (75)

PINZGAUER STERNRAMBUR
Lokalsorte aus Österreich, ist im Bundes-Obstarten-Sortenverzeichnis aufgeführt.

PIONIER
Apfelsorte aus Rumänien. Seit 1983 bekannt. (27-3/91)

PIRELLA
Synonym: **Pirol.** Pillnitzer Züchtung. **Golden Delicious X Alkmene.** Farbiger Herbstapfel, hervorragender Tafelapfel. Gelbe Grundfarbe, 30 - 70 % mit leuchtendem Rot bedeckt. Geschmack ist süßsäuerlich mit einem intensiven fruchtigem Aroma. Genussreife: IX bis XI. Eignet sich für Erwerbs- und Liebhaberobstbau. (38) Sortenschutz in der EU seit 1998. (75)

Im Bundes-Obstarten-Sortenverzeichnis sind folgende Sorten aufgeführt:
PIRINA und **PIRJA**

PIROS
Züchtung aus Pillnitz. Sommerapfel. **Helios X Apollo.** 1963 entstanden. Reift eine Woche vor **Jamba.** Frucht mittelgroß, hochgebaut. Leuchtende, streifige, leicht verwaschene Deckfarbe. Süßsäuerlich, saftig, 3-4 Wochen haltbar. Alterniert offenbar nicht, guter Träger. (27-7/96) Sortenschutz seit 1985. (75)

PIRTO und **PIRTO SPUR**
werden im Bundes-Obstarten-Sortenverzeichnis aufgeführt.

PISON
Hier handelt es sich um einen **Taubenapfel.** Für sämtliche Arten von **Taubenäpfel** gab es früher im Alten Land nur den Namen **Pison.** (Autor)

PITMASTON PINE APPLE und
PITMASTON RUSSET NONPAREIL
werden im Bundes-Obstarten-Sortenverzeichnis aufgeführt.

PITTY
Pillnitzer Züchtung. **Idared X Golden Delicious.** Roter Spätherbst- bzw. Frühwinterapfel. Sehr guter Tafelapfel. (27-8/95)

PIUS-APFEL
War in der Preisgruppe 4. Kleinfrüchtig. Eine wenig bekannte Sorte.

Im Bundes-Obstarten-Sortenverzeichnis werden folgende Sorten aufgeführt:
PIXIE
PLADEI
PLAMJA
PLANKENAPFEL
PLATTE BRACHT

PLATTE GESTREIFTE WINTERRENETTE
Historische Sorte, 1836 von Hinkert beschrieben.Genussreife: XII bis III. Mittelgroß, plattrund. Schale grünlichgelb, später flächig gerötet und gestreift. Berostungen. Fleisch gewürzt und süß. (40)

PLATTER ROSENAPFEL
Historische Sorte, 1836 von Hinkert beschrieben. (40) Tafel- und Wirtschaftsapfel. Genussreife: X bis I. Frucht breitgebaut. Schale fettig, gelbgrün, dann gelb. Später großflächig gerötet und gestreift. Leichte Berostungen. Fruchtfleisch süßsäuerlich.

PLATTPARMÄNE
In den 60er Jahren beim OVR in Jork im Versuchsanbau gewesen. Abstammung von der **Goldparmäne** aus freier Abblüte. Hervorgegangen aus Müncheberger Züchtungsarbeiten. Großfrüchtig. Gelbe Grundfarbe, schwach bis mittelstarke rot geflammte Deckfarbe. (26)

PLEISSNERS RAMBOUR
Synonym für den **Geflammter Kardinal** in Norddeutschland. Andere Schreibweise ist **Pleißener Sommerrambur.** Bekannt ist eine sehr alte Sorte, 1829 in „Der Teutsche Fruchtgarten" beschrieben, mit dem Namen **Pleißnerapfel.** Beide Sorten sind mit Sicherheit identisch, da letztere Sorte auch als Rambur beschrieben wird. (83)

PLOCHINGER LUIKEN
Lokalsorte in Württemberg. Im Raum Nürtingern sollen noch einige Bäume vorhanden sein. (67)

Im Bundes-Obstarten-Sortenverzeichnis werden folgende Sorten aufgeführt:
PLYMOUTH CROSS, stammt aus England.
POBEDITEL,

POBENHAUSER
Lokalsorte aus dem Donaumoos. Schale gelb, später großflächig gerötet und gestreift. Leichte Berostungen. Abb. (39 S. 354)

POBJEDA
Im Bundes-Obstarten-Sortenverzeichnis aufgeführt.

POHLS SCHLOTTERAPFEL
Bei Goetz 1936 erwähnt. Ohne Beschreibung. Preisgruppe 4.
Identisch mit **Pohler Schlotter.**

POHORKA
1960 in Slowenien entstanden. **Cox Orange X Ontario.** Früchte sind groß, dem **Ontario** ähnlich, geringe Anfälligkeit gegen Krankheiten. Schale ist glatt, leicht

bewachst. Bei Vollreife goldgelb. Sonnenseite verwaschen rötlich und etwas gestreift.Fleisch ist cremeweiß, grob, sehr saftig und säuerlich fruchtig. (39)(47) (70)

POINTED PIPKA
Sorte wurde 1941 in „Deutscher Obstbau“ beschrieben.

POJNIK-APFEL
Tafel- und Wirtschaftsapfel. Genussreife: I bis V. Großfrüchtig, flachrund und ungleichmäßig gebaut. Schale grünlichgelb. Vereinzelt Berostungen. Deutlicher Geruch. Fleisch gelblichweiß, fein, saftig und renettenartig gewürzt. (39)
Synonym: **Pojnik Süßapfel.**

POLKA
1960 in Kanada von Wijcik entdeckt. Ballerina-Apfel mit säulenförmigem Wuchs. Für Engpflanzung und Topf. Zufallsmutante von **McIntosh.** Fleisch mäßig saftig, süß. Schale ist glänzend rot bei grüner Grundfarbe. Baum- und Genussreife: IX (39)

POLLINGER KLOSTERAPFEL
Lokalsorte aus Südbayern. Abb. (39 S. 355) Schale gelb, später großflächig gerötet und leicht gestreift. Synonym: **Klosterapfel.** (40) (70)

POLNISCHER GESTREIFTER HERRENAPFEL
Historische Sorte, 1836 von Hinkert beschrieben. Genussreife: IX. Mittelgroße Frucht. Schale gelb, später großflächig gerötet. Fruchtfleisch gewürzt. (40)

POLNISCHER PAPIERAPFEL
Synonym: **Polnischer Süßer Papierapfel.** Wirtschaftsapfel. Genussreife: XII bis VI. Mittelgroße Frucht. Schale fettig, gelblichweiß, Sonnenseite leicht gerötet. Schwacher Geruch. Fruchtfleisch vorherrschend süß. (40)

POLNISCHER ROTER PAULINER
Historische Sorte, 1836 von Hinkert beschrieben. Mittelgroße Frucht. Genussreife: I bis VIII. Schale gelb, Sonnenseite gerötet. Fruchtfleisch gewürzt und süß. (40)

POLNISCHER WEINAPFEL
Historische Sorte, 1836 von Hinkert beschrieben. Wirtschaftsapfel. Genussreife im Winter, dann 1 Jahr haltbar. Schale grünlichgelb bis gelb. Später ganzflächig gestreift. Fruchtfleisch ist süßsäuerlich. (40) Synonym: **Weilburger Weinapfel.**

POLNISCHER ZUCKERAPFEL
Wirtschaftsapfel. Verarbeitung: X bis XI. Frucht ist klein bis mittelgroß, flachrund, gerippt. Schale fettig, hellgelb. Sonnenseite etwas gerötet, schwacher Geruch. Fruchtfleisch leicht gewürzt und süß. (40) Synonym: **Zuckerapfel.**

POMME COING
Synonym: **Winterquittenapfel.** (70)

POMME D`APIS
Wurde 1795 von Schiller beschrieben.

Im Bundes-Obstarten-Sortenverzeichnis sind folgende Sorten aufgeführt:
POMME D`LLE
POMME DE JERUSALEM
POMME DE JEU,
POMME DE ROSE,
POMME D´OR, bei F. Guenther 1941 als frostharter Stammbildner gelobt.
POMME DOUCE,
POMME FIGEN,
POMME HENRI
POMME MADAME

POMME MADAME
1795 von Schiller beschrieben. *„Wird ein ziemlich grosser Apfel. Seine Form fällt an dem nämlichen Baum verschieden aus, in dem einige rundlicht, andere aber mehr plattrund sind. Manchmal aber wird er auch wohl etwas grau, oder braun gefleckt, wie die Renetten. Und ist einer der besten Äpfel seiner Zeit.“* (37 S. 222)

POMMERANZENAPFEL
Synonym: **Pomme Orange d´Allemagne.** Guter Wirtschaftsapfel. Mittelgroß bis groß. Genussreife: XII bis IV. Schale gelb, Sonnenseite leicht gerötet. (39)

POMMERSCHER KRUMMSTIEL
1856 von Oberdieck und Lucas gelobt und bekannt gemacht. In Mecklenburg und Vorpommern auch **Krummstiel** oder **Krummstengel.** Bis 1905 **Gestreifter Römerapfel.** War überall in Skandinavien verbreitet. In „Deutschlands Obstsorten“ war vor 90 Jahren zu lesen: Schorfresistent und wird kaum von Krankheiten und Schädlingen befallen. Soll in Mecklenburg oder auf Rügen entstanden sein. Der Apfel war in der Preisgruppe 2. Literatur: (24) (39) (92)

POMMERSCHER KURZSTIEL
Synonym: **Römerapfel.** (39) Identisch mit **Pommerscher Krummstiel.**

POMMERSCHER SCHNEEAPFEL
Tafelapfel. Genussreife: X bis XI. Großfrüchtig. Schale hellgelb bis leicht gerötet. Geruch kräftig. Fruchtfleisch gewürzt. Synonym: **Schneeapfel.** (40)
Auch im Bundes-Obstarten-Sortenverzeichnis aufgeführt.

POMPHELIAS RENETTE
Synonyme: **Pomphelias Rote Renette, Reinette de Pomphélia.** Wirtschaftsapfel. Verarbeitung: XI bis II. Sehr groß. Schale fettig, hellgelb, später gerötet und gestreift. Schwacher Geruch. Fruchtfleisch gelblichweiß, halbfein, saftig, nicht gewürzt. (39)

PONTAPFEL
Muss eine alte österreichische Lokalsorte sein. Wurde vor 100 Jahren im Stift Zwettl in Niederösterreich angebaut. (44) Synonyme nicht bekannt.

PONYIK ALMA
Im Bundes-Obstarten-Sortenverzeichnis aufgeführt. Ein **Poynikapfel** wird 1936 bei Goetz, ohne Beschreibung erwähnt. Beide Sorten dürften identisch sein. (12)

PORTUGIESISCHE LEDERRENETTE
Französisch: **Reinette du Portugal.** Eine der wertvollen Lederrenetten. Guter Essapfel. Kleinfrüchtig. War anscheinend nur in der Schweiz bekannt. Wurde 1945 noch weiter empfohlen. Fleisch ist grünlichweiß, fein, zuckerreich, säurearm und würzig. (03) Bekannt ist eine **Graue Portugiesische Renette** und eine **Weiße Portugiesische Renette.** Im Bundes-Obstarten-Sorten-Verzeichnis ist der Name **Portugiesische Renette** angegeben.

PORZENAPFEL
In der Sortenprüfung. Forschungsanstalt Geisenheim. (85)

POSSARTS NALIVIA
Vorwiegend Wirtschaftsapfel. Genussreife: XI bis II. Groß, hoch gebaut. Schale ist fettig, hellgelb, Sonnenseite intensiv gelb. Leichte Berostungen. Gewürzt. Synonyme: **Moskauer Nalivia, Nalivia.** (39)

POSTAPFEL
Wird im Bundes-Obstarten-Sortenverzeichnis angegeben.

POTTS SÄMLING
Synonym: **Potts Seedling.** Herkunft: England. Seit 1850 bekannt. Frühsorte. Genussreife: IX bis X. Mittelgroßer bis großer, rundlicher Apfel. Baum wächst schwach. **Pott's Seedling** in der Sortenprüfung in Geisenheim. (85)

PRACHTAPFEL
War im Alten Land bekannt. (34) Keine Beschreibung.

PRACHTRENETTE - Synonym der **Kanadarenette** und der **Pariser Ramburrenette.** (40)

PRAGER HERRENAPFEL
Wird 1936 von Goetz erwähnt. Ohne Beschreibung. Es gibt eine uralte Sorte mit dem Namen **Bunter Prager.** Synonym: **Prager.** (40) Eine Identität konnte ich hier nicht feststellen. (Autor)

PRAGER JUBILÄUMSAPFEL
Name war mir in den 40er Jahren bekannt. Keine Beschreibung gefunden. (35)

PRANGEN WITTE
Lokalsorte aus Holland oder Norddeutschland. Angegeben im Bundes-Obstarten-Sortenverzeichnis. Wird bei der LLA in Triesdorf erhalten.

PRÄIRIE SPY
Im Züchtungsbetrieb der Universität Minnesota/USA 1923 selektiert. Herausgegeben 1940. Abstammung ist unbekannt. Frucht mittelgroß bis groß. Früchte sind stark rot gestreift. Fruchtfleisch ist hart und trocken. Geschmacklicher Wert ist gering. (39)

PRÄSIDENT DE FAYS
Synonyme: **Fays, Präsident Defay, Präsident de Fays-Dumenceau.** Tafel- und Wirtschaftsapfel. Genußreife: XI bis I. Großfrüchtig. Unregelmäßig gebaut. Schale leicht berostet. Deutlicher Geruch. Fruchtfleisch etwas gewürzt. (39)

PRÄSIDENT DECOUR
Im Bundes-Obstarten-Sortenverzeichnis angegeben.

PRÄSIDENT NAPOLEON
Alte Sorte, war vor 100 Jahren in Österreich bekannt. Anbau im Stift Zwettl. (44)

Im Bundes-Obstarten-Sortenverzeichnis aufgeführt:
PREDGORNAJA
PRESENT VAN ENGLAND

PREMIER RED DELICIOUS

Synonym: **Premier Red.** Herkunft ist Neuseeland. Bei uns von April bis August im Angebot. Sehr dunkelrote Schale. (25)

PRESENT VAN ENGELAND

In den 50er Jahren noch in den Niederlanden verbreitet. Ernte von Anfang Oktober, haltbar bis Februar. Längliche, hohe Frucht. Schale gelb, manchmal mit einem rotem Hauch. (Anm: Sieht fast wie ein **Echter Glockenapfel** aus.) Fruchtfleisch ist locker, schmeckt süßsäuerlich. Druckempfindlich. Zufallssämling. Synonyme: **Present of England, Present of Engeland, Présente d´Angleterre.** (25) (28)

Im Bundes-Obstarten-Sortenverzeichnis angegeben:
PRÈSIDENT ROULIN
PRÈSIDENT VAN DIEVOET
PRÉSIDENT DE FAYS-DUMONCEAU

PRIAM

Auch **Piram, Piram 370-16.** (Zuchtnummer.) Züchter: I.N.R.A. Angers, Frankreich. Einige Pomologen schreiben: **Nummernsämling X Jonathan.** Soll aus La Fayette in Indiana kommen. Lt. „Obstbau“ (27-3/91) stammt die Sorte aus Frankreich. Die Beschreibungen der verschiedenen Pomologen sind hier sehr different. Frucht ist mittelgroß. Schale glatt, schwach wachsig. Nicht berostet. Bei Reife gelb mit mittelroter Deckfarbe. Tafelapfel. Genussreife: X bis I. Ertrag ist hoch und regelmäßig. Schorfresistent. In Geisenheim in der Sortenprüfung.
Literatur: (25) (27) (39) (47) (85)

PRIENER GEORGIAPFEL

Oberbayerische Lokalsorte. Stark rot gestreift. Schale gelb, später großflächig gerötet und gestreift. Abb. (39 S. 361)

PRIMA

Auch unter der Zuchtnummer **Co-op 2** bekannt. Haltbar bis Oktober. Stammt aus den USA. **Co-op** der Universitäten Purdue, Rutger und Illenois. (Gemeinschaftsarbeit) 1970 als geschützte Sorte, bzw. unter Lizenz für den Anbau freigegeben. Mutanten sind nicht bekannt. Schorfresistent. (05) Bekannt sind noch:

Prima Gh-ASB 4-81, Prima MD, Prima Weresna. Kreuzung von **Morgenduft X Malus floribunda** und Rückkreuzung mit der Kultursorte. 1970 im Handel. (75)

Im Bundes-Obstarten-Sortenverzeichnis angegeben:
PRIMAASTRAMEL
PRIMADELLA
PRIMATE

PRIMATE
Aus Nordamerika. Herbstapfel. Genussreife: IX bis X. Mittelgroß, fast gleichmäßig gebaut. Im Praktischen Ratgeber von 1886 in einer Liste von amerikanischen Apfelsorten angegeben. (15 S. 145) Schale etwas fettig, grünlich, später hellgrün. Schwacher Geruch. Fleisch grünlichweiß bis weiß, fein, saftig, etwas gewürzt. Angenehme Säure, geringer Zuckergehalt. (39)

PRIMGOLD
Im Bundes-Obstarten-Sortenverzeichnis angegeben. War in Dänemark im Versuchsanbau. (1990)

PRIMEGOLD auch: **Prime Gold.** Zufallssämling von **Golden Delicious.** Aus den USA. Wenig anfällig für Berostung. Sonst fast wie **Golden.** (27-7/91)

PRIMICA
Soll aus Brasilien stammen. Seit 1988 bekannt. (27-3/91)

PRIMIERA
Im Bundes-Obstarten-Sortenverzeichnis angegeben.

PRIMROUGE
Identisch mit **Akane.** Auch: **Tohuku, Tokyo Rose.**

Im Bundes-Obstarten-Sortenverzeichnis angegeben:
PRIMULA
PRIMUS

Im Bundes-Obstarten-Sortenverzeichnis aufgeführt:
PRINCE ALFRED
PRINCES BEATRIX
PRINCES MARIJKE
PRINCESSE GOLDEN und **PRINCESSE NOBLE**

PRINCESS LUISE
Princeß Luise. Alte Sorte, empfohlen für kalte Gebiete. Frosthart. (83)

PRINCESSENAPFEL
Princess-Appel 1795 von Schiller beschrieben. (37)

PRINZ ALBRECHT VON PREUSSEN
Entstanden aus der Sorte **Kaiser Alexander** in der Mitte des 19. Jahrhunderts. Früchte in Größe und Farbe recht ansehnlich. Neigt zur Stippigkeit. Geschmack ist sauer, wenig haltbar, transportempfindlich. Nicht empfindlich gegen Fröste. Synonyme: **Albrechtapfel, Albrechtsapfel, Prinz Albrecht** (Handelsname), **Prinz Albrecht von Preußen, Preußen.** Genussreife: XI bis I. Vom Hofgärtner C. Braun, Kamenz 1865 als Sämling von **Kaiser Alexander** ausgelesen.
Literatur: (14) (26-3/64) (39) (75) (83)

PRINZ BERNHARD
In den 60er Jahren bei der OVA in Jork im Versuch. Stammt aus Wageningen NL. Kreuzung aus **Jonathan X Cox Orange.** Mittelgroße, nicht ganz regelmäßige Früchte. Vielfach rot. Geflammt. Stiel- und Kelchhöhlen oft stark berostet. (26-4/64)

PRINZ EITEL FRITZ
Tafelapfel. Genussreife: XI bis II. Großfrüchtig, glockenförmig, gerippt. Schale gelb, an der Sonnenseite gerötet. (40)

PRINZ NAPOLEON
Alte Sorte. Wurde in Österreich angebaut. Vor 100 Jahren im Kloster Zwettl ist belegt. Herkunft konnte auch dort nicht nachgewiesen werden. (44)

PRINZ NIKOLAUS VON NASSAU
Tafel- und Wirtschaftsapfel. Genussreife: XII bis IV. Klein bis mittelgroß. Schale glatt, etwas fettig, hellgrün, später gelb. An der Sonne etwas gerötet. Schwacher Geruch. Fleisch weiß, fein, saftig und gewürzt. Vorherrschende Säure, ausreichend Zucker. (40)

PRINZENAPFEL
Es gibt viele Arten und Sorten von Prinzenäpfel. Bei der Bezeichnung **Prinzenapfel** handelt es sich sicher um die Sorte **Echter Prinz.** Synonym: **Sommerprinz. Hasenkopf** oder **Berliner** in Nordeutschland. **Melonenapfel** oder **Glockenapfel** in Bayern. **Schlotterapfel** in Baden, Sachsen, Bayern und am Rhein. **Walzenapfel**

in Baden und Thüringen. **Ananasapfel** in Württemberg, Sachsen und Mecklenburg. **Klapperapfel** in Sachsen-Anhalt. **Haferapfel** in Westfalen, Oldenburg und Hannover. **Langapfel** in Westfalen, Schleswig-Holstein und Mecklenburg. **Jerusalemapfel** in Lippe-Detmold. **Nonnentitte** in Schleswig-Holstein und der Provinz Hannover. **Flaschenapfel** und **Immerträger** in Mecklenburg, **Schafsnase, Hasenschnäuzschen** und **Katzenkopf** in Thüringen. Wurde um 1900 als eine der besten Apfelsorten bezeichnet. Preisgruppe 2. Auch in Ober- und Niederösterreich, sowie in Böhmen war der Prinzenapfel im 19. Jh. bekannt. Laut österreichischen Pomologen war der Baum geeignet für hohe und rauhe Lagen. Ich muss davon ausgehen, dass es sich hier auch um den **Echten Prinz** gehandelt hat. Weitere Synonyme: **Berliner Hasenkopf, Immergrüner, Jerusalemsapfel, Langapfel, Nonnenapfel, Pomme Melon, Prinzenapfel von Langeland, Roter Prinzenapfel, Schafsschnauze, Trompeter, Walzenapfel, Wölfershauser.** Bei einigen Synonymen könnte es sich um die Sorten **Doppelter Prinz** und **Englischer Prinz** handeln. Beide Sorten waren in der Preisgruppe 3. Die übrigen Prinzenäpfel kommen schon von der Reifezeit, der Färbung und anderer Kriterien her, nicht in Frage. Ein Pomologe irrt sich in seinem Buch „Alte und neue Apfelsorten" mit seiner Angabe, dass der volle Name des **Prinzenapfel,** der **Finkenwerder Prinzenapfel** ist. Diese Sorte hat an der Niederelbe nur 2 Synonyme: **Herbstprinz** oder einfach nur **Finkenwerder.** Auch einige andere Pomologen haben Probleme mit der richtigen Defination des **Prinzenapfels.** Die Abbildung und Beschreibung in „Deutschlands Obstsorten" zeigt einwandfrei, dass es nicht der **Finkenwerder** sein kann. Noch einmal eine Aufzählung, der an der Niederelbe wichtigsten und bekanntesten Prinzenäpfel:

Doppelter Prinz - Wirtschaftsapfel, war vorwiegend in der dritten Meile des Alten Landes bekannt. Baumreife: Mitte X. Genussreife: I bis II. Mittelgroß bis groß. Wird schon seit den 40er Jahren nicht mehr angebaut.

Echter Prinz - Synonym: **Sommerprinz.** War überall an der Niederelbe vertreten. Baumreife: Mitte IX. Genussreife: IX bis Anfang XI. Knackend süß und würzig. Wird im Lager schnell mehlig. Mittelgroß, unregelmäßig. Wird seit den 40er Jahren nicht mehr angebaut.

Englischer Prinz - War im Alten Land und auf der Stader Geest verbreitet. Baumreife: Anfang: X. Genussreife: I bis II. Der Geschmack ist feinsäuerlich und angenehm. Mittelgroß. Wurde in den 40er Jahren noch etwas vermehrt.

Finkenwerder Herbstprinz - War im Erwerbsobstbau im Alten Land der bekannteste **Prinz.** Um 1860 auf der Elbinsel Finkenwerder entstanden. 1940 schrieb man **Finkenwärder Prinzenapfel.** Handelsname ist seit 1960: **Finkenwerder.** Baumreife: Mitte X. Genussreife: I bis II. Der Apfel ist süßsäuerlich, würzig und erfrischend. Ein Tafelapfel, damals in der Preisgruppe 2.

Der Baum ist sehr fruchtbar und es werden immer noch nennenswerte Mengen geerntet Auch die Mutation **Roter Herbstprinz konnte** die Sorte nicht retten.
Holländer Prinzenapfel - Synonyme: **Holländer Prinz, Holländischer Prinzenapfel.** In den Anbauempfehlungen der Obstbauversuchsanstalt (OVA) wurde diese Sorte noch 1947/48 für den Anbau empfohlen. Preisgruppe 1. Heute im Erwerbsobstbau verschwunden.
Rheders Prinz - Lokalsorte, hat immer nur eine bescheidene Rolle gespielt.
Schmalzprinz - Synonym: **Kardinalprinz.** An der gesamten Niederelbe verbreitet. Bei Nebenerwerbsobstbauern auf der Stader Geest häufig die Hauptsorte. Anbau fast problemlos. Die Frucht ist etwas hart, frisch und saftig. Ohne besonderes Aroma. Ein Ess- und Konditorapfel. Preisgruppe 3.
Sommerprinz - Ein Synonym für den **Echten Prinz.**
Stahls Winterprinz - Lokalsorte, mit geringer Bedeutung. Im Erwerbsobstbau schon lange verschwunden.
Otterndorfer Prinz - Synonym: **Hadelner Prinz.** War vor allem in Kehdingen und im Land Hadeln verbreitet. Baumreife: Mitte X. Genussreife: I bis II. Süßsäuerlich, etwas fest, ohne ein besonderes Aroma. Wirtschafts- und Konditorapfel. Klein- bis mittelgroß. Preisgruppe 4.
Winter Prinz - Synonym: **Winterprinzenapfel.** Wird auch als guter Tafelapfel beschrieben. Mit dem kann ich mich nicht einverstanden erklären, da dieser Apfel nur in der Preisgruppe 5 war. Aus meiner Erfahrung ein gewöhnlicher Wirtschaftsapfel, ohne Aroma. Im Aussehen konnte man diesen Apfel akzeptieren.
Literatur: (01) (02) (13) (14) (24) (26) (34) (39) (47) (93) (Autor)

PRINZENAPFEL FALLINGBOSTEL

Lokalsorte aus der Lüneburger Heide, auch nur dort bekannt gewesen.

PRINZENAPFEL VON LANGELAND

Bei uns fast unbekannter Prinzenapfel, stammt aus Dänemark.

PRINZENAPFEL SPONAGEL-BRABEL

Im Bundes-Obstarten-Sortenverzeichnis aufgeführt.

PRINZESS GOLDEN

Alte Sorte. Aus Dänemark, wurde auch in Schleswig-Holstein angebaut. Genussreife: XI bis I. Mittelgroßer, gelber Apfel. Saftig und gewürzt. (71)

PRINZESSIN AUGUSTE
Synonyme: **Auguste, Geigers Prinzessin Auguste, Pomme Princesse Auguste.** Tafel- und Wirtschaftsapfel. Mittelgroß bis groß, breitgebaut. Genussreife: Dezember bis April. Deutlicher Geruch. Schale grünlichgelb, Fruchtfleisch gewürzt, etwas Säure. (39)

PRINZESSIN BEATRIX
War in den 60er Jahren bei der OVA im Versuch. (26-4/64) Die Sorte stammt aus den Niederlanden. Im April 1964 lagen noch keine Ergebnisse vor. (Autor)

PRINZESSIN IRENE
Niederländische Kreuzung von **Jonathan X Cox Orange.** Eher kleinfrüchtig. Fruchtfleisch ist locker, aber sein Geschmack läßt durch das Vorherrschen der Säure zu wünschen übrig. Aussehen ist auch nicht besonders, so dass auch von daher kein Interesse für diesen Apfel besteht. Die Sorte wird bei der Genbank Obst in Dresden-Pillnitz erhalten. (26-4/64) (70)

PRINZESSIN LUISE
In Ontario-Kanada entstanden. Kam 1860 nach Europa. Tafel- und Wirtschaftsapfel. Genussreife: X bis I. Mittelgroßer, kugeliger bis flachkugeliger Apfel. Schale glatt, dünn, hellgrün bis gelblichgrün. Fruchtfleisch aromatisch. Harmonisches Zucker-Säureverhältnis. (40)

PRINZESSIN MARGRIET
Züchtung aus den Niederlanden. Kreuzung aus **Jonathan X Cox Orangen.** Der Ertragt setzt spät ein. Früchte sind klein und im Geschmack sauer. Auf den Anbau kann verzichtet werden. Versuchsanbau bei der OVA bis 1964. (26-4/64)

PRINZESSIN NOBLE
Bei Goetz 1936 erwähnt. Ohne Beschreibung.

PRINZESSIN WILHELM VON PREUSSEN
Genussreife: XII bis I. Fruchtschale wachsartig weiß. Sonnenseite ist gerötet. Synonym: **Preußen.** (39)

PRIOL`S DELICIOUS
Im Bundes-Obstarten-Sortenverzeichnis angegeben.

PRISCILLA
Schorfresistente Züchtung aus den USA. Seit 1972 bekannt. (27-3/91) Reife: Ende IX Schale leuchtend rot gefärbt und geschmackvoll. Wenig Säure, Fleisch ist süß.

PRISTINE
Im Bundes-Obstarten-Sortenverzeichnis angegeben.

PROBST JOSEF
Wurde 1936 bei Goetz erwähnt, ohne Beschreibung. (12)

PROBSTEIAPFEL
1836 von Hinkert beschrieben. Tafel- und Wirtschaftsapfel. Genussreife: XI bis II. Groß, breitrund. Schale gelb, später ganzflächig gerötet und gestreift. (40)

PROBSTEIER RENETTE
Aus Holstein. Kreuzung aus **Cox Orange X Zuccalmagio.** Hat den Versuch bei der OVA nicht überstanden. Ist nicht angenommen worden, fast ohne Deckfarbe. Im Geschmack etwa dem Cox ähnlich. (26-4/64)

PRODUKTA
Neuzüchtung aus Tschechien. **Antonowka F. B. X Golden Sp.** Großfrüchtig. Schale ist gelb. Geschmack ist mäßig. (27/12/94) (27/09/94).

PROTON
Im Bundes-Obstarten-Sortenverzeichnis aufgeführt.

PUNKTIERTE RENETTE
Tafel- und Wirtschaftsapfel. Herkunft unbekannt. Genussreife: XII bis IV. Mittelgroß, flachrund. Schale hellgelb, manchmal etwas rot. Auch Anflüge von Rost. Fleisch gelblichweiß, fein, saftig, wenig gewürzt. (39)

PUNKTIERTER KNACKPEPPING
Pomme Knackponctuée. Als Tafel- und Wirtschaftsapfel zu verwenden. Genussreife: I bis IV. Klein, hochgebaut. Schale grünlichgelb, später gelb. Frucht neigt zum welken. Schwacher Geruch. Fleisch gelblichweiß, fein, saftig, edel gewürzt. (39)

PUNSCH APFEL
Lokalsorte in Österreich. Keine Beschreibung gefunden. (44)

PUNTSCHAPFEL
Synonym: **Seidenapfel, Punschapfel.** Wurde im böhmischen Elbtal angebaut. Tafel- und Wirtschaftsapfel. Genussreife: XII bis IV. Mittelgroß, flach gerippt. Deutlicher Geruch. Schale glatt, trocken, hellgelb, später leuchtend gelb. Fleisch gelblich, fein, sehr saftig. (39) (70)

PURITAN
Apfelsorte aus den USA. **McIntosh X Roter Astrachan.** Spätsommerapfel. Der Geschmack ist unangenehm säuerlich. War im Sortenversuch bei der OVA 1963. Wurde nicht empfohlen. (26-10/63)

PURPLE WAVE
PURPURELLA
Werden im Bundes-Obstarten-Sortenverzeichnis aufgeführt.

PURPURMANTEL
Aus der Gegend von Weiden/Oberpfalz. Ist seit 1965 im Handel. Tafelapfel. Genussreife: XII bis VI. Groß bis sehr groß. (39) (70)

PURPURROTER AGATAPFEL
Synonyme: **Agatapfel, Purpurroter Winteragatapfel.** Kleiner, abgestumpft, rundlicher gleichmäßig gebauter Apfel. Schale bereift, grünlichgelb, später gelb. Zur Reifezeit intensiv gerötet und gestreift. Geruch ist veilchenartig ausgeprägt. (39)

PURPURROTER COUSINOT
In der Mitte des 20. Jahrhunderts im Alten Land und auf der Stader Geest verbreitet. Wurde nach dem Krieg wegen der Kleinfrüchtigkeit aber nicht mehr weiter vermehrt. Andere Namen waren an der Niederelbe nicht bekannt.(01) Baumreife war Anfang bis Mitte Oktober. Genussreife: X bis I. Der Apfel war gut lagerfähig und beliebt als roter Weihnachtsapfel für den Tannenbaum. Geschmack war musartig, süß, etwas hart. Preisgruppe 5. Zufallssämling aus Deutschland, schon im 16. Jahrhundert bekannt. In Österreich und anderen Anbaugebieten sehr viele Synonyme: **Badener Reinette, Blutapfel, Christkindlesapfel, Cousinot, Cousinot rouge pourpre, Cousinot Rouge d'Hiver, Cousinot Rouge Pourpre, Eisenapfel** (Österreich), **Englische Büschelrenette, Erdbeerapfel, Gemeine Renette, Großer Roter Pilgrim, Henscher, Jagdapfel, Kastanienapfel, Kleiner Pilgrim, Kollerapfel, Pilgrim, Purpurroter Wintercousinot, Römerling, Rote Reinette, Rote Renette, Roter Henscher, Roter Pilgrim, Roter Taffetapfel** (Österreich), **Rotapfel, Taffetapfel, Wintercousinot, Zigeunerapfel, Zopfapfel, Zwiebelapfel.** Der erste Name war **Roode Kroons-**

Appel. In Österreich bei den Bauern wurde er **Bamberger** genannt. 1760 zuerst von H. Knoop beschrieben. G. Müller nennt den Apfel in seinem Buch „Alte Obstsorten“ **Purpurroter Cousinrot.** Synonym: **Blutapfel.** Also einwandfrei identisch. Der **Cousinot** wurde im 19. Jahrhundert als Ess- und Wirtschaftsapfel in der Steiermark und in Niederösterreich, sowie in Böhmen und Mähren und in der Bukowina angepflanzt. Die Sorte ist bis auf 800 m Höhe anbaufähig. Die Schale ist erst gelblichgrün, dann gelb und zur Reifezeit intensiv gerötet und gestreift. Literatur: (01) (02) (08) (16) (17) (39) (55) (70) (93)

PURPURROTER ZWIEBELAPFEL - Alte Lokalsorte aus Baden. Tafel- und Wirtschaftsapfel. Synonym: **Zwiebelapfel.** Genussreife: X bis XII. Kleinfrüchtig. Guter Geschmack. (39)

QUÄCKAPFEL
Sorte war vereinzelt in Norddeutschland bekannt sein. Preisgruppe 3.

QUASTRESSE
Im Bundes-Obstarten-Sortenverzeichnis angegeben.

QUEEN
Königinapfel. Synonym: **The Queen.** Preisgruppe 5. **The Queen** wurde 1886 im Praktischen Ratgeber beschrieben. Sehr großfrüchtig, weinsäuerlicher Geschmack. Haltbar bis III. Der Baum will bessere Böden haben. (15 S. 39) Aus meiner Praxiszeit kann ich über dieser Sorte nur Gutes sagen. Anbau war ohne Probleme. Nicht anfällig für Schorf und Krankheiten. Ein Wirtschaftsapfel, der in Farbe, Form und Geruch für mich perfekt war (Autor)

QUERINA
Synonym: **Florina.** Frankreich. Schorfresistent. Großfrüchtig. (39)

QUETIER
Tafel- und Wirtschaftsapfel. Genussreife: I bis IV. Groß, flachrund, gerippt. Schale fettig, hellgelb. Geruch schwach. Fleisch gelblichweiß, fein, saftig, parfümiert. (39)

QUINTE
Seit 1984 im Versuchsanbau in Dänemark gewesen. (27-6/91)

QUITTENFÖRMIGER GULDERLING
Wirtschaftsapfel. Genussreife: XI bis II. Mittelgroß, hochgebaut. Schale fettig, zitronengelb. Sonnenseite leicht gerötet. Schwacher Geruch. (39) (70)

Im Bundes-Obstarten-Sortenverzeichnis sind folgende Sorten aufgeführt:
QUITTENMASCHANZKER
QUITTENRENETTE
RABAU Synonym für viele graue Sorten, besonders **Graue Renetten.**
RABBACHER SÄMLING
RACINE
RADETZKY
RADOUX
RAFZUBEX
RAIKE
RAINHA

RAJKA
Sorte stammt aus Tschechien. Kreuzung aus **Shampion X Katka.** Sortenschutz in der EU 1998 beantragt. Genussreife: X bis XII. (70) (75)

RALLS JANET
In Japan bekannt. Aus **Ralls X McIntosh** entstand die japanische Sorte **Kyokko.** Ein dunkelroter, kleiner Herbstapfel. (26-7/8/59)

RAMBACHER ROSENAPFEL
In der Sortenprüfung. Forschungsanstalt in Geisenheim. (85)

Im Bundes-Obstarten-Sortenverzeichnis werden folgende Sorten aufgeführt:
RAMBOUR D'AUTOMNE
RAMBOUR PAPELEU
RAMBOUR VON FLANDERN
RAMBOUR VON WINITZA
RAMBUR MORTIER

RAMBUR PAPELEU
1936 von Goetz erwähnt. Ohne Beschreibung. Richtiger Name ist anscheinend **Papeleus Rambur.** In Weihenstephan, Müncheberg und bei der Pomona Franconica wird die Sorte erhalten als **Rambour Papeleu.** Synonym ist noch: **Winterrambur.** (39)

RAMBUR VON BEUTELSBACH
Lokalsorte aus dem Remstal. Frucht ist abgestumpft rund. Schale gelb, Sonnenseite gerötet und gestreift. Abb. (39 S. 369) Synonyme: **Beutelsbach.**

RAMBUR VON BUCKINGHAM
Synonyme: **Buckingham, Buckingham Bachelor, Buckingham Queen, Douciné, Queen.** Vorwiegend Wirtschaftsapfel. Genussreife: X bis I. Groß bis sehr groß, flachrund und gerippt. Schale fettig, grünlichgelb. Sonnenseite leicht gerötet, später gestreift. Schwacher Geruch. Fleisch grünlichgelb bis weiß, halbfein, saftig, nicht gewürzt.

RAMBUR VON OBERHASLING
Lokalsorte aus Niederbayern. Breitrund. Schale gelb, später großflächig gestreift.
Synonym: **Oberhasling.** Abb. (39 S. 370)

Im Bundes-Obstarten-Sortenverzeichnis angegeben:
RANGER 1990 in Dänemark im Versuchsanbau gewesen. (27-7/91)
RARITAN
RAVENSBURGER SÄMLING Lokalsorte in Baden-Württemberg.

REALKA
Pillnitzer Züchtung. Zu viele unbefriedigende Merkmale. Für den Anbau im Alten Land abgelehnt. (26-08/95)

REANDA
Pillnitzer Züchtung. Dreifach Resistent gegen Feuerbrand, Schorf und Mehltau. Kreuzung aus **Clivia X F3-Nachkomme** von **Malus floribunda.** Seit 1993 im Handel. Sortenschutz seit 1994. Frucht ist mittelgroß bis groß. Kräftige rote Deckfarbe auf gelbem Grund. Fruchtfleisch ist saftig, knackig, angenehm süßsäuerlich und aromatisch. Genussreife: X bis II. Literatur: (38) (75)

REBEKKA
Im Bundes-Obstarten-Sortenverzeichnis angegeben.

REBELLA
Züchter: Institut für Obstforschung, Dresden-Pillnitz. Sortenschutz. Inhaber: Bundesanstalt für Züchtungsforschung an Kulturpflanzen, Quedlinburg. Kreuzung aus **Golden Delicious X Remo.** Mehrfach resistente Herbstsorte. (75) Ansprechende, aromatische Früchte. Genussreife: X bis XI. Frucht mittelgroß. Schale goldgelb mit grünen Punkten, 30 bis 60 % leuchtendhellrot geflammte Deckfarbe. Fruchtfleisch gelblich, weich, grobzellig, saftig, süß mit ausgewogener Säure, kräftig aromatisch.

RED BEAUTY
Im Bundes-Obstarten-Sortenverzeichnis angegeben.

RED BEARD EARLY
Herkunft unbekannt. Rot gestreift. Abb. (39 S. 371) Frucht ist rund. Schale weißlichgelb. Zur Reifezeit großflächig gerötet und intensiv gestreift. (40)

RED CATAMBA
Ist im Bundes-Obstarten-Sortenverzeichnis angegeben.

RED CHIEF
Auch **Stark Red Chief.** 1982 erster Export nach Deutschland. Lieferant war eine bekannte italienische Exportfirma aus Verona. Abstammung vom **Starking** ist nicht zu leugnen. Nach Angaben des Exporteurs und des Anbauer (2 Brüder) ist der **Red Chief** ein verbesserter **Starkrimson.** Bessere Färbung und größere Früchte wurden besonders gelobt. (Siehe Bericht über eine neue Apfelsorte aus Italien. Autor: J.-H. Rolff vom 07.09.1982.) Veröffentlicht beim BEF (Bundesamt für Ernährung und Forstwirtschaft). (19)

RED DELICIOUS
In den USA soll es etwa 500 Mutanten geben. Laut (BEF) Bundesamt für Ernährung ein Zufallssämling, vermutlich von **Belle Fleur.** Selbst eine Aufzählung aller bekannten Mutationen ist nicht möglich, da laufend neue hinzukommen, andere wieder verschwinden. Bekannte Mutationen sind:
Coromandel Red (Zufallsmutante aus Neuseeland),
Fortuna,
Idaho,
Imperial,
Otago, (Zufallsmutante aus Neuseeland).
Red Devil,
Red Prince,
Redspur,
Red Delicious Early,
Richared, Knospenmutante aus den USA.
Shotwell Delicious, Zufallsmutante.
Starking Starkrimson Red Chief,
Starking, Soll 1921 als Knospenmutante an einem **Red Delicious**-Baum entdeckt worden sein. Besitzer L. Mood in Monroeville in New Jersey. Die Baumschule Stark Bros. hat die Sorte in den Handel gebracht. Genussreife: XI bis III. Diploid.
Starking Starkrimson,
Topred, Mutante von **Shotwell Delicious.**

Red Delicious, Spurtypen:
Hardispur,
Starking Spur,
Starking Wellspur,
Topspur,
Vance.
Literatur: (05) (25) (70)

RED DOUGHERTY
Aus Neuseeland, fast nur rot. Juli bis August im Angebot.

RED DUCHESS
Rote Mutation des **Charlamowsky.** Auch **Duchess of Oldenburg.** Im Geschmack unharmonisch, zuviel Säure, ist nur als Kochapfel geeignet. Hellgrüne Grundfarbe, kräftige dunkelrote Streifung. (26-11/12/63)

RED DUCHESSE,
Siehe im Bundes-Obstarten-Sortenverzeichnis, bestimmt identisch mit der **Red Duchess,** Sorte wird in Triesdorf erhalten. (70)

RED DUCK
Beschreibung in „DeutscherObstbau“ 1941.

RED ELSTAR
Älteste bekannte Farbmutante des **Elstar.** Füchte sind allgemein intensiv und gleichmäßig gerötet. Stammt aus Wilhelminadorp/NL. 1981 gefunden. (39)

RED ELSWOUT
Tiefrote Mutante vom **Elstar.** Auch **Bel-El/Elswout.** In der Literatur findet man die Herkunft aus Belgien und den Niederlanden. (27-8/91)

RED FASTNESS
Im Bundes-Obstarten-Sortenverzeichnis angegeben.

RED FUJI
Mutation vom **Fuji.** 80 % der Schale ist kräftig rot gefärbt mit Streifen. Sehr festes, saftiges Fruchtfleisch. Nur für mildes Klima geeignet. In Deutschland: **Roter Fuji.**

RED GRANNY SMITH
Herkunft: Australien. **Granny Smith X Jonathan.**

RED ISLAND GREENING
Amerikanische Sorte. Triploid. Bei Prof. Schanderl-Geisenheim aufgeführt. (33) Sorte ist in Deutschland nie bekannt geworden.

RED IDARED
Rote Mutation vom **Idared.** Ist diploid. Mittel- bis großfrüchtig. Flächig rot gefärbt, (80 %) auf grünem Grund. Genussreife: Mitte bis Ende Oktober. Geschmack ist süßsäuerlich. Weißes, saftiges, festes Fruchtfleisch. Säure überwiegt. Ertrag ist hoch und regelmäßig. Früher Ertragsbeginn. (71)

RED JORK
Im Bundes-Obstarten-Sortenverzeichnis aufgeführt.

RED KING
Zufallsmutante vom **Red Delicious.** (25) Zwei Zufallsmutanten aus den USA sind sehr bekannt: **Oregon** und **Early Red One.**

RED RESISTENT
Im Bundes-Obstarten-Sortenverzeichnis aufgeführt.

RED ROME
Mutation vom **Rome Beauty.** Aus den USA. Flächig braunrot bis bläulich-dunkelrot. Bleibt bei uns zu grün. (26-4/64)

RED ROME MELBA
Stammt aus den USA. (25)

RED SAUCE
Im Bundes-Obstarten-Sortenverzeichnis aufgeführt.

RED SPIR
Ist identisch mit **Red Spij** (Niederlande). Sorte ist diploid. (33) **Red Spy** ist ebenfalls identisch. (26-4/61)

RED SPUR DELICIOUS
In den 60er Jahren bei der OVA im Versuch. (26)

RED TOP
Verbesserter **Starkrimson.** (Mündlich überliefert von den Gebr. Crivellaro, Verona) Seit etwa Mitte der 80er Jahre bekannt. (Autor)

RED VICTORIA
Im Bundes-Obstarten-Sortenverzeichnis aufgeführt.

RED YORK
Lt. EG-Norm in der Gruppe A der roten Sorten. (36)

REDFREE
Auch **Coop 13.** Aus dem Zuchtprogramm der Universität Perdue in USA. (26)
Im Bundes-Obstarten-Sortenverzeichnis aufgeführt.

REDGOLD
Im Bundes-Obstarten-Sortenverzeichnis aufgeführt.

REDHOOK
Kreuzung aus **McIntosh X Carlton.** Genussreife: X bis XI. (26-7/8/57)

Im Bundes-Obstarten-Sortenverzeichnis aufgeführt sind:
REDSLAVES
REDSLEEVES
REDWELL
REDWIN SPY

REDWELL
War in den 60er Jahren bei der OVA im Versuchsanbau. Züchtung der Universität Minnesota in den USA. Aussaat war 1911, von Samen der Sorte **Scotts Winter.** 1923 selektiert und 1946 in den Handel gebracht. (26-4/64)

RED WINTER
1980 in den USA entstanden. Tafelapfel. Soll auch als **Roter Granny** bekannt sein. Frucht ist mittelgroß, gleichmäßig rund. Baumreife im Oktober. Haltbar bis April. Fruchtschale ist fest, ringsum tiefrot. Fleisch gelblichweiß, feinkörnig. Geschmack soll nicht besonders sein. (39)

REEDERS GOLDRENETTE
Tafelapfel mit schöner Färbung. Mittelgroß. Im Bundes-Obstarten-Sortenverzeichnis **Reders Goldrenette** und **Reder´s Goldrenette** geschrieben.

REFERENT WELKS
1936 bei Goetz ohne Beschreibung erwähnt. Schreibweise bei Prof. Schanderl-Geisenheim ist **Reverend Wilks.** Sorte ist diploid. W. Votteler schreibt:

Reverend W. Wilks. 1904 in England entstanden. Großfrüchtig, leicht gerippt. Schale hellgelb. Zur Reife etwas gerötet und gestreift. Fleisch ist zart, weiß, etwas säuerlich. Kreuzung aus **Peasgoods Goldrenette X Ribston Pepping.** (39)

Im Bundes-Obstarten-Sortenverzeichnis angegeben sind:
REGALI Synonym: **Regali Delkistar.**
REGENT

REGIA
Züchter: Institut für Obstforschung, Dresden-Pillnitz. Sortenschutz 1997 beantragt. Kreuzung aus **Clivia X B X 44,9.** Schorfresistente Lagersorte. Genussreife: XI bis I. Frucht ist mittelgroß bis groß, flach gebaut, stielbauchig, stark gerippt. Schale grünlichgelb mit 30 bis 70 % hellrot gemaserter Deckfarbe. (70) (75)

REGINE
Züchter: Institut für Obstforschung, Dresden-Pillnitz. Sortenschutz seit 1997. Kreuzung aus **Kurzcox X B X 44,14.** Schorfresistente Wintersorte. Genussreife: XII bis IV. Frucht mittelgroß, flach bis hochgebaut. Schale grünlichgelb mit fast ganzflächig gestreifter, punktierter, bräunlich purpurroter Deckfarbe.(75)

REGLINDA
Sortenprüfung in der Forschungsanstalt Geisenheim. (70) (85)

REGLINDIS
Mehrfachresistent. Herbstapfel. Haltbar bis November. Gering anfällig für Mehltau und Feuerbrand. Rotbackig, saftig-süßsäuerlich. **James Grieve X F2-Nachkomme von Antonowka.** (38)

REGUNDE
Im Bundes-Obstarten-Sortenverzeichnis aufgeführt.

REHDERS BOIKENAPFEL
Aus dem Alten Land, war fast nur in der I. Meile verbreitet. Haltbar bis April. Wirtschaftsapfel. Im Geschmack herbsäuerlich, etwas fest, ohne besonderes Aroma. Kleinfrüchtig. Wird seit den 40er Jahren nicht mehr angebaut. Für die Kühllagerung geeignet. Preisgruppe 4. (01)

Im Bundes-Obstarten-Sorten-Verzeichnis aufgeführt:
REICHELSHEIMER MOSTAPFEL Synonym: **Reichelheimer Mostapfel.**
REICHELSHEIMER WEINAPFEL Lokalsorte aus Baden-Württemberg.

REICHENBACHER LUIKEN Lokalsorte aus Baden-Württemberg.
REICHTRAGENDER VOM ZENNGRUND

REICHSAPFEL
War auch unter dem Namen **Stechmanns Wilder** im Alten Land sehr bekannt. Der Apfel war in der Preisgruppe 4. Leider konnte ich in der Literatur nichts finden. Die Frucht war rund, rot gestreift, auf grüner Grundfarbe. Baum war ein guter Träger.

Im Bundes-Obstarten-Sortenverzeichnis sind folgende Reinetten aufgeführt:
REINETTE ARCHANGELSK
REINETTE BRAMLEY
REINETTE D`AMORIQUE
REINETTE D`ANTHEZIEUX
REINETTE DE BRETAGNE
REINETTE DE CHENEE
REINETTE DE CHEVREUX
REINETTE DE FUMES
REINETTE DE GEER
REINETTE DE GREZ-DOICEAU
REINETTE DE VERSAILLES
REINETTE DELPORTE
REINETTE DESCARDRE
REINETTE DEWALEFFE
REINETTE DU MANS
REINETTE DUBUISSON
REINETTE FRANCHE

REINETTE DE FRANCE
Eine der alten **Grauen Renetten.** Synonym: **Madame Calpin.** Geschmacklich hervorragend, im Aussehen nicht ansprechend. Starker Berostung. Die OVA in Jork schreibt 1964: „Ein Denkmal aus der guten, alten Zeit.“ (26-4/64)

REINETTE FOX
Historische Sorte, 1836 von Hinkert beschrieben. Genussreife: XI bis II. Tafelapfel. Klein, hochgebaut, gerippt. Schale hellgelb, Sonnenseite gerötet, Schattenseite gestreift. Fruchtfleisch ist gewürzt und süß. (40)

Im Bundes-Obstarten-Sortenverzeichnis sind weitere Reinetten angegeben:
REINETTE GRISE D`HIVER
REINETTE GRISE DE SAINTONGE

REINETTE HERNAUT
REINETTE LUCAS
REINETTE ONTZ
REINETTE PARMENTIER
REINETTE SANGUINE DU RHIN
REINETTE VERTE
REINETTE VERTE DES LANDES
REINETTE VUURVELT

REINETTE GRISE PARMENTIER
Synonym: **Reinette grise vaudoise.** Stammt aus Belgien, wurde 1833 erstmals erwähnt. In der Schweiz eine wertvolle **Lederrenette.** Wurde im Kanton Waadt angebaut und 1945 noch empfohlen. (03)

REINETTE HARBERT
Im 19. Jh. der Name für **Harberts Renette.** (17)

REINETTE LANDSBERG
Alter Name für die **Landsberger Renette.**

REINETTE MARBREE
Reinette Marbrée ist ein Synonym für die **Charakterrenette.**

REINETTE ROYALE D`ANGLETERRE
Diese Sorte wurde 1797 einwandfrei von J.V. Sickler beschrieben. In Deutschland bekannt als **Englischer Königs-Apfel. Pomme royale d`Angleterre** in Frankreich. Sickler beschrieb damals schon verschiedene **Graue Renetten.**

REITENBACHER
REITLÄNDER
Sind im Bundes-Obstarten-Sortenverzeichnis aufgeführt.

REKA
Pillnitzer Züchtung. Schorfresistente Sommersorte. Zu viele unbefriedigende Merkmale. Abgelehnt. Entstanden aus **James Grieve X F2-Hybride** von **Malus pumila.** 1993 in den Handel gekommen. Sortenschutz. Tafelapfel. Die Frucht ist mittelgroß, kurzachsig gerippt mit leuchtend roter Deckfarbe auf gelbem Grund. Fruchtfleisch ist sehr saftig. Genussreife: IX bis X. (27-12/94) (38) BSA schreibt:

1967 am Institut für Acker- und Planzenbau in Müncheberg entstanden. Kreuzung aus **James Grieve X B X 44,9.** (75)

REKORD MITSCHURINA
Eine russische Züchtung von Mitschurin.

RELEIKA
Pillnitzer Züchtung. Institut für Obstforschung. Sortenschutz wurde bereits 1995 erteilt. Die Sorte wurde 13 Jahre, von 1982 bis 1995, an verschiedenen Standorten einer Leistungsprüfung unterzogen. Resistent gegen Schorf, Bakterienbrand und Obstbaumspinnmilbe. Etwas Resistent gegen Feuerbrand. Geschmack ist kräftig süßlich, wenig Säure, fruchtiges Aroma. Genussreife: Ende IX bis X.
Literatur: (27-4/96) (75)

RELETA
Pillnitzer Züchtung. Eine der resistenten RE-Sorten. (27-12/94)

RELINDA
Pillnitzer Züchtung. Institut für Obstforschung. Unbefriedigend im Geschmack. Als Tafelapfel abgelehnt, aber ausgezeichneter Saft- bzw. Mostapfel. Seit 1993 im Handel. Sortenschutz seit 1994 . Schorfresistent. **Undine X F3-Nachkommen** von **Malus floribunda.** Mittelgroße bis große, leuchtend rote Früchte. Festes, etwas grobzelliges Fruchtfleisch. (27-12/94) (38) Das Bundessortenamt schreibt: **Undine X B X 44,14.** Genussreife: I bis IV. Im CA-Lager bis Juni lagerbar. (75)

REMBRANDT
Stammt aus den Niederlanden. **Brabanter Bellefleur X Jonathan.** War Anfang der 60er Jahre bei der OVA im Versuchsanbau. Leicht unregelmäßige Fruchtform. Geschmacklich stark vorherrschende Säure. Besondere Vorteile wurden nicht festgestellt, schrieb die OVA in Jork. (26-4/64)

Im Bundes-Obstarten-Sortenverzeichnis sind aufgeführt:
REMFIELD
REMLINGER BLUTSTREIFLING

REMO
Züchter: Institut für Obstforschung, Dresden-Pillnitz. Klassischer Mostapfel. Weinrot, säuerlich, ertragreich, mittelgroß. Höchstens fünf Wochen lagerfähig. Sortenschutz seit 1990. Auch 1990 als Mostapfel freigegeben. Kreuzung aus **James**

Grieve X B X 44,14. Mehltau- und schorfresistent. (26-04/94) Gegen Feuerbrand, Mehltau, Schorf und Fröste resistent. (38)

REMS
Mostapfelsorte in Österreich. (44)

Im Bundes-Obstarten-Sortenverzeichnis aufgeführt sind:
REMSEN
REMURA

RENE
Pillnitzer Züchtung. Geschmack unbefriedigend, abgelehnt. (26-08/95) Reichtragende mehrfachresistente, farbige Apfelsorte. **James Grieve X Nummernsorte.** Genussreife: XI bis III. Mittelgroße Frucht. Rund mit kräftiger braunroter Deckfarbe auf grünlichgelbem Grund. Saftig, säuerlichsüß aromatisch. Auch **René.** (38) (39)

RENETTE BASINER
Tafel- und Wirtschaftsapfel. Genussreife: I bis IV. Mittelgroß, abgestumpft rund. Grundfarbe grünlichgelb, Sonnenseite etwas gerötet und gestreift. Fleisch ist grünlichgelb, fein, saftig, etwas gewürzt. Kräftige Säure, ausreichend Zucker. (39)

RENETTE BERGAMOTTNIJ
Sämling des **Eineinhalbpfündigen Antonowka.** Russisch: **Renet Bergamotnyj.** (Deutscher Obstbau 1941)

RENETTE DE FRANCE
Ist die alte **Reinette de France.** Wird heute wieder von einigen Baumschulen in Norddeutschland angeboten. (Autor)

RENETTE EVAGIL
Herbsttafelapfel. Genussreife: IX bis X. Mittelgroß, flachrund. Goldgelbe Schale bei Reife, vorher grünlichgelb. Geruch schwach. Fruchtfleisch ist gelblichweiß, fein, saftig, leicht gewürzt. Kräftige Säure, ausreichend Zucker. (39) Synonym: **Evagil.**

RENETTE FOURNIÈRE
Kleine bis mittelgroße Frucht. Nicht ganz gleichmäßig gebaut. Tafel- und Wirtschaftsapfel. Genussreife: I bis V. Schale ist grünlichgelb, Sonnenseite trüb gerötet, etwas berostet. Geruch schwach. Hoher Zuckergehalt. (39)

RENETTE PARMENTIER
Synonyme: **Parmentier, Reinette Grise d'Hiver.** Vielseitige Verwendung. Genussreife: XII bis IV. Groß, rund. Schale gelblichgrün, Sonnenseite gerötet, großflächig berostet. Fruchtfleisch locker bis weich, gewürzt. Vorherrschende Säure, ausreichend Zucker. (39)

RENETTE REGMALARD
Ist eine anspruchsvolle Sorte. Genussreife: XII. Frucht ist breitgebaut, grünlichgelb, Sonnenseite gerötet, leichte Berostungen. (39)

RENETTE SEETCHAT
Wirtschaftsapfel. Verarbeitung: XI bis II. Frucht ist groß, hoch gebaut. Schale gelb, später gerötet und gestreift. Schwacher Geruch. (39) Synonym: **Seetchat.**

RENETTE SZÈCHÈNY
Wirtschaftsapfel. Herkunft unbekannt. Genussreife: X bis I. Großfrüchtig, hoch gebaut. Schale ist hellgelb, Sonnenseite gerötet und intensiv gestreift. Schwacher Geruch. (39)

RENETTE VON AIZEMA
Wurde 1795 von Schiller beschrieben. Beachtenswert ist eine Anmerkung von Schiller. „Nota. Ich habe diesen Apfel unter angezeigtem Namen erhalten, wahrscheinlicher Weise aber ist es der Rechte nicht, denn ich noch nicht entdecken konnte." Bei den damaligen Möglichkeiten und Schwierigkeiten der Kommunikation, ist es verständlich, dass manche Sorte bis zu achtzig und mehr Synonyme und ausländische Namen hatte. (37) (Autor)

RENETTE VON ANTHÈZIEUX
Tafel- und Wirtschaftsapfel. Genussreife: XII bis III. Frucht ist klein bis mittelgroß. Schale ist hellgrün, Sonnenseite leicht gerötet, teilweise Berostungen. (39)
Synonym: **Anthézieux.**

RENETTE VON AUVERGNE
1836 von Hinkert beschrieben. Tafel- und Wirtschaftsapfel. Genussreife: XII bis III. Schale gelb, teilweise berostet. Sonnenseite gerötet. Fruchtfleisch gewürzt, weinsäuerlich. (40) Synonym: **Auvergne.**

RENETTE VON BEEK
Vielseitig verwendbar. Genussreife: XI bis II. Mittelgroß bis groß. Schale goldgelb, später gerötet und gestreift. Ausgeprägter Geruch. (40)

RENETTE VON BIHOREL
Wirtschaftsapfel. Verarbeitung: XI bis III. Mittelgroß. Schale gelb, später kräftig gerötet und gestreift, leichte Berostungen. Deutlicher Geruch. (39)
Synonyme: **Bihorel, Reinette Bihorel, Renette Bihorel.**

RENETTE VON BREDA
Ess- und Mostapfel, war im 19. Jh. in Kärnten, Oberösterreich und in der Region Görz bekannt. Liebt trockene Böden. Haltbar bis April. Frucht mittelgroß, breitrund. Schale fettig, gelb. leichte Berostungen. Fleisch gelblichweiß, fein, saftig, angenehm gewürzt. (39) Die Sorte ist diploid. Auch **Renette aus Breda.** Weitere Synonyme: **Aizema, Breda, Renette von Aizema.**

RENETTE VON CANTERBURY
Synonyme: **Canterbury Reinette, Pomme de Canterbury, Renette de Cantorberry.** Mehr Wirtschaftsapfel, auch Tafelapfel. Genussreife: XII bis III. Frucht ist groß, flachrund und gerippt. Schale fettig, grünlichgelb. Schwacher Geruch. (39)

RENETTE VON CAUX
Mittelgroßer, rundlicher, gleichmäßig gebauter Apfel. Genussreife: I bis V. Schale gelb, Sonnenseite gerötet, leichte Berostungen. Schwacher Geruch. Fruchtfleisch etwas gewürzt, angenehme Säure. (39) Synonyme: **Caux, Renette de Caux.**

Im Bundes-Obstarten-Sortenverzeichnis sind folgende Sorten angegeben:
RENETTE VON CHERBOURG
RENETTE VON CHENEE auch **Renette de Chenee.**

RENETTE VON CLOCHARD
Tafel- und Wirtschaftsapfel. Genussreife: XII bis III. Frucht mittelgroß, flachrund. Schale grünlichgelb, leicht berostet. Fleisch gelblichweiß, fein, ausreichend saftig. Gewürzt. Synonyme: **Clochard, Cloden, Renette Clochard.** (40) (70)

RENETTE VON DAMASON
Synonyme: **Damason, Macon, Reinette de Macon, Renette de Macon.** Vorwiegend Wirtschaftsapfel. Genussreife: XII bis IV. Frucht mittelgroß, abgestumpft rund. Schale teilweise berostet. Gelblichgrün, Sonnenseite leicht gerötet. Schwacher Geruch. (39)

RENETTE VON DER BRETAGNE
Synonyme: **Bretagne, Reinette de Bretagne.** Genussreife: XI bis I. Frucht klein bis mittelgroß. Schale goldgelb, Sonnenseite leicht gerötet und gestreift. (39)

RENETTE VON DIPPEDALLE
Kleiner, rundlicher, gleichmäßig gebauter Apfel. Genussreife: XII bis IV. Schale hellgrün, Sonnenseite gerötet. Netzförmige Berostungen. Fehlender Geruch. Fleisch grünlichweiß, fein, erst fest, wird dann aber leicht schwammig. Tafel- und Wirtschaftsapfel. Synonym: **Dippedalle.**

RENETTE VON DOUÈ
Wirtschaftsapfel. Genussreife: XI bis III. Frucht ist groß bis sehr groß. Schale grünlichgelb, Sonnenseite gerötet und etwas gestreift. Schwacher Geruch. (39)

RENETTE VON EKENSTEIN
Im Bundes-Obstarten-Sortenverzeichnis angegeben.

RENETTE VON GOMONT
Großfrüchtige Sorte. Vielseitig verwendbar. Genussreife: XI bis I. Schale fettig, grünlichgelb bis gelb. Sonnenseite leicht gerötet. Angenehme Säure, ausreichend Zucker.

RENETTE VON LUNEVILLE
Tafel- und Wirtschaftsapfel. Genußreife ab III. 1 Jahr haltbar. Kleinfrüchtig. Schale hellgelb, Sonnenseite etwas gerötet. Schwacher Geruch. (39) Synonyme: **Luneville, Reinette du Luneville.**

RENETTE VON LUXEMBURG
Im 19. Jh. in der Steiermark als Ess- und Mostapfel bekannt. Haltbar bis IV. Mochte hohe, rauhe Lagen und kräftige Böden.

RENETTE VON MADEIRA
Synonyme: **Madeira, Reinette de Madére, Renette de Madére.** Mittelgroßer, vielseitig verwendbarer Apfel. Genussreife: XII bis III. Schale gelb, etwas berostet. Deutlicher Geruch. (39)

RENETTE VON MIDDELBURG
Synonyme: **Middelburg, Middlebourg Reinette.** Tafel- und Wirtschaftsapfel. Genussreife: XII bis IV. Kleiner, abgestumpfter, ziemlich gleichmäßig gebauter Apfel. Schale gelb, leicht berostet. Wenig Säure, viel Zucker. (39)

RENETTE VON MONBRON
Historische Sorte, 1797 von Christ beschrieben. Genussreife: I bis II. Schale grünlichgelb, berostet. Guter Geschmack. (40) Synonym: **Reinette du Monbron.**

RENETTE VON MONTMORENCY
Mittelgroßer, flachrunder, ungleichmäßig gebauter Apfel. Vor allem Wirtschafts- aber auch Tafelapfel. Genussreife: I bis V. Schale ist zitronengelb, etwas fettig. Zur Reifezeit gerötet. Deutlicher Geruch. Fleisch gewürzt. Kräftige Säure, wenig Zucker. (39) Synonym: **Montmorency.**

RENETTE VON NIERS
1836 von Hinkert beschrieben.Tafelapfel. Mittelgroß, hoch gebaut. Schale gelblichgrün bis gelb, Sonnenseite gerötet und gestreift. (40) Synonyme: **Niers, Van de Loos Renette von Niers.**

RENETTE VON ROCHELLE
Vielseitig verwendbarer Apfel. Genussreife: XII bis II. Kleine, abgestumpft runde Frucht. Schale gelb, Sonnenseite leicht gerötet. teilweise berostet. Neigt auf dem Lager zur Welke. Kein Geruch. Fleisch ist gelblichweiß, fein, etwas schwammig, saftig und gewürzt. Angenehme Säure. (40) Synonym: **Rochelle.**

RENETTE VON SORGVLIET
Tafel- und Wirtschaftsapfel. Synonym: **Ottolanders Renette von Sorgvliet.**

RENETTE VON VERSAILLES
Wurde 1836 von Hinkert beschrieben. Tafel- und Wirtschaftsapfel. Genussreife: XII bis VI. Frucht ist groß, rund und feingerippt. Schale grünlichgelb bis gelb. Sonnenseite gerötet. Süßsäuerlich. (40) Synonym: **Versailles.**

RENETTE VON WORMSLEY
Synonym: **Wormsley Pippin.** Genussreife: X bis XII. Tafel- und Wirtschaftsapfel. Großfrüchtig. Schale gelb, manchmal gerötet, häufig Berostungen und Warzen. Deutlicher Geruch. Fruchtfleisch gewürzt. Vorherrschende Säure. (40)

RENORA
Pillnitzer Züchtung. Seit 1994 bekannt. Bei dieser Sorte wurden schon 1994 Kernhausfäule und Stippigkeit festgestellt. (26-8/95)

REPKA KISLAJA
Sorte stammt aus Russland. Sehr winterhart. (83)

REPKA MALENKA
Sorte stammt aus Russland. Sehr winterhart. (83)

Im Bundes-Obstarten-Sortenverzeichnis aufgeführt:
RESI Saftig und süß mit leichter Säure und Aroma. Kleine bis mittelgroße Frucht.
RESISTA Neuzüchtung aus Tschechien. **Prima X NJ 56.** (27-6/96)

RETINA
Großer, roter Sommerapfel. Geringe Haltbarkeit. Geschmack unbefriedigend. Früheste Sorte der Pillnitzer Züchtungen. 1991 für den Handel freigegeben. Schale grünlichgelb, zur Reifezeit großflächig verwaschen gerötet. (40)

REUDERNER
Lokalsorte in Württemberg. (67)

REUSSELAER
Herkunft unbekannt. Mittelgroße Frucht, Schale rot. Fleisch saftig. (83)

REVALSCHER BIRNAPFEL
Sehr früher Wirtschaftsapfel. Verarbeitung: Anfang VIII. Frucht ist mittelgroß, flachrund, gerippt. Schale fettig, gelb, Sonnenseite gerötet und gestreift. Deutlicher Geruch. Fleisch gewürzt und süß. (40) Synonyme: **Birnapfel, Rigaer Birnapfel.**

REVEREND W. WILKS
1904 in England entstanden. Kreuzung aus **Peasgoods Goldrenette X Ribston Pepping.** Großer Apfel, leicht gerippt. (39)

REWENA
1991 für den Handel freigegeben vom Institut für Obstforschung in Dresden-Pillnitz. Kreuzungsbestäubung **Cox Orange X Oldenburg.** Mehrfach resistenter Winterapfel. Im Geschmack nicht befriedigend. Abgelehnt. Frucht mittel-groß bis groß, länglich bis rund, regelmäßig. Schale grünlichgelb, zur Reifezeit fast ganzflächig gerötet. Geschmack ist säuerlichsüß, saftig und aromatisch. Die Sorte eignet sich für integrierten und biologischen Anbau. Sortenschutz. (27-12/94) (38)

REYNOLDS KÖNIG GEORG APFEL
1836 von Hinkert beschrieben. Genussreife: XI bis II. Großfrüchtig, hoch gebaut. Schale fettig, grünlichgelb, etwas rot. Synonyme: **Georgsapfel, König Georgs-Apfel.** (40)

RHEINBREITACHER
Im Bundes-Obstarten-Sortenverzeichnis aufgeführt.

RHEINGOLD
Stammt aus Deutschland. **Anton Fischer X James Grieve.** Entstand bei Koblenz. Anbau vorwiegend im Rheinland. Frühsorte. Genussreife: Ende VIII. Schale intensiv gelb, Sonnenseite etwas rot. Gutes Aroma. (40)

RHEINISCHE SCHAFSNASE
Wird vor allem im fränkischen Weinbaugebiet und im Rheinland angebaut. Viele Synonyme, aber auch falsche Bezeichnungen sind bekannt. Wirtschaftsapfel. Genussreife: IX bis XII. Großer, kegelförmiger, fast gleichmäßig gebauter Apfel. Schale glatt, grünlichgelb, später dann hellgelb. Sonnenseite punktiert gerötet und kräftig gestreift. Schalenpunkte zahlreich. Deutlicher Geruch. Fleisch gelblichweiß, halbfein, saftig, nicht gewürzt. Fruchtfleisch mit angenehmer Säure. Bekannte Synonyme sind: **Apfelmuser, Berliner Apfel, Berliner Schafsnase, Deutsche Schafsnase, Engelsapfel, Engelskopf, Greedes Wilhelmsapfel, Grenadier, Große Gestreifte Schafsnase, Herbsttäubling, Herrenapfel, Katzenkopf, Leichter Maatapfel, Maatapfel, Matapfel, Mayers Taubenapfel, Mayers Weißer Wintertaubenapfel, Pomme de Berlin, Prinzenapfel, Roßapfel, Roßkopf, Schafsnase, Weißer Gerippter Täuberling, Wilhelmsapfel, Winterrambur.** J. V. Sickler hat 1797 einen **Brauner Matapfel** beschrieben. Dieser müsste mit der **Schafsnase** identisch sein. Die Beschreibungen und die Abbildung bei Sickler stimmen absolut überein. Literatur: (04) (31) (39) (40) (Autor)

RHEINISCHER BOHNENAPFEL
Bohnen-Apfel. 1797 von Sickler beschrieben.

RHEINISCHER KRUMMSTIEL
Alte deutsche Sorte, seit Ende des 18. Jahrhunderts bekannt. Soll zwischen Köln und Bonn entstanden sein. 1828 von Diel beschrieben. Wurde besonders im Rheinland angebaut. Mittelgroßer Apfel. Genussreife: II bis V. Tafel- und Wirtschaftsapfel. Schale ist glatt, grünlichgelb, später zitronengelb. An der Sonne unterschiedlich gerötet und gestreift. Deutlicher Geruch. Leicht gewürzt. Synonyme: **Gestreifter Römer, Krummstiel, Krummstingel.** Literatur: (02) (04) (39) (93)

RHEINISCHER NABERLING
Historische Sorte, 1836 von Hinkert beschrieben. Wirtschaftsapfel. Genussreife: XI bis VI. Frucht ist sehr groß, plattrund. Schale hellgrün, sonnenseits gestreift. Wenig saftig, süß. (40) Synonym: **Naberling.**

RHEINISCHER RAMBOUR
Im Praktischen Ratgeber von 1914 beschrieben. Vermutlich handelt es sich hier um den **Rheinischen Winter-Rambour.** (78)

RHEINISCHER WIESENAPFEL
Lokalsorte aus dem Rheinland.

RHEINISCHER WINTER-RAMBOUR
Sorte ist triploid. Sehr alte Sorte, stammt aus Deutschland. Wird in der Schweiz und in Süddeutschland noch häufig angebaut. Tafel- und Wirtschaftsapfel. Der Apfel ist nichts besonderes, aber das gute Aussehen der Frucht, der gesunde Wuchs und der reiche Ertrag haben zum starken Anbau dieser Sorte beigetragen. Genussreife: XII bis V. Großer bis sehr großer, flachrunder, fast immer ungleichmäßig gebauter Apfel. Schale ist glatt, hellgrün, später hellgelb. Zur Reifezeit leuchtend gerötet und auf der Schattenseite gestreift. Kräftiger Geruch. Gewürztes Fruchtfleisch. Synonyme: **Gestreifter Winterrambur, Großer Rheinischer Winterrambur, Haslinger, Haslinger Jägerapfel, Jägerapfel, Jestetter Rambour, Lothringer Winterrambur, Malmedyer, Menzenauer, Menznauer Jäger, Menzenauer Jägerapfel, Neckartal, Rheinischer Gestreifter, Rheinischer Roter Winterrambur, Roter Rheinischer Winterrambur, Roter Winterrambur, Rotkanzler, Rubiner, Schärlis Wildling, Schöner vom Neckartal, Schönster vom Neckartal, Schwedischer Rotkanzler, Teuringer, Teuringer Winterrambour, Winterkalvill, Winterrambour, Winterrambur.** (04) (39)

RHEINISCHES SEIDENHEMDCHEN
Im Bundes-Obstarten-Sortenverzeichnis aufgeführt..

RHEINLANDS RUHM
Sorte ist diploid. Mittelfrühblühend. (32 S.27) Tafel- und Wirtschaftsapfel. Genussreife: XII bis IV. Schale ist gelb, zur Reifezeit großflächig gerötet und gestreift. Fruchtfleisch ist säuerlich. (12) (39) (78)

RHODE ISLAND GREENING
Synonyme: **Grünling von Rhode Island, Rhode Island.** Sorte stammt aus Nordamerika, wurde 1886 in einer Liste der besten Sorten Nordamerikas geführt. (15)

RHÖNAPFEL
Im Bundes-Obstarten-Sortenverzeichnis aufgeführt.

RIBBERT

Wurde 1795 von Schiller beschrieben. Folgende Namen waren bekannt: **Ribbling, Süßer Ribbert, Rippenapfel.** Unter anderem schrieb Schiller: *„Sein Fleisch ist süß, aber von schlechten unfeinem Geschmack; daher er nur unter die gemeinen, süssen Äpfel zu rechnen ist.“*

RIBSTON PEPPING

Aus England von Schloß Ribston. Um 1700 hat Sir Nenry Goodrick die Frucht, aus der der Samen stammt, aus der Normandie mitgebracht. Der Mutterbaum stand bereits am Anfang des 18. Jahrhunderts. „Das Illustrierte Handbuch“ von Diel schrieb, dass der Mutterstamm in Ribston-Hall bei Knaresborought gestanden hat. Der Mutterbaum wurde 1815 vom Sturm umgebrochen und ist 1835 eingegangen. Er beschrieb diese Sorte auch als **Englische Granatrenette** und als **Travers Renette.** Unter diesen beiden Namen war die Sorte weit verbreitet. Auch im Alten Land bekannt. Sorte ist triploid. War in der Preisgruppe 1. Die **Cox Orange Renette** soll aus einem Kern vom **Ribston** abstammen. Genussreife: XII bis IV. Schale gelb, Sonnenseite gerötet und gestreift. Etwas würziger Geruch. Fleisch ist gelblichweiß, fein, fest, später mürbe, saftreich. Synonyme: **Englische Granat-Reinette, Englische Granatrenette, Essex Pippin, Formosa Pippin, Gestreifte Goldrenette, Glory of York, Goldmohr, Goldrabau, Goldrenette, Granat-Reinette, Granatrenette, Kaiserrenette, Lederapfel, Muskatrenette, Nonpareille, Repin Ribston, Reinette Grenade Anglaise, Ribston, Ribston Pippin, Ribston´s Pepping, Ribstoner Pepping, Traver`s Peppin, Travers Apple, Travers Renette, Traver´s Apple, Traver´s Reinette.**
Es soll auch einen **Roten Ribston Pepping** geben.
Literatur: (02) (04) (24) (39) (45) 92)

RICHARED

Gehört zur **Red Delicious**-Gruppe.

RICHELIEU

Aus Kanada. Seit 1983 bekannt. (27-3/91)

RIESENANTONOWKA

Erster Name war: **Antonowka Polutorafuntowaja. (Eineinhalbpfündiger Antonowka)** Synonym: **Antonowka Schestisot-grammowaja. (600 g Antonowka)** Soll die berühmteste Züchtung von Mitschurin sein. Knospenmutation, 1888 entdeckt auf der Sorte **Antonowka Mogilewskaja Belaja.** Deutscher Name:

Weißer Mogilewer Antonowka. 1892 in den Handel, wurde bereits 1900 in Proskau angepflanzt. (92)

RIESENBOIKENAPFEL
Lokalsorte aus Norddeutschland. Wirtschaftsapfel. Starkwüchsig. Sorte ist triploid. Genussreife: XI bis IV. Preisgruppe 4. Diese Sorte wird wieder von Baumschulen in Norddeutschland angeboten, als saftiger, großer Apfel für die Küche. (Autor)

Im Bundes-Obstarten-Sortenverzeichnis aufgeführt:
RIESEN-KRUMMSTIEL
RIFJERG GYLLING

RIGAER BIRNAPFEL
Deutlicher Geruch, angenehme Säure und hoher Zuckergehalt. Alte Sorte, wurde in Deutschland und Österreich angebaut. Synonyme: **Birnapfel, Rigaer Gelber Birnapfel.** Frucht ist mittelgroß, glockenförmig. Schale fettig, grünlichgelb, Sonnenseite gerötet und gestreift. Deutlicher Geruch. Fleisch ist fein, saftig und schwach gewürzt. (39) (44)

Im Bundes-Obstarten-Sortenverzeichnis aufgeführt sind:
RINGKLOSTER KAMMERJUNKER
RINGSTAD

RINGSTADT APFEL
1818 in Schweden entstanden. Mittelgroße Frucht. Zur Reifezeit gerötet. Schale ist fettig. Fleisch fein, weiß, unter der Schale etwas gerötet. Süß, leichte Säure. (39)

RIOLER MOSTAPFEL
Als **Riol Mostapfel** in Geisenheim in der Sortenprüfung. (85)

Im Bundes-Obstarten-Sortenverzeichnis angegeben sind:
RISSKOV RAMBUR und **RITTERS STOLZ**

RIVAL
Um 1900 in England entstanden. **Peasgoods Goldrenette X Cox Orange.** Großer, rundlicher Apfel. Schale gelblichgrün, später gerötet und gestreift. Etwas säuerlich. War auch in Österreich etwas verbreitet. (39) (44)

Im Bundes-Obstarten-Sortenverzeichnis aufgeführt sind:
RIVER`S EARLY PEACH** und **RIVER`S NONSUCH

RIVIÈREAPFEL
Synonyme: **Rivière, Reinette de la Rochelle, Rochelle.** Mittelgroß. Schale fettig, grünlichgelb. An der Sonne etwas rot und gestreift. Leichte Berostungen. Gewürzt.

ROBA
Rote Mutante der Sorte **Erwin Baur.**

ROBIJN
Sieht gut aus, sonst ein ausgesprochener Süßapfel mit seifigem Beigeschmack. Übersteigertes **Cox**-Aroma. **Cox Orangen Renette X Jonathan.** Kann man getrost vergessen, schreibt die OVA 1963. (26-11/12/63) Synonym: **Robyn.**

ROCKLAND
Amerikanische Sorte. Mittelgroße Frucht. Schale rot, Fleisch saftig.
Quelle: Deutscher Obstbau 1941.

ROD AROMA
Sorte ist in Dänemark bekannt. (26-11/96)

RODA MANTET
Eine rotfrüchtige Mutante vom **Mantet.** Ist 1965 durch A. Rozendaal aus Kraggenburg, Niederlande bekannt geworden. Die Früchte zeigen mehr rote Deckfarbe als die Normalform. Bei uns **Roter Mantet.** (05)

RODAUNER GOLDAPFEL
Lokalsorte im Waldviertel in Österreich. (44)

Im Bundes-Obstarten-Sortenverzeichnis sind folgende Sorten aufgeführt:
RODEL
RODE JAPPE,
RODE KEIING,
RODE WALSCHERT,
RODE SPANSE KEIING,
RODE SUPERMAN,
RODE TULPAPPEL,

RODELAPFEL
Alte Lokalsorte in Österreich. (44)

RÖDIKER GOLDRENETTE
Alte Lokalsorte in Österreich. Anbau z. B. in Zwettl, NÖ.

RÖDLUVAN
Schwedische Apfelsorte. (27-12/96)

ROESTELS GELBER WEINLING
1836 von Hinkert beschrieben. (40) Tafelapfel. Genussreife: XII bis I. Frucht mittelgroß, breitrund. Schale hellgelb, keine Deckfarbe, leichte Berostungen.

ROLLING
Alte Lokalsorte, in Österreich bekannt. (44)

ROLUND
1830 in Rolund auf der Insel Fünen-Dänemark entstanden. Sämling des **Gravensteiner.** Tafelapfel. Genussreife: Oktober bis November. Frucht ist groß, abgestumpft rund, gerippt. Schale grünlichgelb, später dunkelgelb, Sonnenseite gerötet und gestreift. Das Fruchtfleisch ist fein, saftig, gewürzt und süßweinig. (39)

ROMAGOLD
Mutante vom **Jonagold.**

ROME BEAUTY
Wird kaum noch angebaut. Identisch mit **Imperatore** und **Morgenduft.** In Südtirol 1954 noch 15 % der Produktion. (30 S. 268) Lt. BEF ein Zufallssämling aus den USA. Lt. OVA 1848 in Ohio/USA eingeführt. Geschmacklich kein Tafelapfel, auch in den USA nur Wirtschaftsapfel. Anbau bei uns nicht zu empfehlen, bleibt zu farblos. Für andere Pomologen ein flachrunder Tafelapfel. Lt. EG-Norm eine großfrüchtige Sorte. Bekannte Mutationen: **Double Red, Red Rome, Red Rome von Well, Red Striped Grove.** Rote Typen nach Petzold: **Black Rome, Frimely Beauty, Gallia Beauty.**
Literatur: (25) (26) (30) (36) (39) (66) (70)

Im Bundes-Obstarten-Sortenverzeichnis aufgeführt sind:
RÖMER und **RÖMERLE**

ROMERSCHER KIKKER
Tafel- und Wirtschaftsapfel. Frucht ist mittelgroß, gleichmäßig gebaut. Genussreife: XII bis III. Schale gelb, sonnenseits leicht gerötet und etwas gestreift. Ohne Geruch. Fleisch gelblichweiß, fein, ziemlich saftig, etwas gewürzt. (39) Synonym: **Kikker.**

RÖMISCHER HÄRTLING
Wirtschaftsapfel. Für die Herstellung von Apfelkraut geeignet. Verarbeitung: XII bis IV. Frucht ist mittelgroß. Schale, grünlich. Später grünlichgelb bis gelb. Sonnenseite etwas trüb gerötet. Zur Reifezeit intensiv gestreift. Synonym: **Härtling.**

ROMUS 1
ROMUS 2
Stammen aus Rumänien. (27-3/91)

ROMENSKOE
Frühe Wintersorte, aus Russland. (Deutscher Obstbau 1941)

ROOSENVELD
Im Bundes-Obstarten-Sortenverzeichnis aufgeführt.

ROSA CLAUSEN
Synonym: **Dithmarscher Borsdorfer.** Anfang des 20. Jahrhundert in Dithmarschen entstanden. Lokalsorte. Auffallend gleichmäßig schöner Apfel. Baum wächst stark. Anspruchslos an Boden und Klima. (71)

ROSANA
Als resistente Sorte über eine Verkostung bei der LVWO Weinsberg erwähnt. Keine weiteren Angaben über Herkunft, usw. gefunden. (27-7/95)

ROSE DE CLUJ (Rosu de Cluj).
ROSEBERRY
ROSEMARY RUSSET
Alle drei Sorten im Bundes-Obstarten-Sortenverzeichnis eingetragen.

ROSENAPFEL
Wurde 1795 von Schiller beschrieben als **Pomme-Rose** und **Roos-Appel.**

ROSENAPFEL VON SCHÖNBUCH
Synonyme: **Gernrosenapfel** und **Kernrosenapfel.** Genussreife: I bis V. Mittelgroß, rundlich, leich gerippt. Schale gelb, später großflächig gerötet und gestreift. Guter Wirtschafts- und Tafelapfel. (39)

ROSENBLÜTENAPFEL
Im Bundes-Obstarten-Sortenverzeichnis aufgeführt.

ROSENHOLM
Bei Prof. Schanderl-Geisenheim 1948 aufgelistet. Sorte ist diploid. (33)

ROSENPEPPING
Historische Sorte, 1836 von Hinkert beschrieben. Wirtschaftsapfel. Genußreife ab Januar. 1 Jahr haltbar. Frucht flachrund bis rund. Schale gelb, Sonnenseite geröte und gestreift. (40)

ROSILDA
Amerikanische Apfelsorte. Bekannt seit 1916. **Prince X McIntosh.** Genussreife: XII bis I. **McIntosh** ist die Vatersorte. (26-7/8/57)

Im Bundes-Obstarten-Sortenverzeichnis aufgeführt:
ROSITA
ROSMARIN UKRAINSKIJ

ROSMARINRENETTE
Historische Sorte, 1836 von Hinkert beschrieben. Tafelapfel. Frucht ist mittelgroß. Schale gelblichgrün, Sonnenseite gerötet und gestreift. Süßsäuerlich. (40)

Im Bundes-Obstarten-Sortenverzeichnis aufgeführt:
ROSOWOJE PREWOSCHODNOJE
ROSS` NONPAREIL

ROSSIGNOL
1895 in Frankreich entstanden, als Sämling der **Kanadarenette.** Frucht ist klein bis mittelgroß. Schale grünlichgelb, später ganzflächig gerötet und gestreift. Berostungen. Süßsäuerlich. (39)

Im Bundes-Obstarten-Sortenverzeichnis aufgeführt:
RÖSSLING
ROSSOSCHANSKOJE
ROSSVIKS-APFEL
Sorte ist triploid.

ROTBACKIGER WINTERPEPPING
Synonyme: **Pepin Vermeil d`Hiver, Winterpepping.** Tafelapfel. Frucht ist klein bis mittelgroß. Abgestumpft rundlicher, gleichmäßig gebauter Apfel.Genussreife: I bis IV. Auch als Wirtschaftsapfel zu verwenden. Schale ist hellgelb, Sonnenseite rot. Fleisch ist fein, saftig, edel gewürzt. Kräftige Säure, hoher Zuckergehalt. (39)

ROTBEERAPFEL
Im Bundes-Obstarten-Sortenverzeichnis aufgeführt.

ROTE ALKMENE
Rote Mutante von **Alkmene.**

ROTE COX ORANGENRENETTE
Rote Mutanten sind: **Crimson Cox, Leys Roter Cox, Roter Ley, Sherry Cox, Superior Red Cox. M 17** soll auch eine rote Muation sein. (66) (70)

ROTE DAMASONRENETTE
Siehe **Damasonrenette.**

ROTE DELBARESTIVALE
Rote Mutante von **Delbarestivale.**

ROTE GESTREIFTE SOMMERRENETTE
Synonym: **Sommerrenette.** Historische Sorte. Von Hinkert 1836 beschrieben. Genussreife: September. Keine Lagerfähigkeit. Frucht ist mittelgroß. Schale ist grünlichgelb, später gerötet und gestreift. Fleisch ist vorwiegend süß. (40)
Die **Rote Sommerrenette** wird mit dieser Sorte identisch sein. (Autor)

ROTE GOLDPARMÄNE
Rote Mutante der Goldparmäne.

ROTE KANADARENETTE
Synonym: **Red Canada.** Rote Mutation der **Kanadarenette.** Genussreife: I bis IV. Frucht ist klein, abgestumpft rund. Schwacher Geruch. (39)

ROTE PARMÄNENRENETTE
Historische Sorte, 1836 von Hinkert beschrieben. Tafelapfel. Genussreife: XII bis III. Frucht ist mittelgroß. Schale gelblichgrün, später verwaschen gerötet und gestreift. Fruchtfleisch ist süß. (40).

ROTE RHEINISCHE RENETTE
Tafel- und Wirtschaftsapfel. Genussreife: I bis V. Kleine bis mittelgroße, hochgebaute Frucht. Schale hellgelb, an der Sonne gerötet. Schwacher Geruch. Fruchtfleisch ist etwas gewürzt. (40)

Im Bundes-Obstarten-Sortenverzeichnis angegeben:
ROTE SCHAFSNASE
ROTE SOMMERRENETTE

ROTE STERNRENETTE
Sorte stammt aus Deutschland. Lt. R. Koloc aus Südlimburg, Niederlande. 1830 zuerst beschrieben. Von dem Kölner Kaufmann Meuser aus Lüttich eingeführt, durch Vikar Schuhmacher, Ramrath bei Jülich, zwischen Aachen und Köln verbreitet. Am Niederrhein und besonders in den Niederlanden im Anbau. Seit dem Ende des 18. Jh. bekannt. Tafel- und Wirtschaftsapfel. Genussreife: XI bis III. Mittelgroß, rundlich und gleichmäßig gebaut. Schale glatt, glänzend, manchmal etwas aufgerauht. Gelblich, zur Reife kräftig gerötet. Fleisch gelblichweiß bis weiß. Fein, saftig, etwas gewürzt. **Synonyme: Calvill etoilé, Calville Etoilee, Herbstrenette, Herzapfel, Lambert, Meusers Rote Herbstrenette, Perlrenette, Pomme de Coer (Herzapfel), Pomme de Couer, Red Star Rennet, Reinette Etoilée, Reinette Rouge Etoilée, Reinette St. Lambert, Renette Rouge Etoilee, Renette St. Lambert, Rote Herbstrenette, Roter Weihnachtsapfel, Starrenette, Sterappel, Sternrenette.**
Literatur: (04) (08) (24) (28) (39) (93)

ROTE SÜSSE WINTERRENETTE
Wurde 1836 von Hinkert beschrieben. Tafel- und Wirtschaftsapfel. Genussreife: XI bis III. Mittelgroße, runde Frucht. Schale gelb, zur Reife ganzflächig verwaschen gerötet. Leichte Berostungen. Fleisch ist sehr süß. (40)

ROTE WALZE
Wirtschaftsapfel. Verarbeitung: X bis XII. Frucht ist groß bis sehr groß, walzenförmig und flach gerippt. Schale ist fettig, hellgelb und zur Reife gerötet und gestreift. Schwacher Geruch. (40) Synonyme: **Le Rouleau, Walze.**

ROTE WINTERPARMÄNE
Tafel- und Wirtschaftsapfel. Genussreife: XII bis III. Mittelgroßer, abgestumpft rundlicher Apfel. Schale glatt, grünlichgelb, später gelb. Zur Reifezeit ist die ganze Frucht gerötet und etwas gestreift. Angenehme Säure, hoher Zuckergehalt. (39)
Synonyme: **Englische Rote Winterparmäne, Pearmain Rouge d`Hiver, Pomme Buncombe, Red Winter-Pearmain, Winterparmäne.** (39) (40)

ROTE WINTERRENETTE
Synonym der Sorte **Baumanns Renette.**

ROTE WINTERSCHAFSNASE - Historische Sorte. Wurde schon 1854 von Calwer beschrieben. Wirtschaftsapfel. Verarbeitung: XI bis III. Frucht kegelförmig und gerippt. Schale gelb, an der Sonne gerötet. Fruchtfleisch ist süßsäuerlich. (40)

ROTER ADAMSAPFEL
Nebenform oder Mutation des **Adamsapfel.**

ROTER ALTENSTÄDTER
Nebenform oder Mutation des **Altenstädter.**

ROTER ALTLÄNDER PFANNKUCHENAPFEL
Rote Mutation des **Altländer Pfannkuchenapfel.** Auch die hübsche Färbung der Mutante konnte den **Pfannkuchenapfel** nicht retten. (Autor)

ROTER ANANASAPFEL
Schon im 19. Jahrhundert als Ess- und Kochapfel in Böhmen bekannt. Bevorzugte mittlere Böden und Lagen. Haltbar bis XI. (39) Synonym: **Pomme Ananas Rouge.** Schale ist glatt, etwas fettig und lebhaft gelb. Zur Reifezeit kräftig gerötet und etwas gestreift. Deutlicher Geruch. Fleisch gelblichweiß, unter der Schale etwas gerötet.

ROTER ANSBACHER
Im Bundes-Obstarten-Sortenverzeichnis aufgeführt.

ROTER ASTRACHAN
Stammt aus Rußland, wurde 1780 zum ersten mal in Schweden beschrieben. Seit Anfang des 19. Jahrhundert von dort aus verbreitet. Sommerapfel. Kräftige, allerdings oft ausgeprägte blaustichige rote Fruchtfarbe. Muß nach der Ernte verbraucht werden. Geringe Ansprüche an Böden und Lagen. Tafel- und Wirtschaftsapfel. Sorte ist diploid. Die Sorte **Wondernot** dürfte mit dem **Roten Astrachan** identisch sein. (OVA) 1890 schrieb man: **Roter Astracan.** Synonyme: **Astrachan, Astracan Rouge, Astrachanskoje Krasnoje, Augustapfel, Beauty of Wales, Erdbeerapfel, Ernteapfel, Himbeerapfel, Jakobiapfel, Kaiserlicher Kalvill, Kornapfel, Pomme d`Astracan Rouge, Red Astrachan, Rosenapfel, Roter Agustapfel, Roter Ernteapfel, Roter Jakobiapfel, Roter Kornapfel, Roter Sommerapfel, Sommerapfel.** Literatur: (02) (04) (08) (26) (39) (93)

ROTER AUGUSTINER
Soll guter Tafel- und Wirtschaftsapfel sein. Genussreife: XI bis II. Sorte ist großfrüchtig. Fettige Schale, hellgelb, später intensiv gerötet und etwas gestreift. Deutlicher Geruch. Fruchtfleisch ist fein, saftig und leicht gewürzt. (39)

ROTER AUSBACHER
Aus der Gemeinde Ausbach in der Rhön. Lokalsorte. Wirtschaftsapfel. Synonym: **Ausbacher Rotapfel.** Wurde schon am Ende des 18. Jahrhundert viel angebaut. Sorte ist großfrüchtig. Apfel ist kantig. Schale gelb, später ganzflächig gerötet. Fleisch mäßig saftig, leicht mehlig, ohne Aroma. Etwas säuerlich. (39)

ROTER BACKAPFEL
Historische Sorte, wurde 1854 von Calwer beschrieben. Wirtschaftsapfel. Sorte ist großfrüchtig. Verarbeitung: IX bis XI. Schale gestreift. Fleisch ist säuerlich. (40)

ROTER BASCHESAPFEL
Synonyme: **Muskateller-Luiken, Roter Bachesapfel** im Remstal, **Schmiedbästlesapfel** in Reutlingen und in Hechingen **Baschesapfel. Baschesapfel** ist auch ein Synonym für den **Ledersüßling.** Verbreitungsgebiet war das Neckar- und Remstal. Most- und Wirtschaftsapfel. Verarbeitung: XI bis III. Frucht mittelgroß, flachrund. Sieht dem **Luiken** sehr ähnlich, aber etwas lebhafter gestreift. Schale ist glatt, glänzend, leicht fettig, strohgelb. An der Sonnenseite kräftig dunkelrot verwaschen und gestreift. Fleisch ist gelblichweiß, fein, saftreich. Leichte Säure und Zucker. Für rauhe Lagen und steinige Böden geeignet. (67)

ROTER BELLEFLEUR
Herkunft ist Holland, dort in verschiedenen Varietäten verbreitet. In Deutschland, vor allem am Mittelrhein, bekannt. Wird als Ess- und Wirtschaftsapfel gelobt. Sorte ist diploid. Genussreife: XII bis V. Synonyme: **Bellefleur, Eisenacher, Eiserapfel, Holländischer Bellefleur, Holländischer Eiserapfel, Koulmännekes, Kronenbauer, Kronenbaum, Malmedyer Bellefleur, Pfingstapfel, Roter Holländischer Bellefleur, Sankt Wendeler, Siebenschläfer, St. Wendeler.** Literatur: (24) (39)

ROTER BERKESHEIMER
Im Bundes-Obstarten-Sortenverzeichnis aufgeführt.

ROTER BERLEPSCH
Hiervon gibt es einige Mutanten, z.B. **Roter Berlepsch 23/86.**

Im Bundes-Obstarten-Sortenverzeichnis aufgeführt:
ROTER BEURONER

ROTER BOHNAPFEL
Soll eine Knospenmutation des **Bohnapfel** sein. (03)

ROTER BORSDORFER
Tafel- und Wirtschaftsapfel. Genussreife: XI bis II. Mittelgroßer, flachrunder, gleichmäßig gebauter Apfel. Zur Reifezeit intensiv gerötet, Schattenseite gestreift. Schwacher Geruch. Fleisch ist mäßig saftig, gewürzt und süß. (39) (40)

ROTER BRAEBURN und
Roter Braeburn Braebrite sind Mutanten vom **Braeburn.**

Im Bundes-Obstarten-Sortenverzeichnis sind folgende Sorten aufgeführt:
ROTER BRANDENBURGER
ROTER BURGSTÄDTER

ROTER CALVINER
siehe unter **Calviner.** Altländer Lokalsorte.

ROTER DELCORF
Stammt vom **Delbarestivale** ab.

ROTER DELICIOUS
Entstand um 1870 in Iowa, USA als Sämling von der Sorte **Gelber Bellefleur.** Ist nicht mit dem **Golden Delicious** verwandt. In den USA soll es etwa 500 Typen und Mutationen der **Red Delicious**-Gruppe geben. Genussreife: IX bis XII. Tafelapfel. Die bekanntesten Typen sind:
Red Chief,
Red Delicious,
Redspur Delicious,
Richared,
Starking,
Starkrimson,
Topred Delicious,
Wellspur. (19) (39)

ROTER DREI JAHRE DAUERNDER STREIFLING
1836 von Hinkert beschrieben. Wirtschaftsapfel. Verarbeitung ab Januar. Haltbarkeit 2 bis 3 Jahre. Mittelgroße Frucht. Schale gelb, später ganzflächig blass gerötet, Schattenseite gestreift. (40)

ROTER ECKAPFEL
Wirtschaftsapfel. Frucht ist mittelgroß bis groß. Genussreife: XII bis III. Schale hellgelb, später gerötet und gestreift. Schwacher Geruch. Synonym: **Eckapfel.** (40)

ROTER EISERAPFEL

Nachweisbar schon im 16. Jahrhundert bekannt. Baum und Frucht sehr robust. Wird nicht mehr angebaut. Älteste bekannte Sorte. Hart, ohne Säure, ohne Aroma. Haltbar bis zum Mai. Wirtschafts- und Konditorapfel. In der Preisgruppe 5. Im 19. Jh. in der Steiermark, in Ober- und Niederösterreich als Ess- und Wirtschafsapfel bekannt, ebenfalls in Böhmen. Alte Sorte unbekannter Herkunft. Erster Name war: **Rother calvillartiger Wintersüßapfel.** Als **Roter Eiser** in der Schweiz folgende Synonyme: **Eiser Rouge, Klausapfel, Paradiesapfel, Roter Jahrapfel.** Weitere in Deutschland bekannt Synonyme: **Bamberger** (Westfalen), **Brasilienapfel, Christapfel** (Eichsfeld), **Doppelter Paradiesapfel, Drei Jahre dauernder Streifling** (Württemberg), **Eisapfel** (Baden), **Eiser Rouge, Eiserapfel, Herzapfel** (Hessen-Nassau), **Klosterapfel** (Altenburg), **Kohlapfel** (Baden), **Krieger, Mahrenholz** (Ostfriesland), **Mohrenborsdorfer** (Sachsen und Thüringen), **Mohrenkopf, Mohrenstettiner** (Sachsen und Thüringen), **Naegelesapfel** (Baden), **Nägelesapfel, Nalivi-Jabloky, Paradies, Paradies-apfel, Pomme Eiser Rouge, Roter Eiser** (Schweiz), **Roter Krieger, Roter Winter-Kalvill** (Baden), **Schornsteinfeger, Winterkalvill, Winterstettiner, Zigeunerapfel.** Literatur: (01) (02) (03) (04) (24) (39) (40) (92)

ROTER ELSTAR

Bekannt sind einige rote Mutationen. Siehe unter **Elstar.**

ROTER ERPFTINGER

Lokalsorte vom Ammersee. Roter Apfel. (39 S. 400)

ROTER ERWIN BAUR

Rote Mutation der Sorte **Erwin Baur.** (Müncheberger Züchtung). (66)

ROTER FENCHELAPFEL

Historische Sorte, 1836 von Hinkert beschrieben. Genussreife: XII bis III. Schale hellgrün, dann gelblich. Sonnenseite trüb gerötet und etwas gestreift. Starke Berostungen. Fruchtfleisch ist gewürzt und süß. (40)
Synonyme: **Fenchelapfel, Fenouillet Rouge, Roter Anisapfel.**

ROTER FINKENWERDER

Rote Form des **Finkenwerder Herbstprinz.** War nur etwas im Alten Land verbreitet. Wurde in den 60er Jahren von der OVA noch zur Pflanzung empfohlen. (EM XI oder Grahams). Konnte den normalen **Finkenwerder** nicht ersetzen. (26)

ROTER FLASCHENAPFEL
Historische Sorte, 1797 von Christ und 1854 von Calwer beschrieben. Frucht ist breitrund, flach gerippt. Fruchtschale gelb, später großflächig gerötet. Etwas parfümiert, süßsäuerlich. Genussreife: IX bis V. (40)

ROTER FRESQUIN
1936 von Goetz, ohne Beschreibung, erwähnt. (12) Im Bundes-Obstarten-Sorten-Verzeichnis schreibt man: **Roter Fresguin.**

ROTER FUCHS
Lokalsorte um Meißen. Soll vom Obsthändler Richard Fuchs aus Böhmen eingeführt worden sein. Von ihm verbreitet und nach ihm benannt. (93)

Im Bundes-Obstarten-Sortenverzeichnis angegeben sind:
ROTER GRAMPUSAPFEL
ROTER GRAND DELICIOUS

ROTER GRAVENSTEINER
Einer der vielen **Gravensteiner.** Soll eine Knospenmutation vom **Gravensteiner** sein. Sorte ist triploid, wie alle **Gravensteiner.** Der Apfel ist seit 1858 bekannt. **Roter Gravensteiner** ist auch der Handelsname. Synonyme sind: **Blutroter Gravensteiner, Dunkelroter Gravensteiner, Gravenstein rouge, Gravensteiner Rouge.** Im Unterelsaß im 19. Jh. **Rosenapfel.** Lt. Petzold sind folgende Typen bekannt: **Crimson, Oratio Beauty, Red Australian, Roter Schleibnitzer.** Literatur: (24) (39) (45) (66)

ROTER GRIESAPFEL
Im 19. Jahrhundert in Oberösterreich als Mostapfel bekannt. Massenträger. Fallreife: Ende Oktober. Für hohe Lagen geeignet. (02)

ROTER GULDERLING
Tafel- und Wirtschaftsapfel. Genussreife: I bis V. Frucht ist mittelgroß. Schale fettig, gelblichgrün. Sonnenseite gerötet und gestreift. Kräftiger Geruch. (40) Synonyme: **Gulderling, Roter Englischer Gulderling.** Eine alte Sorte, bereits 1795 von Schiller beschrieben, als **Gulderling (roode).**

ROTER HARLEMER HIMBEERAPFEL
Alte Sorte, 1836 von Hinkert beschrieben. Tafel- und Wirtschaftsapfel. Genussreife: XI bis II. Großfrüchtig. Schale grünlichgelb, dann gelb, später flächig gerötet und gestreift. Fruchtfleisch gewürzt. (40) Synonym: **Harlemer Himbeerapfel.**

ROTER HARTAPFEL

Historische Sorte, 1836 von Hinkert beschrieben. Wirtschaftsapfel. Verarbeitung ab Januar. 2 Jahre haltbar. Frucht flachrund, gerippt. Berostungen. Wenig saftig.

ROTER HAUPTMANNSAPFEL

Siehe unter **Hauptmannsapfel,** auch **Hauptmann.**

ROTER HELIOS

Siehe unter **Helios.** Müncheberger Züchtung.

ROTER HERBSTKALVILL

Eine sehr alte Sorte, wahrscheinlich aus Frankreich. 1670 als **Calville Rouge d`Automne** beschrieben. War im 19.Jahrhundert in ganz Österreich und in Böhmen und Mähren, (damals noch Österreich) als Ess- Koch- und Mostapfel bekannt. Haltbar bis November. Sorte ist diploid. Mittelgroßer bis großer, hochgebauter, etwas ungleichmäßig geformter Apfel. Schale ist glatt, fettig, grün, später gelblichgrün. Zur Reifezeit dunkelrot, zur Sonne schwarzrot gefärbt. Schwacher Geruch. Fleisch ist kräftig gerötet und marmoriert, fein, locker, saftig und parfümiert gewürzt. Synonyme: **Blutapfel, Brautapfel, Calville Rouge d´Automne, Dörroden, Edelkönig, Erdbeereapfel, Flambaux, Fürstenapfel, Fürstenblut, Granatapfel, Herbstkalvill, Himbeerapfel, Inneröthling, Jungfernapfel, Kirschapfel, Paradiesapfel, Red Autumn Valville, Roi Trés Noble, Rosenapfel, Roter Kardinal, Roter Paradiesapfel.**
Literatur: (02) (08) (24) (39) (40) Schiller schrieb 1795 **Rother Herbst-Calville. (Calville rouge d´Automne)** Ebenfalls beschrieb er eine **Rothe Sommer-Calville.**

ROTER HERBSTRAMBOUR

Im 19. Jahrhundert in Oberösterreich und in Salzburg als Koch- und Mostapfel angebaut. Mochte rauhe Lagen. Haltbar bis Ende Oktober. Synonyme: **Herbst-rambour** oder **Herbstrambur.** Genussreife: XI bis XII. Mittelgroß bis Groß.

ROTER HERBSTSTRICHAPFEL

Historische Sorte, 1854 von Calwer beschrieben. Mittelgroße Frucht. Genussreife: IX bis X. Schale gelb, gerötet und gestreift. (40) **Passe Pomme, Roter Herbst.**

ROTER HERBSTTAUBENAPFEL

Historische Sorte, 1836 von Hinkert beschrieben. Mittelgroße Frucht. Genussreife: IX bis I. Schale ganzflächig gerötet und gestreift. Fruchtfleisch aromatisch. (40) Synonym: **Pigeon Rouge d´Automne.**

ROTER HERBSTZIMTAPFEL
Historische Sorte, 1836 vonHinkert beschrieben. Genussreife: IX bis XI. Klein, breitgebaut. Schale hellgrün, später verwaschen gerötet und gestreift. Gewürzt, süßsäuerlich. (40)

ROTER HIMBEERAPFEL
Synonym der Sorte **Roter Winterkalvill.** (02)

ROTER HOLSTEINER COX
Mutation vom **Hosteiner Cox.** Bekannt sind die Mutationen **Esselborn** und **Roter Holsteiner Cox,** Typ **Völkers.** (26-2/97)

ROTER HOLZAPFEL
Wirtschaftsapfel. Verarbeitung: XI bis II. s.a. **Roter Trierer Weinapfel.**

ROTER HORNEBURGER
Mutation vom **Horneburger.** Wurde 1947 fürs Alte Land und für bessere Böden der Stader Geest empfohlen. Haltbar bis März. Preisgruppe 4. Soll im Ertrag sehr schwach sein, dieses kann ich aus eigener Erfahrung bestätigen. (26) (Autor)

Im Bundes-Obstarten-Sortenverzeichnis sind angegeben:
ROTER HORSTER
ROTER JAKOB LEBEL

ROTER JAMES GRIEVE
Mutation vom **James Grieve.** Handelsname: **Roter James Grieve.**

ROTER JUNGFERNAPFEL
Vermutlich aus Böhmen, war schon vor 1800 bekannt. 1798 von Math. Rößler in seinem „Systematischem Verzeichnis“ kurz beschrieben. Synonyme: **Chrisofsker, Chrisofsker Pannensky, Hähnchen, Jungfernapfel, Pannensky, Roter Böhmischer Jungfernapfel, Rotes Hähnchen.** Die Sorte **Chrisofsker** wird heute noch in österreichischen Baumschulen angeboten. Wirtschafts- und besonders Dekorationsapfel. Kleinfrüchtig. Haltbar bis Februar. Verbreitet in Kärnten, Niederösterreich und Mähren. Spätblühend. (02) (39) (92)

ROTER KARDINAL
Synonyme: **Cardinal Red, Cardinal Rouge, Kardinal, Roter Kardinalsapfel.** Tafel- aber vorwiegend Wirtschaftsapfel. Genussreife: X bis XI. Frucht ist groß bis

sehr groß. Der Name ist auch ein Synonym für den **Danziger Kantapfel** und der Sorte **Roter Herbstkalvill.** (39)

ROTER KENTISCHER PEPPING
Synonyme: **Kentischer Pepping, Kentish Pippin.** Tafel- auch Wirtschaftsapfel. Genussreife: XII bis III. Kleiner bis mittelgroßer, abgestumpft rundlicher Apfel. Schale grünlichgelb. Sonnenseite etwas gerötet und gestreift. Schwacher Geruch, gewürztes Fruchtfleisch. (39)

ROTER KRONAPFEL
Synonyme: **Kronenapfel, Roter Winterkronapfel, Tulpenapfel.** Genussreife: XII bis III. Frucht ist klein bis mittelgroß und abgestumpft rund. Schale ist fettig. Gewürztes Fruchtfleisch. 1795 von Schiller als **Rother Kronenapfel, (Kroons-Appel roode)** beschrieben.

ROTER KRUMMPETER
Eine rote Form der Sorte **Krummpeter.** Stammt aus dem Angelner Land. Ist seit etwa 1900 bekannt. Ein Sommerapfel. Genussreife: August.

ROTER KURZSTIEL
Ist ein Synonym der Sorte **Königlicher Kurzstiel.** Bei Schiller 1795: **Rother Kurzstiel.** Synonym: **Courtpendu rouge.**

ROTER MANTET
Zufallsmutante vom **Mantet.** Aus den Niederlanden.

ROTER MARGARETHENAPFEL
Herkunft: England. Eine der ältesten, bekannten Apfelsorten. Synonyme: **Apple Juneating, Early Margaret, Early Red Margaret, Geneting, Ginetting, Ivaneting, Joneathing, Juneting, Margaret, Marguerite, Owens Golden Brauty, Pomme Fraise, Pomme Junneating, Pomme Marguerite, White Juneating.** Frühapfel. Genussreife ist Ende Juli. Kleinfrüchtig, rund, manchmal kegelförmig. Schale grünlich gelb, zur Reife großflächig gestreift. Fruchtfleisch ist mürbe, angenehme Säure. (39) (40)

ROTER MARKAPFEL
Sehr alte Sorte, 1836 von Hinkert beschrieben. Genussreife: XI bis XII. Schale gelb, Sonnenseite verwaschen gerötet und gestreift. Fruchtfleisch gewürzt und süß.

ROTER MARTINI
Rote Mutation vom **Martini.** In den 60er Jahren vom OVR in Jork empfohlen. (26)

ROTER MELONENAPFEL
Vielseitig verwendbar. Genussreife: XI bis I. Frucht mittelgroß. Schale ist grünlichgelb, später intensiv gerötet. Deutlicher Geruch. Fruchtfleisch gewürzt. (40)

ROTER METTERNICH
Eine alte deutsche Sorte. Herkunft ist nicht bekannt. Tafelapfel. Große Frucht. Schale hellgelb, zur Reifezeit gerötet. Leicht gewürzt. (40)

Im Bundes-Obstarten-Sortenverzeichnis angegeben sind:
ROTER MILLER
ROTER MOND

ROTER MÜNSTERLÄNDER BORSDORFER
Lokalsorte aus dem Münsterland, bzw. aus Südoldenburg. Abstammung ist unbekannt. Neigt zu Fleischbräune. Geschmacklich nicht befriedigend. Zucker-Säure-Verhältnis ist nicht ausgeglichen. Frucht ist mittelgroß. Genussreife: I bis III. Widerstandsfähig gegen Krankheiten und Schädlinge. Synonym: **Münsterländer.**

ROTER OLDENBURGER
Im Bundes-Obstarten-Sortenverzeichnis angegeben.

ROTER OSTERKALVILL
Tafelapfel, wurde im 19.Jh. in Südtirol und in Görz (Slowenien) angebaut. Braucht mittlere und geschützte Lagen. Genussreife: I bis IV. Mittelgroß. Synonyme: **Gestreifter Roter Osterkalvill, Osterkalvill.**

ROTER PASSPOMM
Historische Sorte, 1797 von Christ beschrieben. Frühapfel. Kleinfrüchtig. Sonnenseite stark gerötet, Schattenseite weniger. Guter Geschmack, wohlschmeckend. (40) Synonyme: **Passe Pomme Rouge, Passe Pomme Rouge d`Hiver, Passpomm, Roter Kurzdauernder Apfel.**

ROTER PEPPING
Historische Sorte, beschrieben 1797 von Christ. Genussreife: I bis V. Frucht ist mittelgroß. Schale ist dunkelgrün, später gestreift. Starke Berostungen. Fruchtfleisch ist gewürzt. (40) Synonym: **Peppin Rouge.**

ROTER PIGEON
Im Bundes-Obstarten-Sortenverzeichnis angegeben.

ROTER POGATSCHAPFEL
Synonyme: **Pogatsch Rouge d'Hiver, Pogatschapfel.** Wirtschaftsapfel. Mittelgroß, flachrund, gerippt. Schale ist grünlichgelb bis gelb. Sonnenseite gerötet und kräftig gestreift. Deutlicher Geruch. Fruchtfleisch mit vorherrschender Säure. (40)

ROTER POLSTERAPFEL
Historische Sorte, 1836 von Hinkert beschrieben. Genussreife: Oktober bis Februar. Hochgebaut, walzenförmig. Schale ist hellgelb, flächig gerötet, teilweise berostet. Fruchtfleisch gewürzt. (40)

ROTER PRINZENAPFEL
Wurde beim **Prinzenapfel** eingeordnet. Ohne nähere Beschreibung. Vermutlich der **Rote Finkenwerder Herbstprinz** oder der **Rote Sommerprinz ?** Mir ist sonst bei den vielen **„Prinzen"** keine weitere rote Mutation bekannt. (39) (Autor)

ROTER RAMBUR AUS BREITENSEE
Lokalsorte in Österreich. (44)

ROTER ROSMARIN
Im 19. Jahrhundert in Südtirol angebaut. Brauchte mittlere und bessere Lagen. Tafel- und Wirtschaftsapfel. Genussreife: Dezember bis März. Richtiger Name: **Roter Rosmarinapfel.** Frucht ist mittelgroß, gleichmäßig gebaut. Schale glatt, hellgelb. Zur Reifezeit intensiv gerötet. Geruch schwach. Synonyme: **Red Rosmarin, Rosmarin Rouge, Rosmarinapfel, Roter Italienischer Rosmarinapfel.**

Im Bundes-Obstarten-Sortenverzeichnis aufgeführt sind:
ROTER SÄFTASHOLMER ROSENAPFEL
ROTER SÄMLING, ist in Geisenheim in der Sortenperüfung. (85)
ROTER SCHLOTTERAPFEL
ROTER SPITZAPFEL
ROTER SÜSSAPFEL, (Roter Süßapfel)
ROTER SAUERGRAUECH,
Rote Form der Mostapfelsorte **Sauergrauech.**

ROTER SEEAPFEL
Entstand in der Schweiz. 1925 zum ersten Mal beschrieben. Herkunft ist unbekannt, schreibt H. Kessler in den „Apfelsorten der Schweiz". Frucht ist klein bis mittelgroß. Sieht gut aus, aber von geringer Qualität. Sorte ist auch nicht beliebt.
Synonyme: **Jerger, Pomme Rouge du Lac, Rote Seereinette, Rote Seerenette, Rouge du Lac.** Literatur: (03) (39)

ROTER SOMMERAPI
1836 von Hinkert beschrieben. Frühapfel. Frucht ist klein, plattrund, stark gerippt. Schale ist grünlichgelb, später großflächig gerötet. Gewürzt. Süßsäuerlich. (40)

ROTER SOMMERKALVILL
Sommertafelapfel. Genussreife: VIII bis IX. Frucht ist mittelgroß, manchmal eher klein. (40) Synonyme: **Roter Erdbeerapfel, Sommererdbeerapfel, Sommerkalvill.** Bei Schiller: **Rother Sommercalville.** Synonym: **Calville rouge d´Ete.**

ROTER SOMMERPRINZ
Wurde 1936 von Goetz erwähnt, ohne nähere Daten. (12 S. 29)

ROTER SOMMERRAMBUR
1836 von Hinkert beschrieben. Genussreife: IX bis X. Schale fettig, grüngelb, später großflächig gerötet und gestreift. Fruchtfleisch ist süßsäuerlich. (40)

ROTER SPEZIALAPFEL
1836 von Hinkert beschrieben. Genussreife: XI bis II. Schale gelb, später großflächig gerötet. Leichte Berostungen. Fruchtfleisch gewürzt, angenehme Säure. (40)

ROTER STETTINER
Herkunft ist Deutschland, Zufallssämling, seit etwa 1750 bekannt. Als Tafel- Most- und Wirtschaftsapfel in fast ganz Österreich und in Südtirol im 19. Jahrhundert angebaut, ebenso in Böhmen und in der Bukowina. (Damals Österreich-Ungarn) Genussreife: I bis VI. Großfrüchtig, flachrund. Schale grünlichgelb, zur Reifezeit großflächig gerötet. Wenig Aroma. (02)(39) Synonyme: **Annaberger, Glasapfel, Herrenapfel, Malerapfel, Pomme de fer, Pomme Rouge de Stettin, Rostocker, Roter Winterstettiner, Stettiner, Zigeunerapfel, Zwiebelapfel.**

Im Bundes-Obstarten-Sortenverzeichnis sind folgende Sorten aufgeführt:
ROTER STREIFLING, Synonym: **Schtrifel Krasnij.**
ROTER TAFFETAPFEL
ROTER TAUBENAPFEL und **ROTER TEZES.**

ROTER TIEFBUTZER

Synonyme: **Eisen, Eiser, Reinette Eisen, Tiefbutzer.** Tafel- und Wirtschaftsapfel. Kleiner, abgestumpfter, rundlich und gleichmäßig gebauter Apfel. Fruchtfleisch etwas gewürzt. Milde Säure. Genussreife: I bis VIII. (39) (40)

ROTER TRIERER WEINAPFEL

1885 schrieb man **Roter Trier´scher Weinapfel.** Kleiner, gestreifter Herbst- und Winterapfel. Baum wächst stark. Guter Träger, anspruchslos in Bezug auf Boden. Wurde im 19. Jahrhundert für den Straßen- und Feldanbau empfohlen. In der Schweiz auch **Vineuse de Trier.** Im Raum Trier entstanden. Genussreife: XI bis IV. Weitere Synonyme: **Rouge Vineuse de Trier** (um 1890), **Holzapfel, Mostapfel, Roter Holzapfel, Roter Trierer, Roter Trierer Holzapfel, Roter Trierer Mostapfel, Roter Trierer Weinapfel, Roter Trierscher Weinapfel, Rouge de Trèves,** (franz) **Trankapfel, Trierer, Weilburger Weinapfel, Weinapfel.** Handelsname ist: **Roter Trierer.** 1872 zum ersten Mal pomologisch beschrieben. Literatur: (14) (17) (39) (92)

ROTER TUM

Synonym: **Weihrouge.** Siehe Bundes-Obstarten-Sortenverzeichnis.

ROTER VON AICH

Lokalsorte aus dem Raum Rosenheim. Flächig rote Schale. Kleinfrüchtig, rund. Fruchtschale ganzflächig gerötet. Abb. (39 S. 411) (40)

ROTER VON DODOW

Sommerapfel. Sieht am Baum ansprechend aus, enttäuscht nach der Ernte. Keine Haltbarkeit. Saftig, aber im Geschmack nichts besonderes. Wird schnell mehlig, druckempfindlich. War bei der OVA im Versuch, wurde aber abgelehnt. (26-10/63)

ROTER VON FUCHSHAIN

Im Bundes-Obstarten-Sortenverzeichnis aufgeführt.

ROTER WIENER SOMMERAPFEL

Historische Sorte, 1836 von Hinkert beschrieben. Tafel- und Wirtschaftsapfel. Genussreife: IX bis X. Frucht hochgebaut bis walzenförmig. Schale grünlichgelb, später ganzflächig gerötet. Fruchtfleisch gewürzt, süßsäuerlich. (40)
Synonyme: **Pomme de Vienne, Sommerapfel, Wiener Sommerapfel.**

ROTER WIESLING
Im 19.Jahrhundert in Ober- und Niederösterreich und in Kärnten als Mostapfel verbreitet. Fallreife: September bis Oktober. (02) (70)

ROTER WINTERHIMBEERAPFEL
Synonym: **Himbeerapfel.** Tafel- und auch Wirtschaftsapfel. Frucht mittelgroß, ziemlich gleichmäßig gebaut.Genussreife: XII bis V. Schale gelb, zur Reifezeit ganzflächig gerötet. Schwacher Geruch. Fruchtfleisch saftig, gewürzt und süß. (40)

ROTER WINTERKALVILL
Tafelapfel. Genussreife: XI bis II. Synonyme: **Calville Rouge d'Hiver, Echter Roter Winterkalvill, Red Winter-Calville, Roter Himbeerapfel, Roter Kalvillartiger Wintersüßapfel, Winter-Erdbeerapfel, Winterkalvill.** Mittelgroßer, abgestumpfter länglich und runder, gleichmäßig gebauter Apfel. Schale glatt, bereift, grünlichgelb, später gelb. Zur Reife dunkelrot gefärbt. Schattenseite gestreift. Deutlicher Geruch. Fleisch fein, locker, wenig saftig, edel und kräftig beerenartig. Feine Säure. (02) (39) (40) Bei Schiller 1795: **Rother Wintercalville. (Calville rouge d'Hyver)**

ROTER WINTERKALVILLSÜSSAPFEL
Historische Sorte, 1797 von Christ beschrieben. Wirtschaftsapfel. Groß, hochgebaut, gerippt. Schale gelb, später gerötet. 2 Jahre haltbar. (40)

ROTER WINTERKRONENAPFEL
Lokalsorte aus Hessen, auch im Westerwald zu finden. Tafel- und Wirtschaftsapfel. Genussreife: X bis III. Mittelgroße Frucht. Schale glatt, zuerst etwas fettig, dann geschmeidig. Gelbgrün, später hellgelb. Zur Reife kräftig gerötet und gestreift. Schwacher Geruch. Synonyme: **Erdbeerapfel, Friedrichsdragoner, Papageiapfel, Siebenschläfer, Winterkronenapfel, Roter Kronenapfel.** (39) (40)

ROTER WINTERRAMBUR
Synonyme: **Rambour d'Hiver, Winterrambur.** Wirtschaftsapfel. Verarbeitung: XII bis IV. Frucht mittelgroß bis breitrund. Kräftig gerippt. Deutlicher Geruch. Fruchtfleisch leicht gewürzt. Vorherrschende Säure. (39) (40)

ROTER WINTERTAUBENAPFEL
In Böhmen im 19. Jahrhundert als Wirtschaftsapfel bekannt. Mochte hohe Lagen und gute Böden. Haltbar bis März. Frucht klein, walzenförmig, ungleichmäßig gebaut. Kräftig gerötet und gestreift. Schwacher Geruch. Gewürzt, angenehme Säure. Wird auch als sehr guter Tafelapfel beschrieben. Der Praktische Ratgeber

schrieb 1889 **Roter Winter-Taubenapfel.** Synonyme 1889: **Königlicher Täubling, Mantel-Täubchen, Schön-Nettchen.** Weitere Synonyme: **Jerusalemsapfel, Königlicher Täubling, Mandeltäubchen, Pigeonnet Jérusalem, Roter Taubenapfel, Taubenapfel, Taubenherz.** Literatur: (02) (07) (39) (40)

ROTER WÜRTTEMBERGER
Im Bundes-Obstarten-Sortenverzeichnis eingetragen.

ROTER ZIEGLER
bei F. Guenther 1941 als frostharter Stammbildner erwähnt. (07)

Im Bundes-Obstarten-Sortenverzeichnis aufgeführt sind:
ROTER ZIEGLERAPFEL, s. a. **Roter Ziegler.**
ROTER ZIGEUNER
ROTER ZWIEBELAPFEL
ROTES HÄHNCHEN

ROTFRANCH
Vermutlich dänischer Abstammung. Früchte klein bis mittelgroß. Fruchtfleisch ist weiß. Im Geschmack sehr angenehm würzig. Heute nur noch Wert für den Liebhaberanbau. Wurde im Land Hadeln und im Land Wursten angebaut. Haltbar bis Oktober. Preisgr. 1. Tafelapfel. (01) Ertrag unbefriedigend. Synonym: **Swedenborgs Muskatrenette.** (26-3/64)

ROTFRÜCHTIGER SUISLEPPER
Eine rote Form der Sorte **Suislepper.**

ROTGESTREIFTER HERBSTKALVILL
Im Bundes-Obstarten-Sortenverzeichnis aufgeführt.

ROTGESTREIFTER HOLZAPFEL
Ein Mostapfel, der im 19. Jahrhundert in der Steiermark angebaut wurde. Vertrug alle Lagen. Fallreife: Ende Oktober. (02)

ROTGESTREIFTER SPITZER SOMMERKALVILL
Historische Sorte, 1854 von Calwer beschrieben. Frucht groß. Schale hellgelb, zur Reife gestreift. Wohlschmeckend. (40)

Im Bundes-Obstarten-Sortenverzeichnis aufgeführt sind:
ROTGESTREIFTER WEINSÄUERLING

ROTGESTREIFTER WINTERKALVILL

ROTGRAUE KELCHRENETTE
Historische Sorte, 1836 von Hinkert beschrieben. Tafelapfel. Genussreife: XI bis III. Schale hellgelb, später ganzflächig berostet. Aufdringlich parfümiert. (40)

Im Bundes-Obstarten-Sortenverzeichnis aufgeführt:
RÖTHAER BLENHEIM
RÖTLICH PUNKTIERTE RENETTE

ROTHER BACHAPFEL
1795 von Schiller beschrieben. **Rambour rouge.**

ROTHER GELDERISCHER KREUZAPFEL
Kruis-Appel van gelder. (roode) Von Schiller 1795 beschrieben.

ROTHER SÜSSER HIEFENAPFEL
1795 von Schiller beschrieben. Bekannt ist noch ein **Doppelter, rother, süsser Hiefenapfel.** Schiller beschreibt noch einige andere **Hiefenäpfel.**

RÖTLICHE RENETTE
Tafel- und Wirtschaftsapfel. Genussreife: XII bis III. Mittelgroß bis groß. Schale stellenweise berostet, sonst grünlichgelb bis gelb. Sonnenseite etwas gerötet und gestreift. Deutlicher Geruch. Fruchtfleisch gewürzt, vorherrschende Säure. Synonyme: **Queen of the Pippins, Reine des Reinettes.**

ROUCHTAUDE
Erwähnt in der Zeitschrift „Obstbau“. (27-7/94)

Im Bundes-Obstarten-Sortenverzeichnis aufgeführt sind:
ROUGET und **ROUGET DE BORN**

ROUMYANA
Aus Bulgarien. Etwa 1990. **Golden Delicious X Jonathan.** (27-9/94)

Im Bundes-Obstarten-Sortenverzeichnis angegeben ist:
ROUNDWAY MAGNUM BONUM

ROUVILLE
Kanadische Apfelsorte. Seit 1983 bekannt. (27-3/91)

ROXBURY RUSSET
Synonyme: **Boston Russet, Reinette Rousse de Boston.** Tafelapfel. Genussreife: I bis VI. Mittelgroß, flachrund. Schale grünlichgelb. Großflächige Berostungen. Schwacher Geruch. Fruchtfleisch gewürzt, angenehme Säure. (39)

ROYAL GALA
Exporte aus Argentinien, Chile, Brasilien, Neuseeland und Südafrika in großen Mengen nach Deutschland. Ebenfalls aus Italien und aus einheimischer Produktion in großen Mengen auf unseren Märkten. Abstammung von **Gala.**
Tenroy ist ein Synonym vom **Royal Gala.**

ROYAL GOLD
Im Bundes-Obstarten-Sortenverzeichnis aufgeführt.

ROYALE PEARMAIN
1797 von Lüder beschrieben in „Der Teutsche Obstgärtner." (31)

ROYAL RUSSET
Im Bundes-Obstarten-Sortenverzeichnis aufgeführt.

RUBENS
In den 60er Jahren bei der OVA im Versuchsanbau. Stammt aus Wageningen, NL. Kreuzung aus **Rote Sternrenette X Cox Orange.** Kleine, runde, gleichmäßige Früchte. Der Geschmack ist angenehm. (26-4/64)

Im Bundes-Obstarten-Sortenverzeichnis aufgeführt:
RUBENS
RUBIN Herr's Roter James Grieve - Dt. Warenzeichen: 746 022.
RUBINER
RUBINETTE
RUBINETTE EARLY RUBINETTE
RUBINETTE RED RUBINETTE

RUBINETTE
Synonym: **Rafzubin.** Herkunft ist die Schweiz. Von Hauenstein 1966 als Sämling von **Golden Delicious** gefunden. Seit 1982 im Handel. Frucht klein bis mittelgroß. Schale grüngelb, orangefarben bis braunrot. Etwas berostet. Geschmacklich sehr gut. Hocharomatisch. Fruchtgröße nicht ausreichend. Wird bereits seit 1986 in der Pfalz angebaut. Bei Geschmackstests lag diese Sorte immer mit an den ersten Stellen. Sortenschutz seit 1985. Bekannt sind noch eine **Rubinette Early** und eine

Rubinette Red. Züchter: W. Hauenstein, Rafz, Schweiz. Inhaber: Promo-Fruit AG, Rafz, Schweiz. Mutante: **Rafzubex.** Züchter: M. J. Hubschneider, Weinstadt. Sortenschutz in der EU 1997 beantragt. Literatur: (38) (41) (75)

RUBINOLA
Prima X Rubin. Aus tschechischer Züchtung, fällt durch den guten Geschmack auf, ist aber nicht lange lagerfähig. (27-4/96 aus 67-6/95)

RUBINSTAR
Rote Mutante vom **Jonagold.** 1980 in Deutschland entstanden. Große bis sehr große Frucht. Hochgebaut. Genussreife X bis IV. Fruchtschale intensiv gerötet.

RUBINSTEP
Im Bundes-Obstarten-Sortenverzeichnis angegeben.

RUBRA PRECOCCE
Kreuzung aus **Alexander X Jonathan.** Durchgeführt von Prof. Breviglieri von der Universität Florenz. 1960 zum Anbau freigegeben. Der Baum wächst stark und ist sehr robust. Früchte werden aber von anderen neuen Frühsorten übertroffen. Erträge liegen zu niedrig. Der Apfel hat sich nicht durchgesetzt. Nach meinen Erfahrungen sind die Früchte sehr groß und überwiegend rot gefärbt. Die Sorte wird wieder verschwinden. (25) (Autor)

RUBY
In den 60er Jahren bei der OVA in Jork im Versuchsanbau. (26-4/64)

Im Bundes-Obstarten-Sortenverzeichnis angegeben sind:
RUCLIVA und **RÜDENHAUSER PRINZENAPFEL**

RÜHL´S ROTPARMÄNA
Warenzeichen wurde 1963 von O. Rühl, aus Mühlhausen angemeldet. 1964 erteilt Dt. Warenzeichen: 786 117. (26-4/64) Heute schreibt man: **Rühls Rotparmäne.**

RUHM VON HOLLAND
In den Niederlanden: **Glorie van Holland.** Frucht mittelgroß. Schale weißgelb mit rotem Glanz. Tafelapfel, auch Wirtschaftsapfel. Haltbar bis II. Etwas säuerlich, knackendes Fruchtfleisch. Synonyme: **Glory of Holland, Gloire d´Hollande.** (28)

RUHM VON KELSTERBACH
Lokalsorte aus Südhessen.

RUHM VON KIRCHWÄRDER
Ist die alte Schreibweise. War überall an der Niederelbe verbreitet. Muß frisch gegessen werden. Schaumig, saftig, süß. Tafelapfel. Wurde in den 40er und 50er Jahren noch angepflanzt. Heutige Schreibweise ist **Ruhm von Kirchwerder.** Wurde ebenfalls in Schleswig-Holstein angebaut. Preisgruppe 3. Herkunft ist das zu den Vierlanden gehörende Hamburg-Kirchwerder. Synonyme: **Herbstapfel, Johannsens Roter Herbst, Johannsens Roter Herbstapfel, Kirchwerder.** Literatur: (01) (04) (39) (Autor)

RUHM VON OBERSCHLESIEN
Lokalsorte. Schale ist an der Sonnenseite rotflächig. Etwas plattrund. (39 S. 415)

RUHM VON SIEGEN
Im Bundes-Obstarten-Sortenverzeichnis angegeben.

RUHM VON THÜRINGEN
Lokalsorte. Teilweise rotgestreift. (39 S. 416)

RUHM VON VIERLANDEN
Die Sorte wurde vorwiegend in Mecklenburg angebaut. Unter dem Namen **Ruhm aus Vierlanden** war der Apfel an der Niederelbe etwas verbreitet. Genussreife: X bis XII. Die Sorte war in der Preisgruppe 2, also ein guter Tafelapfel. (39) (Autor)

RÜMMECHRÜSLICHER
Auf einer Pomologenversammlung 1867 in Reutlingen wurde beschlossen, diese Sorte in **Hebelsapfel** umzubenennen. Die Antragsteller wollten damit den fast unaussprechlichen alemannischen Namen ändern. Die Heimat dieser Sorte ist Süd-Baden, die angrenzende Schweiz und das Elsass. Es wird untersucht, ob der **Kleine Winterstreifling** (Metzger 1847) mit dieser Sorte identisch ist. Genussreife: XII bis zum Sommer. Zum Frischverzehr, auch gut für die Mostbereitung. Apfel ist kleinfrüchtig, flachrund und sehr regelmäßig. Schale ist fein, glatt und glänzend. Die grüne Grundfarbe wird zitronengelb. Die Sonnenseite ist mit roten Streifen besetzt. Fleisch ist weiß, fest, saftig und weinsäuerlich. Der Baum wächst stark. (67)

RUNDLICHER BRÜNNERLING
Im Bundes-Obstarten-Sortenverzeichnis angegeben.

RUNSE
Lokalsorte in Italien. Keine weitere Beschreibung gefunden. (27-9/94)

RUSSET NONPAREIL
Tafelapfel. Frucht ist mittelgroß, flachrund, gleichmäßig gebaut. Schale stellenweise fein aufgerauht, grünlichgelb, später gelb. Sonnenseite etwas gerötet. Schwacher Geruch. Genussreife: XI bis II. Fleisch ist hellgelb, fein, ausreichend saftig. (39)

RUSSET VON SYKEHOUSE
Tafelapfel. Synonyme: **Pomme de Syke-House, Syke-House Russet.** Tafel- und Wirtschaftsapfel. Genussreife: XII bis III.

RYAN DELICIOUS
Im Bundes-Obstarten-Sortenverzeichnis angegeben.

RYMER
Ein sehr schöner Apfel. Großfrüchtig. Qualität entspricht aber nicht dem Aussehen. Schale ist dunkelgelb, leicht gerötet und gestreift. Fleisch ist gelb und mürbe, wenig gewürzt und wenig saftig. Fruchtfleisch süßweinsäuerlich bis bitter. (39)

SAALBYER ROSENAPFEL
Im Bundes-Obstarten-Sortenverzeichnis angegeben.

SÄCHSISCHE GELBE RENETTE
1936 von Goetz erwähnt. (12) Siehe **Gelbe Sächsische Renette.**

SAFRAN-ANTONOWKA
Angegeben im Bundes-Obstarten-Sortenverzeichnis.

SAFRANAPFEL
Synonym: **Pomme Safranée.** Tafel- und Wirtschaftsapfel. Frucht mittelgroß und ungleichmäßig gebaut. Genussreife: XII bis III. Schale ist glatt, etwas fettig, grünlichgelb, später lebhaft gelb. Sonnenseite gerötet und gestreift. Fruchtfleisch fein, saftig, gewürzt. (39)

SAFRAN KITAIKA
Züchtung von Mitschurin. Frostharte Sorte, ansonsten keinen Wert für Mitteleuropa. **Ananasrenette X Malus prunifolia.** (26-3/64)

SAFRAN PEPPING
Züchtung von Mitschurin mit einer frostresistenten Wildart als Großvater. **Orleansrenette X (Litauer Pepping x Malus prunifolia).** Geringe Haltbarkeit, unbefriedigender Geschmack. (26-11/12/63) Österreichische Version: Aus

Russland, seit 1907 bekannt. Im Ertrag seit 1915. **Orleans Renette X (Englischer Pepping x Kitajka).** Bewertung als Tafelapfel. Genussreife: X bis XI. Widerstandsfähig gegen Blüten- und Winterfrost. Wenig anfällig für Schädlinge. (02)

SÄFSTAHOLMS ROSENAPFEL
Schwedische Sorte. Wurde 1880 eingeführt. Tafel- und Wirtschaftsapfel. Genussreife: X bis XII. Mittelgroße, abgestumpft kegelförmige, etwas ungleichmäßig gebaute Frucht. Schale glatt, grünlichgelb, dann hellgelb. Sonnenseite kräftig gestreift. Schwacher Geruch. Fleisch ist fein, saftig, etwas gewürzt. Harmonisches Zucker-Säure-Verhältnis. Baum wächst mittelstark und sehr gesund. Geringe Ansprüche an Boden und Lage, für rauhe Gebiete geeignet. Ertrag setzt früh ein und ist hoch. Sorte ist diploid. Auch nur **Säfstaholm.** (07) (39) Im Bundes-Obstarten-Sorten-Verzeichnis ist auch ein **Roter Säfstaholms Rosenapfel** angegeben. (70)

SAINT-BAUZAN
Auch **Saint-Baussan.** Siehe auch Bundes-Obstarten-Sortenverzeichnis.

SALEMER KLOSTERAPFEL
Lokalsorte aus Baden. Tafel- und Wirtschaftsapfel. Großfrüchtig, gleichmäßig gebaut. Genussreife: XII bis V. Ertrag spät, dann aber gut und regelmäßig. (39)

Im Bundes-Obstarten-Sortenverzeichnis angegeben sind:
SALGIERSKOJE auch: **Salgirskoe**
SALOMEME
SALTCOTE PIPPIN
SALZBURGER LIMONIAPFEL
SALZBURGER ROSENSTREIFLING

SALZBURGER ROSENSTREIFLING
Tafel- und Wirtschaftsapfel. Genussreife: X bis I. Synonym: **Rosenstreifling.** Großer, abgestumpft rundlicheiförmiger, gleichmäßig gebauter Apfel. Schale derb, glatt, grünlichgelb. Später gelb, zur Reifezeit gerötet und gestreift. Schwacher Geruch. Fleisch fein, saftig, etwas rosenapfelartig gewürzt. Angenehme Säure, ausreichend Zucker. (39) (44)

Im Bundes-Obstarten-Sortenverzeichnis angegeben.
SALZBURGER ROSMARIN
SAM YONG

SÄMLING VON AITERBACH
Lokalsorte am Chiemsee. Frucht breitgebaut. Schale hellgelb, zur Reife großflächig gerötet, etwas gestreift. Synonym: **Aiterbach.** (39)

SÄMLING VON BEACHAMWELL
Tafelapfel. Klein bis mittelgroß. Genussreife: XII bis III. Schale glatt, grün, später grünlichgelb bis gelb. Neigt auf dem Lager zum Welken. Fleisch ist fein, zart, sehr saftig, renettenartig gewürzt. Angenehme Säure, geringer Zuckergehalt. (39)
Synonym: **Beachemwell Seedling.**

SÄMLING VON ECKLINEVILLE
Synonyme: **Ecklineville Pippin, Ecklineville Seedling.** Gelbgrüner Herbstapfel. Genussreife: X bis XII. Großfrüchtig, flachrund. Schwacher Geruch. Schale glatt, grünlich, dann grünlichgelb. Sonnenseite intensiv gelb, auch gerötet. Fruchtfleisch ist saftig, kaum gewürzt. (39)

SÄMLING VON EFFELTRICH
Lokalsorte aus Oberfranken. (39 S. 420)

SÄMLING VON EICH
Im Bundes-Obstarten-Sortenverzeichnis angegeben.

SÄMLING VON GÖTTSCHLAG
Lokalsorte aus dem Raum Freising. (39)

SAN GIOVANNI
Früher Wirtschaftsapfel. Kam in den 70er Jahren noch aus Italien. Großfrüchtig. Geschmacklich nur fade. Ohne besonderes Aroma. Farblich ein häßliches Grün.

SAN JACINTO
Stammt aus Kalifornien. Mittelgroß bis groß, hochgebaut, eiförmig. Schale karminrot gestreift. Sommerfrucht. Genussreife: VIII bis IX. Schale zur Reifezeit karminrot gefärbt und gestreift. Fleisch weiß, saftig, angenehme Säure, leichte Würze. (26) (39)

Im Bundes-Obstarten-Sortenverzeichnis aufgeführt sind:
SANSA Japanische Apfelsorte. (27-2/96)
SANSPAREILLE
SANTANA

SARATAGO
Nordamerikanische Sorte. Großfrüchtig. Schale hellrot, dick. Fruchtfleisch ist grob und fest. Ohne besonderen Duft. Soll gut haltbar sein. (Deutscher Obstbau 1941)

SARY SINAP
SATURN
Sind im Bundes-Obstarten-Sortenverzeichnis eingetragen.

SAUERGRAUECH
Herkunft ist nicht bekannt, doch ist er besonders im Kanton Bern beheimatet. Typische schweizer Sorte. Sehr beliebter Tafel- und Mostapfel. Druckempfindlich. Im 19. Jahrhundert entstanden. Synonyme: **Graeuch, Pomme raisin** (französisch), **Raisin, Rosenapfel.** Ein **Roter Sauergrauech** ist ebenfalls bekannt. (03) (39)

SÄUERLICHER KÖBERLING
1836 von Hinkert beschrieben. Wirtschaftsapfel. Genussreife: X bis XII. Mittelgroß, hochgebaut bis walzenförmig. Schale fettig, gelb, Sonnenseite gerötet. Rost- und Warzenbildung normal. Fruchtfleisch ist weinsäuerlich. (40) Synonym: **Köberling.**

SAURE GAMERSE
Gamerse Zure. In den EG-Normen als großfrüchtige Sorte angegeben. (36)

SAURER RABAU
Historische Sorte, 1836 von Hinkert beschrieben. Wirtschaftsapfel. Kleinfrüchtig, abgestumpft, rund, gerippt. Verarbeitung ab Dezember. Lange haltbar. (40)

SAUKA
SAUVEURER KALVILL
Beide Sorten sind im Bundes-Obstarten-Sortenverzeichnis angegeben.

SCARLET BEAUTY
Nordamerikanische Sorte. Mittel- bis großfrüchtig. Dunkelrote Schale mit bläulichem Hauch. Schale ist dick, Fruchtfleisch ist mürbe. (Deutscher Obstbau 1941). Bekannt ist noch **Scarlet Spur** und **Scarlet Wilson.**

SCARLET PARMÄNE
In den 60er Jahren bei der OVA im Versuchsanbau. Ein sehr lange bekannter Zufallssämling aus England. Eher kleinfrüchtig, soll geschmacklich gut sein. Genussreife: X bis XI. Schale glatt, etwas fettig. Gelb, zur Reife kräftig gerötet. Fleisch fein, saftig, angenehm gewürzt. Wenig Säure, hoher Zuckergehalt. Im 19. Jh. in

Österreich und Böhmen bekannt. (02) (26-7/65) (39) Synonyme: **Ecalarte d´ Eté, Englische Scharlachrote Parmäne, Scarlet Pearmain.** Deutscher Name: **Scharlachrote Parmäne.** (83)

SCARLET PIGEON
Wurde in Dänemark angebaut, 1945 noch 7,1 % der Produktion (30 S.267)

SCHAALBYER ROSEN
Aus Schalby, im Angelner Land. (Schleswig-Holstein). Kleiner, roter Weihnachtsapfel. Genussreife: XI bis II. Baum wächst schwach. Liebt lehmigen Boden. (71)

SCHAFFELDER
1936 von Goetz in (12 S. 34) erwähnt. Ohne Beschreibung.

Im Bundes-Obstarten-Sortenverzeichnis angegeben sind:
SCHAFSKOPF
SCHAFSNASE
SCHAFSNASE, GELBE
SCHAFSNASE, ROTE
SCHAFSNASE, ROTGESTREIFTE GELBE
SCHAFSNASE, SCHLESISCHE
SCHAFSNASE, WEISSE (Weiße Schafsnase)

SCHAFSNASE
Unter diesem Namen laufen mehrere Sorten. Bekannt ist die **Berliner Schafsnase,** die **Rheinische Schafsnase** und die **Schlesische Schafsnase. Schafnase** ist auch ein Synonym für verschiedene Apfelsorten.

SCHARLACHROTER NONPAREIL
Synonyme: **Non Pareille Ecarlate, Nonpareil, Nonpareil Ecalarte, Scarlett Nonpareil.** Tafel- und Wirtschaftsapfel. Kleine bis mittelgroße Frucht. Schale glatt, hellgrün, später gelb. Zur Reifezeit gerötet und etwas gestreift. Fleisch ist fein, saftig und gewürzt. (39)

SCHARLACHROTER
SCHARLACHROTER COUSINOT
Beide Sorten sind im Bundes-Obstarten-Sortenverzeichnis angegeben.

SCHARLACHSÄMLING
Siehe unter: **Gascoynes Scharlachroter.**

SCHATZLERAPFEL
Plattrunder Apfel, stark rot gestreift. Herkunft unbekannt. (39 S. 423)

SCHAUMBURGER PURPURSTREIFLING
1836 von Hinkert beschrieben. Genussreife: XII bis III. Frucht klein. Schale ist gelb, Sonnenseite gerötet, ganzflächig gestreift. Fleisch süßsäuerlich. Gewürzt. (40)

SCHEBERAPFEL
Im Bundes-Obstarten-Sortenverzeichnis angegeben.

SCHEHLING
Alte Lokalsorte in Württemberg. (67)

SCHEIBENRENETTE
1836 von Hinkert beschrieben, Tafelapfel. Mittelgroß, rund. Genussreife: XI bis IV. Schale gelb, später großflächig gestreift. Fleisch gewürzt und süß. (40)

SCHEIDGEN`S JUBILÄUM
In der Sortenprüfung: Forschungsanstalt in Geisenheim. (85)

SCHELLENAPFEL
In der Sortenprüfung: Forschungsanstalt in Geisenheim. (85)

SCHELLINGHOUTER
Im Bundes-Obstarten-Sortenverzeichnis angegeben. (70)

SCHENECTADY
Aus Nordamerika, hat in Europa keine Bedeutung gehabt. (83)

SCHEPPERER
Im Bundes-Obstarten-Sortenverzeichnis aufgeführt.

SCHEUERNAPFEL
1836 von Hinkert beschrieben. Tafel- und Wirtschaftsapfel.Genussreife: I bis VIII. Frucht mittelgroß, flachgebaut bis rund. Schale hellgelb, Sonnenseite gerötet und gestreift. Fruchtfleisch leicht aromatisch, süß. (40)

SCHICKS RHEINISCHER LANDAPFEL
Genussreife: XI bis II. Frucht ist groß bis sehr groß. Schale fettig, grünlichgelb bis gelb. Sonnenseite manchmal gerötet und gestreift. Fruchtfleisch aromatisch. (39) Synonyme: **Landapfel, Rheinischer Landapfel, Schick Johannes.**

SCHIEBLERS TAUBENAPFEL
Im 19. Jahrhundert in Thüringen bekannt. Ess- und Wirtschaftsapfel. Frucht klein bis mittelgroß. Längliche eiförmige Früchte. Genussreife: XI bis II. Starke Säure bei geringem Zuckergehalt. War u. a. um 1890 in Ostfriesland bekannt. (17) (39)

SCHIERAPFEL
Im Bundes-Obstarten-Sortenverzeichnis aufgeführt.

SCHILLERS ROSENAPFEL
Genussreife: XII bis III. Frucht mittelgroß, abgestumpft rund, leicht gerippt. Schale gelb, später großflächig gerötet und gestreift.

SCHKOVOGEAEBLE
SCHLESISCHE RENETTE
Beide Sorten sind im Bundes-Obstarten-Sortenverzeichnis aufgeführt.

SCHLESISCHER LEHMAPFEL
Entstehung ist unbekannt. Früher in Schlesien weit verbreitet. Wird häufig mit dem **Welschweinling** verwechselt. Genussreife: I bis III. Schale fettig, gelb, an der Sonne leicht gerötet, leichte Berostungen, süß. (39) Synonyme: **Lehmapfel, Welscher Weinling, Welschweinling.**

SCHLESISCHER ROTBORSDORFER
Im Bundes-Obstarten-Sortenverzeichnis aufgeführt.

SCHLESWIGER ERDBEERAPFEL
Synonym: **Slesvigsk Jordbaeraeble.**

SCHLESWIGER ROSENHÄGER
1936 bei Goetz erwähnt, ohne Angabe von Daten. (12 S. 34)

SCHLOSS STIRLING
Synonym: **Stirling Castle.** Wirtschaftsapfel. Genussreife: X bis XII. Frucht ist groß, flachrund und gleichmäßig gebaut. Schale ist glatt, fettig, hellgrün, später

gelblichgrün. Schwacher Geruch. Fleisch hellgelb bis weiß, fein, sehr saftig, nicht gewürzt. (39)

SCHLÖSSERS GRÜNLING
Wirtschaftsapfel. Verarbeitung: XII bis II. Frucht groß, abgstumpft rund und flach gerippt. Schale grün, Sonnenseite gerötet und gestreift. Schwacher Geruch. (39)

SCHLOTTERAPFEL VAN DER FLEES
Historische Sorte, beschrieben 1854 von Calwer. Wirtschaftsapfel. Genussreife: IX. Schale gelb, Sonnenseite gestreift. Aromatisch. (40)

SCHMALZAPFEL
Alte Lokalsorte. Herkunft ist unbekannt.

SCHMALZPRINZ
Synonym: **Kardinalprinz.** War überall an der Niederelbe stark verbreitet, auch auf der Stader Geest. Haltbar bis Januar. Etwas hart, frisch, saftig, ohne besonderes Aroma, Ess- und Konditorapfel. Preisgruppe 3. Soll als Sämling im Alten Land entstanden sein. (01) (39)

SCHMECKWEL
1797 von Christ beschrieben. Tafel- und Wirtschaftsapfel. Genussreife: XI bis IV. Frucht klein, hochgebaut. Schale grünlichgelb, deutlich berostet.

SCHMIDTBERGER RENETTE
Aus Österreich, Zufallssämling, etwa um 1700 entstanden. Für mittlere bis hohe Lagen geeignet. Ess- und Mostapfel. Wurde im 19. Jh. in Oberösterreich und in Böhmen angebaut. Synonyme: **Plankenapfel, Rote Renette, Schmidtbergers Rote Renette.** (02) (39)

SCHMIEDEAPFEL
Synonym: **Forge.** Tafel- und Wirtschaftsapfel. Genussreife: X bis I. Mittelgroße Frucht. Schale grünlichgelb, Sonnenseite gerötet, Schattenseite gestreift. (39)
Im Bundes-Obstarten-Sorten-Verzeichnis ist ein **Schmiedsapfel** erwähnt.

SCHNEEAPFEL
Ist ein Synonym der Sorte **Fameuse** und anderer Sorten.

SCHNEEKALVILL
Russische Sorte. Früchte unansehnlich grünlichgelb, ohne rote Deckfarbe. Hart im Fleisch, mäßiger Geschmack. Genussreife: XII bis III. Mittelgroße Frucht.. Schale grünlichgelb, Sonnenseite gestreift. Deutlicher Geruch. Fruchtfleisch gewürzt, angenehme Säure. Quellen: (26-11/12/63) (39) (40)

SCHNEIDERAPFEL
Lokalsorte aus der Schweiz. Wird vorwiegend als Stammbildner genommen. Früchte klein, schlechte Qualtät. Baum ist sehr anspruchslos an Boden und Klima. Ist auch in Württemberg bekannt. (67)

SCHNEIDERS SÄMLING - Vielseitig verwendbar. Frucht mittelgroß. Genussreife: XII bis III. Schale gelb, Sonnenseite gerötet, Schattenseite gestreift. Deutlicher Geruch, wenig saftig. (39)

Im Bundes-Obstarten-Sortenverzeichnis sind aufgeführt:
SCHNIGA
SCHNITZAPFEL
SCHNURRENAPFEL
SCHONE VAN IEPHOF

SCHOHARIE
Sorte stammt aus Amerika. Großfrüchtig. Rot gestreift. Frostempfindlich. (83)

SCHÖNBERGER RENETTE
Im Bundes-Obstarten-Sortenverzeichnis aufgeführt.

SCHÖNER AUS BATH
Alte Sorte, Frühapfel. Genussreife: Ende VII bis IX. Stammt aus England. Wurde im 19. Jahrhundert **Schöner aus Bath** geschrieben. Heute: **Schöner von Bath.** Synonyme: **Bath** (ist auch der Handelsname), **Beauty of Bath, Schönheit aus Bath.** Plattrunde Früchte. Ausgesprochen fauler Träger bei großem Raumanspruch. Was Färbung und Aussehen betrifft, kann ich nur sagen, dass der Apfel bildhübsch ist. Durchpflücken ist zu empfehlen. (04) (08) (39) (Autor) R. Koloc schreibt folgendes: Entstanden in Bailbrook bei Bath, Südengland. 1864 eingeführt von Cooling & Sons, Bath. 1887 1. Klasse Wertzeugnis der Royal Horticultural Society, London. (93)

SCHÖNER AUS HAUTS
Wurde 1936 bei Goetz erwähnt, ohne Angabe von Daten. (12 S. 16)

SCHÖNER AUS HASELDORF
Auch im Alten Land angebaut. Ist der **Haseldorfer Prinz.**

SCHÖNER AUS HOLSTEIN
Alte Lokalsorte in Schleswig-Holstein. Vereinzelt sind noch Bäume anzutreffen.

SCHÖNER AUS KENT
Sorte ist diploid. Großer flachrunder, ungleichmäßig gebauter Apfel. **Schöner von Kent.** Synonyme: **Beauté de Kent, Beauty of Kent.**

SCHÖNER AUS MILTENBERG
Herbstfrucht. Genussreife: XI bis XII. Frucht ist mittelgroß bis groß. Entstanden durch Befruchtung von **Grahams Jubiläum** mit **Gravensteiner. Schöner von Miltenberg** wurde 1902 in Stettin und 1904 in Düsseldorf als Neuheit ausgestellt und erhielt den ersten Preis. (12) (39) (78)

SCHÖNER AUS NORDHAUSEN
Mittelfrühblühend, diploid, (32 S.27). Wurde in der Mitte des 19. Jahrhundert in Nordhausen am Harz gefunden. Hohe und regelmäßige Ertäge. Fruchtfleisch ist saftig und locker. Geschmack zeichnet sich durch viel Zucker und Säure aus. Früchte bleiben leicht zu klein und sind unregelmäßig geformt. Druckempfindlich. Vermutlich schon 1820 als Sämling in Nordhausen gefunden und 1892 in den Handel gebracht. Synonyme: **Hindenburg, Nordhausen, Belle de Nordhausen** (franz. Name) Lt. R. Coloc war ein Herr Kaiser aus Nordhausen um 1860 der Züchter. 1892 in den Handel. Handelsname: **Nordhausen.** Literatur: (02) (39) (92)

SCHÖNER AUS PONTOISE - Sämling des **Kaiser Alexander.** Vom Gärtnereibesitzer Remy in Pontoise gezüchtet. 1881 zum erstenmal in der „Revue horticole“ beschrieben. Wirtschaftsapfel. Mittelfrühblühend, diploid. (32 S.27) Heute: **Schöner von Pontoise.**

SCHÖNER AUS POTTSCHEID
Ist im Bundes-Obstarten-Sortenverzeichnis aufgeführt.

SCHÖNER AUS VIERLANDEN
Vermutlich der **Wohlschmecker aus Vierlanden,** eine Lokalsorte der Elbmarschen südlich von Hamburg.

SCHÖNER MAIAPFEL
Wirtschaftsapfel. (39) Verarbeitung: I bis V. Kleiner, abgestumpfter, gleichmäßig gebauter Apfel. Schale glatt, etwas fettig, glänzend grünlichgelb, später gelb. Fleisch gelblich bis gelblichgrün. Fein, saftig, wenig gewürzt. Kräftige Säure, wenig Zucker.

SCHÖNER HERBSTROSENAPFEL
Ist im Bundes-Obstarten-Sortenverzeichnis aufgeführt.

SCHÖNER PFÄFFLING
Historische Sorte, 1836 von Hinkert beschrieben. Wirtschaftsapfel. Genussreife: XI bis VIII. Frucht mittelgroß. Schale gelb, Sonnenseite verwaschen rötlich. (40)

SCHÖNER VOM NECKARTAL
Lokalsorte aus Baden-Württemberg.

SCHÖNER VON ALTENEGLOFFSHEIM
Im Bundes-Obstarten-Sortenverzeichnis aufgeführt.

SCHÖNER VON BASSUM
Lokalsorte aus Norddeutschland. Raum Bremen-Oldenburg.

SCHÖNER VON BOSKOOP
Alte Synonyme: **Belle de Boskoop, Monstrueuse, Montfortrenette, Reinette Belle de Boskoop, Reinette Monstrueuse, Renette Belle de Boskoop, Renette von Montfort, Schoone van Boskoop, Winterrenette.** (02) (39) (45)

SCHÖNER VON BRANOVICE
Ist im Bundes-Obstarten-Sortenverzeichnis angegeben.

SCHÖNER VON BUITS
Synonym: **Belle des Buits, Buits.** Tafel- und Wirtschaftsapfel. Großer flachrunder, gleichmäßig gebauter Apfel. Schale glatt, glänzend, grünlichgelb, dann hellgelb. Sonnen- seite etwas gerötet. Fehlender Geruch. Fleisch gelblichweiß bis weiß, fein, saftig, etwas gewürzt. (39)

Im Bundes-Obstarten-Sortenverzeichnis angegeben sind:
SCHÖNER VON BURSCHEID
SCHÖNER VON EICHEN
SCHÖNER VON ELMPT
SCHÖNER VON HADELN Lokalsorte aus dem Land Hadeln.

SCHÖNER VON HAVRE
Tafel- und Wirtschaftsapfel. Genussreife: XI bis II. Großfrüchtig. Synonyme: **Belle du Havre, Havre, Schöner Süßapfel von Havre, Süßapfel.** (39)

SCHÖNER VON HERRNHUT
Um 1880 von A. Heintze in Herrnhut bei Zittau in Sachsen gefunden. Seit etwa 1900 im Handel. Frucht ist mittelgroß, bei starkem Behang bleiben die Früchte klein. Schale ist glatt und fettig. Ein helles Grüngelb ist die Grundfarbe, die Deckfarbe ist dunkelrot bis trüb. Fleisch ist weißlichgelb, mittelfest, feinzellig, saftig, schwach säuerlich süß, ohne besonderes Aroma. Tafelapfel, kann auch für Saft verwendet werden, aber nicht für Apfelmus. Ertrag kann sehr hoch sein. Ist auch in rauhen Lagen anbaufähig. Synonyme: **Herrnhut, Schöner aus Herrnhut.**

SCHÖNER VON HOLSTEIN
Früher: **Schöner aus Holstein.** Auch im Bundes-Obstarten-Sortenverzeichnis.

SCHÖNER VON HUY
Tafel- und Wirtschaftsapfel. Mittelgroß. Genussreife: XII bis III. (39) Synonyme: **Belle et Bonne de Huy, Huy.**

SCHÖNER VON LUTTEN
Lutten, Lutter Winterapfel. Sorte soll aus Oldenburg stammen. Ist eine Lokalsorte im Weser-Ems-Gebiet. Genussreife: XII bis III. Tafelapfel. (92)

SCHÖNER VON MAGNY
Großer, flachrunder Apfel, rot gesprenkelt. (39)

SCHÖNER VON MLEJEW
Ist im Bundes-Obstarten-Sortenverzeichnis aufgeführt.

SCHÖNER VON NORDHAUSEN
Unter **Schöner aus Nordhausen.** Preisgruppe 3.

SCHÖNER VON OSNABRÜCK
Synonym: **Hindenburgapfel.** Auch im Bundes-Obstarten-Sortenverzeichnis.

SCHÖNER VON REPT
Synonyme: **Rept, Wunder von Repten.** Stammt aus den USA. Hochgebaute Frucht. Genussreife: XI bis V. Fleisch ist saftig, Geschmack süß, ohne Würze. (39)

SCHÖNER VON SCHÖNLIND
Synonym: **Kedererapfel.** Lokalsorte aus dem Kreis Amberg, Oberpfalz. Gefunden im Garten von Bürgermeister Kederer. Name wurde auf der Sortenschau 1927 in Ulm gegeben. Tafelapfel. Mittelgroß bis groß. Frucht ist hochgebaut. Genussreife: XI bis I. Geschmack ist süßsäuerlich, angenehme Würze. (39)

SCHÖNER VON WESTLAND
Synonyme: **Beauty of the West, Westland.** Wirtschaftsapfel.Genussreife: XI bis I. Schale glatt, etwas fettig, hellgrün. Fleisch fein, saftig, schwach gewürzt. (39)

SCHÖNER VON WIEDENBRÜCK
Wurde vom Baumschulenbesitzer Dürbusch in Wiedenbrück in Westfalen um 1900 gezüchtet. Essapfel, widerstandsfähig gegen Schorf, andere Krankheiten und Schädlinge. Durch späte Blüte frostunempfindlich. Synonym: **Wiedenbrück.**

SCHÖNER VON WILTSHIRE
In Niederbayern **Weiße Wachsrenette.** Tafel- und Wirtschaftsapfel. In Bayern eine Hauptsorte im Streuobstanbau. Genussreife: XI bis XII. Großer, etwas ungleichmäßig gebauter Apfel. (39) Synonyme: **Wachsrenette, Wiltshire.**

SCHOOLMASTER
Alte englische Sorte. Wirtschaftsapfel, sehr lange haltbar. Bleibt vollsaftig. Wurde 1908 in den Pomologischen Monatsheften beschrieben (Autor: Töbemann) In Österreich **Schulmeister.** Auch **Schulmeisterapfel.**

Im Bundes-Obstarten-Sortenverzeichnis aufgeführt sind:
SCHORNDORFER RENETTE
SCHRADERS SÄMLING
SCHROZBERGER WEINAPFEL

SCHUBACKS PRINZ
1938 in einer sächsischen Sortenliste erwähnt. (95)

SCHULMEISTER
Auch **Schulmeisterapfel.** Die Sorte ist in Österreich, besonders im Waldviertel bekannt. (44) Identisch mit der Sorte **Schoolmaster.**

SCHURAPFEL
War eine im Alten Land stark verbreitete Apfelsorte. Wirtschaftsapfel. Lokalsorte. Genussreife: II bis III. Milder, säuerlicher, saftiger Apfel. Ohne besonderes Aroma.

Sorte neigt zur Schalenbräune und zur Alternanz. Mittelgroß. Preisgruppe 4. (01) Synonyme nicht bekannt. Als Essapfel war der Schurapfel eine Zumutung ! (Autor)

Im Bundes-Obstarten-Sortenverzeichnis aufgeführt sind:
SCHURRENAPFEL
SCHUSSENTÄLER Synonym: **Schöner aus dem Schussental.**

SCHUSTERAPFEL
War im 19. Jahrhundert in Voralberg bekannt. Lokalsorte. Mostapfel in Niederösterreich. Fallreife: Oktober. Baum war fruchtbar. (02) (44)

SCHWAIKHEIMER
Ist auch der Handelsname. Bekannt sind die Schreibweisen: **Schwaikheimer Rambour** und **Schwaikheimer Rambur.** Synonyme: **Grummelore, Klosterrambour, Klosterrambur, Krumme Lore, Lohrer Rambour, Lohrer Rambur, Lore, Sternwirtsapfel, Zocklerapfel.** (04) (39) Siehe auch: **Lohrer Rambur.**

SCHWANNENAPFEL
1795 von Schiller beschrieben. Synonym: **Svvaan-Appel.** Großfrüchtige Sorte. Wurde nicht besonders gut bewertet. Originaltext Schiller: *„Fleisch ist mild, von ziemlich angenehmen, doch eben nicht gar feinem Geschmack; daher er kaum unter die mittelmässigen Sorten gezählet zu werden verdienet."* (37)

SCHWARZAPFEL
Im Bundes-Obstarten-Sortenverzeichnis aufgeführt.

SCHWARZE BLUTRENETTE
Eine sehr alte Sorte, wurde schon 1836 von Hinkert beschrieben. Tafelapfel. Genussreife: XI bis II. Frucht mittelgroß und rund. Schale gelb, zur Reife großflächig dunkelrot gerötet. Fleisch gewürzt, süß. (40) Synonym: **Blutrenette.**

SCHWARZENBACHS PARMÄNE
Synonym: **Pearmain de Schwarzenbach.** Tafel- und Wirtschaftsapfel. Genussreife: X bis XI. Großer, gleichmäßig gebauter Apfel. Schale glatt, glänzend, gelblichgrün, später hellgelb. Sonnenseite unterschiedlich stark gerötet und deutlich gestreift. (39)

SCHWARZER API
Synonyme: **Api Noir, Black Lady.** Tafel- und Wirtschaftsapfel. Kleine gleichmäßig gebaute Früchte. Genussreife: XII bis III. Wurde u.a. im 19. Jh. in Südtirol

als Dekorationsapfel angebaut. Schale glatt, grünlich, später grünlichgelb. Sonnenseite dunkel bis schwärzlich gerötet. Fleisch ist grünlichweiß, unter der Schale oft etwas rot. Fein, fest, ausreichend saftig. (02) (39)

SCHWARZER AUS VITRY
Siehe unter **Noire de Vitry.**

SCHWARZER KURZSTIEL
Vorwiegend Wirtschaftsapfel. Genussreife: I bis VI. Mittelgroß, flachrund, gerippt. Schale fettig, grünlichgelb, Sonnenseite dunkel. Schattenseite heller gerötet und gestreift. Schwacher Geruch. Fleisch leicht gewürzt, süß. (40) Synonym: **Kurzstiel.**

SCHWARZER MAHRAPFEL
Im Bundes-Obstarten-Sortenverzeichnis aufgeführt.

SCHWARZROTER PLATTER WINTERKALVILL
Wirtschaftsapfel. Genussreife: XII bis II. Frucht ist klein, breitrund, gerippt. Schale fettig, später dunkel gerötet. Fruchtfleisch gewürzt, etwas Säure. (40)
Synonyme: **Platter Winterkalvill, Winterkalvill.**

SCHWARZSCHILLERNDER KOHLAPFEL
Synonyme: **Badischer Brauner, Kohlapfel, Schmiedapfel.** Wirtschaftsapfel. Besonders zum Keltern geeignet. Frucht ist klein bis mittelgroß.

SCHWARZWÄLDER RENETTE
Lokalsorte aus Süddeutschland.

SCHWEDISCHER ROSENHÄGER
Auch: **Svensk Rosenhäger.**

SCHWEDISCHER WINTERPOSTOPH
Synonyme: **Svensk Vinter-Postoph, Winterpostoph.** Tafel- und Wirtschaftsapfel. Genussreife: XII bis II. Große Frucht, abgestumpft rund, flach gerippt. Schale gelb, Sonnenseite etwas gerötet, großflächig gestreift. Fruchtfleisch ist leicht gewürzt. (39)

Im Bundes-Obstarten-Sortenverzeichnis aufgeführt sind:
SCHWEIZER BREITACHER
SCHWEIZER COX
SCHWEIZER JUBILÄUMSAPFEL

SCHWEIZER ORANGE
Auch bekannt als **Schweizer Orangenapfel.** Tafel- und Wirtschaftsapfel. Verträgt keinen kalten Standort. Haltbar bis Dezember/Januar. War 1963 im Versuchsanbau bei der OVA. (1963) Züchtung der Eidgenössischen Forschungsanstalt in Wädenswil. Seit 1955 im Handel. Kreuzung aus **Ontario X Cox Orange.** Synonyme: **Orange Suisse, Orangenapfel, Svýcarske Oranzové.** (Tschechien). Handelsname: **Schweizer Orange.** Literatur: (26-7/65) (39) (66)

SCHWEIZER WEISSAPFEL
Im Bundes-Obstarten-Sortenverzeichnis angegeben.

SCHWERZER RENETTE
Tafel- und Wirtschaftsapfel. Auch: **Schwerzers Renette.** Herkunft unbekannt. Frucht mittelgroß bis groß. Genussreife: I bis V. Schale gelb, Sonnenseite gerötet, Schattenseite gestreift. Teilweise Berostungen. Deutlicher Geruch. Gewürzt. (40)

SCHWÖBBERS RENETTE
Im Bundes-Obstarten-Sortenverzeichnis eingetragen.

SCIPIOS RENETTE
Tafel- und Wirtschaftsapfel. Genussreife: XII bis III. Frucht ist klein, hochgebaut. Schale gelb, Sonnenseite gerötet. Berostungen. Schwacher Geruch. Fleisch gewürzt.

SCOTTS RENETTE
Synonym: **Scotts Gelbe Winterrenette.** Mittelgroße Frucht. In den USA ist eine Sorte **Scotts Winter** bekannt. Vermutlich sind beide Sorten identisch. (Autor)

SECKLERAPFEL
Wirtschaftsapfel. Verarbeitung: I bis VI. Frucht mittelgroß, breitgebaut. Schale gelb, später gerötet und gestreift. Schwacher Geruch, leicht gewürzt. (40)

Im Bundes-Obstarten-Sortenverzeichnis aufgeführt sind:
SECOR
SEELÄNDER RENETTE
SEEMER
SEENGER MOOS

SEEDINGS GLANZAPFEL
Tafel- und Wirtschaftsapfel. Sommerapfel. Frucht mittelgroß, abgestumpft kegelförmig, schwachgerippt. Schale wachsartig weiß. Haltbar bis Mitte IX. (40)

SEELÄNDER RENETTE
Synonyme: **Amerikaner, Island`s Grünling, Reinette du Seeland, Seeländer Reinette.** Stammt aus Rhode Island/USA. War oder ist im Berner Seeland und im Aargau ziemlich verbreitet. Als einfarbig grüner Apfel aber nicht sehr beliebt. (03)

SEESTERMÜHER ZITRONENAPFEL
Grünlichgelber Wirtschaftsapfel mit fettiger Schale. Vorwiegend in Schleswig-Holstein verbreitet. Schlechte innere Qualität der Früchte. Nicht mehr im Anbau. Lokalsorte. Genussreife: X bis I. Der Baum ist anspruchslos. (26-11/12/63)

SEIDEN-BRÜNNERLING
Im Bundes-Obstarten-Sortenverzeichnis angegeben.

SEKAIICHI
Stammt aus Japan. Forschungsstation Amori. Abkömmling vom **Golden Delicious.** Saftig-süß, gute Haltbarkeit. Sehr groß, durchschnittlich 500 gr. per Frucht. Blassrote Streifen auf gelber Grundfarbe. (27-10/93)

SELENA
Aus Tschechien. **Britemax X Prima.** 80 % rot. (26-12/94)

SELENKA
Ist im Bundes-Obstarten-Sortenverzeichnis angegeben.

SEMMELAPFEL
Alte Lokalsorte in Österreich. (44) In der österreichischen Literatur tauchen immer wieder unbekannte Sortennamen auf. Dies ist nicht verwunderlich, wenn man bedenkt, dass es vor 1945 alleine in Niederösterreich über 600 Lokalsorten gegeben haben soll. In den vergangenen Jahren habe ich, besonders in Oberösterreich, bei meinen Exkursionen immer wieder Apfel- und Birnenbäume entdeckt, die sortenmäßig nicht einzuordnen waren. Bei Nachfragen habe ich oft die tollsten Namen zu hören bekommen. In der Literatur waren diese nicht aufzufinden. (Autor)

Im Bundes-Obstarten-Sortenverzeichnis aufgeführt sind:
SENAGRANDE
SENATOR

SENECA FAVORITE
Wurde in „Deutscher Obstbau“ 1941 beschrieben.

SENSHU
Eine japanische Sorte. Erwähnt in (27-7/95)

SEPPERLAPFEL
Alte Lokalsorte aus Österreich. (44)

Im Bundes-Obstarten-Sortenverzeichnis aufgeführt sind:
SEPTEMBERROOD
SEPTER Kreuzung aus **Jonathan X Golden Delicious.** (25) Großfrüchtig.

SERINKA
Tafel- und Wirtschaftsapfel. Genussreife: X bis XII. Frucht mittelgroß, hochgebaut und flach gerippt. Schale fettig, grünlichgelb. Sonnenseite gerötet und gestreift. (07) Synonym: **Strullowka.**

Im Bundes-Obstarten-Sortenverzeichnis werden folgende Sorten aufgeführt:
SERSNA
SERZIKA
SEWERNAJA SARJA
SEWERNAJA SWESDA

SHAMPION
Aus Tschechien. **Golden Delicious X Lord Lambourne.** Seit 1976 im Handel. Frucht mittelgroß bis groß, rundlich, etwas ungleichmäßig geformt. Schale hell- bis mittelrot, stark gestreift. Schwach süßsäuerlich. Manchmal etwas fade. (40) Auch **Champion.** Gibt auch eine Sorte **Roter Shampion.** (38)

SHAMROCK
Ist im Bundes-Obstarten-Sortenverzeichnis aufgeführt.

SHARON
McIntosh X Longfield. 1922 eingeführt. (26-7/8/57)

SHEPHERDS PERFECTION
Synonym: **Perfection.**

SHERWOODS FAVORITE
Stammt aus Nordamerika. Wurde 1886 auf einer Liste der besten amerikanische Apfelsorten geführt. (15 S. 145)

SHIGULEWSKOJE
Synonym: **Zhigulevskoe.** Aufgeführt im Bundes-Obstarten-Sortenverzeichnis.

SHIN INDO
Japanische Züchtung. **Indo X Golden Delicious.** Früchte sind unansehnlich. Farblich nur ein schwacher, orangeroter Überflug. Frucht klein bis mittelgroß. (26-4/64) Geschmack etwas bananenartig, sehr süß. (39)

SHINKO
Aufgeführt im Bundes-Obstarten-Sortenverzeichnis.

SHINSEI
Japanische Züchtung der Versuchsstation Aomori. **Golden Delicious X Early McIntosh.** Kein besonderes Aroma, für den Anbau in Deutschland nicht geeignet. Kleinfrüchtig. Schale fettig, weißlichgelb. Frucht ist sehr süß. (26-4/64)

SHOONWOERD
Rote Mutante von **Delbarestivale.** Aus der Baumschule Jo Nicolai, Belgien. Hat mehr Farbe als der normale **Delbarestivale.** Soll virusfrei sein. (26-11/94)

SHOTWELL DELICIOUS
Sorte aus den USA. Mutation: **Top Red.** (25)

SIBIRISCHER AUGUSTAPEL
Wirtschaftsapfel. Verarbeitung: VIII bis IX. Kleiner bis mittelgroßer, gleichmäßig gebauter Apfel. Schale etwas fettig, grün, später grünlichgelb. (39)

SIBIRISCHER EISAPFEL
Synonym für den **Weißen Astrachan.** Synonyme des **Eisapfel** sind: **Sibirischer Waldapfel, Waldapfel.** (40)

SIBIRISCHER HOLZAPFEL
Synonyme: **Holzapfel, Sibirian Crab.** Wirtschaftsapfel. Im Aussehen sehr schön. Geschmack nicht befriedigend. Genussreife: VIII bis IX. (39)

SIEBENKANT
SIEBENSCHLÄFER, Lokalsorte in der Pfalz, war um 1890 bekannt. (17)
Sind im Bundes-Obstarten-Sorten-Verzeichnis aufgeführt.

SIEFKENS AMMERLÄNDER
1936 bei Goetz erwähnt, ohne Daten. (12 S. 20)

SIEFKENS SÄMLING
Ist im Bundes-Obstarten-Sorten-Verzeichnis aufgeführt.

SIEGENDE RENETTE
Tafel- und Wirtschaftsapfel. Genussreife: XII bis V. Frucht mittelgroß bis groß, hoch gebaut. Schale gelb, Sonnenseite leicht gerötet, später ganzflächig gestreift. Berostungen. Fruchtfleisch gelblichweiß, fein, saftig, renettenartig gewürzt. (39)

SIEMERS BOSKOOP
Ist im Bundes-Obstarten-Sortenverzeichnis aufgeführt.

SIERINKA
Zufallssämling aus Lettland. Genussreife bei uns zu früh. Nur kurze Zeit haltbar. Früchte neigen zur Stippigkeit. Geschmack und Aussehen nicht befriedigend für unsere Verhältnisse. (26-11/63)

Im Bundes-Obstarten-Sortenverzeichnis aufgeführt sind:
SIFRA
SIGNE GULNE

SIGNE TILLISCH
Aus Jütland (Dänemark). 1866 aus Samen gezogen vom damaligen Kammerherrn Tillish in Bjerre bei Horsens. Der Apfel wurde nach seiner Tochter benannt. 1884 erwarben die Baumschulbesitzer Mathiesen in Korsör das Recht der Vermehrung und des Verkaufs der Sorte. Wurde überall in Dänemark und Deutschland verbreitet. Tafelapfel, geringe Haltbarkeit. Stark anfällig gegen Schorf, Stippigkeit und Mehltau. Synonym: **Tillisch.** Preisgruppe 1. Der Apfel ist sehr würzig und saftig. Frucht groß bis sehr groß. Anbau würde sich nicht mehr lohnen. Schade ! (Autor)
Quellen: (01) (02) (04) (24)

SIKULA ALMA
Ist im Bundes-Obstarten-Sortenverzeichnis aufgeführt.

SILBERLING
Historische Sorte, 1797 von Christ beschrieben. Frucht ist plattrund. Schale leicht gerötet. Geschmacklich sehr gut, geringe Haltbarkeit. (40)

SILBERPEPPING
Historische Sorte, 1836 von Hinkert beschrieben. Tafel- und Wirtschaftsapfel. Genussreife: XII bis III. Frucht klein, hochgebaut, leicht gerippt. Schale hellgelb, Sonnenseite gerötet. Fruchtfleisch ist süß. (40)

SILBERSCHEIDER
Lokale Mostapfelsorte in Österreich. (44)

SILKEN LEAF
Füher Winterapfel, stammt aus Russland. (Dt. Obstbau 1941)

SIMIRENKO
Ein Zufallssämling aus der Ukraine. Wurde 1900 zum erstenmal beschrieben. Größe und Form wird günstig beurteilt. Nachteile sind mangelnde Saftigkeit, wenig Säure, fader Geschmack. Ebenfalls geringe Erträge. (40)

Im Bundes-Obstarten-Sortenverzeichnis aufgeführt sind:
SIMNEJE PLESETZKOVO
SINAP ORLOWSKI
SINCLAIR
SINGER
SINSWÜRDENER COX., Synonym: **Fanksenapfel.**

SINSEKAI
Japanische Apfelsorte. 1988 zugelassen. **Fuji x Akagi.** Quelle: (27-7/95)

Im Bundes-Obstarten-Sortenverzeichnis aufgeführt sind:
SINT BERNARD
SINT EDMUNSON
SINTA, Wird in den Niederlanden angebaut.

SIR PRIZE
Züchter: I.N.R.A. aus Angers/Frankreich. Großfrüchtig. Geschmacklich gut, aber sehr druckempfindlich. Seit 1975 im Handel. Genussreife: Mitte IX bis XII. Synonym: **Prize.** (27-9/94)

SKILIANKOWOI
Tafel- und Wirtschaftsapfel. Genussreife: VIII bis IX. Frucht mittelgroß. Schale hellgelb, an der Sonne leicht gerötet. Fleisch ziemlich fein, saftig, mild gewürzt. (39)

Im Bundes-Obstarten-Sortenverzeichnis aufgeführt sind:
SKOVOGED
SLAWA MITSCHURINA
SLAWA POBEDITELJAM, Synonym: **Ruhm den Siegern.**
SLAWJANKA, Synonym: **Slowenischer Apfel.**
SLIGHT
Amerikanische Sorte. Kleinfrüchtig. Schöne Färbung, dünne Schale, saftig. (83)

SMITH CIDER
Japanische Sorte. (27-7/95)

SNÖVIT
Züchtung aus Alnarp/Schweden. **Stenbock X Pfirsichroter Sommerapfel.** Früchte sind mittelgroß. Geschmack ist gut, Apfel wird aber rasch mehlig. Erträge sind nicht hoch. Von der OVA nicht für die Niederelbe empfohlen. (26-10/63)

SOBJERGAEBLE
Ist im Bundes-Obstarten-Sortenverzeichnis angegeben.

SÖDLIAPFEL
Französich: **Pomme Södli.** Stammt aus der Gemeinde Risch, Kanton Zug, Schweiz. Kleinfrüchtig. Geschätzter Most- und Wirtschaftsapfel. (03)

Im Bundes-Obstarten-Sortenverzeichnis aufgeführt sind:
SOFIE AEBLE
SÖFLINGER BECKAPFEL
SOHLÄNDER STREIFLING
SOMMERANANAS

SOMMER ZITRON-APFEL
Wurde 1795 von Schiller beschrieben.

SOMMERBALDWIN
Synonyme: **Alter Hannoveraner, Kehdinger Rambour, Uelzener Rambour.** Nicht identisch mit dem **Baldwin** aus den USA.

SOMMER-BELLEFLEUR
Tafel- und Wirtschaftsapfel. Mittelgroß, ungleichmäßig gebaut, schwach gerippt. Genussreife: X bis XII. Schale fettig, gelb. Zur Reifezeit großflächig gerötet. Fleisch gewürzt und süß. (40)

SOMMERBORSDORFER
Ist im Bundes-Obstarten-Sortenverzeichnis aufgeführt.

SOMMER-ERVELING
Auch **Erveling (Zomer).** 1795 von Schiller beschrieben.

SOMMERGEWÜRZAPFEL
Im 19. Jahrhundert ein bekannter früher Wirtschaftsapfel. Ernte Mitte Juli bis August. Wuchs in allen Lagen. Ist der berühmte **Pomme Avant Toutes.** Mittelgroß, walzenförmig gerippt. Schale fettig, grünlichgelb, Sonnenseite leicht gerötet. Kräftiger Geruch. Ausreichend saftig, gewürzt, vorherrschende Säure. Vor 100 Jahren schrieb man **Sommer-Gewürzapfel.** Synonyme: **Avant Toutes, Calville blanche d`tout, Calville Precoce, De Palaestine, Englischer Kantapfel, Foxley Russian Apple, Gewürzapfel, Palaestiner, Pistoche d éte, Pomme Avant Toutes, Postoche d´éte, Postoph d´éte, Postophe d´Eté, Schönbecks Früher Gewürz, Sommer Postoph, Sommerpostoph, Weiße Sommer Schafsnase, Weißer August Calvill, Weißer Sommergewürzapfel.** (02) (15) (39) Schiller hat 1795 zwei verschiedene **Gewürzäpfel** und einen **Palästinerapfel (Pomme de Palaestina)** beschrieben. Er war der Meinung, dass der letzgenannte mit dem **Gewürzapfel (der weisse)** auch **Kruid-Appel (vvitte)** übereinstimmt. Zwischen den beiden **Gewürzäpfel** war kaum ein Unterschied. Die etwas kleineren Früchte der einen Sorte führt er auf die verschiedenen Unterlagen zurück. (37)

SOMMERGLOCKEN
Lokalsorte aus dem Alten Land. War wenig bekannt. Auch im Anbau in den Anlagen meines Großvaters in Mittelnkirchen. Geschmacklich und im Aussehen nicht zufriedenstellend. Druckempfindlich. Kurze Haltbarkeit, unempfindlich gegen Schorf und andere Krankheiten. In der Literatur habe ich nichts über diese Sorte gefunden. Siehe unter **Unechter Glockenapfel.**

SOMMERGOLDPARMÄNE
Synonyme: **Gestreifte Sommerparmäne, Pearmain d´Eté, Summer Pearmain, Vaterapfel.** Frühherbstapfel. (39) Frucht mittelgroß bis groß. Tafel- und Wirtschaftsapfel. Schale etwas fettig, hellgelb, zur Sonne gerötet und gestreift. Berostungen.

SOMMERGOLDPEPPING
Synonyme: **Goldpepping, Pepin d'Or d'Eté, Summer Golden Pippin.** Spätsommerapfel. Mittelgroße Frucht. Schale gelb. Schwacher Geruch. Fruchtfleisch gewürzt. (39)

SOMMERKALVILL
Bekannt ist ein **Roter Sommerkalvill (Calville rouge d'Eté)** und ein **Weißer Sommerkalvill (Calville blanc d'Eté).**

SOMMERKÖNIG
Ist im Bundes-Obstarten-Sortenverzeichnis aufgeführt.

SOMMERKRONAPFEL
Historische Sorte, 1836 von Hinkert beschrieben. Genussreife: IX bis XI. Rund, gerippte Frucht. Schale dünn, hellgelb, großflächig gestreift. Fruchtfleisch gewürzt, süßsäuerlich. (40)

SOMMERLUIKEN
Lokalsorte. In Württemberg bekannt und verbreitet. (67)

Im Bundes-Obstarten-Sortenverzeichnis sind folgende Sorten aufgeführt:
SOMMERLUPINE
SOMMERMASCHANZKER

SOMMER-PARADIESAPFEL
1795 Schiller als **Paradies-Appel (Zomer)** beschrieben.

SOMMERPARMÄNE
Uralte Sorte. Stammt aus England, Zufallssämling, um 1600 entstanden. Im 19. Jh. in Oberösterreich und in Böhmen im Anbau gewesen. Großfrüchtig, farblich sehr ansprechend. Grundfarbe grünlichgelb, Deckfarbe rot, verwaschen, auch gestreift und geflammt. Tafelapfel. Wurde 1795 von Schiller als **Sommerparmain (Parmain d Eté)** beschrieben. Synonyme: **Gestreifte Sommerparmäne, Parmain d'eté, Pearmain d Eté, Summer Pearmain, Vaterapfel.** In Österreich unter dem Synonym: **Wienerapfel** bekannt. Literatur: (02) (37) (39)

SOMMERPFIRSICHAPFEL
Synonyme: **Pfirsichapfel, Weißer Sommerpfirsichapfel.** Tafel- und Wirtschaftsapfel. Genussreife: VIII bis IX. Mittelgroße bis große Frucht. Schale gelblichweiß, Sonnenseite leicht gerötet und kräftig gestreift. Leicht gewürzt, milde Säure. (39)

SOMMERPRINZ
War im Alten Land gut bekannt. Der **Sommerprinz** ist Synonym für die Sorte **Echter Prinz,** bzw. umgekehrt. Sorte war in der Preisgruppe 2.

SOMMER-QUITTENAPFEL
Historische Sorte, 1836 von Hinkert beschrieben. Frühapfel, Schale gelb, Sonnenseite gerötet. Soll gut im Geschmack sein. Fruchtfleisch ist wohlschmeckend.

SOMMERRABAU
Synonyme: **Blumensaurer, Rabau d`Eté, Rabau, Sommer-Rabau, Weißer Sommerrabau, Weißer Sommer-Rabau.** Kleiner, abgestumpfter, gleichmäßig gebauter Apfel. Genussreife: IX bis X. Ist auch ein Name für die **Graue Herbstrenette.** Tafel- und Wirtschaftsapfel. Schale gelb, an der Sonne schwach gerötet. Zur Reifezeit ist die ganze Frucht gestreift. Berostungen sind normal. Fleisch ist gewürzt und süß. (39) (40)

SOMMERRAMBUR
Ist ein Synonym der Sorte **Geflammter Kardinal.** Wird auch als guter Tafelapfel beschrieben. Diese Sorte war in Norddeutschland lange bekannt als **Sommer-Rambour.** War in der Preisgruppe 5. Also nur billiger Wirtschaftsapfel. (Autor) Soll auch einen **Roten Sommerrambur** geben. (13) (95)

SOMMERREGENT
Stammt aus Deutschland. **Anton Fischer X James Grive.** Frühapfel. Frucht ist klein bis mittelgroß. Gibt auch eine rote Mutante.

SOMMERROWIENER
Ist im Bundes-Obstarten-Sortenverzeichnis aufgeführt.

SOMMERSTREIFLING
Striepeling (Zomer) 1795 von Schiller beschrieben.

SOMMERVEILCHENAPFEL
Historische Sorte. 1836 von Hinkert beschrieben. Tafelapfel. Nur im August haltbar. Schale hellgelb, Sonnenseite rot, großflächig gestreift. Wenig Saft, aromatisch. (40)

SOMMER-WEINLING
Wirtschaftsapfel. Genussreife: X bis I. Frucht ist mittelgroß, abgestumpft rund. Schale gelb, Sonnenseite gerötet, schwacher Geruch. Vorherrschende Säure. (40)

SOMMERZIMTAPFEL
Im vorigen Jahrhundert in Mecklenburg bekannt. Synonyme: **Gestreifter Sommer-Zimtapfel, Pomme de Canelle, Zimtapfel.** Tafel- und Wirtschaftsapfel. Genussreife: IX. Geringe Haltbarkeit. Kleinfrüchtig, rund. Schale hellgelb, später gerötet und gestreift. (39)

SONDERGLEICHEN VON HUBBARDSTON
Synonyme: **Hubbardston, Hubbardston Nonsuch, Nonpareille de Hubbardston.** Mittelgroßer, gleichmäßig gebauter Apfel. Zur Reifezeit ist die ganze Frucht gestreift. (39)

SONDERGLEICHEN VON WELFORD PARK
Wirtschaftsapfel. Genussreife: XII - III. Frucht ist mittelgroß, flachrund. Schale goldgelb, Sonnenseite gerötet und etwas gestreift. Oft berostet. Geruch ist schwach. Fleisch ist fein, etwas locker, ausreichend saftig. (39) Synonym: **Welford Park.**

SONNENWIRTSAPFEL
Alte Sorte, wurde früher oft als Stammbildner gebraucht. Wirtschaftsapfel. Frucht ist mittelgroß, hochgebaut. Verwertung: XII bis III. Fruchtfleisch fest, säuerlich. (39)

SONORA
In einer Sortenliste beim Bundesamt für Ernährung erwähnt, ohne Beschreibung.

Im Bundes-Obstarten-Sortenverzeichnis aufgeführt sind:
SONY
SOSSENHEIMER ROTER

SOUTHERN SNAP
Stammt aus Neuseeland. Diese Sorte wurde u.a. von 2 chilenischen Obstbauern in Neuseeland gestohlen und wird so, trotz Sortenschutz, auch in Chile angebaut. (BLE 1999) Zusammen mit **Pacific Rose** sollen bereits 65.000 Bäume in Chile angepflanzt sein. Prozeß wird angestrengt. (Fruchthandel 18/99) Nach neuesten Informationen haben die Chilenen den Prozeß verloren und müssen die Bäume roden. (Autor August 2000)

Im Bundes-Obstarten-Sortenverzeichnis aufgeführt sind:
SOTHECK
SOUVENIR (Souvenier)
SPAICHINGER WEINAPFEL

SPANISCHE HERBSTRENETTE
Tafel- und Wirtschaftsapfel. Genussreife: X bis XII. Mittelgroße Frucht. Gleichmäßig. Schale glatt, etwas fettig, hellgrün, später hellgelb. Auch nur: **Herbstrenette.** (39) Bekannt ist noch eine **Spanische Renette** und eine **Weiße Spanische Renette.**

SPANISCHER GULDERLING
Historische Sorte. 1836 von Hinkert beschrieben. Tafel- und Wirtschaftsapfel. Genussreife: XII bis VI. Schale gelb, zur Reifezeit ganzflächig marmoriert gerötet und gestreift. Fruchtfleisch aromatisch, süßsäuerlich. (40) Schiller hat diese Sorte 1795 als **Gulderling (Spaanse)** beschrieben. Von der Beschreibung her, einwandfrei identisch. (37)

SPANISCHER PEPPING
Tafel- und Wirtschaftsapfel. Genussreife: XII bis III. Mittelgroße bis große Frucht, hochgebaut. Schale goldgelb, zur Reife gerötet und gestreift. Schwacher Geruch. Fruchtfleisch gewürzt, vorherrschend süß. (40)

Im Bundes-Obstarten-Sortenverzeichnis aufgeführt sind:
SPARMANN, (Sparmanns Wunderapfel).
SPARTAN,
SPARTAN COMPACT,
SPARTAN CORTLAND, in Dänemark bekannt.

SPARTAN
Kreuzung aus **McIntosh X Yellow Newton.** In Britisch-Kolumbien, Kanada entstanden. Seit 1936 im Handel. Tafelapfel. Genussreife: XI bis III. Schale hat dunkles, ochsenblutrotes Rot. Frucht ist saftig und sehr süß. (27-7/91) (39)

Im Bundes-Obstarten-Sortenverzeichnis angegeben:
SPÄTBLÜHENDER HAIN SOHLAND
SPÄTBLÜHENDER KREUTZERBERG

SPÄTBLÜHER VON BOCKEDRA
Der **Spätblüher von Bockedra** kommt aus Großbockedra im Landkreis Stadtroda. Die Sorte soll sehr frosthart sein. Der Ursprungsbaum, 150 Jahre alt, hat 1940 noch in Großbockedra gestanden und wurde überwacht. Synonyme: **Kutschbachs Liebling** und **Schöner von Bockedra.** (83)

SPÄTBLÜHENDER TAFFETAPFEL
Lokalsorte aus Württemberg. Wirtschaftsapfel. In Oberösterreich, Niederösterreich und in Mähren im 19. Jahrhundert als Ess- und Mostapfel im Anbau. Der Baum mochte jede Lage. Synonyme: **Ebners Taffetapfel, Taffetapfel.** Genussreife: X bis II. Soll aber nur als Wirtschaftsapfel geeignet sein. (02) (39)

SPÄTE GELBE RENETTE
Tafel- und Wirtschaftsapfel. Genussreife: XII bis III. Frucht ist mittelgroß. Im 19. Jahrhundert in Sachsen als Lokalsorte bekannt. Schale ist gelb, teilweise berostet. Synonyme: **Gelbe Renette, Gelbe Spätrenette, Reinette Dorée.** (16) (40)

SPÄTE GRAUE RENETTE
Ist im Bundes-Obstarten-Sortenverzeichnis aufgeführt.

SPÄTER ANTONOWKA
Sehr frostharte Sorte. Genussreife: XI bis XII. (07)

SPÄTER GRAVENSTEINER
Identisch mit dem **Wintergravensteiner.** War in der Preisgruppe 4. Bekannt war noch ein **Unechter Gravensteiner.** In der Preisgruppe 3. Ebenfalls wird ein **Sommergravensteiner** erwähnt. (70)

SPÄTER KALVILL
Ist im Bundes-Obstarten-Sortenverzeichnis aufgeführt.

SPÄTER MOSKAUER
Synonym: **Moskwaskaja.**

SPÄTER TRANSPARENT
Synonym: **Falscher Teuringer.**

Im Bundes-Obstarten-Sortenverzeichnis aufgeführt sind:
SPÄTLAUBER
SPEEKAERT
SPENCER Aus Kanada. War bis 1964 bei der OVA im Versuch. (26-4/64)
SPENCERS SEEDLING

SPENCERS PEPPING
Historische Sorte, 1836 von Hinkert beschrieben. Tafel- und Wirtschaftsapfel. Genussreife: XII bis VI. Frucht hoch gebaut. Schale hellgrün, später gelb,

Sonnenseite leicht gerötet. Berostungen. Fruchtfleisch ist gewürzt, süßsäuerlich. (40) Bekannt ist noch ein **Spencers Seedling.**

SPERANZA
Ist im Bundes-Obstarten-Sortenverzeichnis aufgeführt.

SPIGOLD
War in den 60er Jahren bei der OVA in Jork im Versuchsanbau. (26-4/64) Schreibweise **Spygold** ist auch bekannt.

SPIJON
In den Niederlanden um 1980 bekannt. **Red Spij X Monroe.** (25)

SPITZAPFEL
Eine in Österreich bekannte Lokalsorte. (44)

SPITZLEDERER
In der Steiermark und in Tirol im 19. Jahrhundert als Wirtschaftsapfel bekannt. Geringe Bodenansprüche, auch für ungünstige Lagen geeignet. Haltbar bis Februar. Kleinfrüchtig. Wurde in den 70er Jahren noch von Italien nach Deutschland geliefert. Synonym: **Tiroler Spitzlederer.**

SPLENDOUR
Ein Zufallssämling aus Neuseeland. (25)

SPLENDOUR STARK
Ist im Bundes-Obstarten-Sortenverzeichnis aufgeführt.

SPONHEIMER FLURAPFEL
Lokalsorte. Triploid. Bei Goetz 1936 erwähnt, ohne Daten. (12)

SPUR-FUJI
Von H. Iwamatsu gefundene Mutante vom **Fuji.** Reifezeit wie **Standard-Fuji.**

SPURKOOP und **SPURKOOP SCHNEIDER,**
sind im Bundes-Obstarten-Sortenverzeichnis eingetragen.

SPY JON
Ist im Bundes-Obstarten-Sortenverzeichnis aufgeführt. Doppelnamen: **Spayon, Spion, Spyon** und **Spy Jon.**

ST. GALLUSAPFEL
Historische Sorte. Wurde 1836 von Hinkert beschrieben. Tafel- und Wirtschaftsapfel. Genussreife: X bis II. Frucht plattrund, gerippt. Schale gelb, an der Sonne gerötet. Weinsäuerlich (40).

ST. SAVEURER KALVILL
Tafel- und Wirtschaftsapfel. (40) Genussreife: XII bis IV. Frucht mittelgroß bis groß. Hochgebaut, flach gerippt. Schale grünlichgelb bis hellgelb, Sonnenseite gerötet. Synonyme: **Calville St. Sauveur, Saveurer Kalvill.**

STAATENPARMÄNE
Synonyme: **Amerikanische Staaten-Parmäne, Federal Parmain, Pomme Federale.** Genussreife: XII bis IV. Großfrüchtig, flachrund. Schale grünlichgelb, sonnenseits gerötet. Manchmal berostet. Schwacher Geruch. Fruchtfleisch gewürzt, angenehme Säure. (40)

STADLER HAGAPFEL
Französisch: **Pomme Stadler Hag.** Wirtschaftsapfel, stammt aus der Schweiz. Nur lokale Bedeutung. Saftig, fest, süßsäuerlich, schwach gewürzt. (03)

STÄFNER ROSEN
Name in der Schweiz. Sorte ist triploid. Bei uns **Stäfner Rosenapfel.** Auch noch **Rose de Staefa** (Schweiz), **Stäfner Rosen.** Wahrscheinlich amerikanischer Herkunft. Sicher nicht identisch mit **Esopus Spitzenburg,** wie im schweizerischen Obstbilderwerk irrtümlich angegeben. Mittelgroß. Als Tafel- und Kuchenapfel geschätzt. (03)

STAHL´S WINTERPRINZ
1936 von Goetz erwähnt. Siehe **Prinzenapfel.**

STAMM`S SÄMLING
Ist im Bundes-Obstarten-Sortenverzeichnis aufgeführt.

STANISLAUS
Historische Sorte, 1836 von Hinkert beschrieben. Tafel- und Wirtschaftsapfel. Frucht ist rund, fein gerippt.Genussreife: XII bis VI. Schale grünlichgelb, Sonnenseite etwas gestreift. (40)

STARK EARLIEST

Bekannte Frühsorte, wurde in den 50er Jahren in Holland überaus vermehrt. Wird heute kaum noch angebaut. Ist ein Zufallssämling aus den USA. Gefunden von D. Bonner in Orofino/Idaho. 1944 durch die Baumschulen Stark Brothers in den Handel gebracht. Früher Sommerapfel. Soll 1950 in den USA entstanden sein, die OVA schreibt 1944. Wurde bei den Sortenempfehlungen des OVR zur Erprobung vorgeschlagen. Auf EM VII und IX. Deutsches Warenzeichen: 704 755. W. Werner, Reichelsheim im Odenwald. Deutscher Name: **Stark's Allerfrühester.** Synonyme sind noch: **Pomme Superprécocce, Scarlet Pimpernel. Stark Earliest** ist der Handelsname. Genussreife ist der Juli. Keine Haltbarkeit. Sehr aromatisch, erfrischende Säure. (26-11/64) (40)

STARK JON GRIMES

Abstammung vom **Red Delicious.** Deutsches Warenzeichen: 726 811. Inhaber: Fey, Meckenheim. 1959 veröffentlicht. (26-10/64)

STARK REDGOLD

Herkunft: USA. **Golden Delicious X Richared Delicious.** Zu süß, zu viel Aroma. Wenig saftig. Eine wenig ansprechende dunkelrote ins bräunliche gehende Deckfarbe. (26-3/64)

STARK'S SUMMER-DELICIOUS

Deutsches Warenzeichen: 730 678. Inh. W. P. Fey in Meckenheim. (26-10/64)

STARKCRIMSON DELICIOUS

Synonym: **Bisbee Strain.** Die Sorte bekam den Namen 1958 auf der Obstfarm der Gebrüder Bisbee im Hood-River-Gebiet in Oregon. Der **Red Delicious,** bzw. nur der **Delicious** wurde 1896 von den Baumschulen der Stark Brothers in Louisiana, im Staat Missouri eingeführt. Es gibt wohl von keine Sorte so viel Mutationen und Typen, wie vom **Roten Delicious.** Der Ursprungsbaum bekam 1958 eine Plakette mit der Aufschrift „Starkcrimson Delicious (Bisbee Strain)" Mutterbaum vom Gouverneur persönlich verliehen. 1945 pflanzten die Brüder Bisbee 1000 Bäume der Sorte **Roter Delicious.** In den 50er Jahren kam man zu einem besonders schönem Typ. Die Ausgangssorte war nicht mehr der alte **Delicious,** sondern der **Starking Delicious,** der schon eine bessere Mutation darstellte. 1951 war die erste Ernte. An einem Baum waren mehrere Äpfel, schon sehr früh, ganz besonders gleichmäßig und strahlend rot gefärbt. Der Apfel wurde sofort weiter vermehrt und es stellte sich heraus, dass die Mutation stabil blieb und immer besonders rote Früchte brachte. Die Stark Brother boten umgerechnet sofort 100.000.- DM für das

alleinige Vermehrungsrecht. Der Kauf kam zustande und dann begann der Ziegeszug dieser Sorte.
Literatur: „Better Fruit“ Okt./Nov. 1958. Anm. „Better Fruit“ ist das führende Magazin der Obstanbauer im amerikanischen Westen. Aus meiner Amerika-Zeit besitze ich noch einige Magazine aus den 50er Jahren. (Autor)

STARKING
Stammt vom **Red Delicious** ab. Bei den verschiedenen Pomologen gibt es auch verschiedene Angaben über Herkünfte, Entstehungsjahre usw. Bei der Vielzahl der Mutanten nicht verwunderlich. In den USA soll es etwa 500 verschiedene Mutationen geben.

Superstarking,	Knospenmutante aus den USA
Hapke,	Knospenmutante aus den USA
Harrold Red,	Knospenmutante aus den USA
Hi Early,	Knospenmutante aus den USA
Red King,	Zufallsmutante aus den USA
Red Spur,	Zufallsmutante aus den USA
Starkrimson,	Zufallsmutante aus den USA
Wellspur,	Zufallsmutante aus den USA
Elma,	Wird aus der Türkei importiert.

STARKRIMSON
Mutationen: **Arrow, Red Chief.** (19)

STARKRIMSON DELICIOUS
Großfrüchtige Sorte. Typ vom **Starking.** Wird heute als eigene Sorte vermarktet.
Dt. Warenzeichen: 726 812 Inh.: P W. Fey, Meckenheim.

STAROST
Historische Sorte, 1836 von Hinkert beschrieben. Tafelapfel. Genussreife: XII bis VI. Schale hellgelb, später fast ganzflächig verwaschen gerötet. Süßsäuerlich. (40)

STARR
Ist u. a. Vorfahre von den Sorten **Jersey Mac, Julyred, Prima** und **Vista Bella.**

STARS
STATE FAIR
Beide Sorten sind im Bundes-Obstarten-Sortenverzeichnis aufgeführt.

STAYMAN WINESAP
Aus den USA. War dort lange eine Hauptsorte. Sämling vom **Winesap.** Mutationen: **Black Stayman, Scarlet Staymared, Stayman´s Red.** Diese drei Mutationen waren in den 60er Jahren bei der OVA im Versuchsanbau. Alle sind für unser Klima nicht geeignet. (26-4/64) Eine weitere Zufallsmutante ist: **Stayman Winesap Blackstayman.** Weiterhin gibtes noch: **Early Neipling, Early Red, Blackstayman** und **Improved Blackstayman. Improved Blackstayman** ist in der Forschungsanstalt Geisenheim in der Sortenerhaltung. (85)

STECHMANNS WILDER
Synonym: **Reichsapfel.** War im Alten Land unter beiden Namen sehr bekannt.

STEDINGER PRINZ
Lokalsorte aus der Gegend von Bremen und Oldenburg.

STEEB`S UNERREICHT
Im Bundes-Obstarten-Sortenverzeichnis aufgeführt.

STEENKERK
Eine frostharte Sorte. Genussreife: XII bis I. (07)

Im Bundes-Obstarten-Sortenverzeichnis aufgeführt:
STEINANTONOWKA
STEINAPFEL

STEINPEPPING
Alte Lokalsorte in Österreich. (44)

STEIRISCHE SCHAFSNASE
Entstand um 1800 als Zufallssämling in der Steiermark. Tafel- und Wirtschaftsapfel. Vielseitig verwendbar. Genussreife: XII bis III. Frucht mittelgroß, hoch gebaut, kantig. Schale hellgelb, später verwaschen gerötet und gestreift. Geschmack ist süßsäuerlich. (02) (39)

STEIRISCHER MASCHANZKER
Herkunft: Deutschland oder Österreich, schon vor 1800 bekannt. War besonders in der Steiermark, aber auch in Kärnten, Oberösterreich, Böhmen und Mähren, sowie in Südtirol als Ess- und Mostapfel im 19. Jh. beliebt. Es gibt 3 verschiedene Formen. Eine hochgebaute, eine flachgebaute und eine kleinfrüchtige Form. Synonyme: **Eisapfel, Gravensteiner Rouge, Grazer Maschanzker,**

Maschansker, Maschanzker, Steirischer Winterborsdorfer, Steirischer Wintermaschanzker. (02) (39)

STEIRISCHER PASSAMER
Herkunft nicht bekannt. Im 19. Jh. in der Steiermark sehr verbreitet. Ess- und Mostapfel. Mochte kräftige Böden und hohe Lagen. Haltbar bis April. (02) Bekannt ist auch ein **Roter Passamer.**

STEIRISCHER POGATSCHAPFEL
Ist im Bundes-Obstarten-Sortenverzeichnis aufgeführt.

STEIRISCHER WINTERMASCHANSKER
Lokalsorte in Österreich. (44)

Im Bundes-Obstarten-Sortenverzeichnis aufgeführt sind:
STELA
STENBOCK
STERN VON BÜHREN

STERNAPFEL
Synonyme: **Api Etoile, Gelber Sternförmiger Api, Kantapfel, Pomme Etoilée, Sternförmiger Api, Swedotschka.** Mehr Zier- als Wirtschaftsapfel. Genussreife: I bis VI. Wurde schon 1795 von Schiller als **Sternapfel** beschrieben. Ist auch ein Synonym für den **Weißen Winterkalvill.**

STERNKALVILL
Historische Sorte, 1836 von Hinkert beschrieben. Wirtschaftsapfel. Die Schale ist grünlichgelb, Sonnenseite gerötet und gestreift. Fruchtfleisch ist süßsäuerlich. (40)

STERN-REINETTE
Synonym: **Mausers rote Herbst-Reinette.** 1890 schon bekannt.

STERNRENETTE
In den Niederlanden: **Sterapppel.** Lt. BEF ein Zufallssämling aus Belgien oder aus den Niederlanden. Handelsname ist **Sternrenette.** (14) (25)

STIEFELWIRT
Breitrunde Frucht. Zur Reifezeit ganzflächig gerötet und gestreift. (39)

STIEHLAPFEL
In der Sortenprüfung: Forschungsanstalt Geisenheim.

STINA LOHMANN
Entstanden um 1800 bei Kellinghusen in Holstein. Tafel- und Wirtschaftsapfel. Mittelgroßer bis großer, schön geformter Apfel. Genussreife: I bis VI. Synonym: **Lohmann.** (39) Der Name stammt von der Besitzerin eines Baumes dieser unbekannten Sorte mit Namen Stina Lohmann. Der Baum trug jährlich Daueräpfel von Schönheit und Güte. Frau Lohmann verschenkte seinerzeit die Äpfel an die Kranken des Ortes. Nach ihrem Tode bekam der Apfel ihren Namen. (83)

Im Bundes-Obstarten-Sortenverzeichnis aufgeführt sind:
STIRLING CASTLE
STOCKAPFEL
STOCKERS APFEL (Neustetter Apfel)
STOR KLAR ASTRAKAN Bestimmt der **Weiße Astrachan.** (Autor)

STRASSEN-APFEL
Eine sehr alte Sorte, wurde 1795 von Schiller beschrieben.

STRAUSSEN-APFEL
Alte Sorte. War in der Preisgruppe 3.

Im Bundes-Obstarten-Sortenverzeichnis angegeben sind:
STRAWBERRY PIPPIN
STREIFAPFEL

STREIFLING
Synonym: **Schtrifel.** In der Sorteneinteilung von Diel-Lukas gab es die Gruppe der **Streiflinge.** Zu den **Streiflingen** gehörten u.a. der **Luikenapfel,** der **Braune Matapfel,** der **Große Bohnenapfel** und der **Rote Eiserapfel.**

Im Bundes-Obstarten-Sortenverzeichnis aufgeführt sind:
STREIFLINGSAPFEL
STREIFS BACKAPFEL
STRIPED BEAUFIN, (Striped Beefing).
STROMER
STUBENER ROSENAPFEL

STUMP
Amerikanische Sorte. Mittelgroß, rotgestreift, besonderes Aroma, feines Fruchtfleisch. (83)

STURMER PEPPING
Von Sturmer 1843 in Haverhill/Suffolk (England) eingeführt. Früchte kommen bei uns nicht zu voller Entwicklung. Dagegen ausgezeichnete Qualität in Australien, auch auf Tasmanien. Bei uns von Mai bis Juli im Angebot. Lt. BEF **Ribston Pippin X Nonpareil** aus England. Lt. OVA in Jork. (26-5/62) Zufallssämling, alte Sorte in Australien. Synonym: **Sturmer Pippin.** Bei uns im Handel nur **Sturmer.**

SÜDERHEX
Alte Lokalsorte. Aus dem Angelner Land (Schleswig-Holstein). Dort seit dem Ende des 19. Jahrhundert bekannt. Genussreife: X bis XI. Vorwiegend Wirtschaftsapfel.

SUDETEN RENETTE
Alte Lokalsorte in Österreich. (44)

SUISLEPPER
Herkunft: Durch die berühmte Baumschule L. Späth in Berlin um 1908 verbreitet. Stammt aus Estland. Suislepper ist ein Gut in Livland gewesen. Früchte sind mittelgroß bis groß, regelmäßig geformt. Leuchtend rotgestreift mit fettiger Schale. Erträge sind gering. Der Geschmack ist mittelmäßig, der Apfel sieht gut aus, das Fruchtfleisch ist aber zu trocken. W. Votteler meint der Apfel kommt aus Estland oder Frankreich. Er lobt auch den Geschmack, im Gegensatz zur OVA in Jork. Genussreife ist Mitte XIII bis Mitte IX. Synonyme: **Rotstrahliger, Weißensteiner Rotstrahliger. Sujsleper** ist der russische Name. Ein **Rotfrüchtiger Suislepper** wird von der Genbank Obst in Pillnitz unterhalten. Quellen: 26-10/63) (39) (70) (92)

SUKKERTORP FRA VAALSE
Im Bundes-Obstarten-Sortenverzeichnis aufgeführt.

SULINGER GRÜNLING
Synonyme: Grüneke, Sulinger Grüneke. Wirtschaftsapfel. Großer, etwas ungleichmäßig gebauter Apfel. Schale grünlichgelb, Sonnenseite leicht gerötet und gestreift. Etwas saftig, nicht gewürzt. Milde Säure, reichlich Zucker. (39)

Im Bundes-Obstarten-Sortenverzeichnis aufgeführt sind:
SUMAC, SUMATOVKA, SUMMER CHAMPION, SUMMERFREE und **SUMMER GOLDEN PIPPIN.**

SUMMERLAND
Stammt aus Kanada. Vorfahre von der Sorte **Summerred.** Frau Erika v. Vahl, die berühmte Sortenexpertin der Obstbauversuchsanstalt in Jork, nannte den Apfel 1957 **Summerland McIntosh.** Diese Sorte ist bei uns kaum bekannt geworden.

SUMMERRED
Stammt aus Kanada. Frei abgeblühter Sämling von **McIntosh X Golden Delicious.** Gezüchtet in der Dept. Agric. Research Station in Summerland. 1964 zugelassen. Obwohl ein reiner Sommerapfel, ist er bis Dezember lagerfähig. Geschmack ist gut, die Frucht ist saftig und mildsäuerlich. Mittelgroß, länglich rund. Schale ist glatt, gelblichgrün und flächig karminrot. Erfrischend süßsäuerlich, leicht parfümiert. Seit etwa 20 Jahren kommen immer wieder kleinere Mengen aus Südtirol und Norditalien nach Deutschland. (05) (Autor)

Im Bundes-Obstarten-Sortenverzeichnis aufgeführt sind:
SUMMERSTRAFFER
SUNBURN
SUNDALE STURDESPUR

SUNDOWNER Stammt aus Australien. **Golden Delicious X Lady Williams.** (27-2/95) Name ist geschützter Handelsname für die Sorte **Cripps.**

SUNGOLD
War in den 60er Jahren bei der OVA im Versuchsanbau. (26-4/64)

SUNMAC
Sorte wird in Geisenheim erhalten.

SUNRISE
Züchtung aus British Columbia, Kanada. Frühsorte, Geschmack soll sehr gut sein. Süßsäuerlich und aromatisch. Mittlere bis dunkelrote flächige Deckfarbe. Mittlerer Ertrag. Kann alternieren, Handausdünnung ist empfohlen. (26-11/12/63)

SUNSET
Um 1920 aus Samen vom **Cox Orange** gezogen. Früchte bleiben zu klein. Farblich auch nicht befriedigend. (26-11/12/63)

SUNTAN
Cox Orange X Court Pendu Plat. Sorte ist triploid. Stippeanfällig, frostempfindlich. Aus East Malling, England. (25) Auch **Malling Suntan.**

SUPERINTENDENTAPFEL
Tafel- und Wirtschaftsapfel. Genussreife: XI bis III. Großfrüchtig, meist gleichmäßig gebaut. Schale hellgelb, später etwas gerötet und gestreift. Leichte Berostungen, fettige Schale. Starker Geruch. Fruchtfleisch gewürzt. Leichte Säure. (40)

SUPERKALFS
Ist im Bundes-Obstarten-Sortenverzeichnis aufgeführt.

SUPERMELRED
Mutante von **Melrose.** Verbesserte Deckfarbe. Siehe unter **Melrose.**

SUPERSTARKING
Knospenmutation des **Starking.** Aus Oregon. Reicher im Ertrag.

SURPRISE
Druckempfindlich. Nicht empfehlenswert. (Exkursion-Bavendorf 1986) (21)

SÜSSAPFEL
Es gibt verschiedene Lokalsorten in ganz Deutschland, die sich Süßapfel nennen. So war mir z.B. in Hedendorf, Kr. Stade ein Baum bekannt, der von dem Besitzer **Hanne`s Süßapfel** genannt wurde. Ein andere Name war nicht bekannt und ich habe diese Sorte nirgends wieder gefunden. Ein typischer Süßapfel, Fruchtfleisch etwas trocken. Schalenfarbe auch nicht ansprechend. Eine Vermehrung hätte sich auch nicht gelohnt. Bekannt sind mehrere Sorten die den Süßapfel als Zweitnamen haben, bzw. ein Synonym mit der Bezeichnung Süßapfel haben. (Autor)

SÜSSE GOLDRENETTE
Süße Goldrenette. Siehe auch im Bundes-Obstarten-Sortenverzeichnis.

SÜSSE GRAUE RENETTE
Tafel- und Wirtschaftsapfel. Genussreife: XII bis IV. Frucht klein bis sehr klein. Schale grünlichgelb, starke Berostung. Fruchtfleisch weich, gewürzt. Eine **Süße gelbe Renette, Reinet (zoete geele)** und eine **Reinet (zoete grauvve)** wurden 1795 von Schiller beschrieben. Synonym ist noch die **Graue Renette.** (37) (39)

SÜSSE HERBSTRENETTE
Synonyme: **Herbstrenette, Nienburger Süße Herbstrenette, Reinette de Nienbourg, Reinette de Nienburg.** Vielseitig verwendbarer Apfel. Ausgesprochener Süßapfel. Genussreife: X bis XII. Frucht ist mittelgroß. Schale fettig, gelb, Sonnenseite leicht gerötet und gestreift. Häufig berostet. Ausreichend saftig,

gewürzt, vorherrschend süß. (39) Die Sorte stammt aus Nienburg an der Weser. Lokalsorte, soll schon sehr alt sein.(Autor)

SÜSSE RENETTE
Weent jes-Appel, wurde 1795 von Schiller beschrieben.

SÜSSE SCHAAFSNASEN
Uralte Sorte, wurde 1795 von Schiller beschrieben.

SÜSSER ANTON
Ist im Bundes-Obstarten-Sortenverzeichnis aufgeführt. Erhaltung in Triesdorf.

SÜSSER BOBBERT
Wurde 1795 von Schiller beschrieben. (37)

SÜSSER BORSDORFER
Historische Sorte, 1836 von Hinkert beschrieben. Wirtschaftsapfel, 1 Jahr haltbar. Schale ist gelblichgrün. Sonnenseite gerötet. Sehr süß. (40)

SÜSSER ENKHUISER APFEL
Enkhuiser Appel (zoete). 1795 von Schiller beschrieben.

SÜSSER ERVELING
Erveling (zoete). 1795 von Schiller beschrieben.

SÜSSER GELBER SILBERLING
Silverling (zoete geele). 1795 von Schiller beschrieben.

SÜSSER GULDERLING
Tafel- und Wirtschaftsapfel. Genussreife: X bis I. Mittelgroß, flachrund gerippt. Schale hellgelb, später etwas gerötet, schwacher Geruch. Wenig saftig, süß. (40)

SÜSSER HERBSTPEPPING
Historische Sorte, 1836 von Hinkert beschrieben. Genussreife: X bis I. Schale fettig, gelb, keine Deckfarbe. Fleisch ist gewürzt, süß.

SÜSSER HOLAART
Synonyme: **Holaart, Holaart Doux.** Wirtschaftsapfel. Genussreife: XII bis IV. Großfrüchtig. Schale gelb, Sonnenseite etwas rot. Leichte Berostungen. Schwacher Geruch. Weiches Fruchtfleisch, ausreichend saftig, süß.

SÜSSER KANTJES APFEL
1797 von Schiller beschrieben. (37)

SÜSSER KÖNIGSAPFEL
Historische Sorte, 1836 von Hinkert beschrieben. Süßapfel. Genussreife: XII bis VI. Frucht ist groß, hochgebaut, gerippt. Schale gelb, an der Sonne leicht gerötet und gestreift. Fleisch ist gewürzt und süß. (40) Synonym: **Königsapfel.**

SÜSSER KRONENAPFEL
Kroons-Appel (zoete). 1795 von Schiller beschrieben.

SÜSSER KURZSTIEL
Court pendu (zoete). 1795 von Schiller beschrieben.

SÜSSER NANZHÄUSER
Historische Sorte, 1836 von Hinkert beschrieben. Genussreife ab Dezember. Zwei Jahre haltbar. Mittelgroß, rund bis plattrund. Schale gelb, Sonnenseite rot. Fleisch ist gewürzt und süß. (40) Synonym: **Nanzhäuser.**

SÜSSER PFAFFENAPFEL
Süßer Pfaffenapfel. Siehe: Bundes-Obstarten-Sortenverzeichnis.

SÜSSER PRINCESAPFEL
Princes (zoete) 1795 von Schiller beschrieben.

SÜSSER RIBBERT
Rippenapfel, Ribbling (zoete). 1795 von Schiller beschrieben.

SÜSSER SONNENAPFEL
Son-Appel (zoete). 1795 von Schiller beschrieben.

SÜSSER STREIFLING
Striepeling (zoete). 1795 von Schiller beschrieben.

SÜSSER VEENTJESAPFEL
Ventjes-Appel (zoete). 1795 von Schiller beschrieben.

Im Bundes-Obstarten-Sortenverzeichnis sind angegeben:
SÜSSER TAUBENAPFEL und **SÜSSER VERENACHER**

SÜSSER ZITRONENAPFEL
Wirtschaftsapfel. Verarbeitung: XI bis II. Mittelgroße, hochgebaute Frucht. Schale gelb, Sonnenseite manchmal gerötet und gestreift. Leichte Berostungen. (39)

SÜSSFRANKE
Tafel- und Wirtschaftsapfel. Genussreife: XII bis III. Frucht ist mittelgroß. Schale hellgelb, Sonnenseite etwas gerötet. Schwacher Geruch. Fleisch gelblichweiß, fein, saftig, etwas gewürzt. Wenig Säure, vorherrschend Zucker. 1889 als Lokalsorte in Sachsen bekannt. (17)

Im Bundes-Obstarten-Sortenverzeichnis sind angegeben:
SÜSSHOLZ
SÜSSLING (Süßling).
SUTTON
Ein schöngefärbter, lange haltbarer, gut duftender Apfel. Großfrüchtig. (83)

SWAANAPPEL
Der **Schwannenapfel. (Svvaan-Appel)** 1795 von Schiller beschrieben.

SWAAR
Im 19. Jahrhundert in Nordamerika bekannt. Im Praktischen Ratgeber von 1886 wurde diese Sorte bei den empfohlenen und wertvollen Apfelsorten in Amerika aufgeführt. (15)

SWEET BANANA
Erhaltung bei der OVA in Jork im Alten Land. Mir war im väterlichen Betrieb ein Bananenapfel bekannt. Fruchtfleisch war sehr trocken, ein sehr süßer Bananengeschmack dominierte. Der Apfel war sehr kleinfrüchtig, farblich nichtssagend. Ertrag regelmäßig. Niemand konnte Angaben machen über die Herkunft und den richtigen Sortennamen. Mein Großvater nannte diese Sorte **Altländer Bananenapfel.** (Autor)

Im Bundes-Obstarten-Sortenverzeichnis ist angegeben:
SWEET CAROLINE **Golden Delicious X McIntosh.** (Lt. BEF) (25)

SWEET DELICIOUS
1911 in Geneva, State of New York, USA entstanden. Kreuzung aus **Deacon Jones X Delicious.** Großfrüchtig, abgestumpft bis kegelförmig. Schale grünlichgelb, später gerötet und gestreift. Fleisch cremefarben, fein, fest, süß und aromatisch. Synonym: **Ladies Sweet.**

SWEET MCINTOSH
Kreuzung der amerikanischen Sorten **Lawver X McIntosh.** Nicht viel Ähnlichkeit mit dem **McIntosh.** Süßlichfader Geschmack. Oft blaustichig rote Früchte. Bei Geschmacksproben mit deutschen Hausfrauen 1957 wurde die Sorte als zu süß abgelehnt. Heute muss sich der Geschmack geändert haben, da genügend süße Sorten am Markt sind und auch gekauft werden. Genussreife: XII bis II. (26-7/8/57)

T 31/31
Cox Orange X Idared. Geschmacklich ähnlich der Sorte **Cox Orange.** Früh uns sehr fruchtbar. Vielversprechend. Aus East Malling. (Exkursion Bavendorf 1986)

Im Bundes-Obstarten-Sortenverzeichnis sind angegeben:
SWESDOTSCHKA (Sternapfel)
SYLVIA Die Sorte war seit 1984 in Dänemark im Versuchsanbau. (27-6/91)
TAILMANN
TANAFREE
TANGO
TANNENKRÜGER
TARDIRENE
TAUBERLI

TASMAN PRIDE
War bei der OVA in den 60er Jahren im Versuchsanbau. Abstammung ist unbekannt, wird aber in Australien und Tasmanien stark angebaut. Frucht mittelgroß bis groß. Gelbe Grundfarbe, flächig dunkelrot gefärbt. (26-4/64)

TAUBENAPFEL
Es sind verschiedene Arten von **Taubenäpfel** bekannt. Schiller hat bereits 1795 einen **Taubenapfel,** Synonym: **Pigeon** beschrieben. Bekannt sind auch ein **Gestreifter Taubenapfel,** ein **Roter Taubenapfel** und ein **Weißer Taubenapfel.** In den 30er Jahren war diese Sorte als **Pigeon** geläufig. Der **Unechte Pigeon** war in der Preisgruppe 4, ein **Sommer-Pigeon** in Preisgruppe 5. Ausgesprochen wurde der Name im Altländer Dialekt: **Pison.** (Autor)

TAUBENAPFEL VON ST. LOUIS
Mittelgroßer, unregelmäßig gebauter Apfel. Vielseitige Verwendungsmöglichkeiten. Synonyme: **St. Louis, Wettringer Taubenapfel.** Genussreife: X bis XI. Mittelgroße Frucht. Schale grünlichgelb, später intensiv gerötet und gestreift. Schwacher Geruch. (39)

TAUNTON CROSS
Sämling des **Wealthy,** stammt aus England. Früchte bleiben zu klein, färben auch nicht richtig aus. Anbau wird abgeraten. (26-11/12/63)

Im Bundes-Obstarten-Sortenverzeichnis sind aufgeführt:
TAWRIJA
TELAMON
Wird in mehreren Institutionen erhalten. Synonym **Waltz** ist angegeben. Hier dürfte es sich um einen **Ballerina-Apfel** handeln. (Autor)

TELTOWER WINTERGRAVENSTEINER
Lokalsorte aus dem Raum Hannover. Tafelapfel, großfrüchtig, flachrund. Ansprechendes Aussehen. Guter Geschmack. Ertrag setzt früh ein, ist hoch und regelmäßig. Die Sorte kann viel Feuchtigkeit vertragen. (39)

TENIMOTA
Ist im Bundes-Obstarten-Sortenverzeichnis angegeben.

TEURINGER RAMBOUR
Auch **Theuringer Rambour.** Siehe **Rheinischer Winterrambur.**

TETOFSKI
Auch **Tetofsky.** Russische Sorte. Sommersorte. (83)

Im Bundes-Obstarten-Sortenverzeichnis ist angegeben:
TÉTON DE DEMOISELLE

THALER
Wurde 1941 in „Deutscher Obstbau“ beschrieben.

THEISSAPFEL
Kleine, rotgestreifte, gleichmäßige Früchte. Abb. (39 S. 460)

THOMAS OWEN
Ist im Bundes-Obstarten-Sortenverzeichnis angegeben.

THOMAS RIVERS
Tafel- und Wirtschaftsapfel. Genussreife: IX bis XII. Großfrüchtig. (40)

THOUINS RENETTE
Wirtschaftsapfel. Im 19. Jahrhundert in Österreich verbreitet. Haltbar bis März. Herkunft ist nicht bekannt. Auch: **Reinette Thouin** oder **Renette Thouin.** Genussreife: XII bis III. Mittelgroße Frucht. Schale gelb, Sonnenseite etwas gerötet und gestreift. Berostungen. Schwacher Geruch, Fruchtfleisch gewürzt, vorherrschende Säure. Der Baum wächst stark. (39)

THURGAUER BORSDORFER
Alte Lokalsorte, war nur etwas in der Schweiz verbreitet.

THURGAUER GLOCKENAPFEL
War etwas in Österreich verbreitet. (44)

Sind im Bundes-Obstarten-Sortenverzeichnis angegeben:
THURGAUER BORSDORFER
THURGAUER LEUENAPFEL
THURGAUER WEINAPFEL

THURGAUER WEINAPFEL
Synonyme: **Kleiner Weinapfel, Vineuse de Thurgovie, Vineuse du Thurgovie, Weilburger Weinapfel, Weinapfel.** War schon im 19.Jahrhundert im Mittelthurgau stark verbreitet. Soll ein ausgezeichneter, gewürzreicher Spezialmostapfel sein. Ist seit 1860 in der Schweiz bekannt. Vermutlich Zufallssämling der Sorte **Fraurotacher.** (02)

THYRRESTRUPS KIRSCHENAPFEL
Großer, gleichmäßig gebauter Apfel. Vielseitig verwendbar. Genussreife: X bis XII. Frucht ist abgestumpft kegelförmig, flach gerippt. Schale grünlichgelb, an der Sonne etwas gerötet. Deutlicher Geruch. Fleisch fein, saftig, gewürzt. (40)

Sind im Bundes-Obstarten-Sortenverzeichnis angegeben:
TICINELLA und **TIEFAUGLING**

TIEFBLÜTE
Sehr alte Sorte, war vor allem in Norddeutschland bekannt. Guter Tafel- und Wirtschaftsapfel. Mittelgroß, etwas ungleichmäßig gebaut. Genussreife: X bis IV. Identisch mit der **Westfälischen Tiefblüte.** (Autor)

TIEFBUTZER
Ist im Bundes-Obstarten-Sortenverzeichnis angegeben.

TIMMS ROTER WEIHNACHTSAPFEL
Ist im Bundes-Obstarten-Sortenverzeichnis aufgeführt.

TIROLER MASCHANSKER
Sorte ist diploid. Schreibweise 1948 bei Prof. Schanderl, Geisenheim war: **Tiroler Marschansker.**

TIROLER MUSKATELL
Ist im Bundes-Obstarten-Sortenverzeichnis aufgeführt.

TIROLER PEPPING
Historische Sorte, 1836 von Hinkert beschrieben. Tafel- und Wirtschaftsapfel. Genussreife: XII bis VI. Frucht ist klein, abgestumpft rund. Schale hellgelb, Sonnenseite leicht gerötet und gestreift. Gewürzt und süß. (40)

TIROLER PLATTLEDERAPFEL
Ess- und Wirtschaftsapfel, der im 19. Jahrhundert in Südtirol verbreitet war. Haltbar bis März. Frucht klein bis mittelgroß. Fruchtschale aufgerauht, mit feinmaschigem Rost überzogen. Fleisch gelblichweiß, fein, erst fest, dann etwas zäh. Ausreichend saftig und gewürzt.

TIROLER ROSENAPFEL
ynonym: **Rose du Tyrol.** Tafel- und Wirtschaftsapfel. Genussreife: I bis V. Frucht mittelgroß bis groß. Schale fettig, hellgelb, später großflächig gerötet und gestreift. Fruchtfleisch gelblichweiß, fein, ziemlich fest. Saftig, angenehm gewürzt. (39)

TIROLER ROSMARINAPFEL
Beschrieben im Praktischen Ratgeber von 1886. S.145. (15)

TIROLER SPITZLEDERER
In ganz Südtirol und in Österreich verbreitet. Tafel- und Wirtschaftsapfel. Genussreife: X bis V. Mittelgroßer, abgestumpft walzenförmiger, fast gleichmäßig gebauter Apfel. Zur Reifezeit ganzflächig berostet. Fleisch etwas zäh, wenig saftig, gewürzt. Wird später süß. (39) Synonyme: **Lederapfel, Renetta Rugginosa Oppuntata, Spitzlederer, Spitzroster, Tiroler Spitzlederapfel, Zimtrenette.**

TIROLKA
Russischer Herkunft, Abstammung unbekannt. Geschmack ist unbedeutend. Wurde wegen der Frosthärte um 1900 importiert. Frucht klein und hochgebaut. Sonnenseite gerötet. Vorherrschende Säure. (40)

TITOWKA
Es gibt einen **Gestreiften** und einen **Weissen Titowka**. Genussreife: IX bis X. (07) In „Deutscher Obstbau" von 1941 wird ein **Titowka Speer** beschrieben.

TOBIÄSLER
Soll aus dem Baselland (Schweiz) stammen. War in der Ostschweiz verbreitet. Guter Mostapfel, wurde auch als Stammbildner gebraucht. Mittelgroß. Diploid. (03)

TOHOKU NR 3
Identisch mit **Akane (Jonathan X Worcester Parmain)** stammt aus Japan. Exp. Stat. Morioka. Auch **Primrouge.**

TOKSON
Ist im Bundes-Obstarten-Sortenverzeichnis aufgeführt.

TOMPKINS KING
Großfrüchtig. Genussreife: X bis I. Schale gerötet, guter Geschmack. Synonyme: **King, King of Tompkins County.** Aus Amerika. (39)

TONGO
Ist im Bundes-Obstarten-Sortenverzeichnis aufgeführt.

TONNINGER APFEL
Wurde 1936 von Goetz ohne Beschreibung erwähnt.

TOP RED
Eine Knospenmutation des **Shotwell Delicious,** 1954 in Tonasket, State of Washington gefunden von Leonard R. Hutchins, den Besitzer einer Baumschule in Wenatchee. 1959 in den Handel gekommen. Synonym: **Otchinson Red.** Der Baum wächst mittelstark bis schwach und ist auch deswegen für den Anbau interressant. Fruchtfleisch ist weißgelb. Die Fruchtfarbe ist hervorragend. **Top Red** ist als Verbesserung des **Starking** anzusehen. (25)

TOPAS
Auch **Topaz.** Kreuzung aus **Rubin X Vanda.** Hat einen angenehmen Geschmack. Früchte werden im Lager leicht weich. (27-4/96)

TORDAI ALMA
Ist im Bundes-Obstarten-Sortenverzeichnis aufgeführt.

TORNSTEIN
Rotgestreifter, kleiner, plattrunder Apfel. Abb. (39 S. 464) Frucht ist rund. Schale gelb, Sonnenseite intensiv gestreift. (40)

Im Bundes-Obstarten-Sortenverzeichnis aufgeführt sind:
TOWER OF GLAMIS
TRAJAN
TRAKIESKA RANNA

TRAKIJSKA SLAVA
Neuzüchtung aus Bulgarien. **Golden Delicious x Northern Spy.** (27-9/94)

TRANEKJAER
Eine Nebenform des **Gravensteiner.** Vor allem in Skandinavien verbreitet. Tafelapfel. Genussreife: X bis I. Frucht mittelgroß bis groß. (39) Im Pr. Ratgeber wurde 1889 darüber gestritten. Der **Tranekjaer** wurde als **Gravensteiner** bezeichnet, doch der Züchter Herr Mathiesen, stritt dies ab.

TRANSPARENT
Ohne Zuordnung sind noch folgende Ableger bekannt: **Early Transparent, Large Transparent, Red Transparent, Rouge Transparent.**

TRANSPARENT VON CRONCELS
Wurde in der Mitte des 19. Jahrhundert in Frankreich gefunden. Vor dem II. Weltkrieg große Bedeutung bei uns als Stammbildner. Dadurch weit verbreitet, wegen Druckempfindlichkeit und weißer Schale bereits in den 50er Jahren vom Markt abgelehnt. Schorfanfällig. Französisch: **Transparente de Croncels.** Synonyme: **Durchsichtiger von Croncels, Eisapfel von Croncels, Rosenapfel von Croncels.** In der Schweiz noch: **Glasapfel** und **Yellow Transparent.** H. Kessler schreibt: Eine Züchtung der Gebr. Baltet, Baumschulbesitzer in Croncels bei Troyes. 1869 im Handel. (03)

TRÄUBCHEN
1936 bei Goetz erwähnt. Ohne Beschreibung. (12 S. 35)

TRAUMAPFEL
Lokalsorte in Österreich. (44)

TRAUNSTEINER ROSMARINAPFEL
Lokalsorte aus Oberbayern. (39)

Im Bundes-Obstarten-Sortenverzeichnis aufgeführt sind:
TRANSPARENT ROUGE
TRAUERAPFEL
TRAUTON

TRDIKAAPFEL
Stammt aus der Südsteiermark. Tafelapfel und Schaufrucht. Großfrüchtig. Schale zitronengelb, sonnenseits leuchtend lackrot. Fleisch ist weiß, sehr fest, erfrischend, wohlschmeckend. Haltbar bis 12 Monate. Der Baum wächst stark, bringt immer gute Erträge. (39)

TREBOUX SÄMLING
Herkunft unbekannt. Sorte ist diploid.

TRENDELBURGER KALVILL
Ist im Bundes-Obstarten-Sortenverzeichnis aufgeführt.

TRENKLESÄMLING
Sorte entstand 1949 in Bayern und wurde nach dem damaligen Präsidenten des Bayerischen Landesverbandes für Gartenbau und Landespflege benannt. Mittelgroß, für Höhenlagen zu empfehlen. Genussreife: XII bis III. Frucht mittelgroß, grünlichgelb, später leicht gerötet. Fruchtfleisch süßsäuerlich, von gutem Geschmack. Der Baum wächst sehr stark. (39) Auch: **Trenkle`s Sämling.** (70)

TRENNFURTER GOLDRENETTE
Lokalsorte aus dem unteren Maingebiet, mit begrenztem Anbaugebiet. Genussreife: I bis III. Frucht klein, hochgebaut. Schale gelbgrün, später rötlichgelb, Sonnenseite leicht gestreift. Fleisch gelblichweiß, fest, weinsäuerlich. (39)

TRIERER WEINAPFEL
siehe **Roter Trierer Weinapfel.**

TRIN ADELHEID
Wirtschaftsapfel. Sehr hart, lange lagerfähig, farblich sehr ansprechend. Geschmacklich unbefriedigend, aber unempfindlich und resistent gegen Schorf, Krankheiten und Schädlinge. Wurde von meinem Großvater Johann Rolff noch in den 30er Jahren angebaut, da der Apfel praktisch problemlos war. In den Jahren der Zwangsbewirtschaftung hat es mit dem Absatz dieser Sorte keine Probleme gegeben. Im Gegenteil, der größte Teil der Ernte, wurde schon vor der Einlagerung von der Stammkundschaft aufgekauft. Allerdings litt die Sorte unter der Alternanz.

Preisgruppe 4. (Autor) In „Obst- Wein- und Gartenbau“ (Organ der sächsischen Gartenbauvereine) von Juli 1938 befindet sich eine Liste der Wertgruppen (entspricht den Preisgruppen) der verschiedenen Obstarten- und Sorten. Hier ist dieser Apfel als **Trien Adelheit** aufgeführt. Synonym: **Goldprinz.** (95)

TRIUMPH AUS LUXEMBURG
Synonym: **Triomphe de Luxembourg.** Von Goetz 1936 ohne Beschreibung erwähnt. Großfrüchtige Sorte lt. EG-Norm.

Im Bundes-Obstarten-Sortenverzeichnis sind angegeben:
TROPICAL BEAUTY
TSCHERNOMORSKOJE

TSUGARU
Stammt aus Japan. Aus offener Abblüte vom **Golden Delicious.** 1975 zugelassen. „Obstbau“ Heft 7/95. Im Heft 2/97 wird ein **Tsugaro Shuko** beschrieben.

Im Bundes-Obstarten-Sortenverzeichnis sind aufgeführt:
TUKA
TULEY RED
TULPENAPFEL, 1936 bei Goetz ohne Beschreibung erwähnt. (12 S. 39)

TULPENKARDINAL
Alte Sorte. Nach Diel 1836 von Hinkert beschrieben. (40) Genussreife: August. Zwei Wochen haltbar. Frucht groß, hochgebaut. Schale grünlichgelb, Sonnenseite gerötet. Gewürzt.

TUMANGA
Stammt aus der ehemaligen DDR. Um 1930 schon in Müncheberg entstanden. Kreuzung aus **Cox Orange X Schöner aus Nordhausen.** Synonym: **Auralia.** Tafelapfel. Genussreife: X bis XII. Wurde von der Max-Planck-Ges. in Göttingen 1963 für ein deutsches Warenzeichen angemeldet. (25) (26)

TÜRKENAPFEL
Synonym: **Türkenkalvill.** Wirtschaftsapfel. Verarbeitung: XI bis III. Großfrüchtig, gerippt. Schale fettig, gelb, an der Sonnegerötet, deutlicher Geruch. (39)
Im Bundes-Obstarten-Sorten-Verzeichnis ist **Türkenkalvill** als Sorte angegeben. Vermutlich sind beide Sorten identisch.

TÜRKISCHER BUNDAPFEL
Historische Sorte. 1836 von Hinkert beschrieben. Großfrüchtig, hochgebaut, gerippt. Schale gelb, Sonnenseite verwaschen rötlich, großflächig gestreift. Fleisch ist gewürzt und süß. Genussreife: Dezember bis März. (40)

TURLEY
In den 60er Jahren bei der OVA im Versuchsanbau. Stammt aus den USA. Aus Samen eines frei abgeblühtem **Stayman Winesap**. Entdeckt in Orleans, USA. Seit 1922 im Handel. (26-4/64)

TUSCAN
Ist im Bundes-Obstarten-Sortenverzeichnis angegeben.

TWENTY-ONCE
Stammt aus England. Im Praktischen Ratgeber von 1886 als vielgepriesene Apfelsorte angegeben. (15 S. 145) Auch: **Twenty Ounce.** (83)

TYDEMANN EARLY
1936 in England entstanden. **McIntosh X Worcester.** Sommerapfel für den Frischverzehr. Mittelgroße Frucht. Nur geringe Haltbarkeit.

TYDEMANS EARLY WORCHESTER
Züchtung aus East Malling/England. 1929 von H. M. Tydeman herausgebracht. **Worcester X Mc Intosh.** 1966/67 vom OVR zur Erprobung zum Anbau empfohlen. Besonders in geschützten Lagen auf EM XI oder Grahams Sämling. Die Erfahrung hat gezeigt, dass doch in einigen Betrieben, diese Sorte berücksichtigt wurde. Anfang der 70er Jahre waren schon nenneswerte Mengen im Alten Land vorhanden. Synonyme lt. BEF: **Tydeman`s Red, Early Worcester**. Nach meinen Feststellungen sind **Tydemann Early** und **Tydemans Early Worchester** identisch. Der OVR gibt 1929 an, das Jahr der Aussaat. (26) (Autor)

TYDEMANS HARVEST
Aus East Malling. Ein sehr früher, leuchtend rot gefärbter Apfel. (26-4/59)

TYDEMANS LATE ORANGE
Eine Kreuzung aus **Laxtons Superb X Cox Orange.** Aus England. East Malling. 1945 in den Handel gebracht. Zuerst **Tydemans Late Cox** genannt, der Name wurde dann aber verworfen. Dieser Apfel bringt einen aromatischen guten Geschmack mit, leider etwas festes und trockenes Fruchtfleisch. Die braunrote

Deckfarbe und teilweise Berostungen sind ein Nachteil dieser Sorte. Daher kam auch keine Anbauempfehlung. (26-4/64) (Autor)

TYDEMANS MARTINMAS
Züchtung aus East Malling/England. **McIntosh X Worcester.** Im Geschmack ähnlich wie **McIntosh,** aber nicht gleichwertig. Baum- und Genussreife: IX.

TYDEMANS MICHAELMAS RED
Züchtung aus East Malling, England. **Red Mc Intosh x Worcester.** Geschmacklich zu süß, starke Fruchtfarbe. Reife ist im September. (26-3/64)

TYDEMANS OCTOBER PIPPIN
Kreuzung aus **Cox X Ellisons Orange**. Hat sich nicht bewährt, daher nicht mehr angebaut. (26-11/12/63)

Im Bundes-Obstarten-Sortenverzeichnis sind aufgeführt:
TYREGOD KALVILL
UDARRE SAGARRA

ÜBEREINSTIMMENDE RENETTE
Historische Sorte, 1797 von Christ beschrieben. Frucht klein, flachrund, Schale gelb, Sonnenseite gerötet. Wohlschmeckend. Genussreife: III bis VIII. (40)

UELLNERS GOLDRENETTE
Historische Sorte. 1836 von Hinkert beschrieben. Tafelapfel. Genussreife: XII bis III. Mittelgroß, hochgebaut. Schale gelb, Sonnenseite gerötet, großflächig berostet. Gewürzt, süß. (40)

UELZENER KALVILL
Preisgruppe 2. Auch **Apfel von Uelzen** geschrieben. (39).

UELZENER RAMBOUR
Preisgruppe 3. Herkunftsangabe: OVA 1949. Synonym: **Sommerbaldwin.** (Nicht identisch mit dem **Baldwin** aus den USA) (26-4/64)

UHLHORNS AUGUSTKALVILL
Handelsname: **Uhlhorn. Augustcalville** ist ein Synonym. Spätsommerapfel. Pflück- und Genussreife im September. Frucht ist mittelgroß, kantig. Schale fettig, gelblichgrün. Säuerlich. (39)

UHLHORNS CHAMPAGNERRENETTE
Mittelgroße, plattrunde Frucht. Schale wird später fettig. Saftig, angenehm gewürzt. Genussreife: I bis VI. (39)

UHLHORNS RAMBURRENETTE
Großfrüchtige Sorte mit süßweinsäuerlichem Geschmack. (39)

Im Bundes-Obstarten-Sortenverzeichnis sind aufgeführt:
UHÖLZLER
UKRAINER
UKRAINER APFEL
UKRAINER SÄMLING

UKRAINISCHER ROSMARIN
Sorte war, oder ist vielleicht noch in Österreich bekannt. (44) Name in der Ukraine: **Rosmarin Ukrainskij.**

Im Bundes-Obstarten-Sortenverzeichnis sind aufgeführt:
ULMER BECKAPFEL
ULMER POLIZEIAPFEL
ULMER RENETTE
ULTRA RED

UNDINE
Neuzüchtung aus Sachsen. Freie Abblüte vom **Jonathan**. Kreuzung aus **Cox Orange X Oldenburg.** Soll in Müncheberg als Sämling des **Jonathan** entstanden sein. Seit 1961 im Handel. Frucht mittelgroß, rundlich. Schale rauh und trocken, grünlich mit roter Deckfarbe. Netzförmig berostet. (38) (39)

UNECHTER GLOCKENAPFEL - Von dieser Sorte standen 2 Bäume in unseren Anlagen im Alten Land. Die Sorte wurde auch **Sommerglocken** genannt. Es handelte sich um eine frühe Sorte, der Apfel sah wie ein **Weißer Glockenapfel** aus, aber kein Aroma, fade und geschmacklos. Nicht lagerfähig. Den wirklichen Namen wird niemand gekannt haben, vielleicht war es ein Zufallssämling meines Großvaters. Die Bäume wurden in den 50er Jahren gerodet und ich habe nie mehr von dieser Sorte gehört. (Autor)

UNECHTER GRAVENSTEINER
War in der Preisgruppe 3.

UNECHTER PIGEON
War in der Preisgruppe 4.

UNECHTER RAMBOUR
1938 in einer Sortenliste aus Sachsen erwähnt (95)

UNGARISCHE KRONENRENETTE
Kleiner bis mittelgroßer, flachrunder, gleichmäßig gebauter Apfel. Genussreife: I bis V. Schale gelb, später gerötet und gestreift. Rost- und Warzenbildung. Schwacher Geruch. Fruchtfleisch gewürzt, angenehme Säure. (40)

UNRUHS FINDLING
Ist im Bundes-Obstarten-Sortenverzeichnis aufgeführt.

UNSELDAPFEL
Lokalsorte mit begrenztem Anbaugebiet. Genussreife: XI bis IV. Keine Daten über Herkunft und Gebiet. Schale grünlichgelb, Sonnenseite gerötet. Mittelgroße, hochgebaute Frucht. (39)

UNTERFÖHRINGER
Lokalsorte aus Oberbayern. Abb. (39 S. 472)

UNTERSÖLLBACHER LUIKEN
Ist im Bundes-Obstarten-Sortenverzeichnis angegeben.

UPTON PYNE
Herkunft unbekannt. Sorte ist diploid.

USLADA
Deutsche Name ist **Süßapfel.** Siehe Bundes-Obstarten-Sorten-Verzeichnis.

USTERAPFEL
Stammt aus Uster in der Schweiz. Lokalsorte, war im Kanton Zürich sehr verbreitet. Frucht klein bis mittelgroßfrüchtig. Typischer Süßapfel. Fleisch fest, ziemlich grob, saftig, ausgesprochen süß mit schwachem, angenehmen Gewürz. Synonyme: **Ankebälleli, Chridebüchsler, Pomme Citron, Zitronenapfel, Züriapfel.** (03)

UTTENHOFER SÄMLING
Ist im Bundes-Obstarten-Sortenverzeichnis eingetragen.

VADUZER DAUERAPFEL
Wirtschaftsapfel, etwa 1 Jahr haltbar. Kleinfrüchtig, ungleichmäßig gebaut. Verarbeitung ab März. Schale ist glatt, etwas fettig, grünlichgelb, später gelb. Sonnenseite meist trüb gerötet. Schwacher Geruch. Fleisch weiß, fein, etwas zäh, wenig Saft. (39) Synonym: **Dauerapfel.**

VAHLDIECKS COX
Soll ein Zufallssämling vom echten **Cox Orange** sein: Der Anhang **Cox** wurde kritisiert, da der Name den echten **Cox** schaden könnte. (30 S.262). Siehe auch **Holsteiner Cox.**

VALSTAR
Ist im Bundes-Obstarten-Sortenverzeichnis eingetragen.

VAN DER LAANS GOLDRENETTE
Tafel- und Wirtschaftsapfel. Genussreife: XI bis II. Frucht ist groß. Schale grünlichgelb, sonnenseits leicht gerötet und gestreift. (39)

VAN DER VERE
Tafelapfel. Genussreife: XII bis IV. Frucht ist klein, abgestumpft rund. Schale gelb, Sonnenseite etwas gerötet. Schwacher Geruch. Fruchtfleisch gewürzt und süß. (40)

VAN DOVERENS REINETTE
Ist im Bundes-Obstarten-Sortenverzeichnis eingetragen.

VAN HODENBERGS RENETTE
Vielseitig verwendbarer Apfel. Genussreife: X bis I. Frucht mittelgroß bis groß. Schale fettig, hellgelb, später gerötet und gestreift. Syn: **Von Hodenbergs Renette.**

VAN MONS RENETTE
Synonyme: **Van Mons Goldrenette, Reinette von Mons**. Tafel- und Wirtschaftsapfel. Genussreife: XII bis IV. Mittelgroß, ungleichmäßig gebaut. (39)

VANCE DELICIOUS
In den 60er Jahren bei der OVA im Versuch. (26-4/64)

VANDA
Kreuzung aus **Jolana X Lord Lambourne.** Aus tschechischer Züchtung, nicht zu empfehlen. Soll sehr anfällig für Stippe sein, besonders in den ersten Jahren. Frucht-

größe und Geschmack sind zwar gut. Die saftige Frucht hat ein angenehmes Aroma und bräunt nach dem Aufschneiden kaum. (27-4/96)

VARA

Herkunft ist unbekannt. Abb. (39 S. 473) Flacher, rotgestreifter Apfel.

VATERAPFEL OHNE KERN

Soll ein sehr guter Tafelapfel sein. Herkunft unbekannt. Mittelgroße Frucht. Genussreife: XI bis I. Schale hellgelb, Sonnenseite rot und gestreift. Schwacher Geruch. Fleisch gelblichweiß, fein, locker, saftig, wenig gewürzt. Kräftige Säure, hoher Zuckergehalt. (39)

VEENTJESAPFEL

Schon 1795 von Schiller beschrieben. **(ventjes-Appel)**

VEILCHENAPFEL

Bekannt sind **Herbstveilchenapfel** und **Sommerveilchenapfel**. (40)

VEILCHENBLÜTENAPFEL

Eingetragen im Bundes-Obstarten-Sortenverzeichnis.

VENETIANER

Historische Sorte, 1836 von Hinkert beschrieben. Genussreife: XII bis III. Großfrüchtig, plattrund. Schale hellgelb, gestreift. Fruchtfleisch ist gewürzt und süß. (40)

VENUS PIPPIN

Entstand um 1800 in England. Mittelgroß bis groß. Schale gelbgrün, später gerötet. Schalenpunkte deutlich. Fleisch cremefarben, weich, grob, leicht süßsäuerlich. (39)

VENUSAPFEL

Historische Sorte, beschrieben 1836 von Hinkert, nach Diel. Mittelgroße, kegelförmige Frucht. Genussreife: XI bis II. Schale gelb, Sonnenseite selten gerötet. (40)

VERBESSERTER HOHENHEIMER RIESLING

1936 bei Goetz erwähnt, ohne Beschreibung.

VERGOLDETER RUSSET

Auch **Golden Russet.** Tafel- und Wirtschaftsapfel. Mittelgroß, breitgebaut. Genussreife: XII bis III. Schale gelb, an der Sonne leicht gerötet. Großflächig berostet. Schwacher Geruch. Fruchtfleich gewürzt. (40)

VERMONT SPUR
Ist im Bundes-Obstarten-Sortenverzeichnis aufgeführt.

VESNA
Die Sorte ist in Russland und in Tschechien bekannt. Ist auch im Bundes-Obstarten-Sortenverzeichnis eingetragen.

VIBY EPLE
Die Sorte war 1990 in Dänemark im Versuchsanbau. (27-7/91)

VICAR OF BRIGHTON
VIC PRESIDENT ROULLIN
Beide Sorten sind eingetragen im Bundes-Obstarten-Sortenverzeichnis.

VICTORY
Amerikanische Apfelsorte. Mutter ist **McIntosh.** Vater nicht bekannt. (26-7/8/57) Bekannt ist noch die Sorte **Victoria Sweet.** Mittelgroße bis große Früchte. Rote Schale mit bläulichem Hauch. Schale ist dick, Fruchtfleisch mürbe. (83)

Im Bundes-Obstarten-Sortenverzeichnis aufgeführt ist der
VIEHAPFEL

VIERLÄNDER WINTERPRINZ
Norddeutsche Lokalsorte. Preisgruppe 3.

VIKING
War seit 1984 in Dänemark im Versuchsanbau. (27-6/91)

Im Bundes-Obstarten-Sortenverzeichnis aufgeführt sind:
VILSTALER WEISSAPFEL (Vilstaler Weißapfel).
VIOLETTE

VIOLETTE WINTERRENETTE
Historische Sorte, 1836 von Hinkert beschrieben. Tafel- und Wirtschaftsapfel. XII bis I. Frucht mittelgroß, kegelförmig, fein gerippt. Schale hellgelb, später bläulich-rot gefärbt. Frucht gewürzt, süß. (40) Bei der Pomona Franconia wird eine Sorte mit dem Namen **Violette** erhalten.

VIOLETTER KARDINAL
Historische Sorte, 1836 von Hinkert beschrieben. Tafel- und Wirtschaftsapfel. Genussreife: XI bis XII. Schale plattrund, gerippt, hellgelb, später ganzflächig bläulichrot gefärbt. Kräftiger Geruch. Fruchtfleisch ist sehr süß. (40)

VIRGINIA CRAB
Ist im Bundes-Obstarten-Sortenverzeichnis aufgeführt.

VIRGINISCHER ROSENAPFEL
Ein Sommerapfel der im 19. Jahrhundert in Böhmen und in Slowenien als Ess- und Wirtschaftsapfel angebaut wurde. Genussreife: August bis September. Stammt aus Virginia-USA und wurde um 1870 nach Deutschland eingeführt. Tafel- und Wirtschaftsapfel. Mittelgroß, abgestumpft rundlich und gleichmäßig gebaut. Schale glatt, leicht bereift, grünlichgelb, später hellgelb. An der Sonne leicht gerötet und etwas gestreift. Starker Geruch. Fleisch ist fein, ausreichend saftig, etwas gewürzt. Synonyme: **Glasapfel, Gulderling, Livländer Liebling, Rosenapfel, Sibirischer Glasapfel, Sommer-Gulderling, Virginischer Glasapfel, Virginischer Sommerrosenapfel.** (39) (92)

VIRNSBERGER APFEL
Eingetragen im Bundes-Obstarten-Sortenverzeichnis.

VISTA BELLA
Frühsorte, wird zum Anbau empfohlen. (Bavendorf 1986). **DJ 77349** (entstanden aus Kreuzungen mit **Melba, Sonora, Williams, Starr, USDA 34 X Julyred.** Aus den USA. Wurde von Hough und Baley an der Universität New Brunswick/N.J. unter der Bezeichnung **New Jersey 36** selektioniert. Lt. Prof. Fischer seit 1944 im Handel. Frucht wird klein, mittelgroß und auch groß. Variiert sehr in Größe, Form und Farbe. Schale glatt, etwas wachsig, gelbliche Grundfarbe, scharlachrote bis dundelrote Deckfarbe. Angenehm säuerlich, auch süßlich, aromatisch, mitunter leicht parfümiert. Genussreife: Ende VII bis Anfang VIII. Literatur. (25) (38) (39)

Im Bundes-Obstarten-Sortenverzeichnis sind aufgeführt:
VISTA BELLA Sel. 1 und **Sel. 2**
VIZEAPFEL
VLAANDERENS ROEM
VOGTAREUTER TAUBENAPFEL
VOIENA Aus Rumänien. Seit 1985 bekannt. (27-3/91)

VOLLBRECHTS BORSDORFER
Tafel- und Wirtschaftsapfel. Genussreife: X bis XII. Kleinfrüchtig. Schale ist gelb, Sonnenseite rot. Berostungen und Warzen. Fleisch gewürzt, vorherrschend süß. (40)

VON HEINSBERGS NONPAREIL
Synonyme: **Heinsberg** und **Nonpareil.** Ohne Beschreibung angegeben. (39)

VON HOVERBECKS KALVILL
Tafel- und Wirtschaftsapfel. Genussreife: XII bis III. Frucht mittelgroß, kegelförmig. Schale gelb, keine Deckfarbe. Fruchtfleisch gewürzt. (40)

VON ZUCCALMAGLIOS RENETTE
Entstand 1878 in Grevenbroich. **Ananasrenette X Purpurroter Agatapfel.** Tafelapfel. Genussreife: XI bis III. Siehe auch unter **Zuccalmaglio.** (39)

VOSS` RENETTE
Tafel- und Wirtschaftsapfel. Genussreife: XII bis III. Frucht groß, abgestumpft rund, gerippt. Schale gelb, Sonnenseite rot. (39)

WACHAUER MARIANDL
Eingetragen im Bundes-Obstarten-Sortenverzeichnis.

WACHENDORFER RENETTE
Tafelapfel. Genussreife: XI bis III. Mittelgroß, ansprechendes Aussehen. Der Baum wächst mittelstark, Ertrag setzt spät ein, ist aber gut und regelmäßig. (39)

WACHSMANNS SÄMLING
Stammt aus Siebenbürgen. Tafel- und Wirtschaftsapfel. Frucht ist mittelgroß, hochgebaut. Genussreife: XII bis V. Schale grünlichgelb, später gerötet und gestreift.

WACHSRENETTE VON BENEDIKTBEUREN
Lokalsorte aus dem bayerischen Voralpenland. Tafelapfel Mittelgroße bis große rundliche Frucht. Genussreife: X bis XII. Baum wächst stark und ist gesund. Sehr frosthart. Ansprüche an Boden und Klima sind gering. Sorte ist diploid. (39)

WACHSREINETTE
Synonym: **Campanner.** Möglicherweise schweizerischen Ursprungs. Wurde in der Schweiz angebaut, aber nur in geringen Mengen. Guter Lagerapfel, aber zu kleinfrüchtig. (03) Französischer Name in der Schweiz ist: **Reinette Cire.** Bekannt ist noch eine **Weiße Wachsrenette.**

WADDEWARDER WINTERPRINZ
1936 ohne Beschreibung bei Goetz erwähnt. Lokalsorte. (12)

WÄDENSWILER ROSENAPFEL
Schweizer Apfelsorte, ist diploid. (33)

Im Bundes-Obstarten-Sortenverzeichnis aufgeführt sind:
WADHURST PIPPIN
WAGENERAPFEL

WAGENER APFEL
Tafel- und Wirtschaftsapfel. Genussreife: XI bis II. Frucht ist großfrüchtig, breitgebaut, gerippt. Schale hellgelb, später gerötet und gestreift. Schwacher Geruch. Fleisch ist gelblichweiß, zart, sehr saftig, zimtartig gewürzt. 1791 in Penn Yan, New York State entstanden. 1847 zum erstenmal beschrieben. Synonym in Österreich: **Wageners Preisapfel**, in Südtirol: **Gassers Rosenapfel.** Im Pr. Ratgeber wurde 1886 ein **Wagnerapfel** in einer Liste über amerikanische Apfelsorten angegeben. Ein **Wagners Preisrosenapfel** wurde am Ende des 19. Jahrhunderts in Deutschland zum Anbau empfohlen. Alle drei Sorten dürften identisch sein.

Im Bundes-Obstarten-Sortenverzeichnis aufgeführt sind:
WAGINGER KALVILL, Lokalsorte aus Oberbayern.
WAGNERS TRENT SÄMLING

WAHNSCHAFTSAPFEL
Tafelapfel. Genussreife: X bis XII. Mittelgroß. Grünlichgelb, später gestreift.

WALDHÖFLER
Stammt aus dem Weiler Waldhof, der Gemeinde Kurz-Rickenbach, Thurgau. Kleinfrüchtig. Fleisch ist hart, saftig. Saurer, herber Geschmack. Ausgezeichneter, sehr säurereicher Spezialmostapfel. Baum braucht freie, sonnige Lage. Anfällig für Schorf und Krebs. Verwertung: November bis Januar.

Im Bundes-Obstarten-Sortenverzeichnis aufgeführt sind:
WALDSEER APFEL und **WALDSTEPPENAPFEL**
WALDVIERTLER BÖHMER Lokalsorte im Waldviertel in Österreich (44)

WALENS ROTER TORTENAPFEL
1938 in einer Sortenliste aus Sachsen erwähnt. (95)

WALLISER LIMONENPEPPING
Historische Sorte, 1836 von Hinkert beschrieben. Genussreife: XII bis III. Mittelgroße, abgestumpft walzenförmige, gerippte Frucht. Schale goldgelb, nur etwas Röte an der Sonnenseite. Fruchtfleisch sehr wohlschmeckend, süß. (40)

Im Bundes-Obstarten-Sortenverzeichnis aufgeführt sind:
WALLSTÄDTER ROSENAPFEL
WALTHAM ABBEY SEEDLING

WALTZ
1960 in Kanada von Wijcik entdeckt. Zufallsmutante von **McIntosh**. **Ballerina-Apfel** mit säulenförmigen Wuchs für Engpflanzung und Topf. (39)

Im Bundes-Obstarten-Sortenverzeichnis aufgeführt sind:
WANG YONG
WAPPALA
WARDEN Auch: **Warder.**

WARNERS KING
Sorte ist triploid. **Warners Königsapfel.** Wirtschaftsapfel. Frucht ist groß bis sehr groß. Genussreife: X bis II. Schale fettig, hellgelb, an der Sonne vereinzelt leicht gerötet. Etwas berostet. Kräftiger Geruch. (39)

WASHINGTON
Sorte ist triploid. Tafel- und Wirtschaftsapfel. Genussreife: XII bis IV. Großer, gelber kräftig gestreifter Apfel.

WASHINGTON STRAWBERRY
Ist der **Erdbeerapfel von Washington**.

Im Bundes-Obstarten-Sortenverzeichnis aufgeführt sind:
WASSER-BRÜNNERLING
WASSERWINKEL
WAYNE
War bei der OVA in den 60er Jahren im Versuchsanbau. (26-4/64)

WEALTHY
Zufallssämling aus den USA, wurde dort 1860 in Minnesota gefunden. Wegen seiner Frosthärte auch in Westeuropa verbreitet. Farblich und im Geschmack nicht befriedigend. Soll Sämling von **Cherry Crab** sein. Im Baltikum: **Dorpater**

Rosenapfel. Bekannt ist noch die Sorte **Wealthy Double Red.** Erste Beschreibung 1869 in „Western Farmer". (07) (39) (93)

WEBERAPFEL
Lokalsorte im Waldvierel in Österreich. (44)

WEBER BARTL
Ist im Bundes-Obstarten-Sortenverzeichnis aufgeführt.

WEBSTER
Aus den USA. Versuchsstation Geneva. Aus einer Geschwisterkreuzung zweier Nachkommen von **Ben Davis X Jonathan.** Seit 1921 beobachtet und 1938 für den versuchsweisen Anbau empfohlen. Sorte ist triploid. Nur als Wirtschaftsapfel zu gebrauchen. (26-4/64)

WEDGE
Aus den USA, vermutlich von **Ben Davis**. Wurde 1922 eingeführt. Fällt auf durch große, prächtig leuchtendrote Früchte, die durch die glänzende Schale noch mehr gewinnen.

WEGAPFEL
WEICHMACHER
Beide Sorten sind im Bundes-Obstarten-Sortenverzeichnis eingetragen.

WEICHAPFEL
Historische Sorte, 1836 von Hinkert beschrieben. Genussreife: XI bis II. Mittelgroße, plattrunde Früchte. Schale gelb, später fast ganzflächig rot und gestreift. (40)

WEIDNERS GOLDPARMÄNE
Ist im Bundes-Obstarten-Sortenverzeichnis aufgeführt.

WEIDNERS GOLDRENETTE
Sorte ist diploid. Auch **Weidners Gold-Renette.** Sehr guter Wirtschafts- und ausgezeichneter Tafelapfel. Genussreife: XII bis III. Apfel ist großfrüchtig und breitrund. Schale goldgelb, zur Reifezeit großflächig gerötet und gestreift. Leichte Berostungen. Fruchtfleisch gewürzt. Vorherrschende Säure, viel Zucker. (40)

WEIGELTS ZINSZAHLER
Synonym: **Rotfranch, Rotfranche.** Genussreife: X bis XII. Frucht mittelgroß, rund. Schale gelb, sonnenseits gerötet. Fleisch gewürzt, süßsäuerlich. (40)

WEIKERTSHOFER
Kegelförmiger Apfel, rotstreifig. Abb. (39 S. 481) Schale gelb, Sonnenseite gestreift. Deutliche Berostungen. (40)

WEILBURGER
Tafel- und sehr guter Wirtschaftsapfel. Genussreife: XII bis VI. Frucht klein bis mittelgroß. Auch **Weilburger Weinapfel.** Schale gelb, Sonnenseite kräftig rot.

Im Bundes-Obstarten-Sortenverzeichnis aufgeführt sind:
WEINBAUERNAPFEL, WEINBOSCHTER, eine Form oder ein Synonym des **Borsdorfers** und **WEINSÄUERLING.**

WEINSÄUERLICHER RETEL
Historische Sorte, 1836 von Hinkert beschrieben. Genussreife: XII bis VI. Frucht klein bis mittelgroß. Schale hellgelb, Sonnenseite gerötet, etwas berostet. (40)

WEISS`SCHE ROTE GOLDPARMÄNE
Wurde 1963 veröffentlicht. Inhaber ist O. Weiß in Stadel.

WEISSBRACHER
Lokalsorte im Waldviertel in Österreich. (44)

WEISSE ENGLISCHE RENETTE
Mittelgroßer bis großer Apfel. Tafel- und Wirtschaftsapfel. Vielseitig verwendbar. Genussreife: XII bis IV. Schale grünlichgelb bis gelb. Schwacher Geruch. (39)

WEISSE NORMANNISCHE WEINRENETTE
Historische Sorte, 1836 von Hinkert beschrieben. Genussreife: XI bis II. Frucht mittelgroß. Schale gelb, keine Deckfarbe, Berostungen. (40) Synoynme: **Weinrenette, Normannische Renette.**

WEISSE PORTUGIESISCHE RENETTE
Historische Sorte, 1836 von Hinkert beschrieben. Tafelapfel. Genussreife: XII bis II. Mittelgroß, hochgebaut bis walzenförmig. Schale grünlichgelb, Sonnenseite leicht rot. Fleisch gewürzt und süß.

WEISSE RENETTE
Historische Sorte, 1836 von Hinkert beschrieben. Genussreife: XI bis VI. Mittelgroß, flachrund. Schale blassgelb, Sonnenseite etwas rot. (40) 1795 von Schiller als **Reinette Blanche** beschrieben.

WEISSE SOMMERSCHAFSNASE
Ein Synonym des **Sommergewürzapfel.**

WEISSE SPANISCHE RENETTE
Großfrüchtig. Schale fettig, weißlichgelb, an der Sonnenseite gerötet. Leichte Berostungen. Angenehme Säure. (40) War in Frankreich schon vor 1600 bekannt. Synonyme: **Gelbe Spanische Renette, Josephine, Kalmar Glasäpple, York Pippin.**

WEISSE WACHSRENETTE
Tafel- und Wirtschaftsapfel, identisch mit **Schöner von Wiltshire.** Genussreife: X bis XI. Mittelgroß. Schale fettig, wachsartig hellgelb. Sonnenseite gerötet. Ist eine Lokalsorte in einem badischem Anbaugebiet. Synonyme: **Wachsrenette, Weiße Sommerrenette.** Soll aus Frankreich, aus der Gegend von Verdun stammen, dort seit 1794 bekannt.

WEISSER ANANASAPFEL
Tafel- und Wirtschaftsapfel. Genussreife: XI bis XII. Mittelgroß, flachrund. Schale gelblichweiß. Fruchtfleisch gewürzt. (40)

WEISSER ANISAPFEL
Fenouillet blanc. 1795 von Schiller beschrieben.

WEISSER ASTRACHAN
War schon im 19. Jahrhundert in vielen Teilen Österreichs, sowie in Böhmen als Ess- und Wirtschaftsapfel bekannt. Genussreife: Mitte Juli bis August. Vertrug alle Lagen und Böden. Sorte ist diploid. 1800 im südlichen Rußland entstanden. Synonyme: **Astracan Blanche, Astracan d'Eté, Astrachan, Astrakanischer Sommerapfel, Beloborodowa, Blanche Gelée, Blanchée Glacée d`Eté, Cicad Apfel, Eisapfel, Fanarika, Gelée, Gelée d'Eté, Glacée de Zélande, Glacéc d'Eté, Glacée, Grüner Liefländer Sommerapfel, Grüner Livländer Sommerapfel, Konstantinopel Apfel, Konstantinopelapfel, Livländer Sommerapfel, Mela d'Astrakan, Moscovite Transparent Apple, Moscoviter Apfel, Nalivi Jabloki, Nalivi-Jabloky, Pomme d`Astracan, Pomme de Glace, Pomme de Moscovie d'Eté, Pyrus Astracanica, Pyrus Astranica, Russian Ice Apple, Russischer Eisapfel, Sommerapfel, Taffitai, Transparent Apple, Transparent d'Astracan, Transparent d'Eté, Transparent von Zürich, Transparentapfel, Transparente d`Astracan, Transparente de Moscovie, Transparente de Moskovie, Transparente de Zurich, White Astracan, White Astrakan, Zélande, Zikadeapfel.** (39) (45)

WEISSER AUGUSTKALVILL
Alte Sorte, 1836 von Hinkert beschrieben. Frucht ist groß, hochgebaut, gerippt. Schale gelblichweiß, Sonnenseite blass gerötet. Weinsäuerlich. (40) Auch bekannt als: **Palästiner.**

WEISSER BEGUSSAPFEL
Weißer Begußapfel. Unbekannte Sorte, wurde im Deutschen Obstbau 1941 beschrieben. (83)

WEISSER BORSDORFER
Einer von vielen **Borsdorfern.** Genussreife: XII bis III. Mittelgroße Frucht. Schale fettig, gelb. Schwacher Geruch. Tafel- und Wirtschaftsapfel. (39)

WEISSER DITHMARSCHER PARADIES
Lokalsorte aus Schleswig-Holstein, ist diploid. (33)

WEISSER FENCHELAPFEL
Historische Sorte, 1836 von Christ beschrieben. Frucht ist klein und gerippt. Schale weißlichgelb, Sonnenseite blass gerötet. Fruchtfleisch kräftig gewürzt. (40)

WEISSER GEFLAMMTER KARDINAL
Auch: **Pauliner.** 1888 in Thüringen bekannt gewesen. (17)

WEISSER GESTREIFTER SOMMERKÄSAPFEL
Historische Sorte, 1836 von Hinkert beschrieben. Genussreife: X bisXII. Mittelgroß bis groß, flachrund, gerippt. Schale hellgelb, später gerötet. (40)

WEISSER GRIESAPFEL
Alte Lokalsorte in Österreich. (02)

WEISSER GULDERLING
Historische Sorte, 1797 von Christ beschrieben. Frucht ist breitgebaut. Schale gelblichweiß, Sonnenseite gerötet. Sehr guter Geschmack. (40)

WEISSER HERBSTKALVILL
Historische Sorte, 1797 von Christ beschrieben. Genussreife: IX bis X. Schale grüngelb, sonnenseite etwas gestreift. Kräftiger Geruch. Auch: **Calville Blanche d`Automne.**

WEISSER HERBSTSTETTINER
Breitgebaut, kantig. Schale hellgelb, Sonnenseite gestreift.

WEISSER HERBSTSTRICHAPFEL
Historische Sorte, 1836 von Hinkert beschrieben. Frucht mittelgroß. Schale wachsartig weiß, Sonnenseite etwas gerötet, kräftiger Geruch. (40)

WEISSER HERBSTTAFFETAPFEL
Sommerapfel, wurde im 19. Jahrhundert in Oberösterreich und in Südtirol als Essapfel angebaut. Ernte September, ohne Haltbarkeit. Geringe Bodenansprüche. Bevorzugte gute bis mittlere Lagen. Die Sorte ist heute nur als Wirtschaftsapfel brauchbar. (39)

WEISSER HERBSTTÄUBLING
Historische Sorte, 1836 von Hinkert beschrieben. Frucht ist mittelgroß, kegelförmig, gerippt. Gelb, an der Sonne gerötet. (40) Die Sorte wurde bereits 1797 von Sickler beschrieben. (31 S. 287) Damals auch **Taubenfüßchen** genannt.

WEISSER HOLLÄNDISCHER KÄSAPFEL
Wirtschaftsapfel. Verarbeitung: VIII bis X. (39 (40)

WEISSER JUNKERAPFEL
Tafel- und Wirtschaftsapfel. Genussreife: XI bis II. Mittelgroße Frucht. Schale hellgelb, an der Sonnenseite etwas gerötet und gestreift. Deutlicher Geruch. Wenig saftig, gewürzt, süß. Geringe Säure, hoher Zuckergehalt. Synonym: **Junkerapfel.**

WEISSER KAISERAPFEL
Historische Sorte, 1854 von Calwer beschrieben. Tafelapfel. Genussreife: X bis I. Schale weißlichgelb, gestreift, süßsäuerlich. (40)

WEISSER KENTISCHER PEPPING
Tafel- und Wirtschaftsapfel. Genussreife: XI bis III. Großfrüchtig. Schale ist fettig, gelb. Synonyme: **Kentischer Korbfüller, Kentischer Pepping.**

WEISSER KLARAPFEL
Zufallssämling aus dem Baltikum. Dort heißt er: **Naliwnoje heloje** oder **Pomme de Reval. Grand Sultan** oder **Transparent de St. Léger** in Frankreich. In Deutschland im 19. Jahrhundert: **Weißer Transparentapfel, Durchsichtiger Sommerapfel.** Heute nur noch **Klarapfel** oder **Weißer Klarapfel.** Handelsname ist **Klarapfel.** Seit 1850 verbreitet, in der Schweiz seit Ende des 19. Jahrhunderts.

(03) In den Niederlanden: **Yellow Transparent.** (28) Die Sorte ist diploid. War in der Preisgruppe: Wertvolle Frühsorten. Weitere Synonyme: **Léger, Livländischer Klarapfel, Haliwnoje Heloje, Reval, Sultan, Transparentapfel, Transparente Blanche, Transparente de St. Léger, Transparente Jaune, Weißer Transparent.** In den 30er und 40er Jahren wurde diese Sorte im Alten Land noch stark vermehrt. 1947 bei den Sortenempfehlungen der OVA sollte auf EM II, EM I und EM XI gepflanzt werden. Damals stand auch noch keine so frühe Sorte zur Verfügung. Der Baum ist sehr krebsanfällig. Der Apfel ist im Geschmack feinsäuerlich, schaumig, saftig und erfrischend, wird aber schnell mehlig. Lagerfähig bis 2 Wochen. Literatur: (01) (03) (26) (28) (Autor)

WEISSER KURZSTIEL
Wurde 1795 von Schiller als **Courtpendu blanc** beschrieben. (37)

WEISSER MATAPFEL
Mattgelber, rotgestreifter Winterapfel. Gedeiht in rauhen Lagen. Spätblüher, guter Wirtschaftsapfel, besonders für Most, Apfelweine etc. (1885) Wird von Sickler schon 1797 genau beschrieben, zusammen mit dem **Braunen Matapfel** und dem **Schwarzen Matapfel.** Synonyme: **Gewürzapfel, Matapfel.** (31)

WEISSER MERT
Ist im Bundes-Obstarten-Sortenverzeichnis aufgeführt.

WEISSER PARADIESAPFEL
Historische Sorte, 1797 von Christ beschrieben. Mittelgroß bis groß. Wachsgelb, Sonnenseite leuchtend gerötet. (40) Guter Geschmack. Bei Goetz 1936 erwähnt.

WEISSER PASSAMER
Ist im Bundes-Obstarten-Sortenverzeichnis aufgeführt.

WEISSER PEPPING
Historische Sorte, 1836 von Hinkert beschrieben. Wirtschaftsapfel. Frucht klein, walzenförmig. Schale blassgelb, Sonnenseite etwas gerötet. Genussreife: XII bis III. Schiller hat den Apfel 1795 als **Pepping (blanche)** beschrieben. (37)

WEISSER PRINZENAPFEL
1936 von Goetz erwähnt, ohne Daten. (12 S. 39)

WEISSER RIBBERT
Wurde 1795 von Schiller beschrieben.

WEISSER ROSMARIN
Ein Tafelapfel, der im 19. Jahrhundert schon in Südtirol bekannt war. Wollte beste Lagen. Haltbar bis März. Kleinfrüchtig. Versuchsanbau Anfang der 60er Jahre bei der OVA war total unbefriedigend. Stammt aus der Gegend von Bozen. Synonyme: **Mela di Rosmario, Rosmarin blanc, Rosmarina blanca, Weißer Rosmarinapfel, Weißer Italienischer Rosmarinapfel, White Rosmarin.** In Westfalen ist ein Typ mit dem Namen **Brakeler** verbreitet. (39)

WEISSER SOMMERKALVILL
Wirtschaftsapfel. Genussreife: VIII bis IX. Mittelgroße Frucht. Schale hell grünlichgelb, Sonnenseite etwas rot. Schwacher Geruch. Synonyme: **Augustkalvill, Sommerkalvill, Wahrer Weißer Sommerkalvill, Weißer Sommererdbeerapfel.** Schiller hat diese Sorte schon 1795 als **Calville blanche d'Eté** beschrieben. (37)

WEISSER SOMMERRAMBUR
Ist ein Synonym des **Backapfel.** Auch eine sehr alte eigene Sorte. Synonyme: **Gelber Tellerapfel, Großer Kernapfel, Kernapfel, Pfundapfel, Rotgestreifter Pfundapfel.**

WEISSER SOMMERSTEINAPFEL
Historische Sorte. 1836 von Hinkert beschrieben. Frühapfel. Genussreife: August. Mittelgroße Frucht, plattrund und gerippt. Schale weißlichgelb, an der Sonne leicht gerötet und gestreift. Fruchtfleisch ist gewürzt, weinsäuerlich. (40)

WEISSER SOMMERSTRICHAPFEL
Tafel- und Wirtschaftsapfel. Genussreife: IX bis X. Mittelgroß bis groß. Schale hellgelb, Sonnenseite gerötet und gestreift. Schwacher Geruch. Wenig saftig.(39)

WEISSER SOMMERTAUBENAPFEL
Synonyme: **Pigeonnet Blanc d'Etè, Pigeonette.** Tafel- und Wirtschaftsapfel. Sehr alte Sorte. Genussreife: VIII bis IX. Frucht hochgebaut, gerippt. Schale hellgelb, an der Sonne gerötet. Fleisch schwach gewürzt. (39)

WEISSER STETTINER
Synonym des **Marienwerder Gulderling.** Nach Prof. Schanderl, Geisenheim ist die Sorte triploid. (33)

WEISSER SÜSSER HIEFENAPFEL
Joope (roode zoete). Von Schiller 1795 beschrieben.

WEISSER TAUBENAPFEL
Historische Sorte, 1797 von Christ beschrieben. Frucht ist mittelgroß. Schale weißlichgelb. Fruchtfleisch ist parfümiert. (40)

WEISSER TITOWKA
Vorwiegend Wirtschaftsapfel. Genussreife: VIII. Frucht mittelgroß. Schale fettig, hellgelb. Schwacher Geruch. Fleisch gelblichweiß, fein, etwas locker, saftig, parfümiert. Milde Säure, ausreichend Zucker. (39) Synonym: **Titowka.**

WEISSER TRANSPARENT
Synonym für den **Klarapfel** und den **Croncels.**

WEISSER TRIERER WEINAPFEL
Sorte ist diploid. (33)

WEISSER WIESLING
Mostapfel. In Oberösterreich im 19. Jh. bekannt. Fallreife: Oktober. Baum hat geringe Ansprüche an den Boden. (44)

WEISSER WINTERCOUSINOT
Historische Sorte, 1836 von Hinkert beschrieben. Mittelgroße Frucht. Schale weißlichgelb, keine Deckfarbe. Fruchtfleisch ist gewürzt, süß. (40)

WEISSER WINTERGLOCKEN
Soll aus der Schweiz stammen, ist identisch mit dem **Glockenapfel** im Alten Land. Synonyme: **Altländer Glockenapfel, Glockenapfel, Pomme Cloche, Schweizer Glockenapfel.** Im Alten Land auch: **Echter Weißer Glockenapfel** oder einfach **Echter Glockenapfel.** Im Plattdeutschen wird er auch: **Rechter Glocken** genannt. Handelsname ist: **Glockenapfel.** Wird leider kaum noch im Alten Land angebaut, war an der gesamten Niederelbe verbreitet. Ein aromatischer, saftiger, frisch säuerlicher Tafelapfel. Genussreife: II bis V. Preisgruppe 1. Literatur: (01) (03) (14) (Autor)

WEISSER WINTERKALVILL
Weißer Winterkalvill. Aus Frankreich, Zufallssämling, etwa seit 1750 bekannt, in Frankreich: **Calville Blanc d`Hiver.** Haltbar bis Februar. Tafelapfel, in Südtirol und Österreich, in Mähren und in Deutschland und Frankreich überall bekannt. War in der Preisgruppe 1. Gaucher schrieb 1894 noch **Weißer Winter Calvill.** Synonyme bei Gaucher: **Admirable Blanche, Blanche de Zurich, Blanche des**

Wurtembergeois, Blandureau d´Auvergne, Bonnet carré, Calville blanc, Calville blanc á cótes, Calville blanc d´hiver, Cotogna, Eck-Apfel, Eggerling, Framboise d´hiver, Französischer Quittenapfel, Gelber Winter Calvill, Gros Rambour á Cótes, Grosse-Pomme de Zurich, Melonne á cotés, Niger, Oster-Apfel, Paasch-Apfel, Paradiesapfel, Pomme de Coing, Pomme de Frais, Quitten-Apfel, Reinette á cótes, Taponelle, Weisser Himbeer, Weisser Zürich-Apfel, White Calville, White Winter Calville. (45) Goetz schrieb 1936 **Weißer Winter Kalvill.** Schiller schrieb 1795 **Weisser Wintercalville (Calville blanche d´Hyver)** Weitere bekannte Synonyme sind: **Calville Blanc á Cotes, Calville Blanche d´Hiver, Gelber Osterapfel, Gelber Winterkalvill, Himbeerapfel, Italienischer Gulderling, Italienischer Winterkalvill, Roter Eckapfel, Sternapfel, Süßapfel, Taponne, Weißer Erdbeerapfel, Weißer Himbeerapfel, Weißer Italienischer Gulderling, Weißer Italienischer Winterkalvill, Weißer Kardinal, Weißer von Württemberg, Weißer von Zürich, Winterkalvill, Zürich.** Schreibweise bei Müller-Diemitz am Anfang des 20. Jahrhundert war: **Weisser Winter-Kalvill.** In Anhalt, Sachsen, Thüringen und Süddeutschland waren folgende Synonyme am häufigsten: **Eckapfel, Sternapfel, Weißer Kardinal.** 1598 von Jean Bauhin als **Blanche de Zürich** beschrieben. Der **Weiße Winter-Kalville-Apfel** war vor 100 Jahren in Südtirol die Hauptsorte. Es gab sogar eine „Meraner Kalville-Exportgesellschaft, Ges. m. b. H. mit Sitz in Meran. Bemerkenswert waren die strengen Sortier- und Verpackungsvorschriften. (24) (93) (100) (Autor)

WEISSER WINTERSTETTINER

Siehe: **Weißer Stettiner** und **Marienwerder Gulderling.**

WEISSER WINTERTAFFETAPFEL

Weißer Wintertaffetapfel. 1797 von Christ beschrieben. Im 19. Jahrhundert in Österreich, Südtirol und in Böhmen als Ess- und Wirtschaftsapfel verbreitet. Vertrug alle Lagen. Haltbar bis März. Preisgruppe 4. Auch **Weisser Wachsapfel, Silberrenette.** Eine alte Sorte unbekannter Herkunft, die in der ganzen Schweiz angetroffen wird. Kleinfrüchtig. Druckempfindlich, wurde aber wegen der freundlich wirkenden Färbung und der gleichmäßigen Form als Dessertapfel geschätzt. Wurde aber schon 1945 nicht mehr weiter vermehrt. Sorte ist diploid. Synonyme: **Borsdorfer** (Bayern), **Gelber Winterkartäuser, Glasapfel, Kartäuser, Silberreinette, Spiegelapfel, Taffetapfel, Taffetiner, Taffetas blanc d´hiver, Wachsapfel, Wachsrenette, Weißapfel, Weißer Taffetapfel, Weißer Wintertaffet, Wintertaffet.** Literatur: (02) (03) (24) (39)

WEISSER WINTERTAUBENAPFEL
Sorte ist diploid. Synonyme: **Pigeonnet Blanc d'Hiver, Taubenapfel, Täubling, Weisser Wintertäubling.** Genussreife: XII bis III. Klein, walzenförmig, flach gerippt. Schale wachsartig hellgelb, später leicht gerötet. Schwacher Geruch. (39)

WEISSES SEIDENHEMDCHEN
Sehr alte Sorte. Tafel- und Wirtschaftsapfel. Genussreife: Januar bis Juni. Klein, hochgebaut. Schale gelblichweiß. Fruchtfleisch schwach gewürzt, etwas zäh, feine Säure. (40) Synonymer: **Chemise de Soie Blanche, Chemisette Blanche, Horsets Schlotterapfel.** Schiller beschrieb das **Seidene Hemdgen (Syden Hemdje)** bereits 1795. (37) (39)

WEISS-FRANCH
War etwas in Norddeutschland verbreitet. Preisgruppe 4.

WEISSKANTE
Weißkante. 1936 bei Goetz ohne Beschreibung erwähnt. (12) Tafel- und Wirtschaftsapfel. Genussreife: XI bis III. Frucht ist mittelgroß, gleichmäßig. Herkunft nicht bekannt. Schale hellgelb, Sonnenseite gerötet und gestreift. Schwacher Geruch. (39) War als Lokalsorte z. B. um 1890 um Naumburg/Saale bekannt. (17)

WEISS'SCHE ROTE GOLDPARMÄNE
Warenzeichen wurde 1963 von der Firma O. Weiß in Stadel angemeldet. (26-8/63)

WELLERS ECKENHAGENER
Tafel- und Wirtschaftsapfel. Genussreife: XI bis I. Frucht mittelgroß. Schale fettig, hellgelb. Schwacher Geruch. (39) Synonym: **Eckenhagener.**

WELLFORD PARK NONSUCH
Englische Sorte, wurde im Pr. Ratgeber 1886 als vorzüglich empfohlen. (15)
Wird als **Welford Park Nonsuch** bei der Pomona Franconica erhalten.

WELLINGTON
Synonym: **Dumelow's Seedling.** Alte Sorte, die schon 1718 beschrieben wurde. Stammt aus der Grafschaft Leicestershire in Mittelengland. Wurde früher in England häufig angebaut, dann aber durch den **Bramley's Seedling** verdrängt. Transportfähiger Koch- und Mostapfel, besonders für Apfelmus geeignet. (03) Fest, saftig, einseitig sauer, nur wenig Gewürz. 1963 im Versuch bei der OVA in Jork. Synonym: **Wellingtons Renette.** Die Sorte wurde bereits 1886 im Praktischen

Ratgeber auf Hochstamm für Norddeutschland empfohlen. (15) Genussreife: I bis VI. Frucht ist klein bis mittelgroß. Schale hellgelb. Schwacher Geruch.

WELLINGTON

Früher Sommerapfel. In Geneva/USA. Kreuzung aus **Cortland x Crimson Beauty**. 1937 selektiert. 1955 in den Handel. Angenehmer Geschmack, günstiger Reifetermin, große Früchte, reift gleichmäßig. (25)

WELLINGTON BLOOMLESS

Ist im Bundes-Obstarten-Sortenverzeichnis aufgeführt.

WELLS SÜSSE RENETTE

Tafel- und Wirtschaftsapfel. Genussreife: XI bis II. Klein bis mittelgroß. Schale gelb, Sonnenseite gerötet und gestreift. Etwas berostet. Saftig, gewürzt, wenig Säure. (39)

WELSCH ISNYER

Lokalsorte aus Niederbayern. 1929 von Grill beschrieben.

WELSCHBILLIGER HOLZAPFEL

1936 von Goetz erwähnt. Wird als **Welschbilliger** in Triesdorf erhalten.

WELSCHBRUNNER

Herkunft ist nicht bekannt. In der Steiermark seit 1825 verbreitet. Wirtschafts- und Mostapfel. Haltbar bis Mai. Für jeden Boden geeignet. Mittelgroß bis groß. (02)

WELSCHE FLEINER

1795 von Schiller beschrieben.

WELSCHISNER

Synonyme: **Böhmischer, Böhmischer Brünnerling, Brünnerling, Früher Welschisner, Großer Böhmischer Brünnerling, Großer Isnyer Jahrapfel, Isnyer Jahrapfel, Prinerapfel, Steiner, Welsch Weinling, Welsch Isnier, Welschecker, Wilhelmsapfel.** Haltbar bis Mai. Geschmacklich ausgeglichen. Frostunempfindlich. Sorte soll in Deutschland entstanden sein. In Böhmen, Österreich, Schweiz, Tschechien, Slowenien und Südtirol in verschiedenen Formen verbreitet. Genaue Herkunft ist nicht mehr festzustellen. Die Sorte wurde 1659 von Wolf Helmhard, Freiherr von Hochberg in seiner „Georgica curiosa“ beschrieben. Mittelgroßer bis großer Apfel. Anbau ist bis 800 m Seehöhe möglich. Handelsname ist **Welschisner.** (04) (14) (39)

WERDERSCHE WACHSRENETTE
Ohne Beschreibung bei Goetz erwähnt. Tafel- und Wirtschaftsapfel. Mittelgroß bis groß. Genussreife: I bis IV. Schale hellgelb, an der Sonne etwas gerötet. Schwacher Geruch. Fleisch ist fein, saftig, renettenartig gewürzt. Synonym: **Wachsrenette.**

WERTHEIMER RENETTE
Alte Lokalsorte aus Österreich. (44)

Im Bundes-Obstarten-Sortenverzeichnis aufgeführt sind:
WESERSTOLZ
WESTERWÄLDER AUGUSTAPFEL Lokalsorte im Westerwald.
WESTERWALD-APFEL In der Sortenprüfung in Geisenheim.
WESTFÄLISCHE TIEFBLÜTE Identisch mit der **Tiefblüte.** Tafel- und Wirtschaftsapfel. Genussreife: X bis III. Frucht mittelgroß bis groß.

WESTFÄLISCHER GULDERLING
1936 bei Goetz erwähnt, ohne Beschreibung. (12)

WETTRINGER TAUBENAPFEL
Anspruchslos gegenüber Bodenverhältnissen. Haltbar bis zum Dezember. Sorte findet man manchmal noch in Oberbayern. Ist der **Taubenapfel von St. Louis.** Genussreife: X bis XII. Frucht ist klein bis mittelgroß. Schale intensiv gerötet. Fleisch ist weiß, saftig, süßsäuerlich. Baum wächst sehr stark. Widerstandsfähig gegen Krankheiten und Schädlinge. (39)

WHEELER`S RUSSET
Ist im Bundes-Obstarten-Sortenverzeichnis aufgeführt.

WHITE KRIM
Wurde 1941 in „Deutscher Obstbau“ beschrieben.

WHITE MELROSE
Ist im Bundes-Obstarten-Sortenverzeichnis aufgeführt.

WHITE-PEPPIN
Nordamerikanische Sorte, schon im 19. Jahrhundert bekannt. Wurde in einer Liste der besten amerikanischen Apfelsorten geführt. (15 S. 145) Auch **White Pippin.**

WIENER ROSENAPFEL
Ist im Bundes-Obstarten-Sortenverzeichnis aufgeführt.

WIESENAPFEL
Sorte ist in Geisenheim in der Sortenprüfung. (75)

WIESENBACHER GÄNSGARTEN
Lokalsorte im Kraichgau.

WIKING
Zufallssämling aus Skandinavien. (25)

Im Bundes-Obstarten-Sortenverzeichnis sind aufgeführt:
WILDBÖHMER
WILDE GOLDPARMÄNE
WILDESHAUSER GOLDRENETTE

WILDJES APFEL
Wildjes-Appel. 1795 von Schiller beschrieben. (37)

WILDLING VON ELZACH
Lokalsorte in Baden. War 1889 bekannt. (17)

WILDLING VON WENG
Glockenförmig. Ohne Beschreibung. Abb. (39 S. 496)

WILDMUSER
Stammt aus der Schweiz. Lokalsorte. Sämling aus der Gemeinde Grabs. War im Bezirk Werdenberg stark verbreitet. Wurde vorwiegend auf dem Markt in St. Gallen gehandelt. Klein- bis mittelfrüchtig. Haltbar bis März, schrumpft aber stark. Ziemlich trocken, mild, angenehm gewürzt. (03)

WILERROT
Französisch: **Rouge de Wil.** Die Sorte stammt aus dem sogenannten Paradies der Gemeinde Wil bei Etzgen. (Aargau) Soll sich um einen Abkömmling der Sorte **Sauergrauech** handeln. Beim Baum und der Frucht ist die Ähnlichkeit vorhanden. Mittelgroße Frucht. Fleisch ist grünlich, knackend, ziemlich fein, saftig, süß, mild, säurearm. Genussreife: Januar/Februar. (03)

WILHELM VON ELSNERS SÄMLING
Tafel- und Wirtschaftsapfel. Mittelgroß, etwas ungleichmäßig gebaut. Genussreife: XI bis II. Schale glatt, etwas fettig, gelblichgrün, später grünlichgelb. An der Sonne etwas gerötet. Schwacher Geruch. Fleisch ist fein, saftig, parfümiert gewürzt. (39)

WILHELMSAPFEL
Name ist ein Synonym für mehrere Sorten. (39) Eine Sorte **WILHELM** und ein **WILHELMSKIRCHNER**
sind im Bundes-Obstarten-Sortenverzeichnis aufgeführt.

WILKENBURGER WÄHRAPFEL
Sehr guter Tafel- und Wirtschaftsapfel. Genussreife: März bis April. Im 19. Jh. in Thüringen bekannt. Mittelgroß, hochgebaut. Schale gelb, Sonnenseite gerötet. Streifen auf der ganzen Frucht. Schwacher Geruch. Fleisch gelblichweiß, fein, saftig, rosenapfelartig gewürzt. Feine Säure. (39)

WILKENINGS ABENDFREUNDE
Ist im Bundes-Obstarten-Sortenverzeichnis aufgeführt.

WILLI SCHOFFERS PARMÄNE
Hochgebaute Frucht. Schale gelb, auffällige Berostungen. Abb. (39 S. 497)

WILLIAM CRUMP
Englische Kreuzung. **Worcester X Cox Orange.** 1910 eingeführt. (26-4/59)
Bekannt ist noch die Sorte **William.**

WILLIAM´S PRIDE
Amerikanische Züchtung. Bekannt seit 1988. Nicht empfehlenswert. (27-3/91)
Auch **Williams Pride** geschrieben.

WILLIAMS LIEBLING
Synonyme: Liebling, Williams Favorite. Tafel- und Wirtschaftsapfel. Vielseitig verwendbar. Genussreife: VIII bis IX. Mittelgroß bis groß. Schale gelb, später großflächig gerötet und gestreift. Berostungen. Fleisch gelblichweiß, schwach gerötet. Fein, saftig, rosenapfelartig gewürzt. (39)

WILLIE SHARP
Gelber Kochapfel aus Australien. Fette Schale, erinnert etwas an **Golden Delicious.** Früchte reifen ungleichmäßig. Baum ist starkwüchsig. Bei uns nicht zu empfehlen. (26-11/12/63)

WILLSTETTER
Willstetter Apfel. 1936 bei Goetz erwähnt, ohne Beschreibung. (12 S. 11)
Als **Wilstetter** und **Wilstedter** im Bundes-Obstarten-Sortenverzeichnis eingetragen.

WILLYS RENETTE
Synonym: **Willis Gelbe Renette.** Genussreife: XII bis IV. Großfrüchtig. Schale ist glatt, grünlichgelb, später gelb. Fleisch gelblichweiß, fein, saftig, angenehm renettenartig gewürzt. (39)

WILSON RED JUNE
Anfang der 60er Jahre bei der OVA im Versuch. Nicht bewährt. (26)

WILTSHIRE
Eine alte englische Sorte, die häufig in Deutschland angebaut wurde. Wurde 1880 herausgegeben. In Deutschland besonders als Mostapfel gelobt. Im Praktischen Ratgeber von 1886 als vorzüglich gelobt. Großfrüchtig, haltbar bis April. Nur für bessere Böden geeignet. (15 S. 39) Synonyme: **Schöner von Wiltshire, Wiltshire Beauty. Wiltshire** ist auch der Handelsname. (26-4/64) In Niederbayern fälschlich **Weiße Wachsrenette.** (93)

WINCHESTER
Amerikanische Apfelsorte. Nicht tauglich für nördliche Gebiete. In „Deutscher Obstbau“ von 1941 beschrieben.

WINDERATTER
Stammt aus dem Angelner Land in Schleswig-Holstein. Zufallssämling, soll seit 1965 bekannt sein. Genussreife: XI bis II. Baum ist reichtragend. Geschmack ist süßsäuerlich. (71) Es soll noch 3 Formen dieser Sorte geben: **Winderatter Borsdorfer, Winderatter Flaschenapfel, Winderatter Zitronenapfel.**

WINESAP
In den USA 1817 zum ersten Mal beschrieben. Mittelgroßer bis großer abgestumpft rundlicher Apfel. Schale grünlichgelb, später gerötet und gestreift. **Stayman Winesap** ist die wichtigste Mutation dieser Sorte. Heute eine eigene Sorte. Wird auch in Südtirol angebaut. (39) (Autor) Mutation: **Winesap Turley.**

WINSTON
Wird in den Niederlanden angebaut, stammt aus England. **Cox Orange X Worcester Pearmaine.** Bis 1945 hieß dieser Apfel **Winter King.** Seit 1935 im Handel. In den Niederlanden ist die Ernte Anfang Oktober. Haltbar bis zum April. Festes Fruchtfleisch. Tafelapfel. (26-4/64) Synonyme: **Cox d'Hiver, Winter King, Wintercheer.** Handelsname ist **Winston.** (14) (26)

WINTER STREIFLING
Striepeling (Winter). 1795 von Schiller beschrieben. **Winter-Stripe** wurde 1941 in „Deutscher Obstbau“ beschrieben. Großfrüchtig. Stammt aus Russland.

WINTER TAURICH
1795 von Schiller beschrieben. (37)

WINTER-ALANTAPFFEL
Synonyme: **Willms Parmäne, Winter-Princesse Noble.** Tafel- und Wirtschaftsapfel. Genussreife: XII bis IV. Hochgebaut. Schale hellgelb, Sonnenseite etwas gerötet und deutlich gestreift. Geruch schwach. Fleisch gelblichweiß, fein, saftig und gewürzt. (39)

WINTERBANANA
Auch **Winterbananenapfel.** Zufallssämling aus den USA, wurde in der zweiten Hälfte des 19. Jahrhunderts in Indiana gefunden. Mittelgroß bis groß. Fruchtfleisch ist hart und stückig beim kauen und unangenehm süß. Um 1860 in USA entstanden. R. Koloc schreibt: Montgomery County in Ohio. Synonyme: **Banánové Zimni** (Tschechien), **Banana, Flory of Winter-Banana, Winter Banana, Winterbanana** und **Winterbanane.** (02) (39) (93)

WINTERBLUMENSÜSSER
Historische Sorte, 1797 von Christ beschrieben. Frucht ist groß. Schale gelb, Sonnenseite braunrot, manchmal gestreift. Frucht ist süß. (40)

WINTEREVELING
Erveling (Winter) 1797 von Schiller beschrieben.

WINTERFLEINER
Historische Sorte, 1797 von Christ beschrieben. Tafel- und Wirtschaftsapfel. Großfrüchtig, hochgebaut. Schale gelb, Sonnenseite gerötet. (40)

WINTERGEWÜRZAPFEL
Ist im Bundes-Obstarten-Sortenverzeichnis aufgeführt.

WINTER-GOLDPARMÄNE
Ist der richtige Name der **Goldparmäne.** Synonyme: **Ellicot, Englische Wintergoldparmäne, Englische Wintergold Parmain, Friesland, Goldrenette, Goldreinette, Hampshire Yelow, Herzogs Renette, Jone´s Southampton Pippin, King of thPippins, Königin der Renette, Pearmain Dorée d´Hiver,**

Pike´s Pearmain, Prince´s Pippin, Queen of the Pippins, Reine des Reinettes, Reinette de Friesland Hátive, Reinette Siavée, Renette von Friesland, Seek-No-Further, Ventmuss Ellicot, Vermillion Rouge. (02) (15) (24) (39) Weitere Synonyme 1894 bei Gaucher: **Englische Winter-Goldparmäne, English Winter Gold Pearmain, Gold Parmaene, Golden Winter Pearmain, Hampshire Yellow, Herzogs Reinette, Jone`s Southampton Pippin, Pearmain dorée, Pearmain dorée d´hiver, Pike´s Pearmain, Prince´s Pippin, Queen of the Pippins, Reine de Friesland hátive, Reinette Siavée, Vermillion Rayé, Winter Gold Pearmain, Winter-Pearmain.** (45)

WINTERGRAVENSTEINER
Preisgruppe 4. Soll der **Teltower Wintergravensteiner** sein.

WINTERGRÜNER GULDERLING
Historische Sorte, 1854 von Calwer beschrieben. Frucht ist groß, walzenförmig. Schale grünlichgelb. Weinsäuerlich. (40)

WINTERHAWTHORNDEN
Wirtschaftsapfel. Verarbeitung: I bis V. Frucht ist groß, flachrund. Schale fettig. Grünlichgelb, Sonnenseite gerötet, leichte Berostungen. Schwacher Geruch. Fleisch grünlichweiß, saftig, wenig gewürzt. Kräftige Säure. Synonyme: **Hawthornden, New Hawthornden.** (39)

Im Bundes-Obstarten-Sortenverzeichnis sind aufgeführt:
WINTERHIMBEERAPFEL
WINTERHIMBEERAPFEL, ROTER
WINTERKALVILL VON TRAUNREUTH
WINTERKALVILL, ROTER
WINTERKALVILL, ROTGESTREIFTER
WINTERKALVILL, WEISSER

WINTER KING
Name des **Winston** bis 1945. Siehe: **Winston**

WINTERKÖNIGIN
Sehr alte Sorte. Vor 1797 von Manger und von Christ beschrieben. Nachzulesen bei Sickler. Bd. VII von 1797. Synonyme: **Grosse Bretagne, The Winter-Queen.**

WINTER-MAJETIN
Ohne Beschreibung erwähnt. (39)

WINTERPARMAIN
1795 von Schiller beschrieben. Einwandfrei die **Wintergoldparmäne.** (Autor)

WINTER-POSTOPH
Ein Kochapfel, der im 19. Jahrhundert in Mähren bekannt war. Haltbar bis Mai. Wollte gute, feuchte Böden. Auch für rauhe Lagen geeignet. Sorte ist diploid. Verarbeitung: Januar bis Juni. Synonyme: **Postophe d`Hiver, Schwedischer Winterpostoph.** (39)

WINTERPRINZ
Vermutlich der **Winterprinzenapfel.** Wird von verschiedenen Pomologen als sehr guter Tafelapfel beschrieben. War früher in der Preisgruppe 5, kann also nur ein Wirtschaftsapfel sein. Bei den vielen **Prinzenäpfel** ist eine Sortenbestimmung oft sehr schwierig.

WINTERQUITTENAPFEL
Synonyme: **Englischer Winterquittenapfel, Winterquittenapfel.** Wirtschaftsapfel. Verarbeitung: Dezember bis April. Schale hellgelb, Sonnenseite etwas gerötet, leichte Berostungen. Deutlicher Geruch. Fleisch ist weiß, fein, ausreichend saftig, wenig gewürzt. (12) (39)

WINTER-RABAU
Sehr alte Sorte. Siehe auch **Französische Graue Renette.**

WINTERRAMBOUR
Siehe auch **Rheinischer Winterrambour.** Zufallssämling. Handelsname ist **Winterrambur.** Wirtschaftsapfel. Genussreife: XII bis IV. Sehr groß. Schale fettig, grünlichgelb bis gelb. Sonnenseite gerötet und gestreift. Schwacher Geruch. Synonyme: **Menznauer Jägerapfel, Rambourd'Hiver, Teuringer Rambur.** Es gibt auch noch einen **Roten** und einen **Weißen Winterrambour.**

WINTERSCHEIBLING
Auch **Scheibling.** Eine Form des **Winterstettiner.**

WINTERSTETTINER
Sortengruppe, die in vielen Formen auftritt. Mehrere Farbtypen. Mittelgroß bis groß. Genussreife je nach Typ, von Januar bis Juni. bekannt sind der **Rote Winterstettiner, Gelbe Winterstettiner, Grüne Winterstettiner.** Synonyme der Roten Gruppe: **Annaberger, Malerapfel** (Österr.) **Rostocker, Rotapfel**

(Bodensee), **Roter Bietigheimer** (Württemberg), **Roter Zwiebelapfel** (Baden, Bayern, Tirol), **Rotvogel** (Pfalz). **Grüner Bietigheimer** ist eine Form des **Grünen Winterstettiner.** Mittelgroßer bis großer, flachrunder, oft ungleichmäßig gebauter Apfel. Schälenfarbe der roten Form: Grün, später gelblich, zur Reife ist fast die ganze Frucht stark gerötet. Schalenfarbe der grünen Form: Hellgrün, später gelblichgrün, an der Sonne etwas gerötet. (39) Schalenfarbe der gelben Form: Glänzend hellgrün, dann grünlichgelb bis gelb. Sonnenseite manchmal trüb gerötet. Fleisch grünlichweiß bis gelblichweiß. Mittelfein, saftig, wenig gewürzt. Schwacher Geruch. Weitere Synonyme: **Bietigheimer, Grüner Stettiner, Harter Roter Stettiner, Matapfel, Roter Stettiner, Roter Zwiebelapfel, Schweizerapfel, Stetting Jaune, Stetting Rouge, Wahrer Gelber Stettiner, Winterscheibling.**

WINTERSTREIFLING
Sehr alte Sorte, war schon um 1700 bekannt. Ess- und Wirtschaftsapfel. Synonyme: **Breitling, Carmesapfel, Marientaler Apfel, Sträumerling, Streifling.** Unter diesem Namen wurde der Apfel schon vor 1797 von Diel, Christ, Henne und Sickler beschrieben. Einwandfreie Abbildung des Apfels in Sickler Bd VII von1797. (31) Genussreife: XI bis II. Mittelgroßer, plattrunder Apfel. Schale hellgelb, Sonnenseite kräftig gerötet und gestreift. Fleisch ist grünlichgelb, locker, von angenehm süßsäuerlichem Geschmack. Baum wächst kräftig. Hohe Erträge in jedem zweiten Jahr. Synonyme sind geblieben, lediglich der **Marienthalische** schreibt sich heute **Marientaler Apfel.** Auch Schiller hat diese Sorte schon 1795 schon einwandfrei und umfangreich beschrieben.

WINTERSÜSSAPFEL
Wintersüßapfel. Bei Goetz 1936 erwähnt.

WINTERZITRONENAPFEL
Als Koch- und Mostapfel im 19. Jahrhundert in Oberösterreich und in Böhmen im Anbau. Haltbar bis März. Konnte rauhe Lagen vertragen. Nach schweizer Angaben wurde diese Sorte schon vor 1650 von Le Lectier zum ersten Mal beschrieben. Im Kanton Wallis und in bevorzugten Lagen in der Schweiz im Anbau gewesen. Ein mittelgroßer bis großer, abgestumpft rundlicher, nicht ganz gleichmäßig gebauter Apfel. Genussreife: XII bis IV. Der Baum wächst sehr stark und ist gesund. Synonyme: **Citron d'hiver, Citron d'Hiver, Königs Renette, Reinette du Roi, Zitronenapfel.** (02) (39)

WITOS
In Wilhelminadorp getestet, nicht zu empfehlen. Sorte stammt aus Polen, ist seit 1986 bekannt. (27-3/91)

WITTE WALSCHERT
Ist im Bundes-Obstarten-Sortenverzeichnis aufgeführt.

WITTGENSTEINER GLASAPFEL
Sortenerhaltung in Geisenheim.

WITTROCK`S COMET
Dt. Warenzeichen: 758 860 Inhaber: P. W. Fey, Meckenheim. (26-10/64)

WITZHELDENER RAMBUR
Sehr guter Wirtschaftsapfel. Verarbeitung: Dezember bis März. Großfrüchtig, abgestumpft kegelförmig, breit gerippt. Schale gelblichgrün. Sonnenseite rot und gestreift.

WÖBERS RAMBOUR
Tafelapfel. Genussreife: I bis IV. Große bis sehr große Frucht. Auch **Wöbers Rambur.** Schale gelb, sonnenseits gerötet und gestreift. Baum wächst stark und gesund.

WOHLFROMMS SÄMLING
1936 bei Goetz erwähnt, ohne Beschreibung. (12)

WOHLSCHMECKER AUS VIERLANDEN
Auch **Wohlschmeckender aus Vierlanden** und **Wohlschmecker.** Wurde in der Hamburger und in der Harburger Elbmarsch angebaut. Schlechter Träger. Frühapfel. Ist kleinfrüchtig, geringe Haltbarkeit, wird mehlig. Preisgruppe 2.

WOLF RIVER
Eine alte Sorte. Großfrüchtig, Fruchtfleisch ist grob. Die Frucht hat nur eine mittlere Qualität. (83)

WOLTMANNS RENETTE
Sorte ist diploid. Ein Synonym des **Krügers Dickstiel.** Wird teilweise als eigene Sorte geführt, dürfte in einigen Gebieten stimmen, die Beschreibung stimmt mit dem **Krügers Dickstiel** überein. (Autor)

WOLTMANNS SCHLOTTERAPFEL
Wirtschaftsapfel. Verarbeitung: XI bis II. Groß bis sehr groß. Schale fettig, gelb, Sonnenseite leicht gerötet, ganze Frucht gestreift. (39)

WONDERNOT

Frühsorte für den Frischverzehr. **Wondernot** ist der Handelsname. Mittelgroß, flachrund. Schale hellgelb, gestreift. Sonnenseite etwas rot. Berostungen. Baum- und Genussreife ist Mitte VIII. Bis drei Wochen haltbar. (14) (39)

WOODS GRÜNLING

Synonyme: **Grünling, Wood`s Greening.** Tafel- und Wirtschaftsapfel. Genussreife: I bis V. Frucht ist mittelgroß. Schale fettig, günlichgelb, Sonnenseite leicht gerötet.

WORCESTER CROSS

Stammt aus England. **Cox Orangen Renette X Wealthy.** Fruchtfleisch ist locker und saftig. Geschmack ist sehr süß und parfümiert. Blassgelblichgrüne Grundfarbe, von einem matten, blaustichigen Rot überflammt. (26-11/12/63)

WORCESTER PARMÄNE

Wird in England und in den Niederlanden angebaut. Stammt vermutlich von der Sorte **Devonshire Quarrenden** ab. Wurde 1873 in England eingeführt. Heute noch in England verbreitet. In Deutschland nicht empfohlen, auch kaum angebaut. Viele Sorten wurden mit **Worcester Parmäne** gekreuzt, besonders in den Jahren von 1900 bis 1930. Siehe auch OVA (26-04/59) Auch **Worcester Pearmain.** Im Praktischen Ratgeber von 1886 als vielgepriesene Sorte aufgeführt. (15 S. 145)

WORMSER GELBE KUGELRENETTE

Historische Sorte, 1836 von Hinkert beschrieben. Tafelapfel. Genussreife: X bis XII. Frucht ist klein, rund. Schale gelb, kaum Deckfarbe. Weinsäuerlich. (40)

Im Bundes-Obstarten-Sortenverzeichnis aufgeführt sind:
WORMSLEY PIPPIN und **WOSCHOD**

WRIXPARENT

Anfang der 60er Jahre bei der OVA im Versuchsanbau. Anscheinend nicht bewährt.

WÜPPERS-APFEL

Herkunft unbekannt. War in der Preisgruppe 4.

WÜRTTEMBERGER GEWÜRZLING

Lokalsorte aus Baden-Württemberg.

WYCIK

Sorte stammt aus den Niederlanden.

WYKER PIPPIN
Pepping von Wyken, Wyken Pippin. Aus England.

XIUSHUI
Apfelsorte aus China. 1999 sind kleinere Partien über den Hafen Hamburg eingeführt worden. (25 - BLE 9/99) Der Apfel hat eine mattrote Färbung mit bräunlichem Untergrund und ausgeprägte Lentizellen. Hochrunde Form mit tiefliegendem Kelch. Weitere Informationen liegen noch nicht vor. (Autor)

YATAKA-FUJI
Geschützte Mutante der Baumschule Nakajima/Japan. 1982 entdeckt, reift vor dem **Standard-Fuji,** schmeckt süßlich mit leicht ananasähnlichem Aroma.

YELLOWSPUR GOLDEN DELCIOUS
Spurtyp vom **Golden Delicious.**

YELLOW ARKADIAN
Stammt aus Russland. (83)

YELLOW INGESTRIE
Bekannt ist auch ein **Red Ingestrie. Ingestrie** ist auch ein Synonym der Sorte **Cox Pomona.**

YELLOW NEWTON
Eine alte amerikanische Sorte, bekannt seit 1759. Für unsere Verhältnisse nicht geeignet. Es fehlt Wärme und eine längere Vegitationsperiode. (26-6/64)
Auch: **Yellow Newton Pepping.**

YORK
In der Liste B der roten Sorten, lt EG-Norm. (36) Die Sorte **York** wurde 1941 in „Deutscher Obstbau“ beschrieben. Früchte veränderlicher Größe, lange haltbar. Nur für südliche Gebiete. (83)

YORK-A-RED
Stammt aus den USA und ist seit 1937 bekannt.

YORK IMPERIAL
War in den USA eine Hauptsorte. 1954 noch an 7. Stelle der Produktion (30)
Bekannt ist ein **York Imperial Colora Red.**

YORKSHIRE BEAUTY
Alte englische Sorte. Wurde im Pr. Ratgeber von 1886 schon als vielgepriesene Sorte aufgeführt. (15) Spätherbtapfel. Mittelgroß, kantig. (40) Auffallend ist die gelbe Grundfarbe. Leicht stippig und druckempfindlich. Nur als Kochapfel zu gebrauchen.

YORKSHIRE GREENING
Amerikanische Sorte.

ZABERGÄURENETTE
Gleichmäßig geformte, berostete, große Frucht. Gesunde Bäume, sicherer Träger, wird leicht mehlig und trocken. Guter Vitamin-C-Gehalt. (30 S.265) Großfrüchtig. Synonyme: **Graue Renette von Zabergäu, Zabergäu Renette.** Anbauversuche an der Niederelbe sind gescheitert. 1885 als Zufallssämling in Hausen an der Zaber/Württemberg gefunden. Seit 1926 im Handel. Handelsname ist: **Zabergäu.** Die Sorte soll aber noch älter sein. Engelbrecht hat sie als **Graue Canada-Renette-Canadagris** beschrieben. (83)

Im Bundes-Obstarten-Sortenverzeichnis sind aufgeführt:
ZÄPFER
ZEIENAPFEL
ZEJDEN HEMDJE (Seidenes Hemdchen)
ZELENKA

ZEHENDHEBER
Sorte ist triploid. Sehr guter Wirtschaftsapfel. Verarbeitung: XII bis IV. Frucht ist mittelgroß, abgestumpft rund. Schale hellgelb, Sonnenseite gerötet und gestreift. Schwacher Geruch.

ZEIENAPFEL
Wurde in der Schweiz angebaut. Synonym: **Falscher Osnabrücker.** Im Geschmack nicht besonders. Eigenartiges Gewürz. Die Frucht entspricht fast der **Osnabrücker Reinette.** (03)

ZIEGLERS TAUBENAPFEL
Ist im Bundes-Obstarten-Sortenverzeichnis aufgeführt.

ZIGEUNERIN
In den Niederlanden bekannt. 1954 noch 2,1 % der Produktion. Pflückreife: August. Haltbarkeit: Nur bis Anfang September. Großfrüchtig. Frucht rot gefärbt. Frischsäuerlich, war wegen der roten Farbe und der frühen Reife sehr beliebt. (28) Die

Sorte ist ein Zufallssämling aus Deutschland. Die OVA schreibt: Fettige Fruchtschale, unangenehm strenge Säure und das fehlen von Aroma und Frische. (1963) Soll 1930 in Holland entstanden sein. Auch: **Rote Zigeunerin, Zigeunerapfel** und **Zigeunerinapfel.** In den Niederlanden wegen der frühen Reife und Farbe sehr beliebt gewesen, heute ohne Bedeutung. (26) (28)

ZIGEUNERAPFEL
War in Preisgruppe 1. Synonym und identisch mit dem **Martini.** Ist nicht mit der holländischen Sorte **Zigeunerin** verwandt. (Autor)

ZIMTARTIGER KRONENAPFEL
Auch: **Zimtartiger Winterkronenapfel.** Tafel- und Wirtschaftsapfel. Genussreife: XII bis III. Großfrüchtig. Schale gelb, später ganzflächig gerötet und gestreift. gewürzt. (39) Bekannt sind Sorten mit dem Synonymen: **Zimmetapfel, Zimtapfel** und **Zimtrenette.** Ein Synonym des Zimtapfels ist **Wheelers Russet.** 1890 schrieb man: **Zimmetfarbiger Kronenapfel.** (17)

ZIMTRENETTE
Zimmtreinette war der erste Name. Synonyme: **Pelzrenette** (Elbtal), **Schäfer Renette** und **Schafsrenette.** Soll aus Sachsen stammen. (93)

ZINOBEL-PRINZ
Wurde1938 in einem Sortenverzeichnis aus Sachsen erwähnt. Wertgruppeneinstufung als Wirtschaftsapfel. (95)

ZIPFHAUSEN VON PIRACH
Unbekannte Sorte. Abb. (39 S. 511)

ZITRONENAPFEL
Ohne Beschreibung 1936 bei Goetz erwähnt. (12) Es sind mehrere Arten von **Zitronenäpfel** bekannt. Verschiedene Sorten haben auch den **Zitronenapfel** als Synonym. (Autor)

ZITRONATAPFEL
Historische Sorte, beschrieben 1836 von Hinkert. Tafel- und Wirtschaftsapfel. Genussreife: XI bis I. Mittelgroß, walzenförmig, hochgebaut. Schale gelblichgrün, keine Deckfabe. Leichte Berostungen. gewürzt, süßsäuerlich.

ZITRONENRENETTE
Historische Sorte, 1836 von Hinkert beschrieben. Tafelapfel. Genussreife: XII bis VI. Frucht groß, breitrund bis hochgebaut, leicht gerippt. Schale gelb, Sonnenseite gerötet. Fruchtfleisch ist süßsäuerlich. (40)

ZITZENRENETTE
Synonym: **Reinette de la Chine.** Tafel- und Wirtschaftsapfel. Genussreife: XII bis IV. Frucht ist klein, flachrund. Schale grünlichgelb, Sonnenseite etwas gerötet und gestreift. Großflächig berostet. Fruchtfleisch ist gewürzt, vorherrschende Säure. (39)

ZLATKA
Ein Synonym für die Sorte **Böhmer Cox.** (75) Als Sorte in Geisenheim im Bestand für Kulturversuche. (85)

Im Bundes-Obstarten-Sortenverzeichnis ist aufgeführt:
ZOETE AAGT

ZOETE ERMGARD Identisch mit **Zoete Irmgard,** ein Zufallssämling aus den Niederlanden. (25)

Im Bundes-Obstarten-Sortenverzeichnis sind folgende Sorten eingetragen:
ZOETE KANDIJ
ZOETE ORANGE
ZOETE PARADIJS
ZOMER BELLEFLEUR
ZOMER STREPING
ZORENKA

ZUCCALMAGLIOS RENETTE
Auch **Von Zuccalmaglio Renette** oder **Zuccalmaglio.** 1878 von Uhlhorn, jun. in Grevenbroich aus **Ananasrenette X Purpurroter Agatapfel** gezüchtet. Robust, frosthart und nur mäßig anfällig für Schorf, Mehltau und Krebs. Frucht ist länglich rund. Schale gelbgrün, Deckfarbe braunrot. Süßsäuerlich. Genussreife: XI bis III. Preisgruppe 1. Handelsname: **Zuccalmaglio.** Quellen: (13) (14) (40)

ZUCHTKLONE und **NUMMERNSÄMLINGE**
Habe ich nicht berücksichtigt, da es hier laufende Neuzugänge und Abgänge gibt. Nur erwähnt bei Kreuzungen mit anderen Sorten, für eine Neuzüchtung, bzw. wenn eine neue Sorte aus zwei Zuchtklonen oder Nummernsämlingen entstanden ist.

ZUCKERAPFEL
Zuiker Appel. 1795 von Schiller beschrieben.

ZÜRCHER-APFEL
Wurde 1795 von Schiller beschrieben.

ZÜRIAPFEL
Identisch mit **Zürichapfel.** Wahrscheinlich Wildling aus der Gegend von Füllinsdorf. Mittelgroß. Qualitativ gering. Synonym ist **Herrecher (Pratteln). Züricher Apfel,** 1936 bei Goetz erwähnt, wird identisch sein. Schiller schreibt 1795 **Zürcher-Apfel.**

ZÜRICHER TRANSPARENTAPFEL
Synonyme: **Transparent, Transparentapfel, Transparent von Zürich, Weißer Eisapfel, Züricher Transparent.** Tafel- und Wirtschaftsapfel. Herbstfrucht. Genussreife: IX bis XI. Schale fettig, wachsartig weiß, später leicht gestreift. Geruch schwach. (39)

ZUSOFF
Sorte aus den USA, Vatersorte für **Kendall,** Muttersorte für **Ogden.** (27-7/8/57) Sorte stammt aus Russland. Frühe Wintersorte. (83)

ZUZANA
Neuzüchtung aus Tschechien. **Glockenapfel**-Kreuzung. (27-9/94)

ZVONKOVE
Ist im Bundes-Obstarten-Sortenverzeichnis aufgeführt.

ZWANZIG-UNZEN-APFEL
Sehr alte Sorte. Sorte ist diploid.

ZWIEBELAPFEL
Ist im Bundes-Obstarten-Sortenverzeichnis aufgeführt.

ZWIEBELBORSDORFER
War im 19. Jahrhundert als Ess- und Wirtschaftsapfel in Mähren bekannt. Geeignet für hohe Lagen. Haltbar bis März. Identisch mit **Doppelter Zwiebelapfel.** In Sickler Bd. 7 von 1797 heißt er auch **Schierapfel, Scheibenapfel. Zwiebelapfel** oder **Zipollenapfel** wurde er von Hirschfeld genannt. (vor 1797) Soll schon vor

1700 bekannt gewesen sein. Andere Namen, vermutlich in Holland und am Niederrhein waren: **Suure Schyver, Look-Appel, Pletje-Appel** und **Kaasjes-Appel.** Wurde auch **Doppelter Zwiebelapfel** genannt. Weiter Synonyme sind noch: **Bauernrenette, Borsdorfer, Kantjesapfel, Kantjes-Appel, Oignon de Borsdorf, Reinette Platte** und **Reinette platte.** (31) (39)
Die Sorte **ZWIEBLER** ist vermutlich identisch mit dem **Zwiebel-Borsdorfer.**

Im Bundes-Obstarten-Sortenverzeichnis aufgeführt sind:
ZWIEBLER
ZWIEZDOTSCHKA Synonym: **Sternchenapfel.**

LITERATURVERZEICHNIS - ÄPFEL

(01) Deutsche Äpfel Die Handelssorten Band I Niederelbe
Dr. E.L. Loewel und Siegfrid Labus, sowie Obstbauversuchsring (OVR) und Bezirksabgabestelle Jork. Verlag Niemann & Moschinski, Hamburg 1 -1941-

(02) Neue Alte Apfelsorten Club Niederösterreich 2. Auflage -1991-
Bernkopf-Keppel-Novak Österreichischer Agrarverlag Wien

(03) Apfelsorten der Schweiz H. Kessler 1. Auflage -1945-
Schweizer Obstbauverband

(04) Großvaters Alte Apfelsorten H. Bischof Kosmos Verlag Stuttgart 1998

(05) Apfelsorten Marktsorten Neuheiten und Mostäpfel
R. Silbereisen 3. Auflage -1986- Ulmer Verlag, Stuttgart

(06) Farbtafeln der Apfelsorten Direktor Josef Seitzer -1956- Ulmer Verlag

(07) Der Neue Obstbau F. Guenther Trowizsch & Sohn -1942-

(08) Alte Obstsorten Über 100 Sortenportraits Gert Müller Kosmos -1995-

(09) Warenkunde für den Fruchthandel - Dr. E. Dassler 3. Auflage -1969-

(11) LA FRUTTA - I Documentari conoscere e coltivare 1967

(12) Verhalten von Apfel- und Birnenedelsorten beim Umpfropfen zueinander
Dipl.-Gartenbau-Inspektor Otto Goetz -1936-

(13) Anordnung über Preise und Preisgruppeneinteilung für Kernobst -1939
Gartenbauwirtschaftsverbände Mecklenburg / Niedersachsen / Schleswig-Holstein / Weser-Ems.

(14) Handelsnamen für Kern- und Steinobstarten
Fachgruppe Obstbau, Bonn -1962-

(15) Der Praktische Ratgeber im Obst- und Gartenbau Trowizsch & Sohn 1886

(16) „ 1888

(17) „ 1889

(18) Apfelland – Thermenland – Erlebte Oststeiermark
Willi u. Hilde Senft Leopold Stocker Verlag, Graz -1990-

(19) Bericht über eine neue Apfelsorte aus Italien J.-H. Rolff 07.09.1982
Veröffentlicht beim Bundesamt für Ernährung in Frankfurt/Main.

(20) Bericht über die Apfelsorte „Meran“. Zanon/Waldner 1982/83
Veröffentlicht bein Bundesamt für Ernährung in Frankfurt/Main.

(21) Besichtigung der Versuchsanlagen in Bavendorf 22.09 bis 26.09.1986
Veröffentlicht beim Bundesamt für Ernährung in Frankfurt/Main.

(22) Fruchthandel – Aus diversen Ausgaben der 80er und 90er Jahre

(23) Die Obstverwertung. Anleitung zur vollkommensten Ausnutzung der Obsternten Otto Lämmerhirt Parey Verlag -1885-

(24) Deutschlands Obstsorten Müller-Diemitz und Bißmann-Gotha
Eckstein & Stähle Verlag Originale 1905 – 1914

(25) Sortenlisten, Sortenbeschreibungen vom BEF (Bundesamt für Ernährung und Forstwirtschaft) und vom BLE (Bundesanstalt für Landwirtschaft und Ernährung) Protokolle über eigene Vorträge, Berichte usw. 1947 bis 2000.
(26) Mitteilungen des Obstbauversuchsringes des Alten Landes OVR und der Obstbauversuchsanstalt OVA . Ausgaben 1947 bis 1997
(27) „Obstbau“ Organ der Fachgruppe Obstbau 53175 Bonn Aus verschiedenen Ausgaben 1991 bis 1997
(28) Obst aus Holland Centraal-Bureau van de Tuinbouwveilinge u.d. Exporteurverband 1955
(29) Holland – Garten Europas Centraal-Bureau. 1956
(30) Marktobstbau Prof. de Haas BLV München 1957
(31) Der Teutsche Obstgärtner J.V.Sickler Band VII 1797 Original.
(32) Anzucht und rationeller Schitt aller Obstbaumformen Arthur Pekrun Verlag Matin Luther Erfurt ca. 1930
(33) Die Befruchtungsverhältnisse der Obstgewächse Prof. Dr. H. Schanderl-Geisenheim 1948
(34) Obstsortenliste. Betrieb: Johann Rolff (mein Großvater) im Alten Land. Von mir, als Verfasser, persönlich handgeschrieben. 1943 bis 1946
(35) Sortenliste aller Obstsorten, die mir bekannt waren und an der Niederelbe angebaut wurden. Von mir persönlich handgeschrieben. 1946 bis 1948
(36) Liste der Äpfel und Birnen / Großfrüchtige Sorten. Teil der EG- Qualitätsnormen.
(37) Die Baumzucht im Großen - Johann Caspar Schiller - 1795 Reprint Ulmer Verlag von 1993
(38) Farbatlas Obstsorten Manfred Fischer Ulmer Verlag 1995
(39) Verzeichnis der Apfel- und Birnensorten W. Votteler 4. Auflage 1998 Obst- und Gartenbauverlag München
(40) Lexikon der Obstsorten W. Votteler 1. Auflage 1996 Obst- und Gartenbauverlag München
(42) Obstsorten Bd. I Äpfel und Birnen G. Schaal 1930 und 1933
(44) Alte Obstsorten und Streuobstanbau in Österreich Dipl.-Ing.U. Blaich 1994
(45) Pomologie des praktischen Obstbaumzüchters N. Gaucher 1894 Reprint
(46) Der Obstbau Karl Grill 1929
(47) Alte und neue Apfelsorten Franz Mühl 1995
(55) Die empfehlenswertesten Obstsorten für das Großherzogtum Baden Land.-Insp. Bach Emmendingen 1906
(60) Warenkunde Obst & Gemüse Band I 1988 Prof. Dr. G. Liebster und Dr. O. Schmidt
(61) Panorama - Prodotti ortofrutticoli ed agrumi ICE – Italien (Ital.) -1983-
(63) Heimischer Obstbau Otto Wassermann Tyrolia Verlag Innsbruck -1987

(64) Äpfel und Birnen aus Trentino und Südtirol Dr. H. Frass Bozen - 1963
(66) Apfelsorten Herbert Petzold 4. Auflage -1990-
(67) Obst & Garten Fachmagazin für Baden-Württemberg Ulmer Verlag
Aus verschiedenen Ausgaben bis Oktober 2000
(70) Bundes-Obstarten-Sortenverzeichnis
Prof. Manfred Fischer Genbank Obst, IPK Gatersleben
Sortenerhaltung in verschiedenen Institutionen. Die wichtigsten sind u.a.:
Bayerische Landesanstalt, Veitshöchheim.
Bundesanstalt für Züchtungsforschung an Kulturpflanzen, Ahrensburg
Bundessortenamt, Prüfstelle Wurzen
Forschungsanstalt in Geisenheim
Genbank Obst Dresden-Pillnitz
Landwirtschaftliche Lehranstalten (LLA) in Triesdorf
Lehr- und Versuchsanstalt Gartenbau Erfurt
Obstbau Versuchsanstalt OVA Jork Betrieb Esteburg
Universität Hohenheim in Bavendorf
Pomona Franconica in Merkendorf/Mittelfranken
LfG, Lehr- und Versuchsanstalt Gartenbau Müncheberg
(71) Kataloge verschiedener deutscher Baumschulen. 1997 bis 2000.
(75) Beschreibende Sortenliste Kernobst - Apfel, Birne
Bundessortenamt 2000
(77) Sortenratgeber Obst Petzold – Groh - Pätzold
VEB Deutscher Landwirtschaftsverlag 1971
(83) Deutscher Obstbau 1941 56. Jahrgang Trowitzsch & Sohn 1941
(85) Forschungsanstalt Geisenheim – Fachgebiet Obstbau
Information und Wegweiser - Ausgabe 2000
(88) Die wichtigsten Apfelsorten Fritz Hertel Gartenarchitekt 1914
(91) Äpfel aus Mitteldeutschlands größtem Obstgarten
Kurzcharakteristik von Apfelsorten Saale-Obst, Halle 1999
(92) Wir zeigen Apfelsorten Rudolf Koloc 5. Auflage 1972
(93) Wir zeigen weitere Apfelsorten R. Koloc 3. Auflage 1969
(95) Zeitschrift für Obst-, Wein- und Gartenbau 1938
Organ der Sächsischen Gaertenbauvereine Fachgruppe Obstbau
(96) Führer durch den Deutschen Obstbau
Deutscher Pomologen-Verein in Eisenach 1909
(100) Eine Obstbaustudienreise nach Tirol und Steiermark
Otto Schindler LWK der Provinz Sachsen 1908

Stand: März 2001 Johann-Heinrich Rolff